“十三五”国家重点图书出版规划项目
中国河口海湾水生生物资源与环境出版工程
庄　平　主编

海河口
生物资源与环境

乔秀亭　主编

中国农业出版社
北　京

图书在版编目（CIP）数据

海河口生物资源与环境/乔秀亭主编．—北京：中国农业出版社，2018.12
中国河口海湾水生生物资源与环境出版工程/庄平主编
ISBN 978-7-109-24751-2

Ⅰ.①海…　Ⅱ.①乔…　Ⅲ.①海河—河口—生物资源—生态环境—研究　Ⅳ.①Q-92

中国版本图书馆 CIP 数据核字（2018）第 239997 号

中国农业出版社出版
（北京市朝阳区麦子店街 18 号楼）
（邮政编码 100125）

策划编辑　郑　珂　黄向阳
责任编辑　林珠英　王金环

北京通州皇家印刷厂印刷　　新华书店北京发行所发行
2018 年 12 月第 1 版　　2018 年 12 月北京第 1 次印刷

开本：787mm×1092mm　1/16　　印张：20
字数：410 千字
定价：128.00 元

内容简介

本书依据2010—2015年相关研究成果，总结并阐述了海河口生物资源与环境的现状及恢复行为。全书共分5章，第一章概述了海河口自然条件；第二章分别从水体、沉积物和生物体方面，说明海河口主要环境因子的变化规律；第三章分别阐述了海河口浮游植物、浮游动物、底栖生物、游泳动物、湿地植物和原生动物的组成及分布特点；第四章介绍了海河口经济生物资源与生态环境评价情况；第五章介绍了海河口渔业利用现状、增殖放流及人工鱼礁建设情况。

丛书编委会

本书编写人员

主　编　乔秀亭

副主编（按姓氏笔画排序）

宋文萍　钱　红　徐海龙　傅志茹　缴建华

编　者（按姓氏笔画排序）

于　洁　于燕光　马　丹　王秀芹　王宝峰
王晓宇　王娟娟　王德兴　王麒麟　白　明
乔之怡　乔秀亭　刘利华　刘国山　齐红莉
孙金辉　李　彤　李兆千　谷德贤　宋文萍
张丹娜　张素青　易　伟　周文礼　钱　红
徐海龙　高　燕　郭　彪　郭姝蕴　傅志茹
缴建华

丛书序

中国大陆海岸线长度居世界前列，约18 000 km，其间分布着众多具全球代表性的河口和海湾。河口和海湾蕴藏丰富的资源，地理位置优越，自然环境独特，是联系陆地和海洋的纽带，是地球生态系统的重要组成部分，在维系全球生态平衡和调节气候变化中有不可替代的作用。河口海湾也是人们认识海洋、利用海洋、保护海洋和管理海洋的前沿，是当今关注和研究的热点。

以河口海湾为核心构成的海岸带是我国重要的生态屏障，广袤的滩涂湿地生态系统既承担了“地球之肾”的角色，分解和转化了由陆地转移来的巨量污染物质，也起到了“缓冲器”的作用，抵御和消减了台风等自然灾害对内陆的影响。河口海湾还是我们建设海洋强国的前哨和起点，古代海上丝绸之路的重要节点均位于河口海湾，这里同样也是当今建设“21世纪海上丝绸之路”的战略要地。加强对河口海湾区域的研究是落实党中央提出的生态文明建设、海洋强国战略和实现中华民族伟大复兴的重要行动。

最近20多年是我国社会经济空前高速发展的时期，河口海湾的生物资源和生态环境发生了巨大的变化，亟待深入研究河口海湾生物资源与生态环境的现状，摸清家底，制定可持续发展对策。庄平研究员任主编的“中国河口海湾水生生物资源与环境出版工程”经过多年酝酿和专家论证，被遴选列入国家新闻出版广电总局“十三五”国家重点图书出版规划，并且获得国家出版基金资助，是我国河口海湾生物资源和生态环境研究进展的最新展示。

该出版工程组织了全国20余家大专院校和科研机构的一批长期从事河口海湾生物资源和生态环境研究的专家学者，编撰专著28部，系统总结了我国最近20多年来在河口海湾生物资源和生态环境领域的最新研究成果。北起辽河口，南至珠江口，选取了代表性强、生态价值高、对社会经济发展意义重大的10余个典型河口和海湾，论述了这些水域水生生物资源和生态环境的现状和面临的问题，总结了资源养护和环境修复的技术进展，提出了今后的发展方向。这些著作填补了河口海湾研究基础数据资料的一些空白，丰富了科学知识，促进了文化传承，将为科技工作者提供参考资料，为政府部门提供决策依据，为广大读者提供科普知识，具有学术和实用双重价值。

中国工程院院士 唐启升

2018年12月

前　言

海河是我国华北地区最大的水系，我国七大河流之一，海河口是我国北方传统的开展民生活动和实施经济行为的重要区域。本书依据2010—2015年相关研究成果，总结并阐述了海河口生物资源与环境的现状及恢复行为。全书共分5章，第一章概述了海河口自然条件；第二章分别从水体、沉积物和生物体方面，说明海河口主要环境因子的变化规律；第三章分别阐述了海河口浮游植物、浮游动物、底栖生物、游泳动物、湿地植物和原生动物的组成及分布特点；第四章介绍了海河口经济生物资源与生态环境评价情况；第五章介绍了海河口渔业利用现状、增殖放流及人工鱼礁建设情况。

本书各章执笔人：第一章，天津农学院徐海龙、孙金辉、周文礼；第二章，农业农村部渔业环境及水产品质量监督检验测试中心（天津）王娟娟、张素青、李兆千、王德兴、王秀芹、马丹、张丹娜、白明、王宝峰、易伟；第三章，天津市水产研究所谷德贤、郭姝蕴、王晓宇、刘国山、王麒麟，天津农学院齐红莉；第四章，天津农学院刘利华、乔之怡，农业农村部渔业环境及水产品质量监督检验测试中心（天津）王娟娟；第五章，天津渤海水产研究所郭彪、高燕，天津市水产研究所于燕光，农业农村部渔业环境及水产品质量监督检验测试中心（天津）于洁、李彤。全书最后由乔秀亭统稿，周文礼、徐海龙、王娟娟、谷德贤、刘利华、郭彪校对。

尽管本书取得一定成果，但生物资源与生态环境是十分复杂和不稳定的，加之笔者学识有限，书中难免存在不妥之处，恳请读者予以指正。

本书的编写工作得到了“中国河口海湾水生生物资源与环境出版工程”丛书编委会及许多专家学者的大力支持和帮助，在此表示衷心感谢！

2018年10月

目 录

第一章
海河口自然条件

海河又称沽河，是我国华北地区最大的河流，我国七大河流之一。海河位于京津冀地区，形成海河流域。海河水系总流域面积达 31.82 万 km^2，涵盖了天津、北京全部，河北绝大部分以及河南、山东、山西、内蒙古、辽宁 8 个省（自治区、直辖市），海河流域的总人口数近 1.24 亿。各支流在天津合流后的下游称海河，起自天津市金钢桥，到大沽口入渤海湾，全长 76 km。

一、地理位置

海河流域东临渤海，西倚太行，南界黄河，北接内蒙古高原。流域总面积 31.82 万 km^2，占全国总面积的 3.3%。海河流域包括海河、滦河和徒骇马颊河 3 大水系、7 大河系、10 条骨干河流。其中，海河水系是主要水系，由北部的北运河、永定河和南部的大清河、子牙河、南运河组成；滦河水系包括滦河及冀东沿海诸河；徒骇马颊河水系位于流域最南部，为单独入海的平原河道。

二、水系形成

海河水系的形成与历史上黄河下游河道变迁以及华北平原的形成有着密切的联系。据考古调查，在 5 000 多年前，天津市附近还是一片汪洋大海。经过以后的地壳变动，沿海大陆架逐渐上升为陆地，那时海河各支流及黄河均分流入海。这些河流发源于山区，从山区冲下来的大量泥沙，流至山前，由于河槽纵比降减少，流速减缓，泥沙沉积下来，逐渐在山前形成若干个冲洪积扇，其中黄河的沉积作用最大。长期的沉积使各河冲洪积扇不断加大，逐渐连在一起，形成了河北平原。各河顺地势流向最低的天津市附近入海，于是扇状的海河水系雏形逐渐形成。

海河水系的形成过程又是各河下游迁徙改道的结果。历史上的黄河下游河道曾多次南北迁徙，据史书记载，从春秋时期至中华人民共和国成立前的 2 000 多年中，黄河决口改道 1 500 多次，其中重要改道 26 次。改道的范围，北经海河河道，南夺淮河河道入海，黄河的每次改道，都对海河水系的形成与变迁带来很大影响。

公元前 602 年，黄河从浚县改道，经河北省大名县、交河县至天津市东南入海。大致循现代的卫河、清凉江、南运河一线。当时黄河以北的呼沲河（后称滹沱河）、泒河（后称沙河）、滱水（后称唐河）、治河（后称永定河）、沽水（后称北运河）都经天津市附近的洼淀分流入海，海河水系尚未形成。

公元 11 年，黄河发生改道，南徙至山东利津入海。海河水系曾一度摆脱了黄河的影响。公元 206 年，曹操在进行统一北方的战争中，疏凿了白沟、平虏渠、泉州渠、新河等几条运输渠道，把河北平原上几条大河连接起来，从而使分流入海的各河在天津市附近汇流入海，初步形成了海河水系。

后来，由于黄河的迁徙、改道，曾几次侵夺海河水系。如 1048 年，黄河从河南濮阳决口，改道北流，由河北青县和天津入海。从北宋以后，海河水系受黄河的影响逐渐减小，包括明万历年初黄河夺淮入海时期。1855 年，黄河又改道北徙，在山东利津入海，海河水系就很少受黄河的影响。

海河水系的形成除上述原因外，还与人类活动有重要联系。公元 605—610 年，隋炀帝在旧河道基础上，先后修建了通济渠、永济渠及江南运河，打通了一条以洛阳为中心，东南达余杭（今杭州）、东北抵涿郡（今北京）的隋代大运河，使东汉末期形成的海河水系又与人工河道联系在一起，从而使海河各支流在天津附近入海的形势长期固定下来。此后，为了防止水患，历朝历代都曾先后修建过多条减河。中华人民共和国成立后，在根治海河工程的过程中，逐年开挖了永定新河、子牙新河、滏阳新河、漳卫新河、滏东排河等多条人工河道，海河水系分布发生了巨大变化，改变了过去各支流全在天津附近汇合后入海的形势，而分别由减河入海。

20 世纪末引滦入津工程的开通，将滦河水系和海河水系联系起来。海河水系成为中国华北地区流入渤海诸河的总称，也称海滦河水系（流域东缘海岸线大约为山海关至老黄河口）。

三、地形特点

海河流域总的地势是西北高、东南低，大致分高原、山地及平原三种地貌类型。西部为黄土高原和太行山区；北部为内蒙古高原和燕山山区，面积 18.94 万 km^2，约占 60%；东部和东南部为平原，面积 12.84 万 km^2，约占 40%。

四、行政区划

海河流域地跨北京、天津、河北、山西、山东、河南、内蒙古和辽宁 8 个省（自治区、直辖市）。其中，北京市、天津市全部属于海河流域，河北省 91%、山西省 38%、山东省 20%、河南省 9.2%的面积属于海河流域，内蒙古自治区 1.36 万 km^2、辽宁省 0.17 万 km^2 的面积属于海河流域。

五、河系分类

海河流域水系的划分主要存在两种形式，一种是按类型分，另一种是按组成分。

按类型分，海河流域各河系可分为两种：一种是发源于太行山、燕山背风坡，源远流长，山区汇水面积大，水流集中，泥沙相对较多的河流；另一种是发源于太行山、燕山迎风坡，支流分散，源短流急，洪峰高、历时短、突发性强的河流。历史上洪水多是经过洼淀滞蓄后下泄。两种类型河流呈相间分布，清浊分明。

按组成分，海河水系由北运河、永定河、大清河、子牙河和南运河5条河流组成。其中：①北运河为海河北支，源于北京市昌平区北部山区，上源名为温榆河，通州区以下始称北运河；在屈家店与永定河相汇，至天津市大红桥入海河，全长238 km，流域面积5 300 km^2。②永定河为海河西北支，上源为桑干河和洋河，分别源于晋西北和内蒙古高原南缘，两河均流经官厅水库，出水库后始名永定河，至屈家店与北运河汇合，其水经永定新河由北塘入海，全长650 km，流域面积5.08万 km^2。③大清河为海河西支，是上游5大支流中最短的干流。其上源北支由源于涞源县境的北拒马河和源于白石山的南拒马河组成，南支则由漕河、唐河、大沙河和磁河等10余条支流组成，均源于太行山东麓并汇入白洋淀，出淀后始名大清河，至独流镇与子牙河汇合，全长448 km，流域面积3.96万 km^2。④子牙河为海河西南支，由发源于太行山东坡的滏阳河和源于五台山北坡的滹沱河汇成，两河于献县汇合后，始名子牙河，全长超过730 km，流域面积7.87万 km^2。⑤南运河为海河南支，上游有漳河与卫河两大支流，流域面积3.76万 km^2。漳河源自太行山背风坡，经岳城水库，在徐万仓与卫河交汇，流域面积1.92万 km^2。卫河源自太行山南麓，由淇河、安阳河、汤河等10余条支流汇集而成，流域面积1.52万 km^2。漳河和卫河在徐万仓汇合后称卫运河，卫运河全长157 km，至四女寺枢纽又分成南运河和漳卫新河两支。南运河向北汇入子牙河，再入海河，全长309 km；漳卫新河向东于大河口入渤海，全长245 km。

六、气候特点

海河流域属于温带东亚半干旱半湿润季风气候区，虽濒临渤海，但渤海为内海，对气温影响不大，因此大陆性气候显著，四季分明，气温变化较急骤。冬季受西伯利亚大陆性气团控制，盛行西北风，天气寒冷干燥、少雪；春季受内蒙古大陆性气团影响，气温回升快，风速大，气候干燥，蒸发量大，往往形成干旱天气；夏季受海洋性气团影响，多偏南风，比较湿润，气温高，降水量多，且多暴雨，雨热同季，但因历年夏季太平洋副热带高压的进退时间、强度、影响范围等很不一致，致使降水量的变差很大，旱涝时有发生；秋季为夏冬的过渡季节，一般年份秋高气爽，降水量较少。流域全年平均气温在11.4～12.9 ℃，1月最低，月平均气温在−5.4～3.0 ℃；7月最高，月平均气温在25.9～26.7 ℃。

海河流域年降水在中国东部沿海地区各流域中是最少的，流域多年平均年降水量多在400～700 mm。降水的地区分布不均，燕山南麓和太行山东麓降水最多，年降水量为700～800 mm，形成一个弧形的多雨带。多雨带内又有几个多雨中心，如蝉房、漫山、铁岭口、坡仓等地均位于多雨中心处，年降水量在 700 mm 以上。燕山以北，太行山以西距海较远，又处于背风坡，年降水量仅 400～600 mm，如蔚县、张家口均在 400 mm 左右。河北平原各地年降水量为 500～600 mm，但在冀县、衡水、深泽、束鹿一带仅 400～500 mm，是海河平原降水量最少的地方。

海河流域降水的年内分配不均，5—10 月降水量较多，可占全年降水量的 80%以上。其中，又以 7 月、8 月为多，这两个月可占全年降水量的 50%～60%。降水的集中程度，在东部沿海各省中也是最突出的。

夏季降水多以暴雨的形式降落，大暴雨（日降水量在 100 mm 以上）与特大暴雨（日降水量 200 mm 以上）多出现在太行山东麓与燕山南麓。

海河流域降水的另一特点是降水年变率大，平均年变率一般在 20%以上。最大年变率可达 70%～80%，最大年降水量与最小年降水量之比一般为 2～3，个别站可达 5～6，极偶尔可达 10。

海河流域春季降水量只占全年 10%左右，春季降水变率大，有的年份 4—5 月滴雨不下，春旱现象经常发生。

海河流域年平均相对湿度 50%～70%，属半湿润半干旱地带；年平均日照时数在2 471～2 769 h,年平均风速为 2.3 m/s，年平均陆面蒸发量 470 mm，水面蒸发量1 100 mm。

七、水文特征

海河流域降水集中、年际变化大以及春旱秋涝等现象，直接影响到海河的水文特征。海河流域处于暖温带大陆性季风区，冬季寒冷干燥，夏季炎热多雨，降水又多以暴雨形式降落，全年降水量往往是几次暴雨的结果。海河干支流水量主要依靠降雨补给（降雨补给的水量约占年径流量的 80%），因此，年径流量的时空变化与年降水量变化趋势基本一致。

除降雨及融雪补给外，海河还受地下水补给。流经太行山、燕山区的河流，地下水多以泉水形式补给河流，如滹沱河、滏阳河、漳卫河等均接受泉水补给，地下水补给量一般占 8%～10%，但个别河段地下径流丰富的可达 40%，地下径流少的仅占 5%～6%。流经平原区的河流，如海河干流及 5 大支流中下游，河槽多未下切至潜水位，洪水期水位常高于两岸地面；或补给河流极少（占年径流量的 6%以下），或不能补给河流。

海河年径流的地区分布基本上与年降水一致。在太行山和燕山迎风坡，呈现一条与山脉弧形走向一致的径流深大于 150 mm 的高值地带。高值区的分布范围与多年平均年降水 600 mm等雨线的多雨带基本吻合。在径流高值区内，由于局部地貌和水汽输送方向等影响，形成几个高值中心。如易县大良岗、灵寿县漫山及沙河县蝉房均为高值中心。这些高值中心年降水量 750～800 mm，多年平均径流深为 300～350 mm。其中，以磁河横山岭水库上游的漫山一带为最高，年径流深达 400 mm，自高值带两侧分别向西北和东南逐渐减小，向西北至桑干河、洋河上游年径流深降至 50 mm 以下，最小者仅 25 mm。向东南为河北平原，有两个低值中心，一个在定兴县东部的十里铺，一个在冀县、南宫、衡水、束鹿周围，年径流深在 25 mm 以下，最小只有 10 mm。其余地区年径流深大多在50～150 mm。

流经太行山区及山前洪积扇的河流，由于流域内多奥陶纪石灰岩，岩溶地貌发育。当流域不闭合（即地上、地下分水线不一致）时，年径流量的分布往往出现异常现象。如滏阳河的临洺关、韩村站漏水严重，年径流深只有 59.1 mm；但相邻流域的东武仕水库站，由于有大量的外流域地下水的补给，年径流深高达 1 225.7 mm，比多年平均降水量大 1 倍多，外流域补给水量占自产水量的 9 倍。

海河流域集水面积较小的支流，径流的年际变化与降水的年际变化趋势相类似，不同的是比降水的变化更剧烈，地区间的差异更大。而集水面积较大的支流，受流经气候区、下垫面及集水面积的影响，径流的年际变化比较复杂。军都山、太行山山地及山前坡地，是海河流域降水年际变化的高值区，也是径流年际变化的高值区。年降水变差系数为 0.40～0.50，而年径流变差系数为 0.80～1.00。年径流最大值与最小值之比为10～25。在军都山以北太行山以西的地区是年降水与年径流年际变化的低值区，年降水的变差系数为 0.25～0.35，年径流变差系数为 0.40～0.60。年径流最大与最小值之比为 3～5。燕山以南，太行山以东的广大平原区是海河流域内降水年际变化的次高值区，但径流年际变化却是海河流域最高的，年降水变差系数为 0.35～0.45，年径流变差系数为 1.0～1.5。造成这种现象的原因是平原地势低平，土层深厚。平水年和枯水年蒸发渗漏多，不易产生径流；而丰水年产水量却很大。

太行山南段，岩溶发育、径流年际变化出现两种反常情况：一种是漏水地区，变差系数高达 1.50～1.75，年径流最大值与最小值之比可达 70～80，如崔阳河临洺关站；另一种是有泉水补给的河流，径流年际变化很小，变差系数只有 0.20～0.30，年径流最大与最小值之比一般仅 3 倍，如滏阳河东武仕及冶河地都等站。

海河各支流丰水年出现的年份有所不同。全流域同时出现洪水的概率较小，一般南部几个支流为丰水年时，北部几个支流是平水年；相反，北部几个水系为丰水年时，南部几个支流都是平水年。如 1963 年南系大水，而北系除北运河外，均为平水年。

各支流枯水年出现的年份却比较一致。海河流域自 1917 年以来，共发生变率小于 0.4 的特枯水年和变率为 0.4～0.6 的枯水年 11 年，其中，1920 年、1930 年全流域特枯；1931 年、1936 年全流域枯水；1965 年、1968 年全流域偏枯；1941 年南系特枯而北系枯水；1927 年、1945 年、1972 年全流域枯水，而仅有 1～2 条河系偏枯或特枯；1951 年北系枯水，南系偏枯，而 1～2 条支流特枯。

海河干支流径流年内分配主要受降水年内分配的制约，总的特点是径流年内分配较集中，全年水量的 50%～80%集中在 7—10 月（汛期）的 4 个月内。但各河因径流补给形式、流域调蓄能力以及所处气候区的不同，各河径流年内集中程度有所不同。

发源于燕山南麓、太行山东麓的蓟运、大清、滏阳各河，流域调蓄能力较小。水量集中程度较大，汛期水量占全年水量的70%～80%。

发源于黄土高原和盆地区，中游穿越山地，流域面积较大，又有相当比重的泉水补给的河流，如永定河、滹沱河、漳河、卫河等，汛期水量一般占全年水量的50%～60%。

平原地区及流经山前严重漏水区的河流，绝大部分属间歇性河流，汛期有水，非汛期干涸，全年水量往往是几次（甚至是一两场）暴雨的结果。

以泉水补给为主的某些河段，如桑干河马邑、绵河地都、滏阳河东武仕水库径流年内分配较均匀，汛期水量一般占全年水量的40%或更少。

海河干支流的含沙量在全国各大河中仅次于黄河，由于各支流流经地区自然地理条件不同，含沙量又有差异。

发源于山西高原的支流，如永定河、滹沱河、漳河等流域内黄土分布广泛，加上植被覆盖度小，水土流失严重，河流含沙量大。永定河是海河各支流中含沙量最大的河流，永定河官厅站多年平均含沙量为52.2 kg/m^3，上源桑干河石匣里站为25.0 kg/m^3，洋河响水堡站为21.0 kg/m^3，永定河上游侵蚀模数为1 000～2 000 t/(km^2・a)。

滹沱河干支流多流经黄土高原和太行山区，含沙量仅次于永定河，小觉站多年平均含沙量13.9 kg/m^3，侵蚀模数为900～1 000 t/(km^2・a)。

南运河上源漳河，观台站多年平均含沙量9.07 kg/m^3，侵蚀模数为700～800 t/(km^2・a)。

发源于燕山、太行山的河流，流域内多石质山地，黄土性物质较少，水土流失较黄土高原轻，大清河支流拒马河紫荆关站多年平均含沙量2.92 kg/m^3。大清河新盖房站1.4 kg/m^3，潮白河苏庄站为4.14 kg/m^3，北运河屈家站为2.54 kg/m^3，在海河流域中含沙量都比较小。

海河各支流泥沙的年内分配具有高度的集中性，各河6—9月输沙量占年输沙量的94%以上，其他各月输沙量很小。泥沙的年际变化很大，各河最大年平均含沙量与最小年平均含沙量的比值一般都在10～20，最高的可达45。

第二章
海河口水域环境

为摸清海河口渔业水域环境状况，2012—2015 年，有关部门对海河口邻近海域、海河干流市区段、潮白新河、独流减河、蓟运河、北大港水库、于桥水库、七里海湿地、龙凤河、大黄堡湿地、洪泥河共 11 个水域进行了连续监测。监测水域总面积 1 287 km^2，其中，海河口邻近海域监测水域面积 827 km^2，海河干流市区段、潮白新河等 10 个重要内陆渔业水域监测水域面积 460 km^2（表 2-1）。

表 2-1　海河口邻近海域水质及沉积物监测站位

站位	经度（E）	纬度（N）
KF23	117°52′00.00″	39°05′18.00″
KF24	117°56′55.00″	39°05′18.00″
KF25	118°02′00.00″	39°05′22.40″
KF43	117°53′42.48″	38°56′57.48″
KF44	117°56′55.00″	38°57′00.00″
KF45	118°02′00.00″	38°57′00.00″
KF62	117°46′45.00″	38°47′00.00″
KF63	117°51′50.00″	38°47′00.00″
KF64	117°56′55.00″	38°47′00.00″
KF82	117°46′45.00″	38°37′00.00″
KF83	117°51′50.00″	38°37′00.00″
KF84	117°56′55.00″	38°37′00.00″

第一节　海河口邻近海域环境

海河口邻近海域位于渤海西部海域，南起岐口，向北经塘沽、北塘、蛏头沽、大神堂至涧河口，海域面积约 3 000 km^2，平均水深 12.5 m，水域滩涂面积约 330 km^2，泥沙底质，坡度平缓，蓄水和光照条件好，不仅是海洋基础饵料的生产场所，也是鱼、虾、蟹、贝索饵和产卵的良好场所。海区水产资源主要种类为中国对虾（*Penaeus chinensis*）、口虾蛄（*Oratosquilla oratoria*）、斑鰶（*Konosirus punctatus*）、青鳞小沙丁鱼（*Sardinella zunasi*）、赤鼻棱鳀（*Thryssa kammalensis*）、毛虾、糠虾、蟹类、毛蚶（*Scapharca kagoshimensis*）等。

一、水体环境质量

（一）pH

1. pH 的监测意义

pH 是水质监测的基本化学要素之一。海河口邻近海域的 pH 多在 7.9～8.6，绝大多数在 7.9～8.3，主要与水中的二氧化碳含量有关。水温的升高或者表层植物的光合作用，会使水中的二氧化碳含量减少，从而引起 pH 升高；生物的呼吸或有机物的分解会产生二氧化碳，这些将导致 pH 降低。所以，自然水域的 pH 存在着日变化和季节变化。通过对海河口邻近海域 pH 的监测，掌握了 2012—2015 年监测海域 pH 的具体情况。

2. pH 的平面分布

通过 2012—2015 年每年 5 月、8 月对海河口邻近海域 pH 的监测，发现 pH 最高值出现在 2012 年 8 月 KF64 站位，测定值为 8.62；最小值出现在 2012 年 5 月 KF24 站位，测定值为 7.66。其他时间段监测结果变化不大，平均值在 8.00～8.30。年际间平均值呈现高—低—高—低变化规律。由于受季节影响，每年 8 月 pH 平均值比 5 月 pH 平均值略高。2012—2015 年总平均值为 8.11。2012—2015 年海河口邻近海域 pH 分布为总体呈现北高南低的变化趋势。

3. pH 的年际变化

海河口邻近海域 pH 年际统计结果表明，pH 最低值出现在 2012 年，为 7.66；最高值也出现在 2012 年，为 8.62。2012—2015 年监测结果的年平均值表明，pH 呈现高—低—高—低的变化趋势（表 2－2）。

表 2－2　海河口邻近海域 pH 年际统计结果

项目	pH			
	2012 年	2013 年	2014 年	2015 年
范围	7.66～8.62	7.91～8.25	7.96～8.47	7.90～8.17
平均值	8.18	8.04	8.17	8.04
变幅	0.96	0.34	0.51	0.27

（二）无机氮

1. 无机氮的监测意义

海水中无机氮是指硝酸盐氮、亚硝酸盐氮和氨氮三者总和，是可溶解性无机盐氮。硝酸盐氮是氮化合物的最终产物；亚硝酸盐氮是氮化合物氧化还原的中间产物，不稳定，易氧化为硝酸盐氮；氨氮可氧化为亚硝酸盐氮，进一步氧化为硝酸盐氮。海水中的无机氮可通过水中的某些细菌，如硝化细菌、反硝化细菌作用相互转化，且具有明显的季节变化。海水中无机氮来源有陆源性径流的补给、大气降水、海水中生物的新陈代谢、海水与海底界面交换等。它直接影响海洋浮游植物的生长，产生直接或间接的海洋生态系统效应。它是重要的营养盐指标，也是评价水体富营养化的重要因子，尤其在第一代富营养化评价方法中具有重要的意义。无机氮含量的高低直接反映水体质量好坏，影响天然渔业资源中的游泳生物、底栖动物、鱼卵、仔稚鱼等的生长，也直接对水产养殖业产生影响。

2. 无机氮的分布

2012 年 5 月，渤海湾产卵场水域无机氮变化范围为 0.202～0.795 mg/L，变幅为 0.593 mg/L，平均值为 0.488 mg/L。最小值出现在 KF83 站位，最大值出现在 KF62 站位，所有站位 100％超标。2012 年 8 月，渤海湾产卵场水域无机氮变化范围为 0.441～0.992 mg/L，变幅为 0.551 mg/L，平均值为 0.754 mg/L。最小值出现在 KF64 站位，最大值出现在 KF24 站位。通过对 2012 年两次检测数据分析，得出所有站位 100％超标。

2013 年 5 月，渤海湾产卵场水域无机氮变化范围为 0.545～1.200 mg/L，变幅为 0.655 mg/L，平均值为 0.827 mg/L。最小值出现在 KF84 站位，最大值出现在 KF23 站位，所有站位 100％超标。2013 年 8 月，渤海湾产卵场水域无机氮变化范围为 0.158～0.800 mg/L，变幅为 0.642 mg/L，平均值为 0.447 mg/L。最小值出现在 KF64 站位，最大值出现在 KF82 站位。通过对 2013 年两次检测数据分析，得出所有站位 100％超标。

2014 年 5 月，渤海湾产卵场水域无机氮变化范围为 0.446～0.696 mg/L，变幅为 0.250 mg/L，平均值为 0.536 mg/L。最小值出现在 KF84 站位，最大值出现在 KF23 站位，所有站位 100％超标。2014 年 8 月，渤海湾产卵场水域无机氮变化范围为 0.135～0.406 mg/L，变幅为 0.271 mg/L，平均值为 0.270 mg/L。最小值出现在 KF24、KF25 站位，最大值出现在 KF43 站位。通过对 2014 年两次检测数据分析，得出所有站位 100％超标。

2015 年 5 月，渤海湾产卵场水域无机氮变化范围为 0.262～0.541 mg/L，变幅为 0.279 mg/L，平均值为 0.398 mg/L。最小值出现在 KF84 站位，最大值出现在 KF24 站位，所有站位 100％超标。2015 年 8 月，渤海湾产卵场水域无机氮变化范围为 0.364～0.694 mg/L，变幅为 0.330 mg/L，平均值为 0.509 mg/L。最小值出现在 KF84 站位，最大值出现在 KF43 站位。通过对 2015 年两次检测数据分析，得出所有站位 100％超标。

由数据可以得出，2012—2015 年无机氮整体呈现北部汉沽大神堂养殖区向南部天津港航道处逐渐降低的趋势、西部沿岸向东部外海逐渐降低的变化趋势。

3. 无机氮的年际变化

由表 2-3 可以看出，2012—2015 年无机氮监测数值年最大平均值在 2013 年，年最小平均值在 2014 年；最小值出现在 2014 年，最大值出现在 2013 年；2013 年变幅最大，2015 年变幅最小。对照《海水水质标准》（GB 3097—1997）（国家环境保护总局，2004）Ⅰ类海水无机氮≤0.2 mg/L 进行比较，无机氮最大值超标 5 倍。KF84 站位出现 4 次最小值，KF64 站位出现 2 次最小值，其站位相对其他站位离岸最远。KF23、KF24、KF43 站位均出现 2 次最大值，其站位相对其他站位离岸最近。

表 2-3　2012—2015 年无机氮含量年际统计结果（mg/L）

年份	平均值	最小值	最大值	变幅
2012	0.621	0.202	0.992	0.790
2013	0.637	0.158	1.200	1.042
2014	0.403	0.135	0.696	0.561
2015	0.454	0.262	0.694	0.432

（三）活性磷酸盐

1. 活性磷酸盐的监测意义

天津港是中国北方最大的国际性、现代化、多功能港口，也是我国北京和天津两大直辖市的主要出海口。港口资源是天津最大的优势资源（刘宪斌 等，2007）。近年来，随着港口建设、海水养殖、海岸带旅游等海洋资源开发利用的加强，富含氮、磷营养盐的工农业生产废水、水产养殖废水及城市生活废水的大量排放，使得渤海湾营养盐结构发生了很大变化，同时导致渤海湾局部海域赤潮频繁发生（秦延文 等，2005 年）。

活性磷酸盐又称无机磷，和无机氮一样，都是海洋生物赖以生存的最基础的营养物质，也是水污染控制的重要指标。活性磷酸盐的大量过剩，可引起海域的富营养化，诱发有毒藻华的出现。活性磷酸盐浓度偏高带来的富营养化，是我国沿海水域最突出的环境问题之一，海域富营养化与有害赤潮的发生有着密切关系。已有研究结果表明，水体的富营养化过程，可对海域其他污染物的迁移转化产生显著的影响（黄小平 等，2002）。

活性磷酸盐在海区含量值偏高的话，海域养殖水体会富营养化，水体透明度普遍降低，也是浮游植物生长的限制因子，可能成为诱发赤潮的重要因素。因而近年来磷的生物地球化学循环问题，在有关海洋生态系统的研究中日益受到重视（韦蔓新 等，2007）。

活性磷酸盐是海洋中主要营养盐类，是浮游植物繁殖和生长必不可少的营养要素之一，也是海洋生物产量的控制因素之一，它在全部代谢（尤其是能量转换）过程中起着重要作用。海洋中磷的分布及转化已被众多科学家所关注，海水中的磷和氮共同参与光合作用，合成有机物。生物体死亡分解，活体生物排泄以及沉积物与海水的物质交换，构成了磷在海洋中的循环。近年来，大量研究表明，在河口及近岸海域，溶解态无机磷与水体中悬浮颗粒物的相互作用，很有可能是影响水体中磷的生物地球化学过程最主要的因子。活性磷酸盐是近海海洋环境主要污染物之一，也是近海水环境质量评价的重要指标之一，因此，对天津海域的活性磷酸盐的监测具有非常重要意义（刘宪斌 等，2007）。

2. 海河口邻近海域活性磷酸盐分布情况

2012—2015 年，对海河口邻近海域 12 个站位的水域进行每年 2 次调查监测，分别在 5 月下旬和 8 月下旬。

2012 年，活性磷酸盐均值为 0.010 9 mg/L，变化范围为 0.004 0～0.050 2 mg/L，变幅为 0.049 6 mg/L。从 5 月和 8 月的监测结果来看，活性磷酸盐从北部逐渐向南部呈现递减的趋势，即从汉沽大神堂养殖区到天津港航道处为递减趋势；从南部逐渐向北部至天津港为界呈现递增的趋势。

2013 年，活性磷酸盐均值为 0.011 4 mg/L，变化范围为 0.004 0～0.032 0 mg/L，变幅为 0.046 2 mg/L。从 5 月和 8 月的监测结果来看，活性磷酸盐从北部逐渐向南部呈现递减的趋势，即从汉沽大神堂养殖区到天津港航道处为递减趋势；从南部逐渐向北部至天津港为界呈现递增的趋势。天津港出口处出现 1 个高值区，从天津港往东呈逐渐递减的趋势，即离岸越远，活性磷酸盐含量越低。

2014 年，活性磷酸盐均值为 0.007 9 mg/L，变化范围为 0.004 0～0.024 0 mg/L，变幅为 0.020 0 mg/L。从 5 月的监测结果来看，活性磷酸盐从北部逐渐向南部呈现递减的趋势，即从汉沽大神堂养殖区到天津港航道处为递减趋势；从南部逐渐向北部至天津港为界呈现递增的趋势。从 8 月分布图看，天津港出口处出现 1 个高值区，从天津港往南呈逐渐递减的趋势，然后又逐渐递增。

2015 年，活性磷酸盐均值为 0.011 2 mg/L，变化范围为 0.004 0～0.053 0 mg/L，变幅为 0.046 2 mg/L。从 5 月监测结果来看，天津港出口处出现 1 个高值区，从天津港往东逐渐递减的趋势，之后又呈现出逐渐递增的趋势。从 8 月分布图看，从北部逐渐向南部呈现递减的趋势，即从汉沽大神堂养殖区到天津港航道处为递减趋势；从南部逐渐向北部至天津港为界呈现递增的趋势。

3. 海河口邻近海域活性磷酸盐年际比较

2012—2015 年，在海河口邻近海域设监测站位 12 个，监测水域面积 827 km^2，进行调查监测，活性磷酸盐调查结果见表 2－4。

表 2-4 海河口邻近海域活性磷酸盐年际统计（mg/L）

项目	活性磷酸盐			
	2012 年	2013 年	2014 年	2015 年
范围	0.004 0～0.050 2	0.004 0～0.032 0	0.004 0～0.024 0	0.004 0～0.053 0
平均值	0.010 9	0.011 4	0.007 9	0.011 2
变幅	0.049 6	0.028 0	0.020 0	0.046 2

从海河口邻近海域 12 个监测站位活性磷酸盐年际数据分析：年际平均值的最低值出现在 2014 年 0.007 9 mg/L，年际平均值范围为 0.004 0～0.024 0 mg/L，变幅为 0.020 0 mg/L。年际平均值的最高值出现在 2013 年 0.011 4 mg/L，变化范围为0.004 0～0.032 0 mg/L，变幅为 0.028 0 mg/L。

4. 海河口邻近海域活性磷酸盐总体分布特征

从监测的海河口邻近海域 12 个站位的结果分析：活性磷酸盐基本上是从北部逐渐向南部呈现递减的趋势，即从汉沽大神堂养殖区到天津港航道处为递减趋势；从南部逐渐向北部至天津港为界呈现递增的趋势。天津港出口处出现 1 个高值区，从天津港往东呈逐渐递减的趋势，即离岸越远，活性磷酸盐含量越低。在天津港航道的出口活性磷酸盐的含量比较高，在汉沽大神堂养殖区活性磷酸盐的含量比较高，即离岸越远，活性磷酸盐的含量比较低。总体来说，受污染程度越大，活性磷酸盐含量越高，污染程度越小，活性磷酸盐含量越低。

（四）化学需氧量

1. 化学需氧量的监测意义

化学需氧量（chemical oxygen demand，COD）是表征水体质量的最重要指标之一，它是水体受到还原性物质污染程度的综合体现，还原性物质污染物包括有机物、硫化物、亚铁盐、亚硝酸盐等。在这些还原性物质污染物中，占比重最大的、最普遍的就是有机物，因此，化学需氧量往往又被指为衡量水中有机物质含量多少的指标。水体中化学需氧量的值越大，说明水体受到有机物的污染就越严重。水体中的有机物的主要来源为生活污水，包括粪便和洗涤污水等，含有大量的有机物；工业废水，如造纸、印染和化工等行业的废液排放；以及动植物腐烂经分解后，随降雨流入水体之中。

如果化学需氧量浓度很高的话，就会造成自然水体环境中水质的恶化。自然界中水体本身具有自净功能，其中，就包括降解有机物的能力，所以化学需氧量的降解也是水环境循环功能的一部分。但是分解化学需氧量肯定需要消耗溶解于水体中的氧气，而水体中的复氧速率比消耗氧气的速率慢，所以溶解于水中的氧气永远不能满足自净的要求，水中溶解氧就会下降至相当低的水平，使整个水体成为厌氧状态。在厌氧状态下的水环境，部分厌氧微生物开始滋生并且继续分解有机物，厌氧微生物本身是适应环境的沥青色，伴随着分解的过程中产生的硫化氢气体，所以就会导致整个水环境细菌滋生、又黑又臭。简而言之，化学需氧量含量过高的物质进入自然水体后危害就是破坏水环境平衡，导致几乎所有好氧生物的死亡，不仅仅对生存于水体中的生物带来威胁，如鱼类、虾类、蟹类等，而且还会经过食物链的传递，最后被人摄入，造成慢性中毒。如果人们长期生活在这种环境下，饮用如此状况的水质，那么对人体的健康就会产生极大的损害。而且，一般工业排放的废水化学需氧量往往较高，其中会存在很多挥发性刺激性的稠环芳香类化合物。而这些有机物会长期滞留在人体内难以被分解，损坏人体内重要的器官，如沉积在肺、肾等重要组织器官，破坏肝功能，造成生理障碍，甚至还能损害神经系统功能或者引起癌症等，对于孕妇，这些污染物质更是导致畸胎的罪魁祸首。因此，对于化学需氧量具有重要的监测意义。

2. 化学需氧量的分布

天津海域 2012—2015 年化学需氧量调查表明：年均结果呈现高—低—高—低、总体下降、2014 年反弹的年际变化趋势，北高南低的地理分布趋势。

3. 化学需氧量的年际变化趋势

依据表 2-5，海河口邻近海域化学需氧量年际统计结果表明，各年份平均值显示化学需氧量处于Ⅱ～Ⅲ类水质。水平分布来看，天津海域北部 2012 年为劣Ⅳ类水质，2014 年为Ⅳ类水质，表明该海域接受的陆源污染物排放量更大，源于潮白新河和蓟运河两条重要河流汇入该海域。

表 2-5　海河口邻近海域化学需氧量年际统计结果（mg/L）

项目	化学需氧量			
	2012 年	2013 年	2014 年	2015 年
范围	1.02～8.03	1.62～4.34	1.60～4.72	0.08～4.60
平均值	3.01	2.40	3.00	1.45
变幅	7.01	2.72	3.12	4.52

（五）油类

1. 油类的监测意义

海河口邻近海域油类污染受多方面因素的影响。海洋油类主要污染源为：近岸的工业污水、城市生活污水、港口设施作业废水排放、船舶航行作业、运输事故、溢油事故及采油废水排放等。通过监测，可掌握海河口邻近海域油类的污染状况。

2. 油类的分布

通过 2012—2015 年每年 5 月、8 月对海河口邻近海域油类的监测，发现油类月平均最高值出现在 2012 年 8 月，为 0.049 mg/L，其他时间段监测结果变化不大，月平均值在 0.025～0.036 mg/L。由油类的监测结果来看，油类无明显的变化规律。由于渤海湾产卵场内有大量船舶通过，偶有漏油情况发生，造成某些监测站位测定值明显偏高。

从 2012—2015 年的监测结果看，最大值出现在 2012 年 8 月 KF63 站位，为 0.203 mg/L；最小值出现在 2012 年 8 月 KF84 站位，测定值为未检出。4 年总平均值为 0.033 mg/L。

3. 油类的年际变化

2012—2015 年海河口邻近海域油类年际统计（表 2-6）结果表明，油类平均含量总体呈现先升高后降低的趋势。2013 年平均值最高，为 0.093 4 mg/L，变幅为 0.480 0 mg/L；2014 年平均值最低为 0.026 3 mg/L，变幅为 0.049 8 mg/L；2015 年比 2014 年略有上升。

表 2-6　海河口邻近海域油类年际统计（mg/L）

项目	油类			
	2012 年	2013 年	2014 年	2015 年
范围	0.000～0.203	0.008 4～0.488 0	0.004 0～0.050 2	0.019 0～0.047 7
平均值	0.042 6	0.093 4	0.026 3	0.030 0
变幅	0.203 0	0.480 0	0.049 8	0.028 7

（六）重金属

1. 重金属的监测意义

随着城市工业的建设发展，越来越多高含量重金属的污水被排入环境，水域环境受污染程度逐渐增大。由于重金属污染潜伏时间长、毒性大、难去除，易通过食物链富集，因此，通过监测海河口邻近海域水体重金属指标，摸清此水域受污染状况，对环境的治理和保障食品安全工作都具有重要意义。

2. 重金属的分布

海河口邻近海域 2015 年重金属监测结果表明：5 月铜含量从沿岸向外海方向逐渐降低，8 月铜含量在监测海域中部天津港航道出口处有 1 个高值区，向周围逐渐降低；5 月锌含量自北向南逐渐降低，8 月在监测海域南部有 1 个高值区；5 月铅含量自北向南逐渐升高，8 月与此相反；镉、汞含量均在一个较低水平波动；5 月和 8 月砷含量自北汉沽大神堂区域向南呈逐渐降低的趋势。

3. 重金属的年际变化

2012—2015 年海河口邻近海域重金属含量的年际统计结果见表 2-7。2012—2015 年铜含量总体呈现降低的趋势，2012 年为最高，其次是 2013 年，2014 年铜含量最低。

2012—2015 年锌含量总体呈现高—低—高—低锯齿状变化的趋势，2012 年为最高，其次是 2014 年，2013 年锌含量最低。

2012—2015 年铅含量总体呈现先升高后降低的变化趋势，2013 年为最高，其次是 2012 年，2014 年铅含量最低。

2012—2015 年镉含量总体呈现逐渐降低的变化趋势。2012 年为最高，2015 年镉含量最低。

2012—2015 年汞含量总体呈现逐渐降低的变化趋势。2012 年为最高，2013—2015 年汞含量相差不大，均在一个较低的水平波动。

2012—2015 年海河口邻近海域砷含量总体呈现高—低—高—低的变化趋势。2012 年砷含量最高，其次是 2014 年，2015 年砷含量最低。

表 2-7 2012—2015 年海河口邻近海域重金属含量年际统计结果（μg/L）

监测项目		2012 年	2013 年	2014 年	2015 年
铜	范围	1.603～5.856	0.81～11.18	1.041～5.751	0.873～5.734
	平均值	3.509	2.967	2.545	2.896
	变幅	4.253	10.370	4.710	4.861
锌	范围	3.08～65.12	0.59～64.00	3.28～45.60	8.80～44.70
	平均值	29.55	19.17	26.00	22.13
	变幅	62.04	63.41	42.32	35.90
铅	范围	1.11～8.23	1.27～11.55	0.55～4.95	0.558～8.270
	平均值	2.483	3.978	1.834	1.984
	变幅	7.12	10.28	4.40	7.712
镉	范围	0.07～0.92	0.09～1.12	0.100～0.868	0.045～0.349
	平均值	0.355	0.269	0.258	0.155
	变幅	0.85	1.03	0.768	0.304
汞	范围	0.070 8～1.364 0	0.003 5～0.023 0	0.003 5～0.205 0	0.003 5～0.147 0
	平均值	0.309 0	0.054 7	0.036 1	0.030 7
	变幅	1.293 2	0.226 5	0.201 5	0.143 5
砷	范围	0.431～2.342	0.350～2.051	0.494～1.588	0.513～1.394
	平均值	1.386	0.836	1.006	0.795
	变幅	1.911	1.701	1.094	0.881

二、沉积物环境

（一）油类

海洋沉积物是包括石油在内的大多数污染物的最终归宿，沉积物中油类含量与分布的研究是海洋环境保护的重要组成部分，自然过程和人类活动产生的油类物质，直接或间接地汇集到海洋中，通过化学凝聚、吸附、沉降等作用，最终积累于海底沉积物中。

1. 海河口邻近海域沉积物油类的分布

由2012—2015年海河口邻近海域沉积物油类的监测结果来看，在北部汉沽大神堂区域向离岸方向，沉积物中的油类呈逐渐降低的趋势。

2. 海河口邻近海域沉积物油类的年际变化

从表2-8数据可以看出，海洋沉积物油类的监测数据在2012—2015年的变化趋势基本呈锯齿状上升的规律，海河口邻近海域油类平均含量2012年最低，为127.0 mg/kg，2015年最高，达355.0 mg/kg，石油开采、船舶泄漏、渔船作业、运油船舶突发事件等都会给渤海湾带来油类污染。

表2-8 2012—2015年海河口邻近海域沉积物油类年际统计结果（mg/kg）

年份	最大值	最小值	变幅	平均值
2012	276.0	24.9	251.1	127.0
2013	674.0	92.0	582.0	314.0
2014	602.0	10.4	591.6	223.0
2015	671.0	26.1	644.9	355.0

（二）重金属

渤海湾近岸海域重金属污染主要是由陆源污染所致。污染物进入海洋，受海洋水动力条件的影响和控制，会在水体与沉积物之间进行迁移。重金属具有来源广、潜伏时间长、不易被生物降解、毒性大且污染后难以被发现等特征，对水生生物和人体健康具有较大负面影响。

2012—2015年测得的重金属含量表明，铜含量平均值2014年最高，为21.28 mg/kg，2013年最低，为18.36 mg/kg；锌含量平均值2014年最高，为92.78 mg/kg，2013年最低，为34.81 mg/kg；铅含量平均值2014年最高，为20.96 mg/kg，2012年最低，为16.45 mg/kg；镉含量平均值2012年最高，为0.184 mg/kg，2014年和2015年均最低，为0.025 mg/kg；汞含量平均值2012年为最高，为0.151 mg/kg，2015年最低，为0.026 2 mg/kg；砷含量平均值2015年最高，为12.00 mg/kg，2012年和2013年均最低，为9.50 mg/kg（表2-9）。

表2-9　2012—2015年重金属含量年际统计结果（mg/kg）

年份	元素	最大值	最小值	变幅	平均值
2012	铜	32.16	15.60	16.56	20.95
	锌	96.62	67.58	29.04	82.36
	铅	22.61	7.52	15.09	16.45
	镉	0.313	0.025	0.288	0.184
	汞	0.450	0.038	0.412	0.151
	砷	13.30	1.92	11.38	9.50
2013	铜	24.22	13.03	11.19	18.36
	锌	40.84	26.60	14.24	34.81
	铅	26.10	12.06	14.04	18.26
	镉	0.065	0.025	0.040	0.058
	汞	0.062 9	0.026 0	0.036 9	0.043 5
	砷	13.70	6.00	7.70	9.50
2014	铜	25.21	15.27	9.94	21.28
	锌	117.80	70.88	46.92	92.78
	铅	27.01	14.05	12.96	20.96
	镉	0.025	0.025	0.000	0.025
	汞	0.238	0.032	0.206	0.081
	砷	15.60	6.27	9.33	10.43
2015	铜	24.61	16.26	8.35	21.03
	锌	72.36	46.01	26.35	57.32
	铅	20.60	13.39	7.21	17.38
	镉	0.025	0.025	0.000	0.025
	汞	0.045 5	0.012 0	0.033 5	0.026 2
	砷	16.50	7.99	8.51	12.00

渤海湾作为北方重要海湾，陆域区域内石油化工、汽车工业、生物医药与技术、食品、纺织等工业发达，这些产业生产的废水与渤海湾重金属污染息息相关。而渤海湾又是一个半封闭海湾，污染物扩散能力差，更加快了污染物在海底的积聚。海河口邻近海

域沉积物重金属含量分布不规律，很可能是受不同的陆源污染和复杂的水文环境影响所致。

三、生物质量

（一）石油烃

1. 石油烃的监测意义

石油烃主要是由碳和氢元素组成的烃类物质，广泛地存在于石油之中，总数约有几万种，包括烷烃、环烷烃、芳香烃三类。近十几年来，随着工业经济发展，中国近海石油烃污染与海洋石油开采、海上石油运输和主要河流污染物排放有密切关系。石油开采中出现漏油、井喷及运输船舶漏油、河流排放物入海，成为石油污染的主要源头。仅2002—2015年就有多起事故发生，如2002年的马耳他籍“塔斯曼海”油轮在国内海域泄油事故，使渔民最终获赔1 000多万元；2011年6月，蓬莱19-3井喷溢油事故使海域受到严重污染。石油烃含量超第一、第二类海水水质标准的海域面积21 890 km^2，渤海就占5 860 km^2，占总面积的26.8%。海上石油污染对海洋生态环境、渔业资源和海水养殖产生重要的影响。轻质油会漂浮水面，重质油会沉入海底，海水和沉积物环境受石油烃污染往往使海洋生物成为直接“受害者”，并会通过食物链的传递，影响水产品的质量，人食用后对人体健康安全产生危害。通过对海产品石油烃监测，可以了解水域石油烃污染程度，对有效降低污染和提高水产品质量具有十分重要的意义。

2. 海河口邻近海域石油烃超标情况分析

2012—2015年每年的8月，对海河口邻近海域的11个站位进行采样。依据《无公害食品　水产品中有毒有害物质限量》(NY 5073—2006)（中华人民共和国农业部，2006）标准判定，石油烃限量值为15 mg/kg，超过此值即超标。

2012年，采集样品有贝类、甲壳类和鱼类3种，6个样品，2个样品超标，超标率约为33.3%。

2013年，采集样品有贝类、甲壳类、头足类和鱼类4种，9个样品，1个样品超标，超标率约为11%。

2014年，采集样品有贝类、甲壳类和鱼类3种，8个样品，合格率为100%。

2015年，采集样品有贝类、甲壳类和头足类3种，10个样品，1个样品超标，超标率为10%。

2012—2015年，共采集样品33个，鱼类涉及4个物种，具体为斑尾刺鰕虎鱼（*Acanthogobiu ommaturus*）、斑鰶、焦氏舌鳎（*Cynoglossus joyneri*）、小黄鱼（*Larimichthys polyactis*），均合格；甲壳类涉及2个物种，具体为日本蟳（*Charybdis japonica*）、中

国对虾，均合格；头足类涉及1个物种，具体为火枪乌贼（*Loliolus beka*），合格；贝类涉及6个物种，具体为脉红螺（*Rapana venosa*）、长牡蛎（*Crassostrea gigas*）、毛蚶、菲律宾蛤仔（*Ruditapes philippinarum*）、凸壳肌蛤（*Musculus senhousia*）、缢蛏（*Sinonovacula constricta*），长牡蛎共采集5个样品，超标1个（KF44站位），毛蚶共采集3个样品，超标1个（KF23站位），凸壳肌蛤采集1个样品，超标（KF45站位），缢蛏采集1个样品，超标（KF23站位），其他均合格。

（二）重金属

1. 重金属的监测意义

随着现代工业的不断发展，大量含有重金属的废水排入环境。由水域环境污染造成生物体重金属含量超出限量标准，已经成为一个备受瞩目的话题。重金属在生物体内富集的途径，主要是通过摄食、体表渗透和鳃黏膜的吸附等。由于不同生物体的自身生理特性、饵料、栖息环境以及重金属的理化特性的不同，其富集重金属的能力也不尽相同。因此，对生物体内重金属含量进行监测具有重要的意义。

2. 海河口邻近海域重金属超标情况分析

海河口邻近海域生物质量依据《海洋生物质量》（GB 18421—2001）（国家海洋标准计量中心，2004a）第一类标准值评价。生物体中重金属限量标准值见表2-10。

表2-10 生物体中重金属限量标准（mg/kg）

重金属	Cu	Pb	Cd	Hg	As
限量标准	≤10	≤0.1	≤0.2	≤0.05	≤1.0

2012年，监测了2个站位共计6个生物体样品，其中，只有铅、镉2个元素超标，超标率分别约占总监测样品数的16.7%和66.7%。

2013年，监测了6个站位共计9个生物样品，其中，铜、铅、镉元素均有超标，超标率均约占总监测样品数的55.6%。

2014年，监测了7个站位共计10个生物样品，其中，铜、铅、镉元素均有超标，超标率分别占总监测样品数的60%、20%、90%。

2015年，监测了5个站位共计8个生物样品，其中，铜、镉元素均有超标，超标率分别占总监测样品数的50%、75%。

其中，铜、铅、镉最高值均出现在2014年，超标的样品分别是牡蛎、凸壳肌蛤、毛蚶，都属于贝类，而超标倍数分别达到了约4.47倍、9.1倍、45.8倍。

海河口邻近海域水产品采样情况及铜、铅、镉、汞和无机砷5种重金属含量见表2-11和表2-12。

表 2-11　2012—2015 年海河口邻近海域海洋生物体各监测站位采样情况

站位	2012 年	2013 年	2014 年	2015 年
KF23	—	焦氏舌鳎	火枪乌贼、长牡蛎、口虾蛄	斑尾刺鰕虎鱼、口虾蛄、长牡蛎
KF24	毛蚶、菲律宾蛤仔、缢蛏	口虾蛄、脉红螺、日本蟳	脉红螺	脉红螺
KF25	口虾蛄、脉红螺、斑尾刺鰕虎鱼	—	脉红螺	脉红螺
KF43	—	—	毛蚶	长牡蛎
KF44	—	长牡蛎、日本蟳	—	—
KF45	—	—	毛蚶、凸壳肌蛤	小黄鱼、日本蟳
KF62	—	斑尾刺鰕虎鱼	—	—
KF63	—	—	中国对虾	—
KF64	—	—	长牡蛎	—
KF82	—	斑鰶	—	—
KF83	—	火枪乌贼	—	—
KF84	—	—	—	—

表 2-12　2012—2015 年海河口邻近海域海洋生物体重金属含量（mg/kg）

年份		铜	铅	镉	汞	无机砷
2012	最大值	8.9	0.213 6	1.142	0.009 02	0.171
	最小值	0.5	0.002 5	0.132	0.000 99	0.033
2013	最大值	38.8	0.302 2	0.902	0.011 20	0.363
	最小值	0.5	0.002 5	0.025	0.001 72	0.044
2014	最大值	54.7	1.010 0	9.370	0.017 40	0.533
	最小值	1.8	0.002 5	0.001	0.003 58	0.052
2015	最大值	24.8	0.095 7	6.720	0.035 10	0.214
	最小值	0.5	0.002 5	0.007	0.008 39	0.020

由海洋生物体重金属的监测结果可以发现，各类海洋生物体对重金属的富集能力具有一定的差异。但总体来看，虾、蟹、贝类重金属含量较高，鱼类体内重金属的含量较低。

（三）贝类毒素

1. 贝类毒素的监测意义

世界各国的海洋渔业都遭受赤潮贝类毒素的侵袭，制约近海渔业经济的快速发展，同时也会影响海洋环境的健康状态，我国也面临着相同的困境。绝大部分贝类是“非选择性”的滤食性生物，在贝类的生长过程中，极易摄食海水中的有毒生物，使有毒生物的毒素在自身体内累积和转化，从而产生对人类生命安全具有极大危害的毒素，成为对人类健康十分不利甚至会引起中毒的水产品。贝类摄食的有毒生物主要为海水中的有毒藻类，因此，贝类生物毒素通常也称为藻毒素。根据不同的染毒介质和中毒后引发人体的临床症状，世界卫生组织将赤潮藻毒素大体分为以下 5 类：第一类是麻痹性贝毒（paralytic shellfish poisoning，PSP），第二类是腹泻性贝毒（diarrhetic shellfish poisoning，DSP），第三类是记忆缺失性贝毒（amnesic shellfish poisoning，ASP），第四类是神经性贝毒（neurotoxic shellfish poisoning，NSP），第五类是西加鱼毒素（ciguatera fish poisoning，CFP）。在这五大类毒素中，PSP 和 DSP 两类毒素在世界范围内分布最广、危害程度最大，因此受到世界各国的广泛关注。据 Azanza（2001）统计，全球范围内因藻毒素引发的中毒事故中，有 87%是由麻痹性贝类毒素造成的，5%的中毒事件是由腹泻性贝毒素引起的。无论欧美还是日韩等许多国家，已经将对麻痹性贝类毒素和腹泻性贝类毒素的监测规定到贝类经济产区中常规的工作之中。

麻痹性贝毒是一种极易溶于水，部分溶于甲醇和乙醇，不溶于大多数非极性溶剂如乙醚、石油醚的白色固体。它是一种生物碱，容易从酸性溶液中萃取。来源于贝类摄食海洋中有毒藻类而在体内蓄积，主要包括亚历山大藻属（*Alexandrium*）的 *A. tamarense*、*A. catenella*、*A. frmdyense*、*A. mlnulum*、*A. cohurticula*、*A. angustitabulatum* 及 *A. ostenfeldi* 等，其他还有链状裸甲藻（*Gymnodinium catenatum*）和 *Pyodinium buhamense* var. *compressum* 及 4 种淡水蓝绿藻（刘智勇　等，2006）。该毒素是一类神经肌肉麻痹剂，由于贝类滤食水体中的有毒藻类而间接携带的，危害主要表现为以下三个方面（李钧，2005）：①会对人体的健康造成损害，当人体食用感染了麻痹性贝毒的贝体后，毒素会迅速地释放于各器官和血液中，产生中毒现象。根据含量的不同，短至几分钟长至数小时后，人体四肢的肌肉、呼吸系统的肌肉产生麻痹现象，严重的话会窒息死亡，并伴随着头痛恶心、体温升高、表面皮肤长出疹子等中毒症状；②会严重影响食用贝体产品的质量。麻痹性贝毒在贝体中具有较强的富集能力，使其肉质松散、口感欠佳，食用品质大大降低，会对经济贝类养殖业造成无法挽回的损失；③也是最重要的一点，就是会威胁到海洋渔业的健康发展。除贝体中会富集麻痹性贝毒外，鱼类也可能摄食有毒藻体细胞分泌的有毒物质，造成鱼类中毒和死亡现象。

腹泻性贝毒同样也是来源于有毒藻类，按结构可分为聚醚类毒素—大田软海绵酸（OA）及其衍生物鳍藻毒素（DTXs）、大环聚醚内酯毒素—蛤毒素（PTXs）、融合聚醚毒素—虾夷扇贝毒素（YTXs），被贝类滤食后蓄积在其体内，性质非常稳定，一般烹调加热不能使其破坏。其作用机制是参与酶系统反应，可促进肿瘤的生成和发育。DSP 常常会造成急性中毒事故，但也有产生慢性中毒的潜在可能性。腹泻性贝毒中毒过程的主要特征大致为时间短、反应强烈。毒素在人体中的潜伏期较短，通常在 30 min 至数小时，中毒人员常会伴随恶心、腹泻、头疼、呕吐、腹部剧烈疼痛等症状，待 2～3d 后可自然恢复健康（Aune et al.，1993）。1977 年，日本暴发了大范围的 DSP 中毒事件；1984 年，法国有 500 多例腹泻性贝毒中毒患者，同年在挪威也发生 1 次由食用有毒紫贻贝引起的腹泻性贝毒中毒事件，有 300～400 人出现中毒症状。事件中大于 90%的患者有腹泻症状，80%的患者出现呕吐现象，50%左右的患者腹痛，另有部分患者伴随恶心、头痛等中毒症状（华泽爱，1993）。

2. 海河口邻近海域赤潮期贝类毒素监测结果

2015 年 8 月，针对海河口邻近海域赤潮期贝类毒素应急监测工作，调查人员赶赴神港、北塘渔港、大港三地现场完成样品采集，共采集近海捕捞贝类及螺类 5 种 8 个样品，分别为脉红螺、菲律宾蛤仔、毛蚶、青蛤（*Cyclina sinensis*）和缢蛏。每个样品足量以保证满足两种毒素检测实验的出肉率，采集完成后迅速送至样品前处理室，以清水冲洗贝类样品外壳，待去除表面泥沙等附着物后，再用解剖刀将其软组织与壳分离，绞碎后将待检样品装于高密度食品级塑料袋中，抽真空密封，立即放入－20 ℃冰箱冻存备用（表 2－13）。

表 2－13 所采样品名称及数量

样品名称	学名	数量（个）
脉红螺	*Rapana venosa*	2
菲律宾蛤仔	*Ruditapes philippinarum*	2
毛蚶	*Scapharca kagoshimensis*	2
青蛤	*Cyclna sinensis*	1
缢蛏	*Sinonovacula constricta*	1

检测样品中麻痹性贝毒按照《贝类中麻痹性贝类毒素的测定》（GB/T 5009.213—2008）（中华人民共和国卫生部，2009a）小鼠生物测定法（mouse bioassay，MBA）进行，腹泻性贝毒按照《贝类中腹泻性贝类毒素的测定》（GB/T 5009.212—2008）（中华人民共和国卫生部，2009b）小鼠生物测定法（mouse bioassay，MBA）进行。

检测结果见表 2－14。

表 2－14 两种毒素的检测结果

样品名称	麻痹性贝毒结果	腹泻性贝毒结果
脉红螺 1	<175 MU/g	<0.05 MU/g
脉红螺 2	<175 MU/g	<0.05 MU/g
菲律宾蛤仔 1	<175 MU/g	<0.05 MU/g
菲律宾蛤仔 2	<175 MU/g	<0.05 MU/g
毛蚶 1	<175 MU/g	<0.05 MU/g

（续）

样品名称	麻痹性贝毒结果	腹泻性贝毒结果
毛蚶 2	<175 MU/g	<0.05 MU/g
青蛤	<175 MU/g	<0.05 MU/g
缢蛏	<175 MU/g	<0.05 MU/g

完成两种贝毒的小鼠注射实验，结果均未有小鼠死亡。在 8 个贝类样品中，两种毒素检测结论均为阴性。

麻痹性贝毒的结果均为<175 MU/g。但在其中 1 个脉红螺样品的检测实验中，小鼠注射后，发现受试 3 只小鼠均表现出明显的行动迟缓、气息微弱等不适症状，但规定时间内并未死亡，故该结果并不属于国标规定小鼠死亡所代表的毒素检出结论。

腹泻性贝毒的结果均为<0.05 MU/g。

偶尔一次的监督抽查采样，不足以客观、全面地反映海洋中生物体的质量安全情况。为了尽量减少甚至杜绝贝类毒素引起的群体中毒，应当建立定时、定点的监控体制，通过定期抽样检测贝毒结果，完善一段时期内的监测数据，在数据积累足够量的情况下，无论是从横向、纵向、同比、环比都能够有据可查，有规律可循。这样，既可以对贝类的食用安全提供质量保证，又可以根据贝类的情况侧面反映出海水的水质情况。所以，实施长期的贝类监控工作是十分必要的，也是十分迫切的。

第二节　重要内陆渔业水域水体环境

海河流域是我国水生生物多样性保护的重点流域之一，具有丰富的水产种质资源。据不完全统计，海河流域有鲢（*Hypophthalmichthys molitrix*）、鳙（*Aristichthys nobilis*）、鲫（*Carassius auratus*）、鳘（*Hemiculter leucisculus*）、翘嘴鲌（*Culter alburnus*）、乌鳢（*Channa argus*）、泥鳅（*Misgurnus anguillicaudatus*）、鲤（*Cyprinus carpio*）、麦穗鱼（*Pseudorasbora parva*）、草鱼（*Ctenopharyngodon idella*）、日本沼虾（*Macrobranchium nipponense*）等生物 100 余种。

监测水域包括海河干流市区段、潮白新河、独流减河、蓟运河、北大港水库、于桥水库、七里海湿地、龙凤河、大黄堡湿地、洪泥河 10 个重要内陆渔业水域。

（1）海河干流市区段　海河干流位于天津市中部，起点为子牙河与北运河交汇的天津市内金刚桥三岔河口，终点至塘沽区大沽口入海处，全长 73 km。三岔河口为天津市的交汇点，海河干流流经红桥区、河北区、南开区、和平区、河东区、东丽区、滨海新区塘沽，在滨海新区塘沽汇入渤海。

海河干流的污染物来源主要包括：作为行洪河道，汛期时市区的雨污水一同排入河道，再加上一些工业及生活污水非法排入河道，致使河道水质下降，同时污染物沉积到河底，形成了污染沉积物，造成海河内在的污染源；由于天津市水资源非常紧张，周边地区农田大部分利用污水灌溉，而向海河补水的沿途河道均为当地的农田排灌两用河道，农田沥水和居民生活污水均排入河道，故海河补水的同时，水质也会受到不同程度的污染；另外，水运、旅游、工业及民用垃圾等也给海河带来了污染。

为改善海河污染状况，天津市政府于 2002 年对海河干流进行清淤工程改造。同时，为恢复海河干流鱼类资源，天津市渔业管理部门自 2004 年起，每年向海河增殖放流鲢、鳙等鱼类苗种。

（2）*潮白新河*　潮白新河是海河五大水系蓟运河重要支流之一，位于天津市的东北部，是 1950 年开挖的河道，全长 52 km，其中，宝坻新城至京津新城段长 27 km。潮白新河流经黄庄洼、小蜈蚣河，于七里海汇入蓟运河，于滨海新区北塘入渤海。

（3）*独流减河*　位于天津市区南侧，是大清河主要入海尾闾河道。河道从静海区开始，流经静海、西青、滨海新区大港 3 个区，至独流减河防潮闸，全长 67 km。同时也是静海的主要泄洪河道之一，由西至东贯穿区境北界。

（4）*蓟运河*　蓟运河是海河流域北系的主要河流之一，干流河道始于蓟州区九王庄，流经天津市蓟州、宝坻、宁河、汉沽 4 个区县，止于汉沽区蓟运河防潮闸，全长 144.54 km，经永定新河入海。

（5）*北大港水库*　位于天津市滨海新区，地处独流减河下游，东临渤海，距入海口 6 km。始建时间是 1974 年，建成时间为 1980 年，是以蓄水为主，鱼、苇、藕、林全面发展，蓄泄兼顾、综合利用的大型平原水库。库区占地面积为 164 km^2，围堤总长 54.5 km，水库总库容 5 亿 m^3。

（6）*于桥水库*　又名翠屏湖。兴建于 1959 年 12 月，位于蓟州区东北。水库地形狭长，东西长 30 km，南北最宽处 10 km，水库总面积 135 km^2，周围的淋河、沙河、黎河、州河等河流在这里汇聚，控制流域面积 2 060 km^2，是天津市最大的水库和水源地。

（7）*七里海湿地*　七里海是 1992 年经国务院批准的天津古海岸与湿地国家级自然保护区，是世界著名的三大具有古海岸性质的湿地之一。湿地面积为 95 km^2，其中，核心区面积为 56.5 km^2，涉及宁河的俵口、七里海、潘庄、淮淀、造甲 5 个乡镇、25 个行政村，中间及东西两侧有潮白河、蓟运河、永定河三条大河流过，另有二级河道三条纵横七里海湿地内。2009 年，《天津市空间发展战略规划》关于天津市“双城双港、相向拓展、一轴两带、南北生态”的总体战略中，将七里海作为“南北生态”的重要组成部分。

（8）*龙凤河*　原为北京排污河，源于凉水河右堤上的胥各庄闸，于天津市北辰区东堤头汇入永定河，河道长 92 km。其中，天津市武清区境内由李老闸至王三庄村东南，更名为龙凤河，河道长 71.7 km。

（9）大黄堡湿地　大黄堡湿地自然保护区位于武清区东部，北起崔黄口镇南武安营路，南至上马台镇梅丰路，东到大黄堡乡与宝坻区接壤，西至津围公路与曹子里乡为界。湿地保护区包括大黄堡乡大部、崔黄口镇南半部和上马台镇北半部。保护区共辖33个自然村，人口密度稀疏，地域广阔。

（10）洪泥河　洪泥河南起独流减河左堤洪泥河首闸（滨海新区大港中塘镇），北至海河右堤洪泥河防洪闸（津南区辛庄镇生产圈村北），全长25.8 km。沿途涉及大港、西青、津南3个区的6个镇、23个村。洪泥河是一条多功能河道，既承担着沿途农田灌溉和排沥任务，又担负着为海河补水输水任务。该河已成为沟通独流减河与海河的一条重要通道。

一、水体环境质量

（一）pH

1. pH的监测意义

水质pH是水质的化学要素之一，一般天津市自然淡水水域的pH在7.6～9.1，绝大多数在8.2～8.8，主要与水中的二氧化碳含量有关。水温的升高或者表层植物的光合作用，都会使水中的二氧化碳含量减少，从而引起pH升高；生物的呼吸或有机物的分解都产生二氧化碳，这些会导致pH降低。所以，自然淡水水域的pH存在着日变化和季节变化。通过2012—2015年对天津市内陆主要自然水域pH进行监测，掌握了监测水域pH的具体情况。

2. 天津市重要内陆渔业水域pH的季节变化

图2-1至图2-4为2012—2015年天津市重要内陆渔业水域pH的季节比较。从4年的监测结果看，不同季节各监测水域的pH无明显变化规律。由于水是很强的缓冲剂，外来污染不会长时间对水体pH产生影响。结合采样时对水体的观察，水体中的浮游植物大量繁殖时，pH较高；而水体中浮游动物大量繁殖、浮游植物含量较少时，pH较低；当水体清澈透明、其他有机成分很少时，pH一般在8.0～8.5。

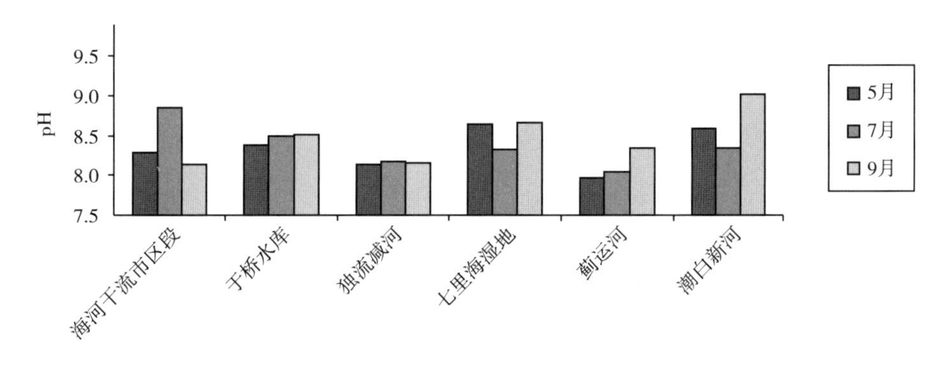

图2-1　2012年天津市重要内陆渔业水域pH的季节比较

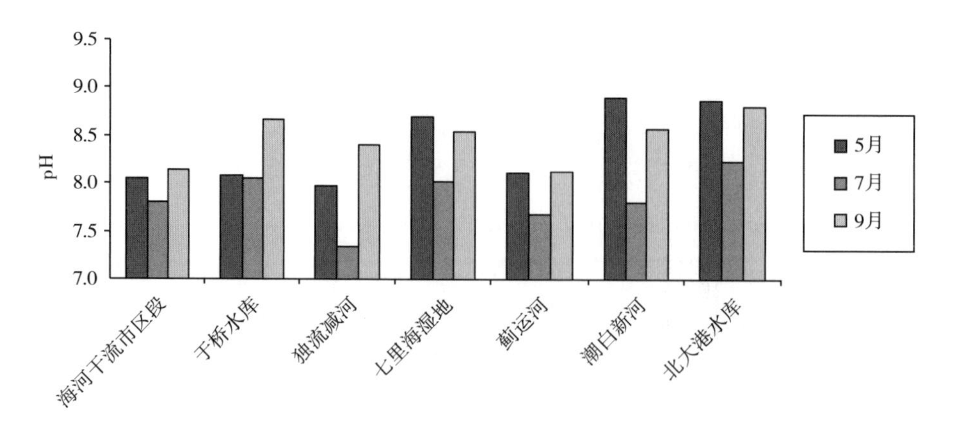

图 2-2　2013 年天津市重要内陆渔业水域 pH 的季节比较

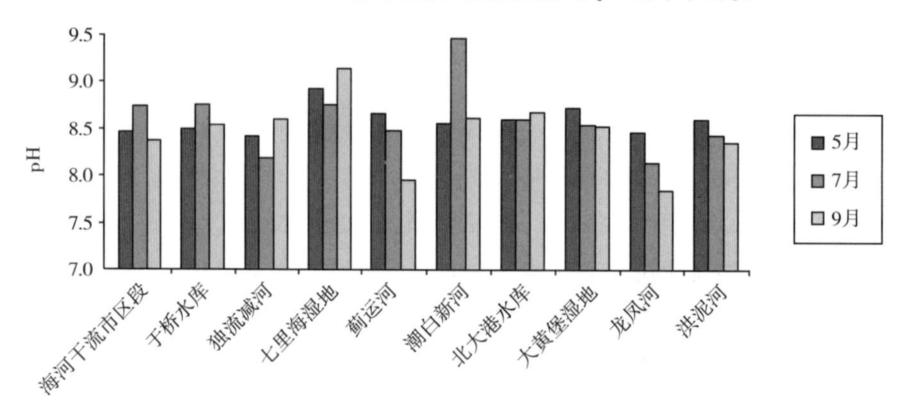

图 2-3　2014 年天津市重要内陆渔业水域 pH 的季节比较

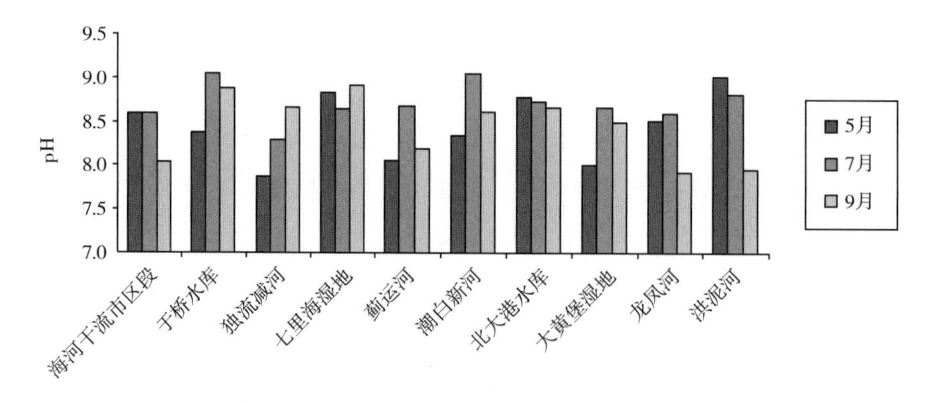

图 2-4　2015 年天津市重要内陆渔业水域 pH 的季节比较

3. 天津市重要内陆渔业水域 pH 的年际比较

天津市内陆水域 2012—2015 年 pH 调查结果表明：2012 年，pH 平均值最高值出现在潮白新河，为 8.64，变幅 1.39；最低值出现在蓟运河，为 8.12，变幅为 0.82。2013 年，pH 平均值最高值出现在北大港水库，为 8.64，变幅为 1.56；最低值出现在蓟运河，为 7.97，变幅为 0.90。2014 年，pH 平均值最高值出现在潮白新河，为 8.88，变幅为

1.59；最低值出现在七里海湿地，为7.95，变幅为0.71。2015年，pH平均值最高值出现在七里海湿地，为8.79，变幅为0.47；最低值出现在独流减河，为8.28，变幅为1.41（表2-15）。

表2-15　天津市重要内陆渔业水域pH的年际数据统计

水域	项目	pH			
		2012年	2013年	2014年	2015年
潮白新河	范围	7.66～9.05	7.61～8.93	8.24～9.83	7.95～9.41
	平均值	8.64	8.43	8.88	8.67
	变幅	1.39	1.32	1.59	1.46
独流减河	范围	7.83～8.45	7.13～8.42	7.80～8.65	7.68～9.09
	平均值	8.15	7.91	8.40	8.28
	变幅	0.62	1.29	0.85	1.41
海河	范围	7.93～8.97	7.70～8.42	8.07～9.16	7.92～8.95
	平均值	8.43	8.00	8.53	8.41
	变幅	1.04	0.72	1.09	1.03
洪泥河	范围	—	—	7.93～9.68	7.89～9.26
	平均值	—	—	8.69	8.59
	变幅	—	—	1.37	1.37
蓟运河	范围	7.66～8.48	7.46～8.36	7.70～8.74	7.74～9.11
	平均值	8.12	7.97	8.37	8.31
	变幅	0.82	0.90	1.04	1.37
龙凤河	范围	—	—	7.65～8.89	7.72～8.80
	平均值	—	—	8.34	8.34
	变幅	—	—	1.24	1.08
于桥水库	范围	8.22～8.74	8.08～8.67	8.39～8.91	8.33～9.13
	平均值	8.46	8.38	8.60	8.77
	变幅	0.52	0.59	0.52	0.80
北大港水库	范围	—	8.00～9.56	8.02～9.04	8.15～9.26
	平均值	—	8.64	8.63	8.72
	变幅	—	1.56	1.02	1.11
大黄堡湿地	范围	—	—	8.22～8.76	7.85～8.76
	平均值	—	—	8.60	8.39
	变幅	—	—	0.54	0.91
七里海湿地	范围	8.11～9.05	7.56～8.96	8.66～9.37	8.61～9.08
	平均值	8.55	8.42	7.95	8.79
	变幅	0.94	1.40	0.71	0.47

（二）总氮

1. 总氮的监测意义

氮元素作为生物地球化学循环中物质流的基础，是污染排放总量控制的主要对象，主要通过地表径流及生产、生活废水等途径进入地表水体，也是诱发水体富营养化的主要原因之一（朱剑峰，2013）。

总氮（TN）是水体中所含的有机氮和无机氮化合物的总和，包括可溶性及悬浮颗粒中的含氮化合物，主要为硝酸盐氮、亚硝酸盐氮、氨氮等无机氮化物和有机氮化物（王成，2014）。

总氮是表征水体质量的最重要指标之一，水中总氮含量增加，一些生物（如微生物等）大量繁殖，消耗水中溶解氧，使水体质量恶化。天津地区湖泊、水库及河流等自然水域总氮的主要来源为生活污水和工业废水的废液排放；农田化肥的过度使用，随降雨流入水体之中；养殖过程中投入品的氮过剩。

氮是生态系统的主要生源元素，它们在食物链的传递过程中从无机物转化为有机物，又从有机物转化为无机物，不断循环，也是影响全球碳循环和气候变化的重要环节。在河口和海湾水域，受到集水区内城市污水排放的影响，富营养化屡有发生，有时甚至引发赤潮或出现贫氧现象，直接影响生态环境质量和生物资源。长期以来，有关氮的生物地球化学过程一直为人们所重视。

在养殖环境中如果总氮的浓度非常高，养殖水体会富营养化，水体富营养化是当今湖泊、水库等自然水域的一大生态环境问题（祈玥，2015）。水体富营养化破坏水域生态系统平衡，降低水体透明度，使水体严重缺氧及引发恶臭，造成鱼类及其他生物大量死亡，使得近海及内陆水域（江河、湖泊等）的渔业资源严重衰退，水域环境恶化、生物多样性下降、水域生态荒漠化的问题十分突出，许多天然水域经济鱼类种群数量大幅度减少，捕捞产量、个体重量下降，各类水生野生动物栖息环境遭到破坏，濒危程度不断加重，破坏了水环境的生态平衡，产生巨大的危害。

我国水体富营养化严重，其中，氮、磷排放是重要的影响因素。为了控制水体富营养化，改善水体环境，氮磷排放控制已经逐渐得到重视，我国在 2007 年开始了水产和种植业第一次全国污染源普查；“十二五”环境统计中，农业源中，规模化畜禽养殖采用养殖数量和产排污系数进行了估算。“十三五”期间，总磷、总氮有可能纳入主要污染物排放控制指标。排放监测和统计是“控源减排”的重要支撑，然而，我国总磷、总氮排放监测与统计基础还相对薄弱（王军霞，2015）。因此，加大对水环境总氮指标的监测是迫不及待的重要任务。

天津渔业发展与天津市内陆水域环境保护密切相关，天津市内陆水域环境的恶化会对渔业造成严重的损害，改善水域生态环境，是促进渔业可持续发展的一项有效措施。

因此，水环境总氮指标的控制、监测，对改善渔业生态环境具有指导意义。

2. 天津市重要内陆渔业水域总氮的季节变化

（1）2012年总氮平均值　2012年5月、7月、9月各水域的平均值见图2-5。其中，最小值为1.737 mg/L（7月于桥水库）；最大值为13.350 mg/L（5月蓟运河），变化幅度为11.613 mg/L；平均值为5.93 mg/L。

（2）2013年总氮平均值　2013年5月、7月、9月各水域的平均值见图2-6。其中，最小值为1.841 mg/L（5月北大港水库）；最大值为10.923 mg/L（5月独流减河），变化幅度为9.082 mg/L；平均值为4.96 mg/L。

（3）2014年总氮平均值　2014年5月、7月、9月各水域的平均值见图2-7。其中，最小值为1.153 mg/L（7月七里海湿地）；最大值为9.827 mg/L（7月龙凤河），变化幅度为8.674 mg/L；平均值为5.14 mg/L。

（4）2015年总氮平均值　2015年5月、7月、9月各条水域的平均值见图2-8。其中，最小值为1.277 mg/L（7月于桥水库）；最大值为8.557 mg/L（7月龙凤河），变化幅度为7.280 mg/L；平均值为4.10 mg/L。

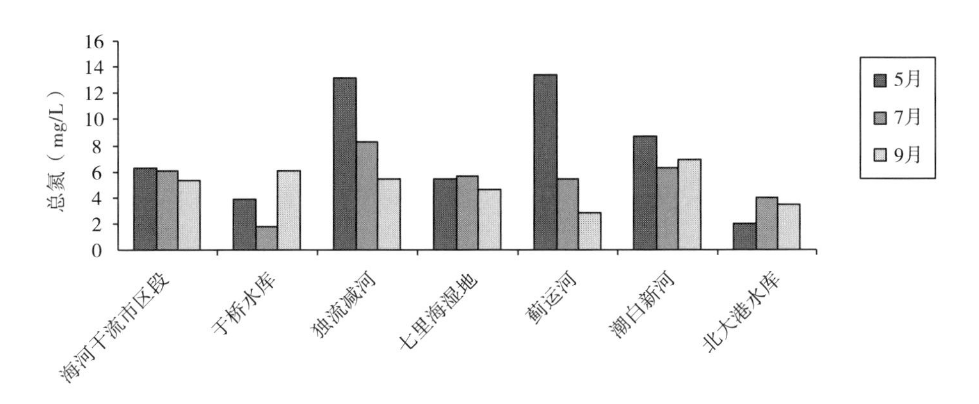

图2-5　2012年天津市重要内陆渔业水域总氮的季节比较

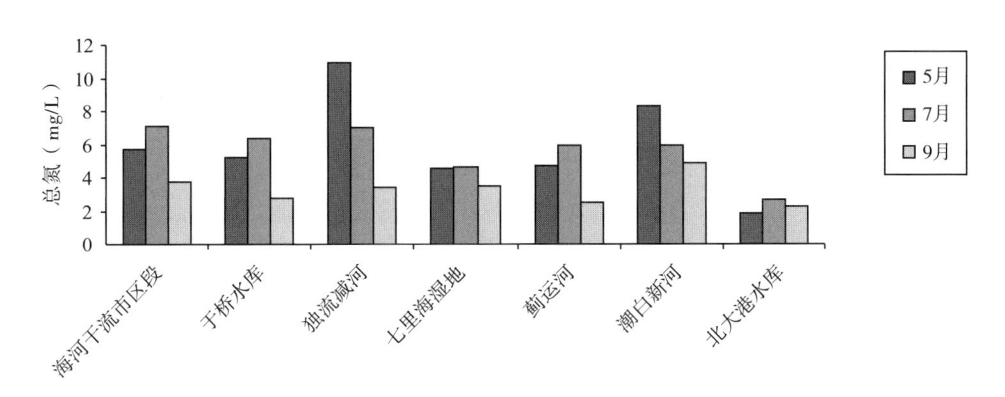

图2-6　2013年天津市重要内陆渔业水域总氮的季节比较

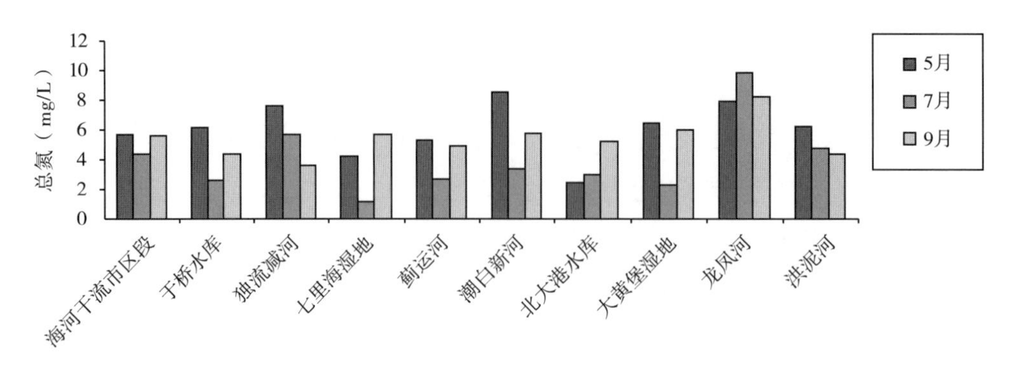

图 2-7 2014 年天津市重要内陆渔业水域总氮的季节比较

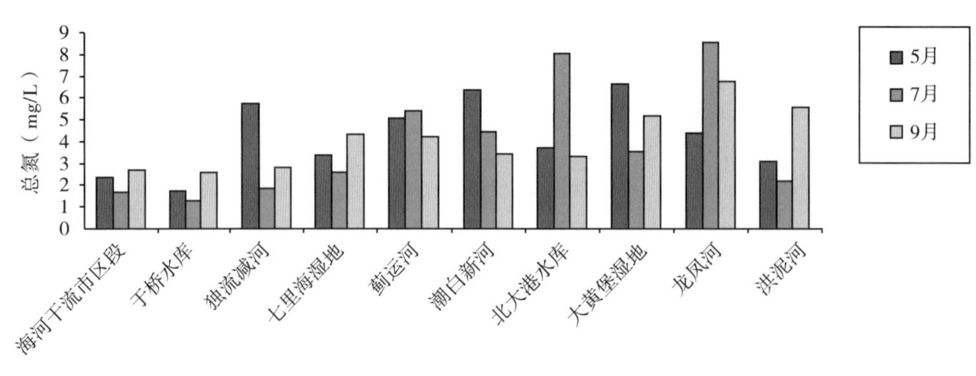

图 2-8 2015 年天津市重要内陆渔业水域总氮的季节比较

3. 天津市重要内陆渔业水域总氮年平均值的变化

从 2012—2015 年的监测结果分析，依据《地表水环境质量标准》（GB 3838—2002）（国家环境保护总局，2002）评价，天津主要陆地上的河流、水库等自然水域总氮的各监测水域全部超过评价标准。根据 2012—2015 年 5 月、7 月、9 月总氮的平均值检测结果看，监测水域年平均值范围为 4.10～5.93 mg/L。年平均最低值出现在 2015 年为 4.10 mg/L，年平均最高值出现在 2012 年为5.93 mg/L，变幅最小的为 2015 年 7.280 mg/L，变幅最大的为 2012 年 11.613 mg/L（表 2-16）。

表 2-16 2012—2015 年天津市重要内陆渔业水域总氮年平均值的变化（mg/L）

年份	平均值	最小值	最大值	变幅
2012	5.93	1.737	13.350	11.613
2013	4.96	1.841	10.923	9.082
2014	5.14	1.153	9.827	8.674
2015	4.10	1.277	8.557	7.280

4. 天津市重要内陆渔业水域总氮的年际比较

为进一步分析评价水域环境状况，对 2012—2015 年天津市内陆水域的 10 个监测水域总氮的年际数据进行了统计，列于表 2-17，并据此作图 2-9。

表 2-17　天津市重要内陆渔业水域总氮的年际数据统计（mg/L）

水域	项目	总氮			
		2012 年	2013 年	2014 年	2015 年
海河干流市区段	范围	5.305～6.283	3.748～7.128	4.423～5.728	1.713～2.690
	平均值	5.879	5.537	5.261	2.263
	变幅	0.978	3.380	1.305	0.977
于桥水库	范围	1.737～6.030	2.763～6.397	2.627～6.137	1.277～2.590
	平均值	3.873	4.791	4.374	1.874
	变幅	4.293	3.634	3.510	1.313
独流减河	范围	5.390～13.130	3.450～10.923	3.580～7.580	1.837～5.763
	平均值	8.911	7.126	5.617	3.472
	变幅	7.740	7.473	4.000	3.926
七里海湿地	范围	4.563～5.660	3.500～4.693	1.153～5.720	2.610～4.317
	平均值	5.210	4.251	3.692	3.426
	变幅	1.097	1.193	4.567	1.707
蓟运河	范围	2.797～13.350	2.543～5.950	2.680～5.303	4.203～5.377
	平均值	7.181	4.399	4.299	4.878
	变幅	10.553	3.407	2.623	1.174
潮白新河	范围	6.277～8.727	4.890～8.293	3.420～8.567	3.443～6.337
	平均值	7.308	6.373	5.921	4.738
	变幅	2.450	3.403	5.147	2.894
北大港水库	范围	2.017～3.947	1.841～2.723	2.498～5.198	3.343～8.027
	平均值	3.151	2.270	3.568	5.025
	变幅	1.930	0.882	2.700	4.683
大黄堡湿地	范围	—	—	2.340～6.430	3.567～6.610
	平均值	—	—	4.936	5.117
	变幅	—	—	4.090	3.043
龙凤河	范围	—	—	7.890～9.827	4.360～8.557
	平均值	—	—	8.641	6.559
	变幅	—	—	1.937	4.197
洪泥河	范围	—	—	4.393～6.240	2.220～5.590
	平均值	—	—	5.138	3.627
	变幅	—	—	1.847	3.370

从10个监测水域总氮年际数据分析：年平均值的最低值出现在2015年于桥水库1.874 mg/L，年平均值范围为1.277～2.590 mg/L，变幅为1.313 mg/L；次低值出现在2015年海河干流市区段2.263 mg/L，年平均值范围为1.713～2.690 mg/L，变幅为0.977 mg/L。年平均值的最高值出现在2012年独流减河8.911 mg/L，年平均值范围为5.390～13.130 mg/L，变幅为7.740 mg/L；次高值出现在2014年龙凤河8.641 mg/L，年平均值范围为7.890～9.827 mg/L，变幅为1.937 mg/L。其他的监测水域值居中（图2-9）。

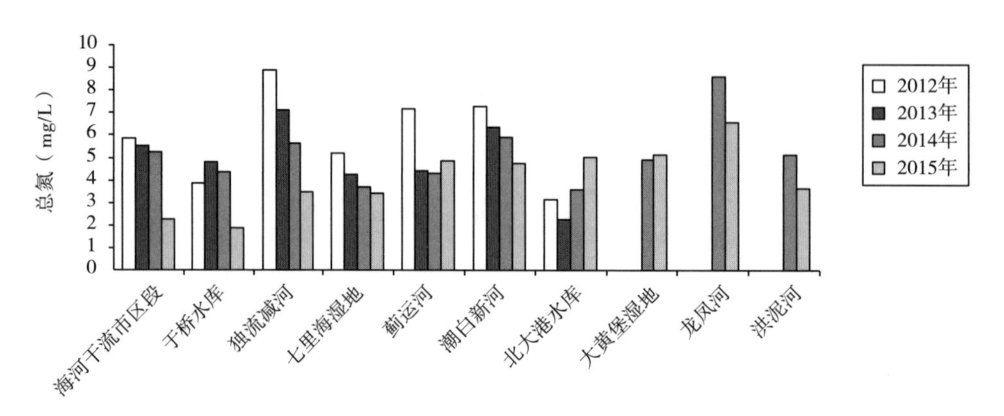

图2-9 2012—2015年天津市重要内陆渔业水域总氮的年际变化

5. 天津市重要内陆渔业水域总氮的总体分布特征

对监测的天津市自然水域海河干流市区段、潮白新河、独流减河、蓟运河、北大港水库、于桥水库、七里海湿地、龙凤河、大黄堡湿地、洪泥河等10个水域的总氮调查结果进行分析，天津市自然水域总氮的年平均值，2015年值最低，变幅最小；2012年值最高，变幅最大；天津市自然水域总氮的季节平均值，最低值多出现于7月，最高值多出现于5月和7月，9月居中；从水域分布来看，于桥水库水域总氮的年平均值最低，北大港水库值次低；独流减河总氮的年平均值最高，龙凤河值次高，其他的监测水域值居中。

（三）总磷

1. 总磷的监测意义

随着经济的发展和人们生活水平的提高，污染物通过各种途径进入水体，造成水体生态环境的污染，水体富营养化是当今湖泊、河流、水库的一大生态环境问题。水体富营养化受人类活动的影响，生物所需的磷等营养物质大量排入水中并在其中不断积累，引起部分藻类和水生生物过度繁殖，水中溶解氧量下降，水质恶化，造成鱼类及其他生物大量死亡（祈玥，2015）。磷是影响水体富营养化的关键营养元素之一（杨荣敏，2007），是水体富营养化的限制因素（程丽巍，2007）。

总磷是水体中所含的有机磷和无机磷的总和，总磷是衡量水质的重要指标。天津地区湖泊、水库及河流等自然水域的总磷来源，主要为生活污水和工业废水的废液排放；农田化肥的过度使用，随降雨流入水体之中；养殖过程中投入品的磷过剩。

磷是生物体不可缺少的元素之一，磷元素直接影响包括人在内一切生物的生长发育。磷的存在形式多种多样，最常见的如人们大量使用的含磷洗衣粉与磷肥；工业上用磷酸盐矿石制取的磷单质以及一系列的含磷化合物，金属表面处理过程中产生的磷酸盐废水排放，大量含磷化合物的使用与排放严重破坏了磷的自然循环，造成环境污染，其中，水环境与生物环境受磷的影响最为明显。

如果养殖环境中总磷的含量非常高，养殖水体也会富营养化。水体富营养化现象是当今世界水污染治理的难题，并已成为全球最重要的环境问题之一。水体富营养化不但直接危害渔业和水资源的利用，严重地影响工农业生产的可持续发展，且加速水体淤积，使江河湖泊蓄水能力下降，导致洪涝灾害。

总磷是湖泊蓝藻水华暴发常见的限制性营养盐，总磷含量高是湖泊富营养化发生的主要原因之一（赵楠楠，2015），有时甚至引发赤潮或出现贫氧现象，直接影响生态环境质量和生物资源。长期以来，有关磷的生物地球化学过程一直为人们所重视。水中总磷是评价水体受污染程度的重要指标之一，在水质理化检测指标中，总磷是重要检测项目之一，因此对天津市内陆自然水域的总磷的监测，对揭示养殖水域富营养化发生及治理湖泊蓝藻水华具有非常重要意义。同时，也为天津地区进一步加强内陆水域的污染防治和环境监管，改善和提升水环境质量提供重要的基础资料。

2. 天津市重要内陆渔业水域总磷的季节变化

（1）2012 总磷平均值　2012 年 5 月、7 月、9 月各水域的平均值见图 2-10。其中，最小值为 0.029 mg/L（9 月于桥水库）；最大值为 1.604 mg/L（5 月独流减河），变动幅度为 1.575 mg/L；平均值为 0.534 mg/L。

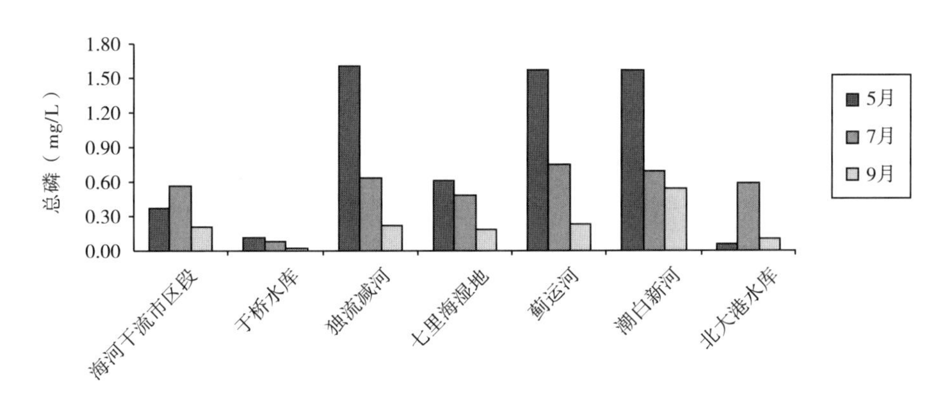

图 2-10　2012 年天津市重要内陆渔业水域总磷的季节比较

（2）2013 总磷平均值　2013 年 5 月、7 月、9 月各水域的平均值见图 2-11。其中，最小值为 0.016 mg/L（5 月于桥水库）；最大值为 0.981 mg/L（9 月潮白新河），变动幅度为 0.965 mg/L；平均值为 0.290 mg/L。

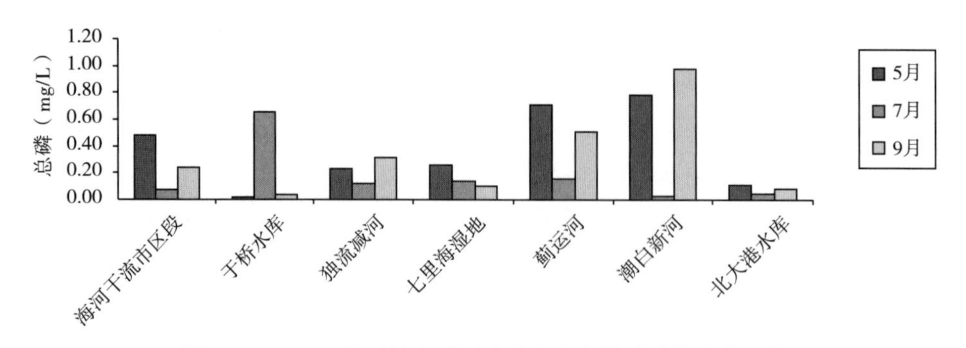

图 2-11　2013 年天津市重要内陆渔业水域总磷的季节比较

（3）2014 总磷平均值　2014 年 5 月、7 月、9 月各水域的平均值见图 2-12。其中，最小值为 0.057 mg/L（7 月于桥水库）；最大值为 6.430 mg/L（5 月大黄堡湿地），变动幅度为 6.373 mg/L；平均值为 0.972 mg/L。

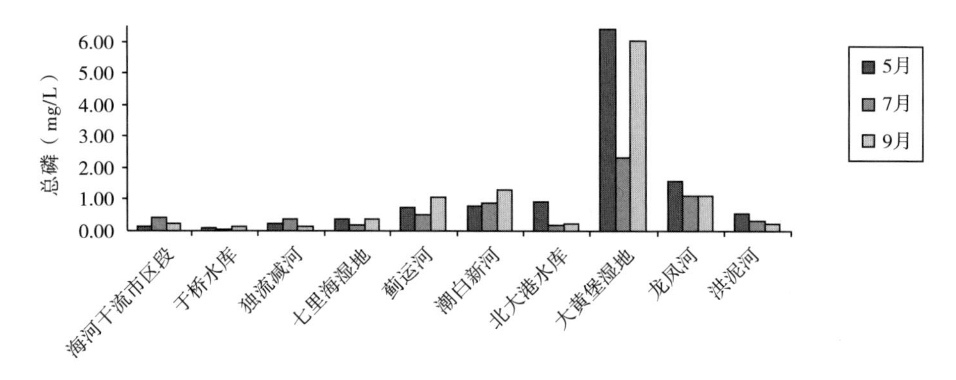

图 2-12　2014 年天津市重要内陆渔业水域总磷的季节比较

（4）2015 总磷平均值　2015 年 5 月、7 月、9 月各水域的平均值见图 2-13。其中，最小值为 0.063 mg/L（5 月于桥水库）；最大值为 1.247 mg/L（7 月龙凤河），变动幅度为 1.184 mg/L；平均值为 0.477 mg/L。

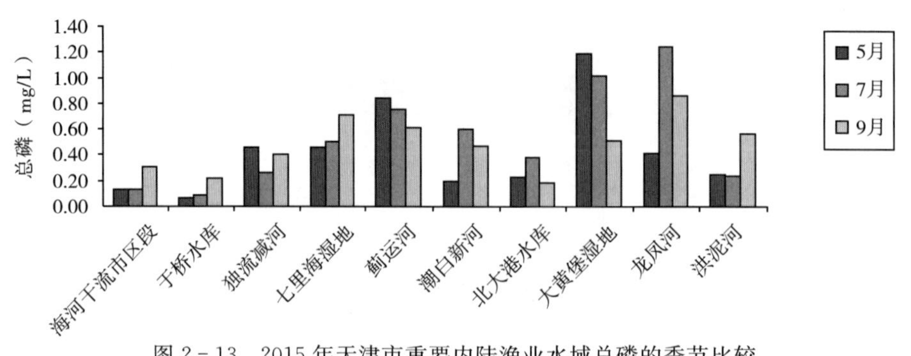

图 2-13　2015 年天津市重要内陆渔业水域总磷的季节比较

3. 天津市重要内陆渔业水域总磷年平均值的变化

从 2012—2015 年的监测结果分析，依据《地表水环境质量标准》（GB 3838—2002）（国家环境保护总局，2002）评价，天津主要陆地上的河流、水库等自然水域总磷的各监测水域大部分超过评价标准。2012 年超标率为 90.5%，2013 年超标率为 71.4%，2014 年超标率为 100%，2015 年超标率为 90.0%。由 2012—2015 年监测结果来看，监测水域年平均值范围为 0.290～0.972 mg/L，最低值出现在 2013 年为 0.290 mg/L，最高值出现在 2014 年为 0.972 mg/L，变幅最小的为 2013 年 0.965 mg/L，变幅最大的为 2012 年 1.575 mg/L（表 2-18）。

表 2-18　2012—2015 年天津市重要内陆渔业水域总磷年平均值的变化（mg/L）

年份	平均值	最小值	最大值	变幅
2012	0.534	0.029	1.604	1.575
2013	0.290	0.016	0.981	0.965
2014	0.972	0.057	6.430	6.373
2015	0.477	0.063	1.247	1.184

4. 天津市重要内陆渔业水域总磷的年际比较

为进一步分析评价水域环境状况，对 2012—2015 年天津重要内陆渔业水域的 10 个监测水域总磷的年际数据进行了统计，列于表 2-19，并据此作图 2-14。

表 2-19　天津市重要内陆渔业水域总磷的年际数据统计（mg/L）

水域	项目	总磷			
		2012 年	2013 年	2014 年	2015 年
海河干流市区段	范围	0.203～0.563	0.075～0.482	0.157～0.395	0.132～0.310
	平均值	0.379	0.267	0.265	0.192
	变幅	0.360	0.407	0.238	0.178
于桥水库	范围	0.029～0.119	0.016～0.657	0.057～0.135	0.063～0.214
	平均值	0.078	0.236	0.094	0.123
	变幅	0.090	0.641	0.078	0.151
独流减河	范围	0.217～1.604	0.120～0.314	0.146～0.394	0.264～0.454
	平均值	0.819	0.223	0.264	0.374
	变幅	1.387	0.194	0.248	0.190
七里海湿地	范围	0.185～0.615	0.103～0.258	0.177～0.385	0.461～0.713
	平均值	0.429	0.167	0.310	0.557
	变幅	0.430	0.155	0.208	0.252

（续）

水域	项目	总磷			
		2012 年	2013 年	2014 年	2015 年
蓟运河	范围	0.230～1.570	0.153～0.710	0.505～1.055	0.609～0.841
	平均值	0.849	0.455	0.771	0.735
	变幅	1.340	0.557	0.550	0.232
潮白新河	范围	0.545～1.570	0.028～0.981	0.804～1.307	0.198～0.597
	平均值	0.934	0.599	1.001	0.422
	变幅	1.025	0.953	0.503	0.399
北大港水库	范围	0.059～0.583	0.047～0.107	0.163～0.920	0.187～0.379
	平均值	0.248	0.080	0.442	0.264
	变幅	0.524	0.060	0.757	0.192
大黄堡湿地	范围	—	—	2.340～6.430	0.516～1.195
	平均值	—	—	4.936	0.911
	变幅	—	—	4.090	0.679
龙凤河	范围	—	—	1.115～1.580	0.421～1.247
	平均值	—	—	1.273	0.843
	变幅	—	—	0.465	0.826
洪泥河	范围	—	—	0.250～0.540	0.237～0.567
	平均值	—	—	0.364	0.351
	变幅	—	—	0.290	0.330

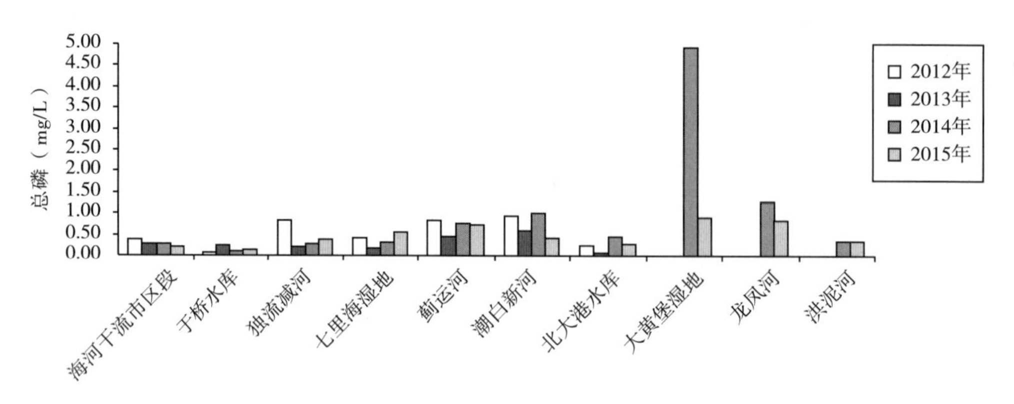

图 2-14　2012—2015 年天津市重要内陆渔业水域总磷的年际比较

从 10 个监测水域总磷年际数据分析：年平均值的最低值出现在 2012 年于桥水库 0.078 mg/L，年平均值范围为 0.029～0.119 mg/L，变幅为 0.090 mg/L；次低值出现在 2013 年北大港水库 0.080 mg/L，年平均值范围为 0.047～0.107 mg/L，变幅为 0.060 mg/L。

年平均值的最高值出现在 2014 年大黄堡湿地 4.936 mg/L，年平均值范围为 2.340～6.430 mg/L，变幅为 4.090 mg/L；次高值出现在 2014 年龙凤河 1.273 mg/L，年平均值范围为 1.115～1.580 mg/L，变幅为 0.465 mg/L。其他的监测水域值居中。

5. 天津市重要内陆渔业水域总磷的总体分布特征

对监测的天津市自然水域海河干流市区段、潮白新河、独流减河、蓟运河、北大港水库、于桥水库、七里海湿地、龙凤河、大黄堡湿地、洪泥河等 10 个水域的总磷调查结果进行分析，天津市自然水域总磷的年平均值，2013 年值最低，变幅最小，2014 年值最高，变幅最大；天津市自然水域总磷的季节平均值，最低值和最高值在 5 月、7 月、9 月都有出现；从水域分布来看，于桥水库水域总磷的年平均值最低，北大港水库值次低，大黄堡湿地总磷的年平均值最高，龙凤河值次高，其他的监测水域值居中。

（四）高锰酸盐指数

1. 高锰酸盐指数的监测意义

“九河下梢天津卫，三道浮桥两道关”。在 21 世纪伊始，天津市内陆水域环境状况较差，经常由于夏季汛期以后水体水质的恶化，再加上高温天气，使得水质富营养化状态急速加剧，使河水中藻类、浮萍、水草等大量滋生；有些景观河段中有大量的餐盒、塑料袋等白色垃圾丢弃物漂于水面，河道两岸杂物、垃圾随处可见。甚至在一些河段、岸边设置的摊群、市场等将垃圾污染物直接排入河中，废品回收站的部分废品已经堆积到河中，还经常出现乱倒垃圾、沿河边大小便等污染水质的行为。种种现象导致水污染十分严重，不仅河水污黑并且臭气熏天。自 2000 年后的 10 多年来，海河流域水污染程度一直位居我国重污染的河流之首，河流支干流断流现象严重，可谓“有水皆污、有河皆枯”，治理成为世界级难题，也是国家环境保护部重点关注与督治的对象。“十一五”期间，国家环保部“海河流域水污染综合治理与水质改善技术与集成示范”项目，明确了海河流域治理三阶段目标。第一阶段（到 2010 年）为污染控制与负荷消减阶段，实现 COD 60～150 mg/L、氨氮 6～15 mg/L 和 DO 低于 1 mg/L；第二阶段（2011—2015 年）为负荷削减与水质改善阶段，实现 COD 40～50 mg/L、氨氮 3～5 mg/L 和 DO 3～5 mg/L；第三个阶段（2016—2020 年）为水质改善与生态修复阶段，实现 COD 20～40 mg/L、氨氮 1～2 mg/L 和 DO 5～8 mg/L，最终完成河流水生生物由中污染向轻污染转变，达到适应性鱼类 3～5 种及圆顶珠蚌（*Unio douglasiae*）等轻污适应性底栖生物出现的生态恢复目标。其中，明确指出耗氧污染是首控污染类型。

高锰酸盐指数（COD_{Mn}）是我国饮用水水源地 34 项常规监测项目之一。在一般情况下，水体中的污染物质主要包括部分有机物和无机还原性物质，部分水体中还混有易挥发的有机污染物质，但易挥发的有机质在常温下就可以从水体中挥发出去，对于水体的污染性影响较小，因此不必归在监测范围之内。高锰酸钾是一种氧化剂，伴随着沸水浴

加热，能够与水体中的污染物发生氧化反应，从而生成高锰酸盐。对于高锰酸盐指数的测定，也就能够确定水体中耗氧污染物的含量。但是利用这种测量方法所得出的结果并不是水体中有机物的总含量，因为部分挥发性有机物并不能与高锰酸钾发生较为充分的反应。这种方法一般是用于对地下水资源或地表浅层水资源中部分有机污染物和无机还原性污染物的测量（肖羽 等，2015）。

由此可见，无论是国家环保统筹治理还是地方环保自治，高锰酸盐指数都是首要的治理指标。

2. 天津市重要内陆渔业水域高锰酸盐指数的季节变化

天津市重要内陆渔业水域2012—2015年高锰酸盐指数调查表明：年平均值的最低值和最高值均出现于水库，两个次高值出现于湿地，河流居中。水库中以于桥水库数值最低，年平均值范围为5.89～10.52 mg/L；北大港水库数值最高，年平均值范围为28.65～17.21 mg/L；大黄堡湿地年平均值范围为19.07～25.85 mg/L；七里海湿地年平均值范围为20.28～28.47 mg/L。河流中以海河干流市区段年际均值最低，年平均值范围为9.85～13.80 mg/L；独流减河年平均值最高，年平均值范围为16.47～27.03 mg/L（图2-15）。

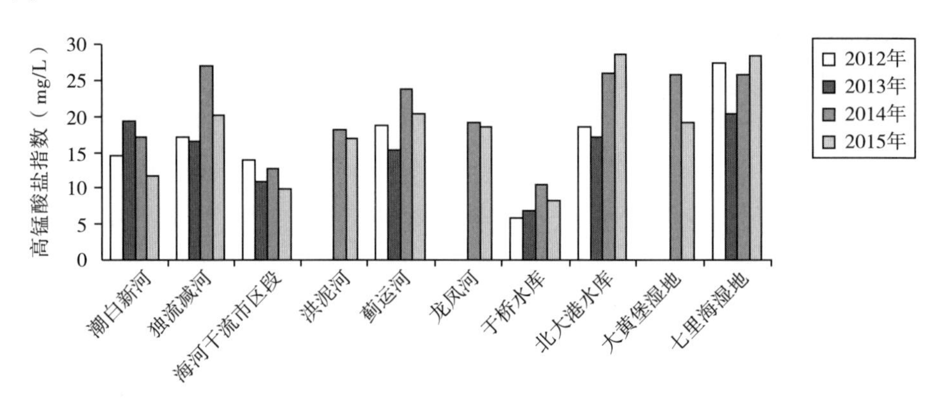

图2-15　2012—2015年天津市重要内陆渔业水域高锰酸盐指数的年际比较

2012年5月、7月、9月高锰酸盐指数调查结果：最小值为4.16 mg/L（5月于桥水库），最大值为36.78 mg/L（7月七里海湿地），变动幅度为32.62 mg/L，平均值为16.57 mg/L（图2-16）。

2013年5月、7月、9月高锰酸盐指数调查结果：最小值为4.19 mg/L（5月于桥水库），最大值为34.96 mg/L（5月七里海湿地），变动幅度为30.77 mg/L，平均值为15.16 mg/L（图2-17）。

2014年5月、7月、9月高锰酸盐指数调查结果：最小值为3.90 mg/L（5月于桥水库），最大值为47.78 mg/L（9月北大港水库），变动幅度为43.88 mg/L，平均值为20.59 mg/L（图2-18）。

2015 年 5 月、7 月、9 月高锰酸盐指数调查结果：最小值为 4.63 mg/L（5 月于桥水库），最大值为 48.26 mg/L（5 月北大港水库），变动幅度为 43.63 mg/L，平均值为 18.20 mg/L（图 2－19）。

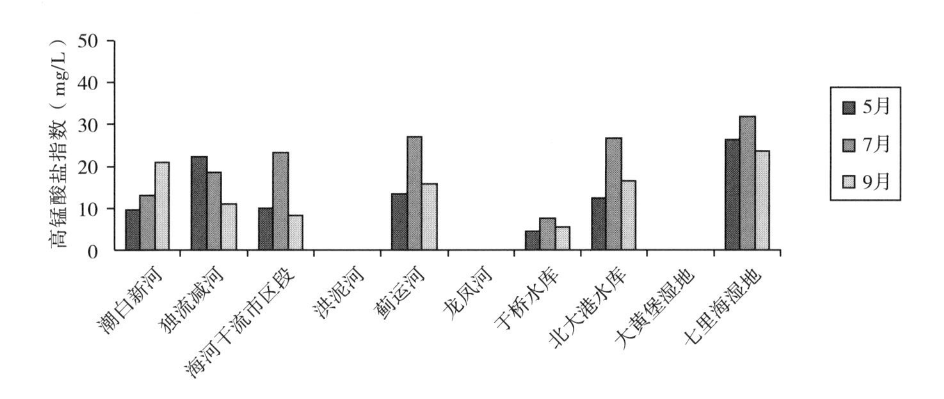

图 2－16　2012 年天津市重要内陆渔业水域高锰酸盐指数的季节比较

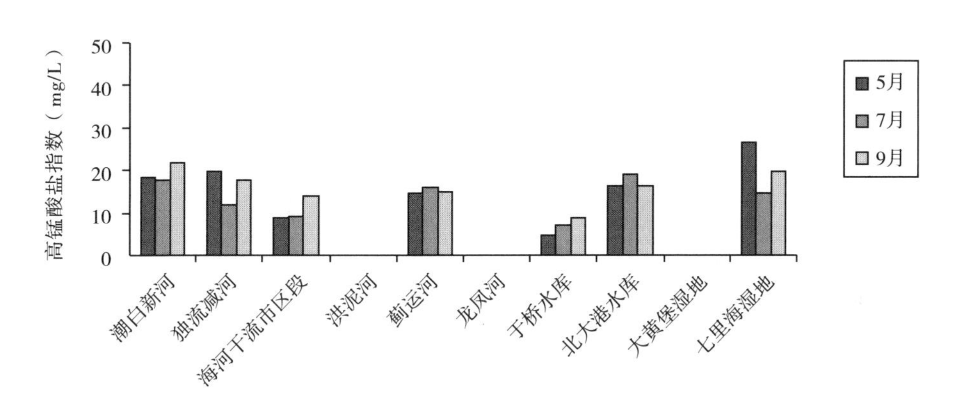

图 2－17　2013 年天津市重要内陆渔业水域高锰酸盐指数的季节比较

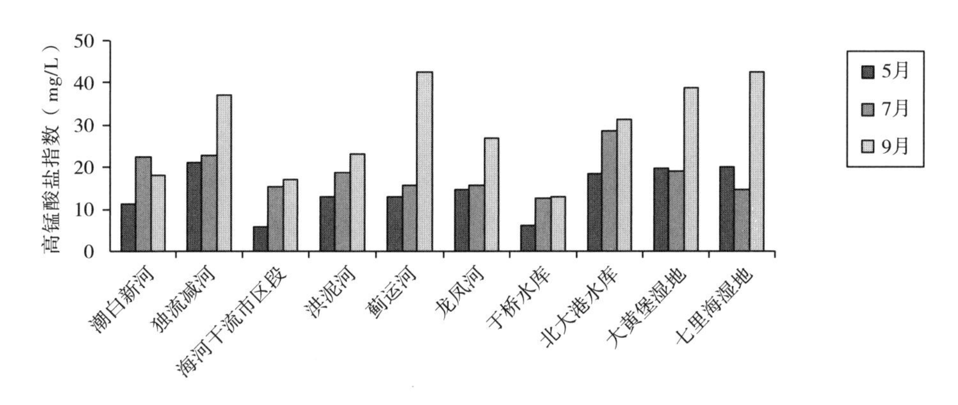

图 2－18　2014 年天津市重要内陆渔业水域高锰酸盐指数的季节比较

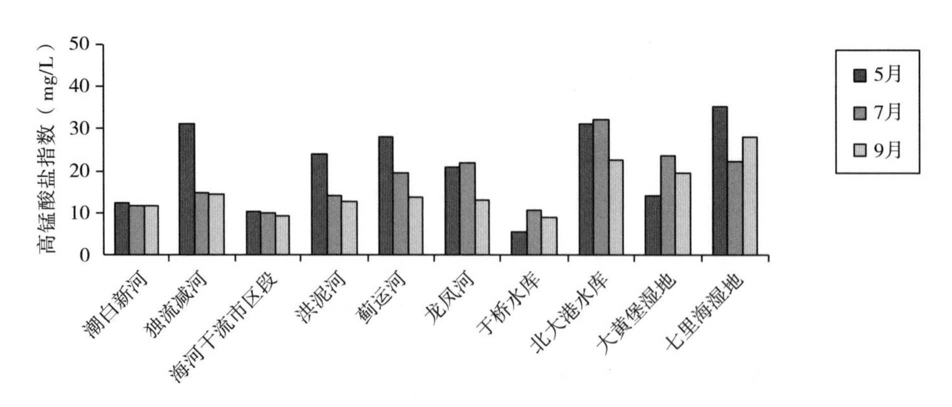

图 2-19　2015 年天津市重要内陆渔业水域高锰酸盐指数的季节比较

3. 天津市重要内陆渔业水域高锰酸盐指数的年际比较

各年份平均值（表 2-20）显示于桥水库情况最好，海河干流市区段次之，其余内陆水域均较差。其中，以北大港水库、大黄堡湿地、七里海湿地最差。原因在于于桥水库作为天津市水源地、海河作为景观河道，两者较为重要，相应的保护措施更为严格；北大港水库、大黄堡湿地、七里海湿地地处各条河流下游，每年接受大量来水，因而情况最差。

表 2-20　天津市重要内陆渔业水域高锰酸盐指数的年际数据统计（mg/L）

水域	项目	高锰酸盐指数			
		2012 年	2013 年	2014 年	2015 年
潮白新河	范围	8.48～25.56	12.29～30.14	8.20～25.90	9.41～14.82
	平均值	14.45	19.31	17.20	11.76
	变幅	17.08	17.85	17.70	5.41
独流减河	范围	9.65～24.97	6.00～23.39	19.24～38.98	11.11～34.06
	平均值	17.21	16.47	27.03	20.08
	变幅	15.32	17.39	19.74	22.95
海河干流市区段	范围	5.42～32.65	6.96～27.02	4.18～30.74	7.42～16.82
	平均值	13.80	10.78	12.63	9.85
	变幅	27.23	20.06	26.56	9.40
洪泥河	范围	—	—	11.32～28.14	9.81～28.44
	平均值	—	—	18.22	16.83
	变幅	—	—	16.82	18.63
蓟运河	范围	10.80～35.16	10.53～17.76	11.04～47.36	9.82～29.70
	平均值	18.76	15.21	23.70	20.40
	变幅	24.36	7.23	36.32	19.88
龙凤河	范围	—	—	8.79～31.60	12.34～29.96

（续）

水域	项目	高锰酸盐指数			
		2012 年	2013 年	2014 年	2015 年
龙凤河	平均值	—	—	19.05	18.55
	变幅	—	—	22.81	17.62
于桥水库	范围	4.16～8.00	4.19～8.96	3.90～20.34	4.63～11.76
	平均值	5.89	6.88	10.52	8.33
	变幅	3.84	4.77	16.44	7.13
北大港水库	范围	6.32～34.70	9.48～29.43	7.36～47.78	12.38～48.26
	平均值	18.51	17.21	26.02	28.65
	变幅	28.38	19.95	40.42	35.88
大黄堡湿地	范围	—	—	16.36～41.41	12.02～34.36
	平均值	—	—	25.85	19.07
	变幅	—	—	25.05	22.34
七里海湿地	范围	17.72～36.78	13.00～34.96	13.92～44.90	19.17～44.71
	平均值	27.36	20.28	25.70	28.47
	变幅	19.06	21.96	30.98	25.54

（五）油类

1. 油类的监测意义

水质的油类是水质的化学要素之一。水中油类污染物主要来源于含油废水的排放和石油及石油产品污染水体以及食用动、植物油和脂肪类等。从对水体的污染来说，主要是石油和焦油。水体中的动植物大量死亡时，也会对水体产生油类污染。油类是由上千种烃类和非烃类组成的混合体，其中，芳烃类有较强的毒性及致癌性，有些致癌烃类被鱼类、贝类富集后经食物链传递到人类，给人类健康造成危害。

2. 天津市重要内陆渔业水域油类的季节变化

从 2012—2015 年的监测结果看，天津市主要陆地上的河流、水库等自然水域（于桥水库除外）油类含量多数为 0.05～0.20 mg/L。

2012 年 5 月、7 月、9 月的平均值见图 2－20，其中，最小值为 0.012 4 mg/L（5 月于桥水库），最大值为 0.232 mg/L（7 月独流减河），变动幅度为 0.219 6 mg/L，平均值为0.106 mg/L。

2013 年 5 月、7 月、9 月的平均值见图 2－21，其中，最小值为 0.007 5 mg/L（5 月于桥水库），最大值为 0.215 mg/L（5 月七里海湿地），变动幅度为 0.207 5 mg/L，平均值为 0.068 7 mg/L。

2014 年 5 月、7 月、9 月的平均值见图 2 - 22，其中，最小值为 0.021 7 mg/L（5 月于桥水库），最大值为 0.458 mg/L（5 月洪泥河），变动幅度为 0.436 mg/L，平均值为 0.106 mg/L。

2015 年 5 月、7 月、9 月的平均值见图 2 - 23，其中，最小值为 0.027 4 mg/L（5 月于桥水库），最大值为 1.250 mg/L（9 月七里海湿地），变动幅度为 1.222 6 mg/L，平均值为0.105 mg/L。

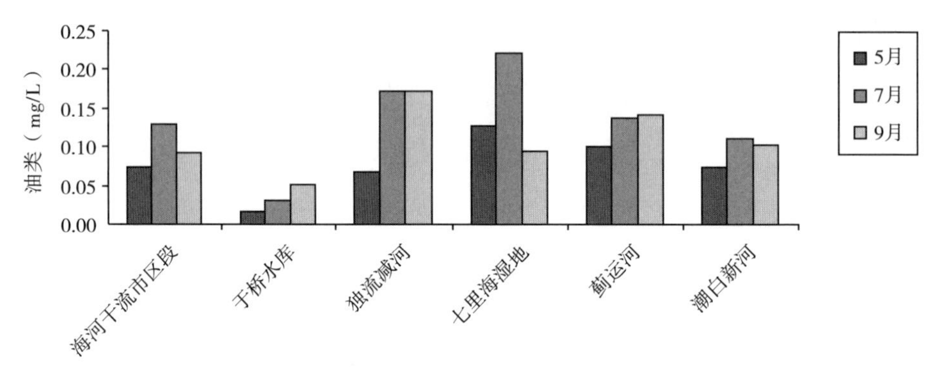

图 2 - 20　2012 年天津市重要内陆渔业水域油类的季节比较

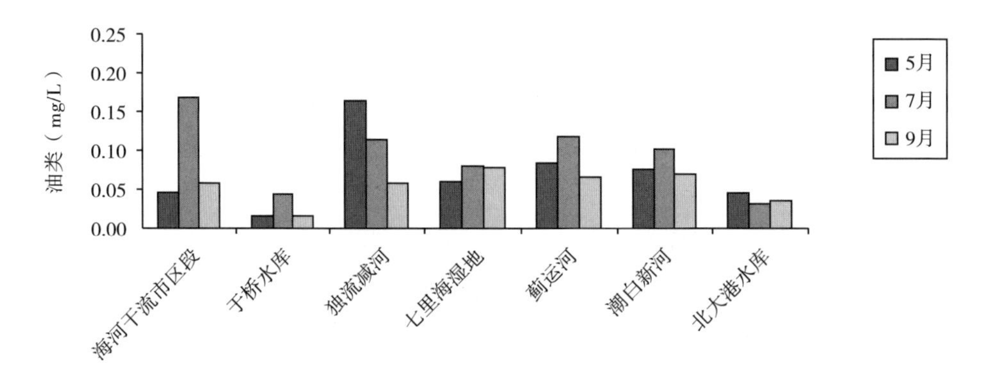

图 2 - 21　2013 年天津市重要内陆渔业水域油类的季节比较

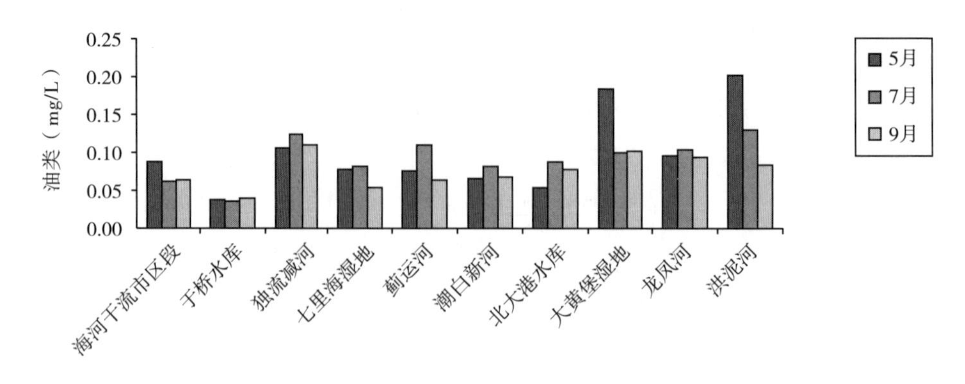

图 2 - 22　2014 年天津市重要内陆渔业水域油类的季节比较

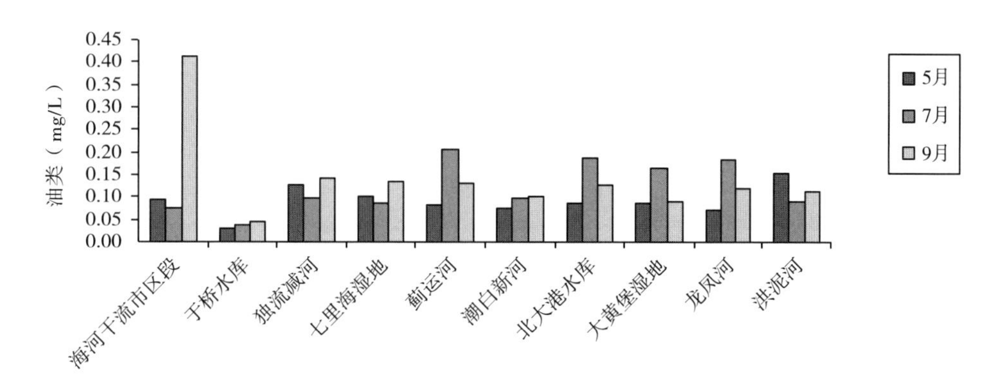

图 2-23　2015 年天津市重要内陆渔业水域油类的季节比较

3. 天津市重要内陆渔业水域油类的年际比较

天津市重要内陆渔业水域 2012—2015 年的油类调查表明（表 2-21）：2012 年油类年平均值的最高值出现在七里海湿地，为 0.147 mg/L；年平均值的最低值出现在于桥水库，为 0.032 8 mg/L。2013 年油类年平均值的最高值出现在独流减河，为 0.111 mg/L；年平均值的最低值出现在于桥水库，为 0.025 1 mg/L。2014 年油类年平均值的最高值出现在洪泥河，为 0.141 mg/L；年平均值的最低值出现在于桥水库，为0.038 2 mg/L。2015 年油类最高值出现在独流减河，为 0.193 mg/L；年平均值的最低值出现在于桥水库，为0.038 2 mg/L。于桥水库作为天津最大的水源地，油类含量最低，水质条件最好。

表 2-21　天津市重要内陆渔业水域油类的年际数据统计（mg/L）

水域	项目	油类			
		2012 年	2013 年	2014 年	2015 年
潮白新河	范围	0.035 2～0.199	0.055 6～0.102	0.059 9～0.113	0.067 3～0.129
	平均值	0.095 2	0.082 3	0.072 0	0.091 9
	变幅	0.164 0	0.046 4	0.053 1	0.061 7
独流减河	范围	0.039～0.232	0.031 9～0.206	0.059 0～0.169	0.066 7～0.213
	平均值	0.137	0.111	0.114	0.123
	变幅	0.193	0.174	0.110	0.146
海河干流市区段	范围	0.038 5～0.188	0.039 6～0.188	0.042 6～0.139	0.061 1～1.250
	平均值	0.098 8	0.090 7	0.071 3	0.193
	变幅	0.150	0.148	0.096 4	1.190
洪泥河	范围	—	—	0.069 8～0.458	0.070 4～0.210
	平均值	—	—	0.141	0.119
	变幅	—	—	0.388	0.140
蓟运河	范围	0.072 8～0.169	0.055 9～0.180	0.046 0～0.130	0.066 2～0.350
	平均值	0.127	0.089 3	0.083 3	0.141
	变幅	0.096 2	0.120	0.084	0.284

（续）

水域	项目	油类			
		2012 年	2013 年	2014 年	2015 年
龙凤河	范围	—	—	0.077 6～0.122	0.062 0～0.206
	平均值	—	—	0.098 5	0.125
	变幅	—	—	0.044 4	0.144
于桥水库	范围	0.012 4～0.058 3	0.007 5～0.055 8	0.021 7～0.056 6	0.027 4～0.065 8
	平均值	0.032 8	0.025 1	0.038 2	0.038 2
	变幅	0.045 9	0.048 3	0.034 9	0.038 4
北大港水库	范围	—	0.010 9～0.073	0.034 5～0.177	0.053 7～0.481
	平均值	—	0.038 3	0.073 2	0.134
	变幅	—	0.062 1	0.142	0.427
大黄堡湿地	范围	—	—	0.065 9～0.290	0.072 2～0.199
	平均值	—	—	0.129	0.114
	变幅	—	—	0.224	0.127
七里海湿地	范围	0.077 6～0.220	0.038 1～0.215	0.043 4～0.100	0.075 1～0.168
	平均值	0.147	0.097 1	0.070 9	0.107
	变幅	0.143	0.177	0.056 6	0.092 9

从 2012—2015 年天津市重要内陆渔业水域油类的监测结果看，各条河流和湿地的油类含量无明显变化规律。从监测结果分析，海河干流市区段受外界人为影响较大，变动幅度最大；于桥水库受人为污染程度较小，油类含量较低，处于国家评价标准的合格水平。其他监测的河流和湿地由于受到污水流入、养殖过程中人工投喂饲料、浮游生物大量死亡等影响，均超出国家标准要求，处于污染水平。

（六）重金属

1. 重金属的监测意义

重金属在水体中只要微量浓度即可产生毒性效应，处于生物体内不同的重金属因水生生物的种类、发育阶段不同，具有不同的毒性，而重金属的赋存形态、环境因子的变化等影响毒性效应，但水生生物重金属的安全浓度值大体很低，经常作为剧毒类物质。由于水体中重金属浓度限定标准低，微生物不易将其分解，又通过食物链生物放大作用富集等特点，从而微妙地影响生态环境的多样性、水产经济动物的产量与质量。因此，对水质重金属进行监测，确定水体中污染物的分布状况，对于了解水域污染状况、综合治理和保障食品安全，都具有重要意义。

2. 天津市重要内陆渔业水域重金属的季节变化

2012 年天津市重要内陆渔业水域铜元素的平均浓度最高值出现在当年 7 月的独流减河，

为 0.011 2 mg/L。所监测的 7 条河流在 5 月均未检出，9 月的潮白新河、于桥水库、蓟运河、七里海湿地也均未检出，独流减河于当年监测值变幅最大，为 0.026 1 mg/L（图 2-24）。

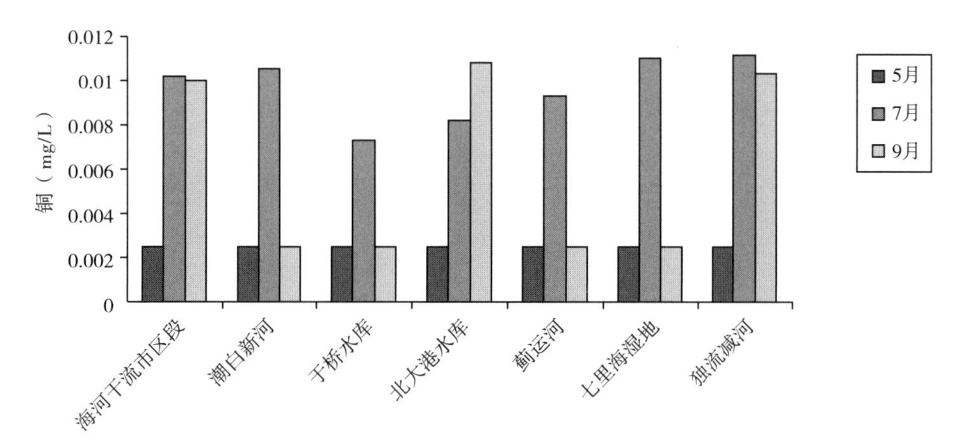

图 2-24　2012 年天津市重要内陆渔业水域铜含量的季节比较

2012 年天津市重要内陆渔业水域锌元素的平均浓度最高值出现在当年 7 月的独流减河，为 0.218 9 mg/L。所监测的 7 条河流在 5 月均未检出，9 月的潮白新河、于桥水库、蓟运河、独流减河也均未检出，七里海湿地于当年监测值变幅最大，为 0.313 9 mg/L（图 2-25）。

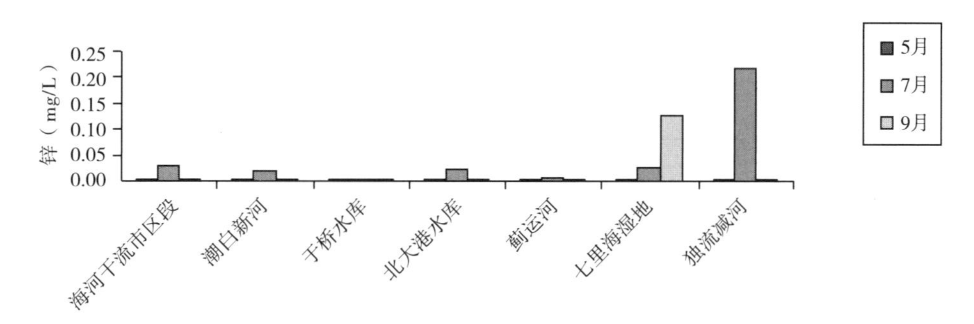

图 2-25　2012 年天津市重要内陆渔业水域锌含量的季节比较

2012 年天津市重要内陆渔业水域砷元素的平均浓度最高值出现在当年 7 月的北大港水库，为 8.597 3 μg/L；平均浓度最低值出现在当年 9 月的海河干流市区段，为 0.280 5 μg/L。北大港水库于当年监测值变幅最大，为 14.925 μg/L（图 2-26）。

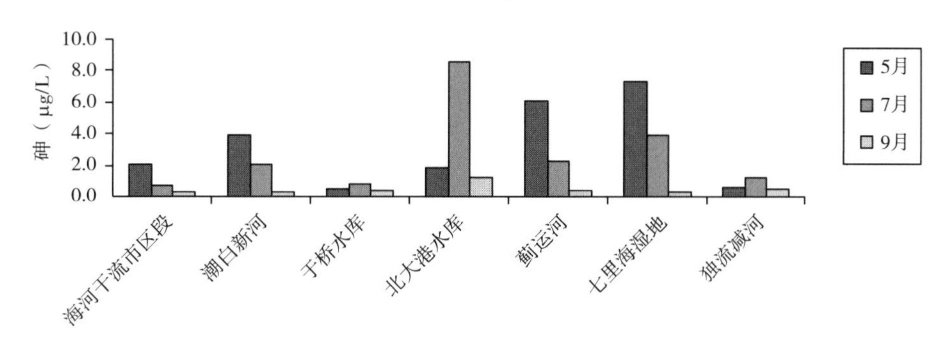

图 2-26　2012 年天津市重要内陆渔业水域砷含量的季节比较

2013 年天津市重要内陆渔业水域铜元素的平均浓度最高值出现在当年 9 月的北大港水库，为 0.013 6 mg/L；7 月期间海河干流市区段、潮白新河、于桥水库均未检出。北大港水库于当年监测值变幅最大，为 0.016 7 mg/L（图 2－27）。

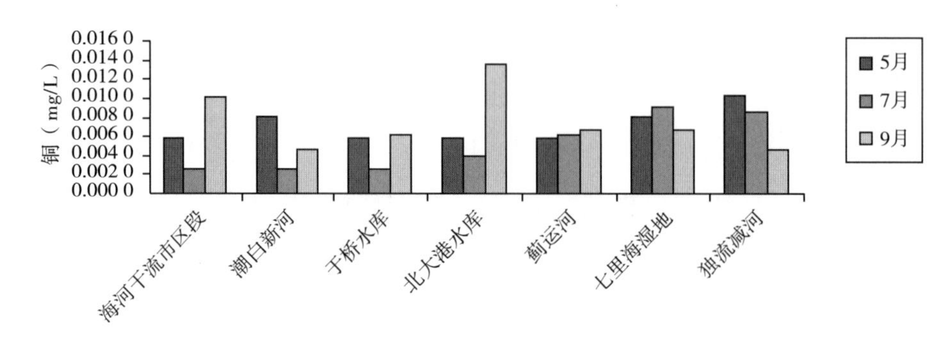

图 2－27 2013 年天津市重要内陆渔业水域铜含量的季节比较

2013 年天津市重要内陆渔业水域锌元素的平均浓度最高值出现在当年 7 月的独流减河，为 0.196 4 mg/L；于桥水库 5 月期间未检出，7 月期间海河干流市区段、蓟运河、七里海湿地均未检出，9 月期间于桥水库、独流减河均未检出。北大港水库于当年监测值变幅最大，为 1.148 5 mg/L（图 2－28）。

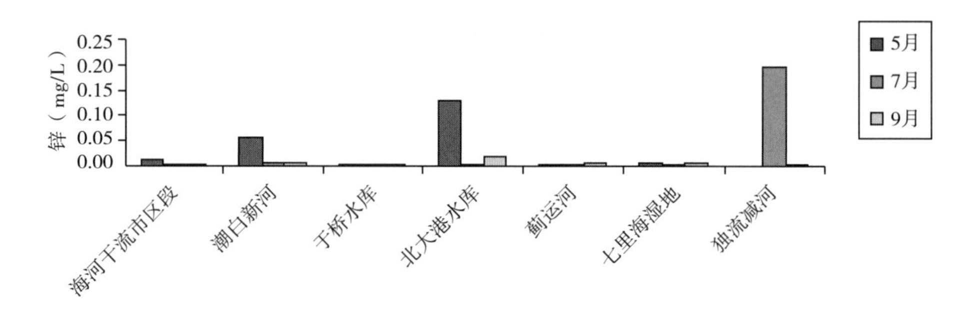

图 2－28 2013 年天津市重要内陆渔业水域锌含量的季节比较

2013 年天津市重要内陆渔业水域砷元素的平均浓度最高值出现在当年 7 月的潮白新河，为 13.686 3 μg/L；平均浓度最低值出现在当年 9 月的于桥水库，结果未检出。北大港水库于当年监测值变幅最大，为 16.24 μg/L（图 2－29）。

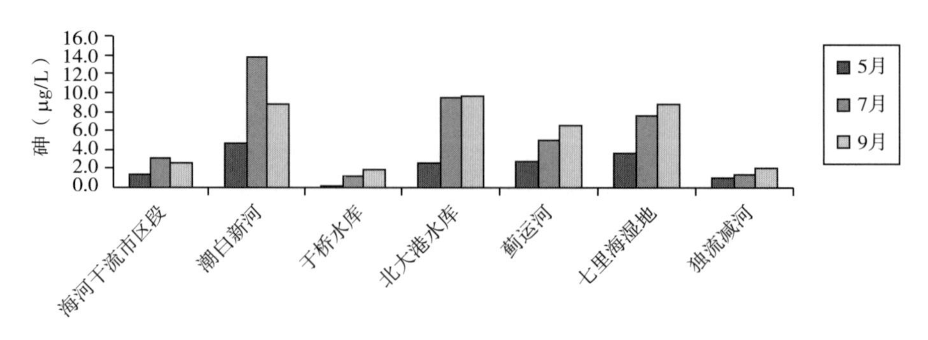

图 2－29 2013 年天津市重要内陆渔业水域砷含量的季节比较

2014 年天津市重要内陆渔业水域铜元素的平均浓度最高值出现在当年 9 月的潮白新河，为 0.035 9 mg/L；9 月期间北大港水库、蓟运河、七里海湿地、独流减河均未检出。北大港水库于当年监测值变幅最大，为 0.028 2 mg/L（图 2－30）。

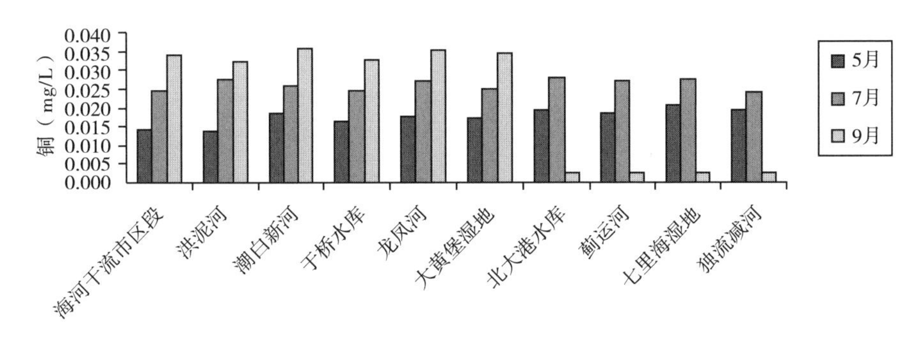

图 2－30　2014 年天津市重要内陆渔业水域铜含量的季节比较

2014 年天津市重要内陆渔业水域锌元素的平均浓度最高值出现在当年 7 月的大黄堡湿地，为 0.030 5 mg/L；所监测的 7 条河流在 5 月均未检出，7 月期间海河干流市区段、潮白新河、于桥水库、蓟运河、独流减河均未检出。大黄堡湿地于当年监测值变幅最大，为 0.072 1 mg/L（图 2－31）。

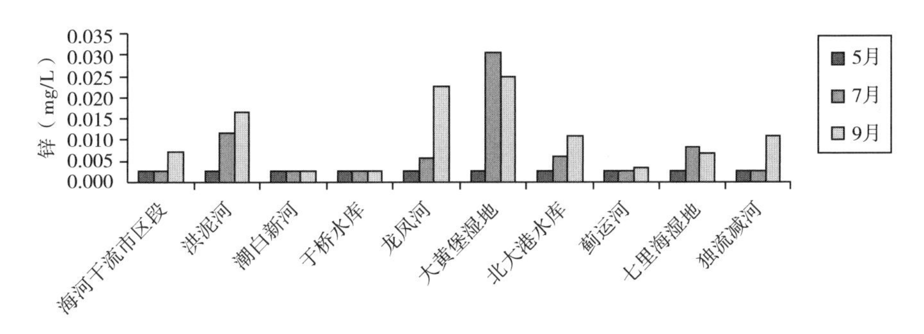

图 2－31　2014 年天津市重要内陆渔业水域锌含量的季节比较

2014 年天津市重要内陆渔业水域砷元素的平均浓度最高值出现在当年 9 月的北大港水库，为 19.673 3 μg/L；平均浓度最低值出现在当年 9 月的独流减河，结果未检出。北大港水库于当年监测值变幅最大，为 23.369 μg/L（图 2－32）。

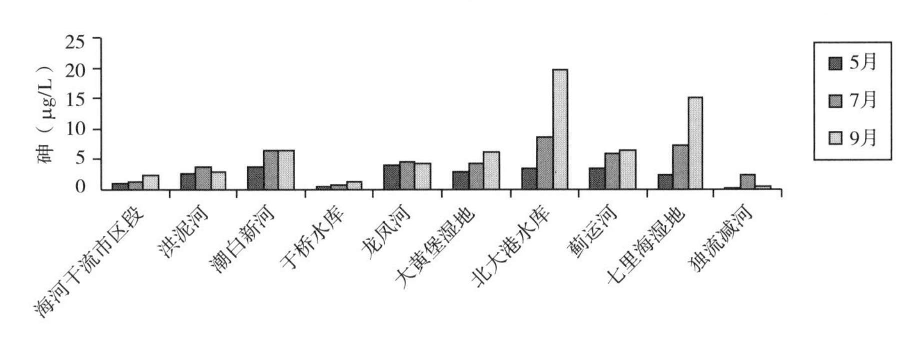

图 2－32　2014 年天津市重要内陆渔业水域砷含量的季节比较

2015年天津市重要内陆渔业水域铜元素的平均浓度最高值出现在当年7月的龙凤河，为0.010 0 mg/L；所监测的7条河流在9月均未检出。于桥水库和北大港水库于当年监测值变幅最大，为0.006 8 mg/L（图2-33）。

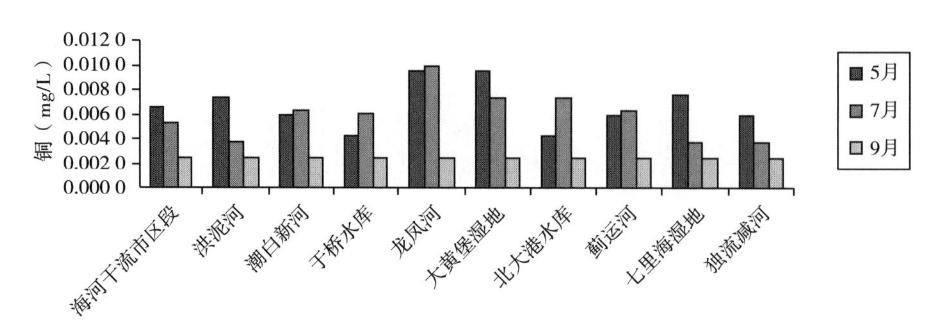

图2-33　2015年天津市重要内陆渔业水域铜含量的季节比较

2015年天津市重要内陆渔业水域锌元素的平均浓度最高值出现在当年9月的于桥水库，为0.068 2 mg/L；5月期间洪泥河、龙凤河均未检出，7月均潮白新河未检出。于桥水库于当年监测值变幅最大，为0.102 5 mg/L（图2-34）。

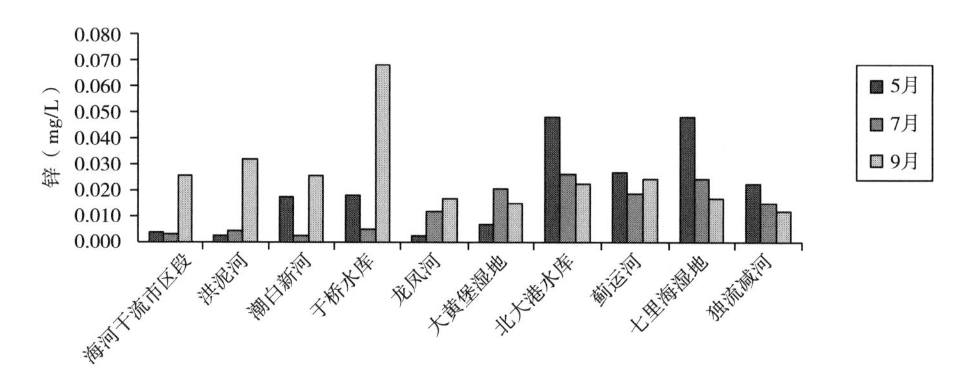

图2-34　2015年天津市重要内陆渔业水域锌含量的季节比较

2015年天津市重要内陆渔业水域砷元素的平均浓度最高值出现在当年9月的北大港水库，为11.467 9 μg/L；平均浓度最低值出现在当年5月的于桥水库，为0.681 7 μg/L。北大港水库于当年监测值变幅最大，为18.74 μg/L（图2-35）。

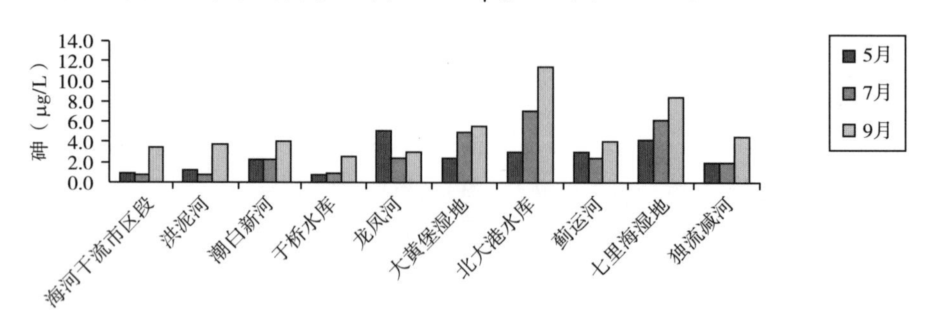

图2-35　2015年天津市重要内陆渔业水域砷含量的季节比较

二、生物质量

(一) 石油烃

分别于2012—2015年的5月、7月、9月对天津市重要内陆渔业水域生物体的石油烃进行监测。依据《无公害食品 水产品中有毒有害物质限量》(NY 5073—2006)(中华人民共和国农业部，2006)标准判定，石油烃限量值为15 mg/kg，超过此值即超标。

2012年天津市重要内陆渔业水域中生物体见表2-22。7个监测水域中，除独流减河9月采集的泥鳅样品石油烃超标外，其他均未超出检测标准要求。

表2-22 2012年天津市重要内陆渔业水域中的生物体样品

水域	生物体样品		
	5月	7月	9月
海河干流市区段	鲫	鲫	鳘
北大港水库	鲫	鲫	翘嘴鲌
独流减河	鲫	鲫	泥鳅
蓟运河	鲫	乌鳢	鲫
七里海湿地	泥鳅	鲫	鲫
于桥水库	鲤	鲫	鲤
潮白新河	鲫	麦穗鱼	日本沼虾

2013年天津市重要内陆渔业水域中生物体见表2-23。7个监测水域中，除独流减河5月采集的鳘样品、9月采集的泥鳅样品石油烃超标外，其他均未超出检测标准要求。

表2-23 2013年天津市重要内陆渔业水域中的生物体样品

水域	生物体样品		
	5月	7月	9月
海河干流市区段	泥鳅	鲫	泥鳅
北大港水库	鲤、鲫	翘嘴鲌、鲫	翘嘴鲌、鲢
独流减河	鳘	鲫	鲫
蓟运河	鲫	鲫	鲫
七里海湿地	泥鳅	鲫	鲫
于桥水库	鲫	鲤	鲤
潮白新河	麦穗鱼	鲫	鲫

2014 年天津市重要内陆渔业水域中生物体见表 2-24。8 个监测水域中，除海河干流市区段 5 月和 9 月采集的鲫样品、蓟运河 5 月采集的鲫样品石油烃超标外，其他均未超出检测标准要求。

表 2-24　2014 年天津市重要内陆渔业水域中的生物体样品

水域	生物体样品		
	5 月	7 月	9 月
海河干流市区段	鲫	麦穗鱼	鲫
大黄堡湿地	鲤	鲫	草鱼
北大港水库	乌鳢、鲫	乌鳢、鲫	翘嘴鲌、鲫
独流减河	泥鳅	鲫	泥鳅
蓟运河	鲫	鲫	鲫
七里海湿地	鲫	泥鳅	鲫
于桥水库	鲤	鲤	鲤
潮白新河	麦穗鱼	鲤	鲫

2015 年天津市重要内陆渔业水域中生物体样品见表 2-25。8 个监测水域中，生物体样品的石油烃均未超出检测标准要求。

表 2-25　2015 年天津市重要内陆渔业水域中的生物体样品

水域	生物体样品		
	5 月	7 月	9 月
海河干流市区段	麦穗鱼	泥鳅	泥鳅
大黄堡湿地	草鱼	鲤	鲤
北大港水库	鲫、鲫	鲤	草鱼、鲫
独流减河	鲫	鲫	鲫
蓟运河	鲫	麦穗鱼	草鱼
七里海湿地	泥鳅	鲫	乌鳢
于桥水库	鲫	鲤	鲤
潮白新河	日本沼虾	鲫	鲫

2012—2015 年龙凤河、洪泥河均未采集生物体样品，大黄堡湿地仅 2014—2015 年采集样品，其他 7 个监测水域连续 4 年均采集样品。于桥水库、北大港水库采集样品检测数值均未超标。2012—2015 年海河干流市区段采集样品共 12 个，2014 年 2 个样品超标；2012—2015 年独流减河采集样品共 12 个，其中 3 个超标，2012 年 1 个，2013 年 2 个；

2012—2015 年蓟运河采集样品共 12 个，2014 年 1 个超标。其他监测水域的生物体样品均合格。

（二）重金属

由于重金属具有难分解、难转化且易被生物体吸收富集等特性，从而经食物链传播而损害人的健康。因此，研究重金属的污染也成为一项重要的工作。砷是一种类金属元素，具有金属元素的一些特性，在环境污染研究中通常被归为重金属，本书在相关研究中也将砷列为重金属予以分析。

分别对 2012—2015 年的 5 月、7 月、9 月采样的天津市重要内陆渔业水域生物体的重金属铜、铅、镉、汞、无机砷进行了监测数据的统计分析。生物质量依据《无公害食品　水产品中有毒有害物质限量》（NY 5073—2006）（中华人民共和国农业部，2006）进行评价。生物体中重金属限量标准值见表 2-26。

表 2-26　淡水生物体中重金属限量标准（mg/kg）

重金属	铜	铅	镉	汞	无机砷
限量指标	≤50	≤0.5	≤0.1	≤0.5	≤0.1

2012—2015 年采集的生物体样品见石油烃部分的采样列表。其中，2012—2015 年龙凤河、洪泥河均未采集生物体样品；大黄堡湿地只在 2014 年、2015 年采到样品；其他 7 个监测水域分别于 2012—2015 年 5 月、7 月、9 月进行了水产品中重金属的监测。结果显示，2013 年监测的水域中只有潮白新河中游 9 月采集的鲫样品体内无机砷含量超标，超标 15%，其他监测数据均合格。2014 年监测的水域中，潮白新河中游 5 月采集的麦穗鱼样品体内无机砷含量超标，超标 40%；蓟运河芦台大桥 9 月采集的鲫样品体内镉含量超标，超标倍数为 4.8 倍；其他监测数据均合格。2012 年和 2015 年监测数据全部合格。

监测结果显示，内陆水域受污染的水产品主要集中在 2013 年和 2014 年。查阅水质监测数据发现，2013 年和 2014 年潮白新河水质中无机砷较 2012 年和 2015 年高。鲫和麦穗鱼属于体型较小的鱼类，这可能是潮白新河连续 2 年水产品无机砷超标的原因。

第三章
海河口生物资源

第一节　浮游植物

浮游植物是海洋生物尤其是幼体的直接或间接饵料，是海洋初级生产力的基础，对海洋生物资源的变化起着极为重要的作用；其次，浮游植物作为海洋初级生产力的基础，在海洋生态系统的物质循环和能量流动过程中发挥关键的作用。同时，由于浮游植物的分布直接受海水运动的影响，因此作为海流、水团的指示生物，在研究海洋水文动力学方面具有重要作用。近年来，浮游植物也常被作为评价水质的重要指标，广泛用于海洋生态环境质量评价的研究与应用。浮游植物样品经浅水Ⅲ型浮游生物网由底层到表层垂直拖曳采集，用5%福尔马林溶液固定，带回实验室进行生物量（湿重）测定、种类鉴定和统计。

生物群落多样性是生物群聚（population）的一个重要属性，它反映生物群落的种类与个体数量的函数关系，可用多样性指数和均匀度指数衡量。种类多样性指数是生物群落结构的一个重要属性的反映，可作为水质评价的生物指标，并可用来预测赤潮。本节采用 Shannon-Wiener 法的多样性指数（Shannon et al.，1949）计算公式和 Pielous 均匀度（Pielou，1966）计算公式：

$$H' = -\sum_{i=1}^{S} P_i \log_2 P_i$$

$$J = \frac{H'}{\ln S}$$

$$P_i = n_i / N$$

式中　H'——多样性指数；

J——均匀度指数；

S——样品中的种类总数；

n_i——第 i 个物种的个体数；

N——全部物种的个体数。

丰富度是表示群落中种类丰富程度的指数。丰富度的计算公式有多种，本节采用马卡列夫（Margalef，1958）的计算式：

$$D = (S-1)/\log_2 N$$

式中　D——丰富度；

S——样品中的种类总数；

N——样品中生物的总个体数。

一般而言，健康的环境，种类丰富度高；污染的环境，种类丰富度低。

一、种类组成

2014—2015年，在渤海近岸水域进行了春、夏、秋、冬四个季节的调查，采集浮游植物共计2门3纲8目19科29属66种（图3-1）。其中，硅藻门25属60种，占总种数的90.91%；甲藻门有4属6种，占9.09%。在硅藻门中，角毛藻属的种类最多，有14种；圆筛藻属有11种。

（1）春季航次调查　浮游植物共计2门3纲8目13科16属29种。其中，硅藻门14属27种，占总种数的93.10%；甲藻门有2属2种，占6.90%。在硅藻门中，圆筛藻属的种类最多，有6种；菱形藻属4种。

（2）夏季航次调查　浮游植物共计2门3纲7目15科20属42种。其中，硅藻门17属37种，占总种数的88.10%；甲藻门有3属5种，占11.90%。在硅藻门中，角毛藻属的种类最多，有12种；圆筛藻属6种。

（3）秋季航次调查　浮游植物共计2门3纲7目13科16属26种。其中，硅藻门13属21种，占总种数的80.77%；甲藻门有3属5种，占19.23%。在硅藻门中，圆筛藻属的种类最多，有5种；角毛藻属、菱形藻属、根管藻属各2种。

（4）冬季航次调查　浮游植物共计2门3纲7目12科15属28种。其中，硅藻门14属27种，占总种数的96.43%；甲藻门有1属1种，占3.57%。在硅藻门中，圆筛藻属的种类最多，有8种；角毛藻属6种；根管藻属2种。

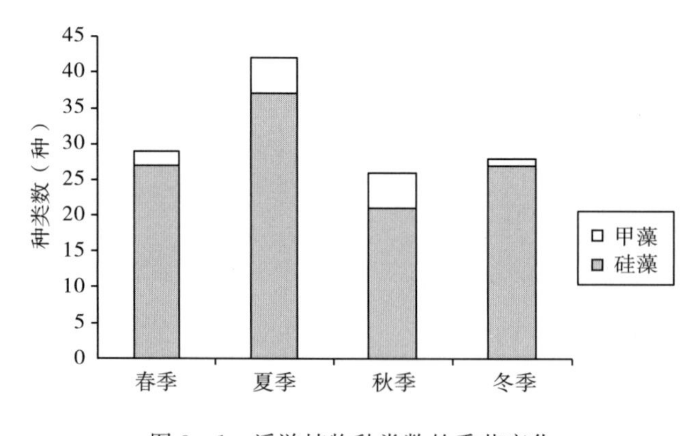

图3-1　浮游植物种类数的季节变化

二、种类的季节变化

根据调查资料显示，浮游植物以近岸广温性和广盐性种类为主，还有一定数量的外洋性及附着性种类。2014—2015年的调查结果显示，硅藻类无论在数量还是种类上都占明显的优势，主要优势种为辐射圆筛藻（*Coscinodiscus radiatus*）、星脐圆筛藻（*Coscinodiscus asteromphalus*）、旋链角毛藻（*Chaetoceros curvisetus*）、格氏圆筛藻（*Coscinodiscus granii*）、扭链角毛藻（*Chaetoceros tortissimus*）、中肋骨条藻（*Skeletonema costatum*）、曲舟藻（*Pleurosigma* sp.）、斯托根管藻（*Rhizosolenia stolterfothii*）、劳氏角毛藻（*Chaetoceros lorenzianus*）等。

（1）*春季浮游植物*　主要以圆筛藻为主，生态类型多为广布种，广温广盐性。优势种有星脐圆筛藻、辐射圆筛藻、格氏圆筛藻、斯托根管藻、布氏双尾藻（*Ditylum brightwellii*）、细弱圆筛藻（*Coscinodiscus subtilis*）、中肋骨条藻、蛇目圆筛藻（*Coscinodiscus argus*）。

（2）*夏季浮游植物*　主要以角毛藻为主，生态类型多为温带、暖温带近岸种。优势种有旋链角毛藻、扭链角毛藻、劳氏角毛藻、窄隙角毛藻（*Chaetoceros affinis*）、丹麦细柱藻（*Leptocylindrus danicus*）。

（3）*秋季浮游植物*　为近岸性的温带和热带种类，优势种有笔尖根管藻（*Rhizosolenia styliformis*）、威氏圆筛藻（*Coscinodiscus wailesii*）。

（4）*冬季浮游植物*　主要以尖刺菱形藻（*Nitzschia pungens*）、星脐圆筛藻、柔弱角毛藻（*Chaetoceros debilis*）为主，生态类型以适温适盐的近岸种和广布种为主。

三、数量分布

春、夏、秋、冬四个季节调查，浮游植物的平均密度为 182.98×10^4 个/m^3。其中，硅藻门的平均密度为 176.07×10^4 个/m^3，占浮游植物总量的96.22%；甲藻门的平均密度为 6.91×10^4 个/m^3，占浮游植物总量的3.78%。

（1）*春季航次浮游植物*　平均密度为 5.04×10^4 个/m^3。其中，硅藻门的平均密度为 4.08×10^4 个/m^3，占浮游植物总量的80.95%；甲藻门的平均密度为 0.96×10^4 个/m^3，占浮游植物总量的19.05%。从数量分布看，浮游植物数量南部较北部海域多，深水区域大于近岸区域。

（2）*夏季航次浮游植物*　平均密度为 417.44×10^4 个/m^3。其中，硅藻门的平均密度为 400.29×10^4 个/m^3，占浮游植物总量的95.89%；甲藻门的平均密度为 17.15×10^4 个/m^3，占浮游植物总量的4.11%。夏季浮游植物密度明显大于春季，浮游植物的密集区较春季有向北移动的趋势。

（3）*秋季航次浮游植物*　平均密度为 269.59×10^4 个/m^3。其中，硅藻门的平均密度为 260.25×10^4 个/m^3，占浮游植物总量的96.54%；甲藻门的平均密度为 9.34×10^4 个/m^3，占浮游植物总量的3.46%。浮游植物生物密度分布不均匀，密集区出现在独流减河河口附近。

（4）*冬季航次浮游植物*　平均密度为39.85×10^4个/m^3。其中，硅藻门的平均密度为39.65×10^4个/m^3，占浮游植物总量的99.50%；甲藻门的平均密度为0.20×10^4个/m^3，占浮游植物总量的0.50%。从数量分布看，分布趋势与春季相似，南部海域浮游植物密度较大，深水区大于浅水区。

四、生物群落多样性

春、夏、秋、冬四个季节，浮游植物的平均多样性指数为2.26，多样性指数水平适中，其中夏季最大，秋季次之，再次为春季，冬季最小；均匀度四季的平均值为0.62，指数较低，其中夏季最大，冬季次之，再次为春季，秋季最小；丰度指数的四季平均值为0.65，水平较低，其中夏季最大，秋季次之，再次为春季，冬季最小。

第二节　浮游动物

在海洋生态系统中，浮游动物是一个关键的食物环节，既捕食浮游植物和微型浮游动物，又作为其他肉食性浮游动物和鱼类的饵料（黄简易　等，2014），是海洋次级生产力的重要组成部分。浮游动物通过摄食活动影响初级生产力，在能量流动和食物网中起着承上启下的作用（孙松　等，2014）。浮游动物样品经浅水Ⅰ型浮游生物网由底层到表层垂直拖曳采集，用5%福尔马林溶液固定，带回实验室进行生物量（湿重）测定、种类鉴定和统计。

浮游动物群落多样性研究所使用的指数、公式与计算方法，与浮游植物相同。

一、种类组成

2014—2015年在渤海近岸水域进行了春、夏、秋、冬四个季节的调查，共采集到大、中型浮游动物6类34种。按种数统计，依次为桡足类17种（50.00%），幼体类9种（26.47%），水螅水母5种（14.71%），十足类、毛颚类和栉水母各1种（2.94%）。各季节浮游动物的种类数如下。

（1）*春季*　共采集到浮游动物4类19种，按种类数统计，依次为桡足类10种（52.63%），幼体类7种（36.85%），毛颚类和十足类各1种（5.26%）。

（2）*夏季*　共采集到浮游动物5类22种，按种类数统计，依次为桡足类8种（36.36%），幼体类7种（31.82%），水螅水母5种（22.72%），毛颚类和栉水母类各1

种（4.55%）。

（3）秋季　共采集到浮游动物4类12种，按种类数统计，依次为桡足类7种（58.34%），幼体类3种（25.00%），毛颚类和栉水母各1种（8.33%）。

（4）冬季　共采集到浮游动物3类10种，按种类数统计，依次为桡足类5种（50.00%），幼体类4种（40.00%），毛颚类1种（10.00%）。

从种类数来看，夏季最多，为22种；冬季最少为10种；春季高于秋季，分别为19种和12种（图3-2）。

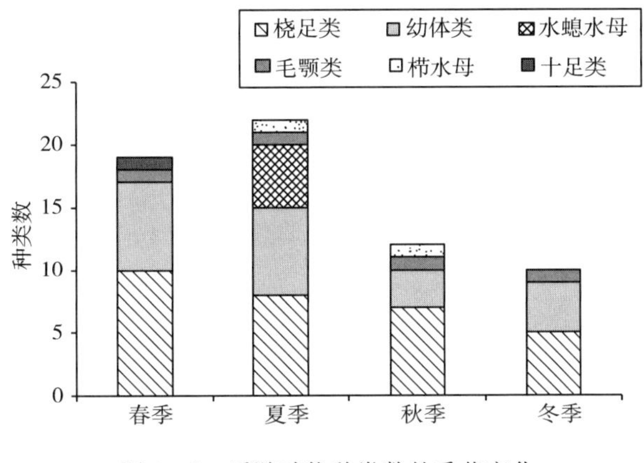

图3-2　浮游动物种类数的季节变化

二、生物量及分布特征

浮游动物全年的平均生物量为198 mg/m³。冬季生物量最低，为5 mg/m³；夏季生物量最高，为376 mg/m³；春季和秋季的生物量分别为254 mg/m³和156 mg/m³（图3-3）。

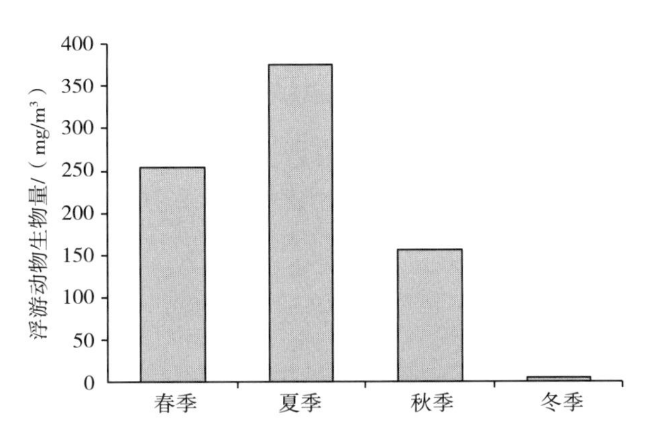

图3-3　浮游动物生物量的季节变化

（1）春季　浮游动物的生物量为254 mg/m³，北部海域生物量较南部海域高。优势种为中华哲水蚤（*Calanus sinicus*）。

（2）夏季　浮游动物的生物量为376 mg/m^3，东部海域和西部近岸海域生物量较高。优势种为球型侧腕水母（*Pleurobrachia globosa*）、强壮滨箭虫（*Aidanosagitta crassa*）、卡玛拉水母（*Malagazzia carolinae*）和长尾类幼体。

（3）秋季　浮游动物的生物量为156 mg/m^3，南部近岸海域生物量较高。优势种为强壮滨箭虫和真刺唇角水蚤（*Labidocera euchaeta*）。

（4）冬季　浮游动物的生物量为5 mg/m^3，整个海域的生物量均较低。优势种为中华哲水蚤、强壮滨箭虫和真刺唇角水蚤。

三、生物群落多样性

浮游动物全年的多样性指数为1.326，均匀度指数为0.755。从多样性指数看，春季最高，为1.756；冬季最低，为1.063；夏季和秋季的多样性分别为1.394和1.089。从均匀度指数看，冬季最高，为0.878；夏季最低，为0.672；秋季和春季的结果相似，分别为0.727和0.742。

从种类数和生物量来看，均是夏季最高，从夏季到冬季递减，春季的种类数和生物量仅次于夏季。从组成的类群看，桡足类、幼体类和毛颚类是全年均出现的类群，栉水母出现在夏季和秋季，水螅水母出现在夏季。

第三节　底栖生物

底栖生物是指生活在海洋基底表面或沉积物中的各种生物，在食物链中位于第二或者更高层次，以浮游或底栖植物、动物和有机碎屑为食物，其自身又是众多鱼、虾、蟹的饵料生物，因此，底栖生物在海洋生态系的食物网中占重要地位。

底栖生物群落多样性研究所使用的指数、公式与计算方法，与浮游植物相同。

一、种类组成

2012—2014年每年春、夏共6个航次调查，海河口水域共计检出大型底栖生物110种。其中，纽形动物2种，扁形动物1种，螠虫动物1种，腔肠动物3种，多毛类18种，软体动物43种，甲壳动物24种，棘皮动物6种，半索动物1种，脊索动物11种。

2012年春季，海河口水域共出现大型底栖生物53种，隶属于扁形动物、环节动物、软体动物、节肢动物、棘皮动物和脊索动物 6 个门。其中，软体动物出现的种类数最多，共 27 种；甲壳类 13 种；多毛类 7 种；棘皮动物 3 种；脊索动物 2 种；扁形动物 1 种。

2013 年春季，海河口水域共出现大型底栖生物 30 种，隶属于腔肠动物、纽形动物、螠虫动物、环节动物、软体动物、节肢动物、棘皮动物和脊索动物 8 个门。其中，软体动物出现的种类数最多，共 15 种；甲壳类、多毛类和棘皮动物均为 3 种；纽形动物和脊索动物均为 2 种；腔肠动物和螠虫动物均为 1 种。

2014 年春季，海河口水海域共出现大型底栖生物 59 种，隶属于腔肠动物、纽形动物、扁形动物、环节动物、软体动物、节肢动物、棘皮动物和脊索动物 8 个门。其中，软体动物出现的种类数最多，共 28 种；甲壳类 14 种；多毛类 6 种；脊索动物 5 种；棘皮动物 3 种；扁形动物、腔肠动物和纽形动物均为 1 种。

2012 年夏季，海河口水域共出现大型底栖生物 31 种，隶属于螠虫动物、环节动物、软体动物、节肢动物、棘皮动物和脊索动物 6 个门。其中，软体动物出现的种类数最多，共 14 种；多毛类 8 种；甲壳类和棘皮动物均为 3 种；脊索动物 2 种；螠虫动物 1 种。

2013 年夏季，海河口水域共出现大型底栖生物 38 种，隶属于螠虫动物、腔肠动物、环节动物、软体动物、节肢动物、棘皮动物和脊索动物 7 个门。其中，软体动物出现的种类数最多，共 14 种；甲壳类 10 种；多毛类 8 种；棘皮动物 2 种；脊索动物 2 种；腔肠动物和螠虫动物均为 1 种。

2014 年夏季，海河口水域共出现大型底栖生物 27 种，隶属于腔肠动物、环节动物、软体动物、节肢动物、棘皮动物、半索动物和脊索动物 7 个门。其中，软体动物出现的种类数最多，共 11 种；多毛类 6 种；甲壳类 4 种；棘皮动物和脊索动物均为 2 种；腔肠动物和半索动物均为 1 种。

二、生物量和密度

海河口水域 2012—2014 年春季航次大型底栖生物的密度依次为 1 222.5 个/m^2、344.6 个/m^2、450.3 个/m^2，密度由 2012 年至 2013 年急剧减少，2014 年又有所回升，其变化趋势与长偏顶蛤（*Modiolus elongatus*）的密度变化趋势有关。海河口水域 2012—2014 年夏季航次大型底栖生物的密度依次为 245.0 个/m^2、103.0 个/m^2、69.9 个/m^2，密度自 2012 年至 2014 年逐渐减少。大型底栖生物密度分布极不均匀，呈碎片化。

海河口水域 2012—2014 年春季航次大型底栖生物的生物量依次为 54.68 g/m^2、77.48 g/m^2、150.21 g/m^2，生物量自 2012 年至 2014 年逐渐增加。海河口水域 2012—2014 年夏季航次大型底栖生物的生物量依次为 297.56 g/m^2、130.36 g/m^2、11.75 g/m^2，生物量自 2012 年至 2014 年逐渐下降。2012—2014 年大型底栖生物的生物量呈现不均匀分布。

三、优势种

2012 年春季航次优势种为长偏顶蛤，主要种为黑龙江河篮蛤（*Potamocorbula amurensis*）、红带织纹螺（*Nassarius succinctus*）；夏季航次优势种为长偏顶蛤，主要种为菲律宾蛤仔、棘刺锚参（*Protankyra bidentata*）。

2013 年春季航次优势种为凸壳肌蛤，主要种为棘刺锚参、扁玉螺（*Neverita didyma*）、长偏顶蛤、伍氏蝼蛄虾（*Austinogebia wuhsienweni*）；夏季航次优势种为凸壳肌蛤、长偏顶蛤，主要种为棘刺锚参。

2014 年春季航次优势种为凸壳肌蛤，主要种有为脆壳理蛤（*Theora fragilis*）、扁玉螺、豆形胡桃蛤（*Nucula faba*）、红带织纹螺等；夏季航次无优势种，主要种为凸壳肌蛤、棘刺锚参、长偏顶蛤等。

调查期间大型底栖生物的优势种经过了从长偏顶蛤到凸壳肌蛤的转变过程，主要种由 2012 年的 2 种逐渐增加到 2014 年的 6～9 种，种群结构发生了较为明显的变化。

四、生物群落多样性

2012 年多样性指数为 1.37，均匀度指数为 0.56，丰富度指数为 0.90；2013 年多样性指数为 1.82，均匀度指数为 0.70，丰富度指数为 0.84；2014 年多样性指数为 2.01，均匀度指数为 0.73，丰富度指数为 1.14。调查期间大型底栖生物多样性指数和均匀度指数呈现逐年递增的趋势；丰富度指数 2013 年较 2012 年低，但相差不大，2014 年明显高于 2012 年和 2013 年；大型底栖生物的生境质量呈现逐年改善的趋势。

第四节　游泳动物

游泳动物是指在水层中能克服水流阻力自由游动的动物，绝大多数游泳动物是水域生产力中的终级产品，产量占世界水产品总量的 90%左右，是人类食品中动物蛋白质的重要来源。根据海洋食物网营养级的计算方法，游泳动物大多在第三至第五营养级。

游泳动物群落多样性研究所使用的指数、公式与计算方法，与浮游植物相同。

一、种类组成

2012—2014 年 6 个航次调查共捕获游泳动物 48 种。其中，鱼类 28 种，占渔获物种类数的58.33%，隶属于9目19科；无脊椎动物20种，隶属于4目13科。其中，虾类12种，占渔获物种类数的25.00%；蟹类5种，占渔获物种类数的10.42%；头足类3种，占渔获物种类数的6.25%。

2012年共捕获游泳动物41种。其中，鱼类23种，占渔获物种类数的56.10%，隶属于7目15科；无脊椎动物18种，隶属于4目11科。其中，虾类11种，占渔获物种类数的26.83%；蟹类4种，占渔获物种类数的9.75%；头足类3种，占渔获物种类数的7.32%。

2013年共捕获游泳动物40种。其中，鱼类24种，占渔获物种类数的60.00%，隶属于7目16科；无脊椎动物16种，隶属于4目13科。其中，虾类8种，占渔获物种类数的20.00%；蟹类5种，占渔获物种类数的12.50%；头足类3种，占渔获物种类数的7.50%。

2014年共捕获游泳动物35种。其中，鱼类21种，占渔获物种类数的60.00%，隶属于5目13科；无脊椎动物14种，隶属于4目10科。其中，虾类7种，占渔获物种类数的20.00%；蟹类4种，占渔获物种类数的11.43%；头足类3种，占渔获物种类数的8.57%。

二、生物量

2012—2014年，捕获游泳动物生物量的平均值为19.11 kg/h。其中，鱼类生物量平均值为3.32 kg/h，甲壳类为13.95 kg/h，头足类为1.84 kg/h。

2012年，捕获游泳动物全年生物量的平均值为14.40 kg/h，其中，鱼类生物量平均值为3.94 kg/h，甲壳类为9.00 kg/h，头足类为1.46 kg/h；2013年，游泳动物全年生物量的平均值为19.16 kg/h，其中，鱼类生物量平均值为3.36 kg/h，甲壳类为13.40 kg/h，头足类为2.40 kg/h；2014年，游泳动物全年生物量的平均值为23.77 kg/h，其中，鱼类生物量平均值为2.67 kg/h，甲壳类为19.44 kg/h，头足类为1.66 kg/h（表3-1）。

表3-1 2012—2014年游泳动物的生物量（kg/h）

调查年份	鱼类	虾蟹类	头足类	合计
2012	3.94	9.00	1.46	14.40
2013	3.36	13.40	2.40	19.16
2014	2.67	19.44	1.66	23.77
平均值	3.32	13.95	1.84	19.11

（1）春季　2012—2014年，捕获游泳动物的平均生物量为8.81 kg/h。其中，鱼类为1.77 kg/h，总渔获量占20.10%；甲壳类为6.18 kg/h，总渔获量占70.14%；头足类为0.86 kg/h，总渔获量占9.76%。

（2）夏季　2012—2014年，捕获游泳动物的平均生物量为23.54 kg/h。其中，鱼类为5.87 kg/h，总渔获量占24.93%；甲壳类为14.74 kg/h，总渔获量占62.62%；头足类为2.93 kg/h，总渔获量占12.45%。

（3）秋季　2012—2014年，捕获游泳动物的平均生物量为33.20 kg/h。其中，鱼类为3.21 kg/h，总渔获量占9.67%；甲壳类为27.27 kg/h，总渔获量占82.14%；头足类为2.72 kg/h，总渔获量占8.19%。

三、生物密度

2012—2014年，捕获游泳动物生物密度平均值为1 385.71个/h。其中，鱼类生物密度平均值为366.15个/h，甲壳类为780.70个/h，头足类为238.86个/h（表3-2）。

2012年，捕获游泳动物生物密度平均值为1 354.43个/h，其中，鱼类生物密度平均值为571.69个/h，甲壳类为515.87个/h，头足类为266.87个/h；2013年，捕获游泳动物生物密度平均值为1 434.05个/h，其中，鱼类生物密度平均值为288.59个/h，甲壳类为872.85个/h，头足类为272.61个/h；2014年，捕获游泳动物生物密度平均值为1 368.65个/h，其中，鱼类生物密度平均值为238.17个/h，甲壳类为953.38个/h，头足类为177.10个/h。

表3-2　2012—2014年游泳动物的生物密度（个/h）

调查年份	鱼类	甲壳类	头足类	合计
2012	571.69	515.87	266.87	1 354.43
2013	288.59	872.85	272.61	1 434.05
2014	238.17	953.38	177.10	1 368.65
均值	366.15	780.70	238.86	1 385.71

（1）春季　2012—2014年，捕获游泳动物的平均密度为813.03个/h。其中，鱼类为159.29个/h，占19.59%；甲壳类为612.96个/h，占75.39%；头足类为40.78个/h，占5.02%。

（2）夏季　2012—2014年，捕获游泳动物的平均密度为1 831.58个/h。其中，鱼类为691.56个/h，占37.76%；甲壳类为731.68个/h，占39.95%；头足类为408.34个/h，占22.29%。

（3）秋季　2012—2014年，捕获游泳动物的平均密度为1 628.20个/h。其中，鱼类为202.19个/h，占12.42%；甲壳类为1 141.55个/h，占70.11%；头足类为284.46个/h，占17.47%。

四、优势种

根据样品分析结果，2012年优势种为口虾蛄、火枪乌贼、青鳞小沙丁鱼、六丝钝尾虾虎鱼（*Amblychaeturichthys hexanema*）；2013年优势种为口虾蛄、火枪乌贼、六丝钝尾虾虎鱼、日本蟳；2014年优势种为口虾蛄、三疣梭子蟹（*Portunus trituberculatus*）、火枪乌贼、六丝钝尾虾虎鱼。

五、生物群落多样性

2012—2014年各个航次游泳动物群落多样性指数、均匀度指数和丰度指数见表3-3。从表3-3数据可以看出，游泳动物群落多样性不高且呈逐年下降趋势，多样性指数、均匀度指数和丰富度指数全年平均值均为2012年>2013年>2014年。

表3-3　2012—2014年各个航次游泳动物群落多样性特征

航次	多样性指数（*H′*）			均匀度指数（*J*）			丰富度指数（*D*）		
	2012年	2013年	2014年	2012年	2013年	2014年	2012年	2013年	2014年
5月	—	1.987	1.561	—	0.579	0.481	—	1.062	0.988
6月	1.971	1.975	1.220	0.538	0.591	0.361	1.231	1.099	0.914
8月	2.409	1.819	1.811	0.600	0.474	0.507	1.482	1.233	1.101
9月	2.291	—	—	0.599	—	—	1.328	—	—
10月	—	1.725	1.696	—	0.484	0.488	—	1.150	1.043
11月	1.564	—	—	0.502	—	—	0.819	—	—
平均值	2.059	1.877	1.572	0.560	0.532	0.459	1.215	1.136	1.012

注："—"表示未开展调查。

六、主要游泳动物简介

焦氏舌鳎（*Cynoglossus joyneri*），又名短吻红舌鳎，俗名牛舌、鳎目等，为亚热带和暖温带近海小型底层鱼类。隶属于脊索动物门、硬骨鱼纲、辐鳍亚纲、鲽形目、舌鳎科、舌鳎属。体呈舌形，极侧扁；两眼小，均位于左侧。有眼侧赤红，有3条侧线；无眼侧无侧线。焦氏舌鳎为广泛分布在我国近海的底层鱼类。我国主要产于黄海至南海，栖息在水深为20～70 m的泥沙质海底；在渤海水深10 m以浅的水域也有分布，为北方习见种类。最大体长24 cm。主要摄食多毛类、虾、蟹、小型贝类、蛇尾类、幼鱼等。在渤海的种群，3—9月在近岸索饵，产卵在河口及沿岸浅水区，10月以后回深海区越冬。

日本蟳［*Charybdis*（*Charybdis*）*japonica*］，别名海红、石蟹等，经济种类。隶属于节肢动物门、甲壳纲、软甲亚纲、十足目、梭子蟹科、蟳属。灰绿色或棕红色，头胸甲略呈扇状，长约6 cm、宽约9 cm，前方额缘有明显的6个尖齿。沿岸定居性种类，肉质细嫩、味道鲜美、生长迅速、成活率高、对环境适应能力强。一般生活在低潮线、有水草或泥沙的水底及潜伏于石块下。主要摄食甲壳类，也摄食双壳类和鱼类。繁殖期为5—9月。

中国对虾（*Penaeus chinensis*），别称中国明对虾，俗称东方对虾（图3-4）。中国对虾属广温、广盐性、一年生暖水性大型洄游虾类，雄虾俗称“黄虾”，一般体长155 mm，体重30～40 g；雌虾俗称“青虾”，一般体长190 mm，体重75～85 g。底栖生物食性，主要摄食甲壳类和双壳类，并摄食一定数量的多毛类、腹足类和仔稚鱼。

图3-4 中国对虾

口虾蛄（*Oratosquilla oratoria*），别称皮皮虾、虾爬子等，经济品种（图3-5）。隶属于节肢动物门、甲壳纲、软甲亚纲、口足目、虾蛄科、口虾蛄属。广泛分布于我国沿海，栖息在水深为5～60 m的水域，常穴居在海底泥沙砾的洞中，洞穴常呈U形（徐海龙 等，2010）。主要摄食双壳类和甲壳类，也摄食鱼类和头足类，少量摄食多毛类、腹足类和水螅类。产卵期主要在5—9月。

斑鰶（*Konosirus punctatus*），俗名扁鰶、鰶鱼等。近岸小型食用鱼类。体梭形，侧扁，腹有锯齿状棱鳞。背鳍最后一鳍条延长为丝状。体背缘绿色，体侧和腹面银白色，鳃盖后上方有1块明显的墨绿色斑点。浅海性鱼类，以海湾和河口一带较多，有时也进入淡水。产卵期为5—8月。主要摄食浮游植物，也摄食浮游动物。

图 3-5　口虾蛄

银鲳（*Pampus argenteus*），俗称平鱼、镜鱼、车片鱼、鲳鱼等（图 3-6）。隶属于鲈形目、鲳科、鲳属。体侧扁，近菱形，头小。体背部青灰色，腹部乳白色，皆具银色光泽，多数鳞片具细微的黑色小点。为近海中下层鱼类，产卵期为 6 月。浮游动物食性，主要摄食水母类、涟虫类、桡足类（小拟哲水蚤、真刺唇角水蚤）和端足类（细拟长脚蛾），次要摄食多毛类幼体、腹足类幼体、大眼剑水蚤、长尾类幼体和仔稚鱼等。为暖温性近海中下层鱼类。产卵期 5—8 月。

图 3-6　银鲳

中国花鲈（*Lateolabrax maculatus*），俗称鲈板、鲈子鱼等，经济种类（图 3-7）。隶属于鲈形目、鮨科、花鲈属。体长侧扁，体背侧青灰色，下部灰白色。体侧及背鳍鳍棘基部有若干黑色斑点，斑点随年龄的增加而减少。中国花鲈为近岸浅海鱼类，喜栖息于河口咸淡水处，也可生活于淡水中，性凶猛。主要摄食日本鳀（*Engraulis japonicus*）、口虾蛄和小黄鱼，次要摄食短蛸（*Amphioctopus fangsiao*）、鹰爪虾（*Trachysalambria curvirostris*）、其他甲壳类、黄鲫（*Setipinna tenuifilis*）、凤鲚（*Coilia mystus*）、黑鳃梅童鱼（*Collichthys niveatus*）、棘头梅童鱼（*Collichthys lucidus*）、斑尾刺鰕虎鱼、六丝钝尾鰕虎鱼和其他鱼类。产卵期 8—12 月上旬。

图 3-7 中国花鲈

蓝点马鲛（*Scomberomorus niphonius*），俗称鲅鱼、燕鱼。隶属于鲈形目、鲭科、马鲛属。体延长，侧扁；尾柄细，两侧在尾鳍基部各具 3 条隆起脊。体背部黑蓝色，腹部银灰色。沿体侧中央有数列黑色圆形斑点。背鳍黑色。腹鳍、臀鳍黄色，有黑色边缘。尾鳍灰褐色。中上层凶猛鱼类，主要摄食日本鳀和其他鱼类，次要摄食火枪乌贼、口虾蛄、其他甲壳类、青鳞小沙丁鱼、斑鰶和黄鲫。暖水大洋性鱼类。

梭鱼（*Chelon haematocheilus*），俗名红眼、肉棍子、赤眼梭等，经济种类。隶属于鲻形目、鲻科、鲻属。近岸暖水性海产鱼类，喜栖息于江河口咸淡水区及海湾内，也可进入淡水。体细长，前部为亚圆筒形，后部侧扁，背缘平直，腹部圆形。头短宽、平扁，背部平坦。主要摄食小型底栖生物、线虫、多毛类，浮游生物的小型微型甲壳类，硅藻、蓝藻、鞭毛藻及其他微型藻，有机颗粒及碎屑，细菌等。

斑尾刺鰕虎鱼（*Acanthogobius ommaturus*），别名矛尾复鰕虎鱼、斑尾复鰕虎鱼、矛尾刺鰕虎鱼，俗名海年光、油光鱼、光鱼等。体延长，前部呈圆筒形，后部侧扁而细；尾柄粗短。体呈淡黄褐色，中小个体体侧常具数个黑色斑块。背侧淡褐色。头部有不规则暗色斑纹。暖温性近岸底层中大型鰕虎鱼类，栖息于沿海、港湾及河口咸、淡水交汇处，也进入淡水。喜栖息于底质为淤泥或泥沙的水域，多穴居。性凶猛，主要摄食各种幼鱼、虾、蟹和小型软体动物。产卵期 3—4 月，常在淤泥的洞中产卵。

三疣梭子蟹（*Portunus trituberculatus*），俗名梭子蟹、海螃蟹等，经济种类。隶属于十足目、梭子蟹科、梭子蟹属。头胸甲呈梭形，稍隆起，表面具有分散的颗粒。胃区具有疣状突起，心区具 2 个疣状突起。暖温性、多年生大型蟹类。常潜伏于海底或河口附近，性凶猛好斗。底栖动物食性，主要摄食双壳类，也摄食甲壳类，少量摄食棘皮类、鱼类、头足类和腹足类。渤海三疣梭子蟹为地方性种群，4 月上、中旬开始生殖洄游，主要在渤海湾和莱州湾近岸产卵。7—8 月为越年蟹交配盛期，9—10 月为当年蟹交配盛期。

火枪乌贼（*Loliolus beka*），俗名鱿鱼仔。个体小，胴部圆锥形，后部削直，体表具有大小相间的近圆形色素斑。沿岸性生活。主要捕食小虾类，本身为鱼类的捕食对象。产卵期 5—6 月。

第五节　湿地植物

湿地植物泛指生长在湿地环境中的植物。广义的湿地植物，是指生长在沼泽地、湿原、泥炭地或者水深不超过 6 m 水域中的植物；狭义的湿地植物，是指生长在水陆交汇处，土壤潮湿或者有浅层积水环境中的植物，对湿地环境有着良好的保护。

海河口及渤海湾湿地类型多样，包括滨海湿地、河流沟渠、永久性淡水湖、沼泽湿地及人工湿地等，植被资源丰富。

一、湿地植物区系的基本构成

1. 植物科属统计

根据 2009—2016 年天津市水生生物多样性监测及评价项目调查，天津地区的湿地植物区系在组成上以华北成分为主。天津地区的湿地植物区系组成比较丰富，生活型齐全，基本具有我国北部地区植物的各种常见种类，植物资源相对比较丰富。特点是优势种多，覆盖度大，常成片生长，较大面积地分布，并组成以其本身为优势种或次优势种的植物群落。该地区植物以禾本科、菊科、豆科等为代表的草本植物占主要地位，如芦苇（*Phragmites australis*）、香蒲（*Typha orientalis*）、獐毛（*Aeluropus sinensis*）、羊草（*Leymus chinensis*）、白羊草（*Bothriochloa ischcemum*）、狗尾草（*Setaria viridis*）、金色狗尾草（*Setaria glauca*）、虎尾草（*Chloris virgata*）、马唐（*Digitaria sanguinalis*）、稗（*Echinochloa crusgali*）、白茅（*Imperata cylindrica*）、星星草（*Puccinellia tenuiflora*）、碱茅（*Puccinellia distans*）、阿尔泰狗娃花（*Heteropappus altaicus*）、大蓟（*Cirsium japonicum*）、刺儿菜（*Cirsium setosum*）、蒲公英（*Taraxacum mongolicum*）、苣荬菜（*Sonchus arvensis*）、山莴苣（*Lagedium sibiricum*）、地黄（*Rehmannia glutinosa*）、打碗花（*Calystegia hederacea*）、茵陈蒿（*Artemisia capillaris*）、柳叶蒿（*Artemisia integrifolia*）、葎草（*Humulus scandens*）、独行菜（*Lepidium apetalum*）、萹蓄（*Polygonum aviculare*）、蒙古鸦葱（*Scorzonera mongolica*）、碱菀（*Tripolium vulgate*）、野大豆（*Glycine soja*）、糙叶黄耆（*Astragalus scaberrimus*）、狭叶米口袋（*Gueldenstaedtia stenophylla*）等。

调查共发现植物有 72 科 387 种（包括种以下单位）。其中，裸子植物 4 科 5 种，被子植物 68 科 382 种。被子植物中，双子叶植物 53 科 264 种，单子叶植物 15 科 118 种（表 3－4）。野生植物种类最多的科依次为菊科、禾本科、旋花科、藜科、莎草科、豆科、十字花科、蓼科；栽培种类最多的科依次为菊科、蔷薇科、豆科、葫芦科、禾本科、茄科、锦葵科、百合科、木犀科、杨柳科、松科。

2. 植物生活型构成

调查发现，湿地植物主要以草本植物为主，乔木、灌木、藤本植物种类较少。其中，草本植物包括一年生、二年生和多年生植物，包括旱生、中生、湿生和水生等各种类型，主要以野生植物为主。乔木和灌木中野生种类偏少，只有柽柳（*Tamarix chinensis*）、酸枣（*Ziziphus jujuba* var. *spinosa*）、达乌里胡枝子（*Lespedeza davurica*）、枸杞（*Lycium chinense*）4种，紫穗槐疑似栽培逸为野生的灌木，其余的都是栽培植物。藤本植物包括缠绕藤本、攀援藤本和卷须藤本三小类，共计25种，如菟丝子（*Cuscuta chinensis*）、盒子草（*Actinostemma tenerum*）、葫芦（*Lagenaria siceraria*）等。

表3-4 天津市湿地植物的分类统计

分类		科		种	
		科数	比例（%）	种数	比例（%）
裸子植物		4	5.56	5	1.29
被子植物	双子叶植物	53	73.61	264	68.22
	单子叶植物	15	20.83	118	30.49
合计		72	100.00	387	100.00

二、植物区系地理成分构成

根据调查统计，天津地区的湿地植物种类中，65.5%以上的科都属于世界广布类型，如十字花科、酢浆草科、茜草科、旋花科、菊科等；其次是泛热带分布类型（占27.6%），如蒺藜科、大戟科、夹竹桃科和萝摩科等；北温带分布类型1科，为牻牛儿苗科；旧世界温带分布类型1科，为柽柳科。

1. 世界广布成分

根据调查统计，天津地区湿地植物大多数种类属于世界广布成分，如水烛（*Typha angustifolia*）、无苞香蒲（*Typha laxmannii*）、芦苇、稗草等，都是本地区沼泽和沼泽草甸的建群种；菹草（*Potamogeton crispus*）、金鱼藻（*Ceratophyllum demersum*）、角果藻（*Zannichellia palustris*）等，都是本地区水生生境中常见的世界广布种；狗尾草、藜（*Chenopodium album*）、反枝苋（*Amaranthus retroflexus*），现广泛传播并归化为世界广布种；田旋花（*Convolvulus arvensis*）、荠（*Capsella bursa-pastoris*）、野西瓜苗（*Hibiscus trionum*）、苦苣菜（*Sonchus oleraceus*）等，也都是本地区最常见的属于世界

广布种的农田杂草。

2. 泛北极成分

属于泛北极成分的有浮萍科的浮萍（*Lemna minor*）、眼子菜科的浮叶眼子菜（*Potamogeton natans*）；禾本科的止血马唐（*Digitaria ischaemum*）、牛筋草（*Eleusine indica*）等均为潮湿地、河滩沼泽化草甸的建群成分；蔷薇科的朝天委陵菜（*Potentilla supina*）等，是矮草盐化草甸的优势种或伴生种；菊科的鬼针草（*Bidens pilosa*）、黄花蒿（*Artemisia annua*），蓼科的长刺酸模（*Rumex trisetifer*）等，都是泛北极植物。

3. 古北极成分

属于古北极成分的主要有旋覆花（*Inula japonica*）、猪毛菜（*Salsola collina*）、罗布麻（*Apolynum venetum*）。水生沼生的古北极植物有龙胆科的荇菜（*Nymphoides peltatum*）；十字花科的光果宽叶独行菜（*Lepidium latifolium* var. *affine*）、蓼科的萹蓄等，都属于古北极成分的杂草类植物。

4. 东古北极成分

属于东古北极成分的有平车前（*Plantago depressa*）、阿尔泰狗娃花等，均为草甸伴生杂类草。

5. 古地中海成分

属于古地中海成分的有禾本科的獐毛、藜科的地肤（*Kochia scoparia*）、蒺藜科的小果白刺（*Nitraria sibirica*），为滨海平原上的盐生灌丛，在滨海新区、七里海湿地、大港湿地均有分布。

6. 达乌里—蒙古成分

禾本科的羊草，为中旱生到广旱生草原种；豆科黄耆属的斜茎黄耆（*Astragalus adsurgens*）、糙叶黄耆，白花丹科的二色补血草（*Limonium bicolor*）、百合科的兴安天门冬（*Asparagus dauricus*）等，都属于达乌里—蒙古成分的植物。

7. 东亚成分

属于东亚成分的乔木有苦木科的臭椿（*Ailanthus altissima*），是一种喜暖的树种；灌丛有酸枣，中生草甸伴生植物有禾本科的荻（*Triarrhena sacchariflora*）、黄背草（*Themeda japonica*），菊科的茵陈蒿等。

8. 西伯利亚成分

属于西伯利亚成分的有萝藦科的地梢瓜（*Cynanchum thesioides*）等。

三、植物区系特点

1. 优势种多，覆盖度大

根据植被的野外调查可知，主要湿地生境的野生植物种类大都属于零散分布，但集中分布的优势种种类丰富、数量众多。优势植物在分布上常具有斑块状、条带状分布的特点，最典型的种类如芦苇、香蒲、盐地碱蓬（*Suaeda salsa*）、碱蓬（*Suaeda glauca*）、地肤、萹蓄、大蓟、曼陀罗（*Datura stramonium*）、苍耳（*Xanthium sibiricum*）、黄花蒿、猪毛蒿（*Artemisia scoparia*）、茵陈蒿、翅果菊（*Pterocypsela indica*）、藜、皱果苋（*Amaranthus viridis*）、长芒苋（*Amaranthus palmeri*）、狗尾草、虎尾草、羊草、扁秆藨草（*Scirpus planiculmis*）等。这些优势种类群集度高，覆盖度大，常常组成以自身为优势种或共优种的群落。

2. 植物区系地理成分复杂多样

天津地区的湿地植物覆盖了中国15个植物区系地理成分中的13个，即除了中亚成分和中国特有成分缺乏外，其他地理成分均有分布。其中，以世界广布的属种居多（占26%）；其次是泛热带成分和北温带成分；旧世界温带成分也占据了较大的比例（占12%）。其中，北温带成分的种类仍是海河河口区的主体，其他9个地理成分的属共占约18%。植物区系地理成分组成的复杂多样，体现了区域生境扰动的多样性。

3. 生活型齐全，生态类群丰富，盐生植物种类多

湿地区内植物包括乔木、灌木、草本和藤本植物，生态类群包括水生植物、沼泽和沼泽化草甸植物、盐生草甸植物等。海河河口区内盐生植物种类和数量均较丰富，盐生植物在保持水土、提供畜牧饲料、盐碱地植被恢复方面均占据重要的地位。

4. 栽培及外来物种增加迅速

由于农业、渔业、旅游业的发展以及城市绿化美化的需要，天津地区栽培及外来植物种类增加很快。根据调查的结果，增加的植物种类大部分为园林绿化种类，少数为新引进的园艺种类，有70多种。

此外，本次调查中发现3种此前天津没有记录的野生植物分布，即长芒苋、大米草（*Spartina anglica*）和旱黍草（*Panicum trypheron*）。其中，前两种均为原产美洲的植物，在中国归化或入侵时间不长，在天津及保护区内发现还属首次。外来物种的出现需引起相关重视。

5. 近10年扰动增加，影响了植物生存环境

由于经济社会发展需要，近岸滩涂被侵占、一些湿地被开发旅游、开挖池塘、道路修建、湿地改旱地、河流底泥抽取、除草剂滥用等诸多扰动，对野生植物种类和数量均造成较大的影响。部分植物分布遭到压缩从而数量减少甚至匿迹，部分植物则获得过度扩张的机会。扰动，尤其是人为扰动，使得部分湿地内的植物结构及其多样性产生较大的变动。

四、主要植被类型

天津市地处北温带季风气候区，濒临渤海湾，湿地类型丰富，综合考虑天津地区的植物种类组成、群落的外貌和结构、生态环境及动态特征，将湿地区的植被划分为以下植被型。

1. 灌丛

以灌木为优势种、伴生其他灌木或草本植物的群落。河口区内主要有酸枣、柽柳、达乌里胡枝子、枸杞、紫穗槐等灌木种类。其中，酸枣、柽柳自然分布稍多；紫穗槐是人工栽培逸为野生的，也能形成群落；而达乌里胡枝子、枸杞的自然分布较少，未形成明显的优势分布。湿地区内也夹杂生长有刺槐（*Robinia pseudoacacia*）、榆树（*Ulmus pumila*）植株，植株较为低矮，呈现灌木状。

（1）*酸枣群落* 优势种为酸枣，高度为150～250 cm。主要伴生种有猪毛蒿、益母草（*Leonurus artemisia*）、狗尾草、虎尾草、独行菜等。主要分布在地势较高的台地顶端或边缘。由于耕地拓展和农业活动，酸枣群落的数量正在受到压缩。

（2）*柽柳群落* 优势种为柽柳，高度为200～400 cm。柽柳花期较长，花色为粉红色，在盛花期呈现出非常靓丽的景观。主要伴生种有益母草、狗尾草、中华小苦荬（*Ixeridium chinense*）等，偶可见有萝藦（*Metaplexis japonica*）、鹅绒藤（*Cynanchum chinense*）等藤本植物攀附其上。主要分布在湿地区内靠近水域之处，如河边、池塘沿岸等。由于耕地拓展和农业活动，柽柳群落的数量正在受到压缩。

（3）*紫穗槐群落* 优势种为紫穗槐，曾为栽培植物，后为野生。主要伴生种有蒲公英、独行菜、狗尾草、萹蓄等，常见牵牛（*Pharbitis nil*）、鹅绒藤等藤本植物。主要分布在耕地、建筑物、公路周边。

2. 灌草丛

灌木散生于草本植物之间，草本植物是优势种。

典型群落为酸枣-鬼针草灌草群落：酸枣不成为优势种，而仅是散生于草本层中间。草本层的优势种为鬼针草，高度80～120 cm。主要伴生种有狗尾草、藜、猪毛菜、荠菜、独行菜等，常见牵牛属植物。

3. 草甸植被

以草本植物为优势种，伴生其他草本植物的群落。海河河口区内一年生、二年生、多年生的草本植物种类丰富，分布广泛，其中多种植物呈现斑块状分布、条带状分布特征，从而形成以本身为优势种的单优群落或共优群落。计有10个主要类型，广泛分布于各类湿地区的堤岸、沟边、路旁、耕地外围区域。

（1）*碱蓬—地肤群落* 碱蓬和地肤两种藜科植物呈斑块状、条带状分布，常见分别独立成为单优群落，也常见两种构成共优种群落，有时密度极大。主要伴生种有藜、独行菜、蒲公英等，也见有鹅绒藤、萝摩、野大豆等藤本植物攀附其上。主要分布在道路沿线、耕地周围，分布极广，数量极多，生物量极大。由于种子丰富，出芽率和成活率高，没有天敌，有扩大分布的趋势。

（2）*大蓟群落* 优势种为大蓟，高度为150～200 cm。常形成单优群落，盛花期群落呈现鲜艳的紫红色。主要伴生种有铁苋菜（*Acalypha australis*）、打碗花、砂引草（*Messerschmidia sibirica*）、狗尾草、益母草、龙葵（*Solanum nigrum*）等。常呈斑块状、条带状分布，形成面积达 10 m^2 以上的群落。大蓟为多年生植物，常靠根状茎繁殖，有扩大分布的趋势。

（3）*曼陀罗群落* 优势种为曼陀罗，高度可达 250 cm，覆盖度 85%左右。单株冠幅常可达 2 m^2，分枝繁多，叶面积宽大，生物量极大。常形成单优群落，主要伴生种有苘麻（*Abutilon theophrasti*）、斑种草（*Bothriospermum chinense*）、苍耳、狗娃花（*Heteropappus hispidus*）、蒲公英、鳢肠（*Eclipta prostrata*）等。较为常见，常分布于耕地旁、垃圾堆周围等较为肥沃的地段。由于其种子丰富，出芽率和成活率高，没有天敌，有扩大分布的趋势。

（4）*苍耳群落* 优势种为苍耳，有的单株冠幅常可达 1 m^2，分枝繁多，生物量极大。常形成单优群落，主要伴生种有鳢肠、狗尾草、虎尾草、马唐、画眉草（*Eragrostis pilosa*）等。较为常见，常分布于耕地旁、村庄附近等较为肥沃的地段。苍耳种子丰富，繁殖较决，生物量也较大，可能有扩张的趋势。

（5）*黄花蒿群落* 优势种为黄花蒿。常形成单优群落，也可与猪毛蒿形成共优种群落。主要伴生种有狗尾草、虎尾草、萹蓄、猪毛菜、长萼鸡眼草（*Kummerowia stipulacea*）、画眉草、繁穗苋（*Amaranthus paniculatus*）、刺苋（*Amaranthus spinosus*）等。旱生、中生生境常见，分布范围较广。

（6）*猪毛蒿—茵陈蒿群落* 常形成共优种群落。由于花期两者的叶色不同，常形成浅灰绿色（猪毛蒿）和草绿色（茵陈蒿）相间的群落面貌，很容易辨认。主要伴生种有无芒稗（*Echinochloa crusgalli* var. *mitis*）、狗尾草、金色狗尾草、小画眉草（*Eragrostis minor*）、紫马唐（*Digitaria violascens*）等，常见鹅绒藤、菟丝子等缠绕其上。常可见于堤岸、人工林缘等偏旱生、中生生境。

（7）*翅果菊群落* 优势种为翅果菊。主要伴生种有车前（*Plantago asiatica*）、地黄、独行菜、藜、地肤、刺儿菜、碱蒿（*Artemisia anethifolia*）等。翅果菊分枝繁多，生物量较大，盛花期群落常呈现金黄色的面貌。该群落主要分布在道路两旁灌草丛中和耕地周边，较为常见。

（8）*狗尾草—虎尾草群落* 狗尾草和虎尾草呈斑块状分布，常见分别独立成为单优种群落，也常见两种构成共优种群落。主要伴生种有金色狗尾草、稗、藜、地肤、独行菜、苣荬菜、萹蓄等，也见有田旋花、打碗花等藤本植物生于其中。主要分布在道路沿线、耕地周围，分布极广，数量极多，生物量较大。

（9）*羊草群落* 优势种为羊草，高度为 25～45 cm。群落内少见其他植物生长。生长期内，群落常呈现蓝灰色。常见于耕地和道路之间的过渡带，常呈条带状分布，绵延可达十数米至数十米。羊草生物量极大，在景观上和牧业上均有利用空间，值得加以重视。

（10）*荻群落* 优势种为荻，常见形成单优种群落。群落内少见其他植物生长。由于农耕、修路等人为活动，分布大量减少。荻具有较高的观赏和利用价值，应加以保护。

4. 藤本植物群落

以藤本植物为优势种，伴生其他草本植物的群落。天津湿地区内的藤本植物主要有葎草、鹅绒藤、野大豆、盒子草、牵牛属植物等，其中，盒子草已少见形成群落，只见少量依附于芦苇等生长。

（1）*葎草群落* 优势种为葎草。葎草攀援于芦苇等草本植物之上，群落的高度依赖于攀附物的高度。伴生种较少，如藜、狗尾草、马唐等。此群落类型在湿地区内分布极广，常见于芦苇荡中、道路旁、人工林缘和耕地周围。葎草为一年生大型攀援草本，茎常可蔓延 10 m 以上，叶繁茂，其形成的群落面积较大，常蔓延至十几米至几十米。葎草在群落中占有压倒性的优势，常覆盖其他植物，影响它们生长。由于葎草生物量大，种子丰富，繁殖迅速，常入侵至庄稼地和村落。

（2）*鹅绒藤—芦苇群落* 优势种为鹅绒藤和芦苇。鹅绒藤依附于芦苇之上生长。由于鹅绒藤生物量大，常压弯、扑倒所依附的植物，使群落高度低于所依附植物。伴生种主要有大蓟、东亚市藜（*Chenopodium urbicum* subsp. *sinicum*）、蒲公英等少数几种，偶见其他植物种类。该群落类型分布广。鹅绒藤在群落中占有绝对优势，因为是多年生植物，繁殖迅速，蔓延面积宽，已对芦苇造成较大胁迫，应引起注意。

（3）*野大豆群落* 野大豆为国家Ⅱ级保护植物，在天津地区的七里海湿地、北大港湿地、大黄堡湿地等分布较为广泛。该群落类型的优势种为野大豆。野大豆为缠绕植物，其群落高度常依赖于所缠绕的植物，常形成单优群落。伴生种主要有榆树、苘麻、苣荬菜、狗尾草、虎尾草、马唐等。

（4）*牵牛属群落* 优势种为牵牛属植物，包括牵牛、裂叶牵牛（*Pharbitis hederacea*）、圆叶牵牛（*Pharbitis purpurea*）3 种，常缠绕于其他植物之上，常形成单优种群落或 2～3 种共优群落。伴生种主要有藜、地肤、狗尾草、马唐、蒲公英等。该群落类型在天津湿地分布极为广泛，常形成数十平方米的群落。生物量较大，种子丰富，繁殖迅速，有扩张蔓延的趋势。

5. 湿生、水生植物群落

以湿生、水生植物为优势种，伴生其他草本植物的群落。有 4 个主要类型，即芦苇群落、水烛-水葱（*Scirpus validus*）群落、扁秆藨草群落、大米草群落。

（1）*芦苇群落* 优势种为芦苇，群落高度 200～350 cm。主要伴生种有大蓟、东亚市藜、藜、地肤、扁秆藨草、稗等，常可见与葎草、鹅绒藤形成群落。值得一提的是，芦苇群落中偶可见小面积分布的盒子草，后者能见量已渐少。芦苇为七里海等湿地的优势物种，数量最多、分布面积最广，也是沼泽演替的终极物种。芦苇既是当地旗舰物种，在构成群落、净化水质、保持水土等方面发挥着极为重要的作用，又是当地重要的经济作物之一。

(2) *水烛—水葱群落* 常见为水烛和水葱形成共优种群落。主要伴生种为扁秆藨草、芦苇等挺水植物，分布于开阔的水面芦苇较少之处。

(3) *扁秆藨草群落* 优势种为扁秆藨草。主要伴生种为地肤、萹蓄等，伴生种种类贫乏。扁秆藨草群落多分布于滨水地带，如池塘沿岸、河流浅滩等地。

(4) *大米草群落* 优势种为大米草，常见形成单优种群落。群落内少见其他植物生长。由于近海海域生态修复，永定新河河口区、大港、汉沽近岸滩涂分布较多。

五、植物资源及其特点

植物通过光合作用，吸收光能和二氧化碳，制造有机物和释放氧气。它们固定的能量是大部分生物的能量来源。植物资源也是人类赖以生存的重要物质基础之一。由于天津市地处海河河口区、渤海湾湾底，湿地盐碱化是天津地区湿地的重要特征，因此将本区域内的植物资源分为两个大类，即盐生植物资源和其他植物资源，其他植物资源又可细划分为药用植物、饲料植物、环保植物等 8 个小类别。

1. 盐生植物资源

天津地区盐生植物种类丰富，分布较广，数量较多。盐生植物在保持水土、提供畜牧材料、盐碱地植被恢复方面均占据重要的地位。重要的盐生植物包括：①聚盐性植物，如苣荬菜、大蓟、盐地碱蓬、碱蓬、地肤、华蒲公英（*Taraxacum borealisenense*）、乳苣（*Mulgedium tataricum*）等；②拒盐性植物，如野大豆、紫穗槐、砂引草、红蓼（*Polygonum orientale*）、匙荠（*Bunias cochlearioides*）、旋覆花、碱菀、虎尾草、白茅、马唐、芦苇、水烛、水葱等；③泌盐性植物，如柽柳、猪毛菜、中亚滨藜（*Atriplex centralasiatica*）、东亚市藜、藜、獐毛等。

多数盐生植物是一些富含营养的家畜饲草资源。盐生植物如野大豆为国家Ⅱ级保护植物，广泛分布在大黄堡、七里海、北大港等湿地。野大豆是重要的抗盐种质资源和基因库，是当前国内外研究遗传育种的重要种质资源。野大豆是栽培大豆的近缘野生种，是栽培大豆育种的重要种质资源，在农业育种上可用野大豆进一步培育优良的大豆品种，并提高大豆的抗盐能力。其他重要的盐生植物如盐地碱蓬、碱蓬等也都是重要的抗盐种质资源，它们能生长在高盐浓度的土壤生境中，在生理上具有抗盐特性，其抗盐性接近于海水浓度。如果采用海水灌溉，经过选育和改良，其抗盐能力还可以提高，是一种很有发展前途的可以直接用海水灌溉的经济盐生植物。

另外，盐生植物能够吸收和积累大量的盐分，是很好的盐碱土生物改良剂，常被用于盐碱地植被恢复，如苣荬菜、大蓟、乳苣、紫穗槐等。还有的盐生植物具有良好的景观效果，可以开发用于园林绿化。

2. 其他植物资源

（1）纤维植物　重要的纤维植物有芦苇、苘麻、马蔺（*Iris lactea* var. *chinensis*）、罗布麻等，这些植物除罗布麻外，其他的种类数量均较为丰富，分布也较广泛。其中，芦苇是重要的水生纤维类资源植物，它不仅具有重要的经济效益，同时对维持河口区的生态平衡、净化水域以及保护生物物种的多样性，也具有非常重要的作用，目前多用于造纸原料及建筑用材。芦苇的根状茎、秆、叶及花序均可供药用，其中根状茎名芦根，是历史悠久的传统中药，能清热生津、止呕、利尿；根状茎富含淀粉和蛋白质，可熬糖和酿酒；又因根状茎粗壮、蔓延力强，是优良的固堤、固沙植物；嫩茎叶在抽穗前含糖分较高，各种家禽喜食；芦苇嫩笋可食，并具有防癌、治癌等功效。

（2）药用植物　天津地区的湿地中具有丰富的药用植物资源，以不同的形式被用于各种场合。据统计有130余种，约占调查草本植物种类的一半。常见的中药、草药植物有益母草、地黄、枸杞、车前、罗布麻、牵牛花、薄荷（*Mentha haplocalyx*）、曼陀罗、金银花、刺儿菜、茵陈蒿、苣荬菜、白茅、芦苇、香蒲、打碗花、红蓼、苍耳等。其中，益母草是著名的妇科理疗和保健药品的原材料；地黄具有清热解毒等功效；香蒲的成熟果序则可用于治疗外伤出血等。

（3）食用和饲料植物　①野菜植物：湿地周边居民最常采食的野菜植物有马齿苋（*Portulaca oleracea*）、地肤、碱蓬、荠菜、蒲公英、苣荬菜、乳苣、苋（*Amaranthus tricolor*）、萹蓄等。其中，不少种类是传统的野菜植物，如荠菜等。②野果植物：主要有酸枣、龙葵、马泡瓜（*Lucumis melo* var. *agrestis*）等，酸枣和龙葵可以直接食用，也可以制作果酱和饮料；马泡瓜具有一定的食用价值。③畜牧饲料：常见的饲料植物有碱蓬、野大豆、羊草、白羊草、狗尾草、虎尾草、马唐等。

（4）香料植物　可用作香料植物的主要为蒿属植物，包括碱蒿、莳萝蒿（*Artemisia anethoides*）、黄花蒿、艾蒿（*Artemisia argyi*）、茵陈蒿、野艾蒿（*Artemisia lavandulaefolia*）等，分布较为广泛；薄荷、藿香（*Agastache rugosa*）也是常见的香料植物，但野外分布较少。

（5）蜜源植物　蜜源植物种类较少，主要有酸枣、草木犀（*Melilotus officinalis*）、匙荠、蒲公英等。

（6）环保植物　①保持水土植物：主要种类有獐毛、狗牙根（*Cynodon dactylon*）、羊草、白茅、芦苇、香蒲、水葱、大米草等禾本科植物；②净化水质植物：有红蓼、碱菀、芦苇、水葱、水烛、无苞香蒲、美人蕉（*Canna indica*）、荇菜、眼子菜（*Potamogeton distinctus*）、菹草等；③污染指示植物：有碱蓬、红蓼、牵牛花、菖蒲（*Acorus calamus*）等，可以监测环境中汞、有机物等的含量。

（7）野生花卉　可用作野生花卉的植物种类极为丰富，包括：①木本植物，有柽柳、紫穗槐等；②草本植物，有罗布麻、砂引草、打碗花、田旋花、碱菀、阿尔泰狗娃花、旋覆花、蒲公英等；③藤本植物，有圆叶牵牛、裂叶牵牛、萝摩等。

（8）木材植物　木材植物种类较少，主要有臭椿、刺槐、榆等，木材材质并不佳。最近几年大量栽种的速生杨品种，其生长迅速，材质松软，可以用作轻质木材。

六、植物濒危状况

湿地具有多种重要的生态功能，而要发挥湿地的生态功能，首先要维持湿地生境和生态系统结构的完整性。其中的植物系统又是整个生态系统的基础，故而需对植物进行科学有效的保护。

1. 胁迫来源

湿地区内植物所受到的胁迫，主要来自于以下方面。

（1）社会经济发展需要围海造陆，占用近岸海域大量滩涂　天津市近10年的围海造陆，虽然缓解了经济发展与建设用地不足的矛盾，但破坏海岸自然景观环境，破坏海洋生物链，使海洋生物锐减，造成生态环境和社会经济问题，不少海湾的自然环境因不合理的围海造陆活动而改变，严重损害了其栖息生物的生态环境，导致原有生物群落结构的破坏和物种的减少。

（2）农业、牧业、渔业生产、旅游业占用湿地　①传统的农业、牧业生产，农田开垦、牧场建设和放牧等活动，直接占用湿地面积，导致湿地变旱地；农业、牧业发展带来的扩张，同样也占用了一定的湿地，使得湿地植被受到破坏。②一些芦苇湿地由于没有经济效益，被以各种方式承包进行鱼、虾和蟹的养殖。鱼、虾、蟹养殖需要大片水面，因而带来芦苇湿地的开垦和破坏。③一些重要湿地保护和修复工程缺乏专业指导和技术规范，对区内的原生湿地植被或野生植物群落带来一定程度的影响。

（3）环境污染　①农业面源，牧业、种植等点源污染。农田、耕地排放带有农药、化肥残留的废水，牧场、养鱼池排放携带病菌、药物和激素的冲洗水、牲畜粪便，给湿地水体带来过度的负荷。②附近村落人的生活污水无组织、不经处理的排放，同样给湿地水环境造成污染压力，村民生活产生的固体废弃物无组织、不经处理的排放，成为湿地环境恶化的重要源头。③旅游业的发展，带来了系统外的物质和能量负载，外来游客的活动代谢物转嫁到了保护区生态系统内，同样也极易带来环境污染。

（4）工程建设导致生境受损　海河河口区，由于河道修建、沟渠管理、工厂厂区建设，导致湿地生境人工化、破碎化程度加剧，直接侵占野生植物的生存空间或阻隔植物的繁殖通道，也对植物造成了负面影响。

（5）外来绿化品种对乡土种的影响尚待评估　由于城市景观、旅游业等绿化的需求，一些湿地区内采取了大规模、过度的绿化管理方式。

在利用湿地开展旅游、休闲、娱乐中进行野生植被刈除和外来植物引进栽植。非本地种取代乡土种，对湿地原生植物系统的冲击，其负面影响尚待评估。

2. 野生植物受胁迫状况

（1）部分野生植物减少甚或消失　①分布面积缩减。分布面积严重缩减、数量剧烈减少的植物有地笋（*Lycopus lucidus*）、地黄、盒子草等。在以往的调查中，发现上述植物为常见或较常见，其分布和数量均较为可观。但近年来发现，其分布地缩减明显，仅在极为有限的地段可见其分布，分布地周围已经或者正在进行农、牧、渔业建设或扩张。②未记录到的植物甚或消失。小果白刺、补血草属植物、黄耆属植物、鸦葱属植物、角蒿等，在此次植物科考中没有发现，暗示其分布已极度压缩甚或消失。

（2）部分“超级”植物获得绝对优势　在自然状态下，由于植物本身的特性及其他自然胁迫，物种本来就具有自然的演替过程。而近几十年来人为胁迫的增强，可能加快了演替的进程。如土壤干扰活动（开垦耕地、修建道路和建筑物等）、外来物种引进栽植、施用除草剂等活动，可能抑制部分植物的发展，同时，为部分植物的入侵和取得竞争优势创造条件，从而产生繁殖快、分布广、数量大、生物量极高的“超级”植物。

多年植物调查发现，湿地区内出现20余种“超级”植物，包括桑科的葎草，蓼科的萹蓄，藜科的碱蓬、地肤，苋科的长芒苋，萝摩科的鹅绒藤，茄科的曼陀罗，旋花科的牵牛属植物，葫芦科的马泡瓜，菊科的大蓟、苍耳、黄花蒿、猪毛蒿、茵陈蒿、翅果菊，禾本科的狗尾草、虎尾草、羊草、马唐属植物以及莎草科的扁秆藨草等。

取得压倒性竞争优势的“超级”植物常呈斑块状、条带状分布的特点，广泛分布于湿地区内各地。“超级”植物群集度高、覆盖度大，常常组成以自身为优势种或共优种的群落；由于在分布上处于扩张态势，对其他野生植物造成荫蔽和排挤，挤占了其他物种的生态位。“超级”植物的扩张和蔓延，可能导致野生植物种类、数量减少，植物系统稳定性降低等后果，需加以注意。

七、河口区典型植物

1. 蒺藜科 Zygophyllaceae

小果白刺　见图3-8。

学名：*Nitraria sibirica*

英文名：Siberian Nitraria

别名：沙漠樱桃、酸胖、唐古特白刺

天津滨海新区重盐碱地、塘沽、汉沽、大港等地均有。具固沙阻沙能力，改良盐碱地、绿化、观赏。果实可食用，药用可健脾胃，滋补强壮，调经活血。种子可榨油。

图 3-8　小果白刺植株

2. 茄科 Solanaceae

(1) 曼陀罗　见图 3-9。

学名：*Datura stramonium*

英文名：Jimsonweed

别名：醉心花、万桃花、闹羊花、曼荼罗、狗核桃

中国各地均有分布，北京、天津、河北常见。天津滨海新区道旁、盐碱地、荒地有野生。供观赏；叶、花、籽均可药用，具麻醉、镇痛功效。

图 3-9　曼陀罗果实

(2) 枸杞　见图 3-10。

学名：*Lycium chinense*

英文名：Chinese Wolfberry

别名：枸杞红实、甜菜子、西枸杞、狗奶子、红青椒、红耳坠、地骨子、地骨皮

蔓生灌木。属专性聚盐植物。朝鲜、日本、欧洲有栽培或逸为野生。天津滨海新区塘沽、汉沽、大港等地野生，并可在盐碱土上栽培。供绿化、观赏；果实药用；种子含油，可制润滑油或食用油。

图 3-10 枸杞开花

3. 藜科 Chenopodiaceae

(1) 中亚滨藜 见图 3-11。

学名：*Atriplex centralasiatica*

英文名：Central Asia Saltbush

别名：软蒺藜、碱灰菜

一年生草本。属专性泌盐植物。分布于俄罗斯、蒙古国以及中亚地区。中国华北、西北、辽宁、吉林、西藏等地有分布。天津滨海新区塘沽、汉沽、大港等滨海盐碱地上普遍分布。具有观赏、改良盐碱地、饲料等作用；果实药用。

图 3-11 中亚滨藜植株

(2) 灰绿藜 见图 3-12。

学名：*Chenopodium glaucum*

英文名：Oakleaf Goosefoot

别名：盐灰菜、黄瓜菜、山芥菜、山菘菠、山根龙一年生草本。天津滨海新区盐碱地区有分布。幼嫩植株可作猪饲料；嫩苗、嫩茎叶可食用；全草入中药、蒙药。

图 3-12 灰绿藜成株

(3) 东亚市藜 见图 3-13。

学名：*Chenopodium urbicum* subsp. *sinicum*

英文名：East Asian Goosefoot

别名：大灰菜、猪耳朵菜

一年生草本。中国东北以及内蒙古有分布。天津滨海新区塘沽、汉沽、大港等重盐碱土上普遍生长。供观赏、改良盐碱地；用作饲料。

图 3-13 东亚市藜植株

(4) 盐地碱蓬 见图 3-14。

学名：*Suaeda salsa*

英文名：Saline Seepweed

别名：黄须菜

一年生草本。属专性聚盐植物。分布于亚洲、欧洲。中国东北、西北、华北及沿海各省份有分布，盛产于天津滨海新区塘沽、汉沽、大港重盐碱地区。可供绿化、观赏、改良盐碱地；幼苗及种子可食用；全草药用；可供工业用油、饲料和肥料。

图 3－14　盐地碱蓬成株

(5) 碱蓬　见图 3－15。

学名：*Suaeda glauca*

英文名：Common Seepweeed

别名：盐蓬、碱蒿子、盐蒿子、老虎尾、和尚头、猪尾巴、盐蒿

一年生草本。属盐生植物。分布于中国东北、西北、华北和河南、山东、江苏、浙江等地。蒙古国、俄罗斯西伯利亚及远东、朝鲜、日本有分布。天津滨海新区重盐碱地塘沽、汉沽、大港地区均有。主要供绿化、观赏、改良盐碱地；用作榨油；嫩叶可食；全草入药。

图 3－15　碱蓬果实

4. 禾本科 Gramineae

(1) 芦竹　见图 3－16。

学名：*Arundo donax*

英文名：Giantreed

别名：荻芦竹、江苇、旱地芦苇、芦竹笋、芦竹根、楼梯杆

多年生草本。属专性盐生植物。多生长在水沟、渠、河边，是优良的护堤植物。天津滨海新区东部塘沽、汉沽等地有栽培。秆为制管乐器中的簧片；茎是造纸和人造丝原料，可作青饲料；根状茎（芦竹）药用。

图 3－16　芦竹成株

（2）虎尾草　见图 3－17。

学名：*Chloris virgata*

英文名：Showy Chloris

别名：刷子头、盘草、棒槌草

一年生草本。属专性拒盐植物。遍布于中国各省份；北方居多。天津滨海新区塘沽、汉沽、大港地区盐荒地成片生长，为常见的禾草型盐生荒地杂草。可作饲料。

图 3－17　虎尾草成株

（3）马唐　见图 3－18。

学名：*Digitaria sanguinalis*

英文名：Herb of Common Crabgrass

别名：羊麻、羊粟、马饭、抓根草、鸡爪草、指草、蟋蟀草、抓地龙、蔓子草

一年生杂草。生于路旁、田野，是一种优良牧草，但又是危害农田、果园的杂草。产于中国西藏、四川、新疆、陕西、甘肃、山西、河北、河南及安徽等地；广布于两半球的温带和亚热带山地。天津滨海新区盐碱地区有分布。全草药用，明目润肺。

图 3－18　马唐成株

（4）高羊茅　见图 3－19。

学名：*Festuca elata*

英文名：Tall Fescue

别名：羊茅

多年生地被植物。属兼性耐盐植物。广布于欧亚大陆和北美洲。主要分布于中国北方地区、东北及新疆地区，各地普遍引种。天津滨海新区盐碱地区引种栽培。供观赏；大量应用于运动场草坪和防护草坪。

图 3－19　高羊茅成株

（5）白茅　见图 3－20。

学名：*Imperata cylindrica*

英文名：Pantropical weeds

别名：茅、茅针、茅根

多年生草本。属专性拒盐植物。原产旧大陆温带和热带地区。产于中国辽宁、河北、山西、山东、陕西、新疆等地区。天津滨海新区盐碱地区野生，分布广泛，是农田中常见杂草。可绿化、保堤固沙；根状茎可食；根、花药用；茎叶可用作饲料和造纸原料。

图 3－20　白茅成株

（6）芦苇　见图 3－21。

学名：*Phragmites australis*

英文名：Commom Reed

别名：苇、芦、芦笋、蒹葭

图 3－21　芦苇植株

多年生大草本。属专性拒盐植物。为世界广布种。中国分布广，其中东北、华北以及内蒙古、新疆等地，是大面积芦苇集中的分布地区。天津滨海新区塘沽、汉沽、大港的滩涂、盐碱地、盐沼广为分布。可固沙固堤，具有重要的生态价值；优良的饲料植物；用作造纸、建材等工业原料；全株药用。

（7）朝鲜碱茅　见图 3－22。

学名：*Puccinellia chinampoensis*

英文名：Fineflowered Alkaligrass

多年生草本。属专性盐生植物。广布欧亚大陆。中国东北、华北盐碱地上有分布。天津滨海新区塘沽、汉沽、大港盐荒地呈丛生长。秆叶可作饲料，是放牧场的优良牧草。

图 3－22　朝鲜碱茅结果

（8）狗尾草　见图 3－23。

学名：*Setaria viridis*

图 3－23　狗尾草成株群体

英文名：Green Bristlegass

别名：阿罗汉草、稗子草、狗尾草

一年生草本。分布中国各地；原产欧亚大陆的温带和暖温带地区，现广布于全世界的温带和亚热带地区。天津滨海新区盐碱地区有分布。草秆、叶可作饲料；秋季的干草还可以作燃料生火烧水做饭，取暖铺床；全草加水煮沸 20 min 后，滤出液可喷杀菜虫；全草药用。

5. 蓝雪科 Plumbaginaceae

二色补血草　见图 3-24。

学名：*Limonium bicolor*

英文名：Twocolor Sealavander

别名：矶松、海蔓荆、燎眉蒿、补血草、扫帚草、匙叶草、血见愁、秃子花、苍蝇花

多年生草本。为盐碱地拓荒植物，属专性泌盐植物。分布于中国辽宁、陕西等地区。天津滨海新区塘沽、汉沽、大港等地有分布。花序洁白美丽，可做切花或干花材料，持久而不凋落；全草药用。

图 3-24　二色补血草成株

6. 菊科 Compositae

（1）茵陈蒿　见图 3-25。

学名：*Artemisia capillaries*

别名：因尘、茵陈、绒蒿

半灌木状草本。生于低海拔地区河岸、海岸附近的湿润沙地、路旁及低山坡地区。分布于亚洲及俄罗斯等地区。主产于中国江西、江苏、安徽、湖北、浙江、陕西、河北、山东等地。天津滨海新区盐碱地区有分布。具有药用价值，幼嫩茎叶入药；可食用，幼嫩枝、叶可作菜蔬或酿制茵陈酒；鲜或干草作家畜饲料。

图 3-25　茵陈蒿植株

（2）刺儿菜　见图 3-26。

学名：*Cirsium setosum*

英文名：Common Cephalanoplos Herb

别名：小蓟、野红花、小刺盖、猫蓟、青刺蓟、千针草、刺蓟菜

多年生草本。分布于中国、朝鲜、日本及欧洲等地区。中国除广东、广西、云南、西藏以外均有分布，大部分地区均有野生。天津滨海新区盐碱地区有分布。全草或根药用；春、夏采幼嫩的全株可食疗。

图 3-26　刺儿菜成株群体

（3）阿尔泰狗娃花　见图 3-27。

学名：*Heteropappus altaicus*

多年生草本，广泛分布于亚洲中部、东部、北部及东北部，也见于喜马拉雅西部。

图 3-27　阿尔泰狗娃花植株

（4）**菊芋**　见图 3-28。

学名：*Helianthus tuberosus*

英文名：Jerusalem Artichoke

别名：洋姜

多年生草本植物。属兼性耐盐植物。原产北美洲，17 世纪经欧洲传入中国，现中国大多数地区有栽培。天津滨海新区盐碱土地常有栽培。可食用，并可加工制成酱菜；可制菊糖和酒精；美化环境；用作青饲料或干饲料。

图 3-28　菊芋成株

（5）**中华小苦荬**　见图 3-29。

学名：*Ixeridium chinense*

英文名：China ixeris

别名：苶苦荬、甘马菜、老鹳菜、无香菜

多年生草本。在中国东北和内蒙古等地区返青较早，而在晚秋季霜冻后也可短期存活。天津滨海新区盐碱地区有分布，一般 4 月上、中旬返青，4—5 月为营养期，5—6 月为开花期，6—7 月结实，其后为果后营养期，10 月上旬枯黄。全草药用。

图 3-29　中华小苦荬成株

(6) 苦荬菜　见图 3-30。

学名：*Ixeris polycephala*

英文名：Herb of Sowthistleleaf Ixeris

别名：多头莴苣、多头苦荬菜

一年生草本。分布于中国南北各省区。中南半岛，尼泊尔、印度、孟加拉国、日本等地区广泛分布。具有饲用价值，嫩茎叶可做鸡鸭饲料；全株可做猪饲料；全草入药。

图 3-30　苦荬菜植株

(7) 乳苣　见图 3-31。

学名：*Mulgedium tataricum*

英文名：Tatarica Lettuce

别名：紫花山莴苣、蒙山莴苣、苦菜

多年生草本。属专性泌盐植物。俄罗斯、哈萨克斯坦、乌兹别克斯坦、蒙古国、伊朗、阿富汗、印度西北部广为分布。中国东北、西北以及河北、山西、新疆、河南、西藏等地有分布。天津滨海新区塘沽、汉沽、大港盐碱土荒地野生。供观赏。

图 3-31　乳苣开花

(8) 蒙古鸦葱　见图 3-32。

学名：*Scorzonera mongolica*

英文名：无

别名：羊角菜、羊犄角

多年生草本。分布于中国山东、河北、内蒙古、青海、甘肃等省份。中亚地区、蒙古国也有分布。天津滨海新区盐碱地区有分布。属盐生牧草，具有饲用价值。

图 3-32　蒙古鸦葱成株

7. 夹竹桃科 Apocynaceae

罗布麻　见图3-33。

学名：*Apocynum venetum*

英文名：Dogbane Indian Hemp

图3-33　罗布麻开花

别名：红麻、茶叶花、红柳子、羊肚拉角

多年生草本或半灌木。属专性拒盐植物。生长于河岸、山沟、山坡的沙质地。产于中国西北地区。天津滨海新区塘沽、大港等地普遍生长。供绿化、观赏；茎皮是一种良好的纤维原料；叶可以制药。

8. 紫草科 Boraginaceae

砂引草　见图3-34。

学名：*Messerschmidia sibirica*

英文名：Narrow Siberian Messerschmidia

别名：紫丹草、西伯利亚紫丹

图3-34　砂引草开花

多年生草本。属专性拒盐植物。国外主要分布于俄罗斯西伯利亚地区。中国东北、华北以及山东、河南有分布。天津滨海新区塘沽、汉沽、大港盐碱土沙地呈片状生长。供绿化、观赏；是中等偏低或中等的饲用植物；可提取其芳香油，还可做绿肥，也是较好的固沙植物。

9. 锦葵科 Malvaceae

（1）苘麻　见图3－35。

学名：*Abutilon theophrasti*

英文名：Chingma Abutilon

别名：白麻、青麻、椿麻、塘麻、车轮草

一年生亚灌木状草本。属兼性盐生植物。分布于越南、印度、日本以及欧洲、北美洲等地区。中国除青藏高原不产外，其他各省（自治区、直辖市）均产，东北各地有栽培。天津滨海新区常见野生。可做编织材料；种子可作工业用润滑油；全草药用。

图3－35　苘麻成株

（2）野西瓜苗　见图3－36。

学名：*Hibiscus trionum*

英文名：Flower of an Hour

图3－36　野西瓜苗开花

别名：灯笼棵、打瓜花

一年生直立或平卧草本。属兼性盐生植物。分布欧洲至亚洲各地。产于中国各地，天津滨海新区盐荒地、田间常见野生。以全草、种子药用。

10. 蝶形花科 Papilionaceae

紫苜蓿　见图 3-37。

学名：*Medicago sativa*

英文名：Alfalfa

别名：紫花苜蓿、牧蓿、苜蓿、路蒸

多年生草本。属兼性耐盐植物。原产于伊朗，以及小亚细亚等地区，世界各地都有栽培或呈半野生状态。中国广泛引种栽培。天津滨海新区盐碱地有栽培。供观赏；用作饲料与绿肥；富含各类营养素，可药用。

图 3-37　紫苜蓿开花

11. 香蒲科 Typhaceae

水烛　见图 3-38。

学名：*Typha angustifolia*

英文名：Narrowleaf Cattail

图 3-38　水烛结果

别名：狭叶香蒲、蒲花、蒲草

多年生沼生草本。可在咸淡水池塘、沟渠中生长。产于中国东北、西北、华北，河南、江苏、湖北、云南、台湾等省份。天津滨海新区水边、池塘自然生长。花卉供观赏；幼叶根状茎可食；雌花可做填充物；叶片用于编织、造纸等；花粉药用。

12. 莎草科 Cyperaceae

水葱　见图 3－39。

学名：*Scirpus validus*

英文名：Sofustem Buirush

别名：莞、苻蓠、莞蒲、夫蓠、葱蒲、莞草、蒲苹、水丈葱、冲天草

多年生草本。可在半咸水池塘、沟渠中生长。分布于朝鲜、日本、澳大利亚以及美洲。中国东北、西北、西南各省份有分布。天津滨海新区湖边或浅水池塘自然生长。具有生态、观赏和药用价值。

图 3－39　水葱植株

13. 睡莲科 Nymphaeaceae

莲　见图 3－40。

图 3－40　莲成株

学名：*Nelumbo nucifera*

英文名：Hindu Lotus

别名：莲花、荷花

多年生水生草本。可生长在咸淡水池塘中。原产大洋洲及亚洲热带，中国广为栽培。天津滨海新区半咸淡水池中生长良好。供观赏、食用和药用。

14. 龙胆科 Gentianaceae

荇菜 见图3-41。

学名：*Nymphoides peltetum*

英文名：Shield Floatingheart

别名：金莲子、莲叶荇菜、莕菜、驴蹄莱、水荷叶

多年生水生草本。能在咸淡水池塘、沟渠中生长。分布于北半球池塘、湖泊中。产于中国绝大多数省份。天津滨海新区池沼中有生长。用于绿化美化水面；一种良好的水生青绿饲料；全草药用；可作绿肥用；可作水生青绿饲料；全草药用。

图3-41 荇菜成株

15. 鸢尾科 Iridaceae

马蔺 见图3-42。

学名：*Iris lactea* var. *chinensis*

英文名：Chinese Iris

别名：马莲、兰花草、紫兰花、旱蒲、蠡实、荔草、剧草

多年生密丛草本。属兼性耐盐植物。朝鲜、俄罗斯及印度有分布，中国大部分地区普遍分布。天津滨海新区盐碱地中常见栽培。具有重要的药用、饲用和工业价值。用作水土保持、放牧、观赏；根、花和种子入药；种子可榨油制皂。

图 3-42　马蔺成株

16. 旋花科 Convolvulaceae

(1) 田旋花　见图 3-43。

学名：*Convolvulus arversis*

英文名：European Glorybind

别名：箭叶旋花、中国旋花

多年生草质藤本。分布于中国东北、华北、西北、华东及西南地区。天津滨海新区盐碱荒地、路旁、田间等地为杂草野花。为低等饲用植物；根、叶、花与种子均可药用。

图 3-43　田旋花开花

(2) 打碗花　见图 3-44。

学名：*Calystegia hederacea*

英文名：Ivy-like Calystegia

别名：小旋花、兔耳草、燕覆子、蒲地参、富苗秧、扶秧

图 3-44　打碗花开花

多年生草质藤本植物。属兼性耐盐植物。分布在埃塞俄比亚、马来西亚以及中国各地。天津滨海新区盐碱荒地、路旁、田间等地为杂草野花。用于园林美化；具有药用及食用价值；根状茎及花入药。

（3）圆叶牵牛　见图 3-45。

学名：*Pharbitis purpurea*

英文名：Common Morning Glory

别名：毛牵牛、紫牵牛、牵牛花

一年生缠绕草本。属兼性耐盐植物。原产于美洲，世界各地广泛栽培和归化。中国各地种植或野生于荒地或篱间。天津滨海新区盐碱地区野生于路旁，或栽培于庭院、公园供观赏。种子具有药用价值。

图 3-45　圆叶牵牛植株

17. 玄参科 Scrophulariaceae

地黄　见图 3-46。

学名：*Rehmannia glutinosa*

英文名：Adhesive Rehamannia

别名：生地、怀庆地黄、小鸡喝酒

多年生草本。属兼性耐盐植物。中国和国外均有栽培。分布于中国辽宁、河北、河南、山东、山西、陕西、甘肃、内蒙古、江苏、湖北等省份。天津滨海新区常见野生或栽培。可食用、药用，鲜地黄为清热凉血药；熟地黄则为补益药。地黄初夏开花，花大数朵，淡红紫色，具有较好的观赏性。

图 3－46　地黄成株

18. 小二仙草科 Haloragidaceae

狐尾藻　图 3－47。

学名：*Myriophyllum verticillatum*

英文名：Watermifoil

别名：轮叶狐尾藻、布拉狐尾、粉绿狐尾藻、凤凰草

图 3－47　狐尾藻开花

多年生粗壮沉水草本。在微碱性土壤生长良好。夏季生长旺盛。冬季生长慢，能耐低温，一年四季可采收。为世界广布种。多生长在池塘或河川。中国南北各地池塘、河沟、沼泽常有生长，常与穗状狐尾藻混生一起。天津滨海新区北大港水库常见。可作为观赏植物；全草可作为养猪、养鸭饲料；在鱼、虾、蟹池塘养殖过程中作为饵料，还可为水生动物提供避难和产卵场所。

19. 金鱼藻科 Ceratophyllaceae

金鱼藻　见图 3-48。

学名：*Ceratophyllum demersum*

英文名：Hornwort

别名：细草、鱼草、软草、松藻

多年生沉水草本。为世界广布种。中国分布于东北、华北、华东，台湾等地区。天津滨海新区北大港水库有分布。可做猪、鱼及家禽饲料；人工养殖鱼缸布景；全草药用。

图 3-48　金鱼藻植株

20. 眼子菜科 Potamogetonaceae

菹草　见图 3-49。

学名：*Potamogeton crispus*

英文名：Water Caltrop

别名：虾藻、虾草、麦黄草

多年生沉水草本植物。菹草的生命周期与多数水生植物不同，它在秋季发芽，冬春生长，4—5 月开花结果，夏季 6 月后逐渐衰退腐烂，同时形成鳞枝（冬芽）以度过不适环境。多生于池塘、湖泊、溪流中，在中国分布较广。天津滨海新区北大港水库有分布。可作为鱼的饲料或绿肥；也是湖泊、池沼、小水景中的良好绿化材料。

图 3-49　菹草植株

21. 蓼科 Polygonaceae

（1）萹蓄　见图 3-50。

学名：*Polygonum aviculare*

英文名：Herbap Olygoni Avicularis

别名：竹、扁竹、扁茿、畜辩、扁蔓、地扁蓄、编竹、粉节草、道生草、扁竹、扁竹蓼、乌蓼、大蓄片

一年生草本。生田边路、沟边湿地。北温带广泛分布。中国各地均有分布。天津滨海新区盐碱地区常见。嫩叶具有药用价值。

图 3-50　萹蓄开花

（2）西伯利亚蓼　见图 3-51。

学名：*Polygonum sibiricum*

别名：剪刀股、野茶、驴耳朵、牛鼻子、鸭子嘴

多年生草本。分布于中国、蒙古国、俄罗斯、哈萨克斯坦及喜马拉雅山。生于路边、湖边、河滩、山谷湿地、沙质盐碱地。天津滨海新区盐碱地区常见。全草药用，利水渗湿、清热解毒。

图 3-51　西伯利亚蓼成株

（3）巴天酸模　见图 3-52。

学名：*Rumex patientia*

英文名：Patience Dock

别名：洋铁叶、洋铁酸模、牛舌头棵

多年生草本。分布于中国东北、华北、西北和山东、河南、湖南、湖北、四川及西藏。国外分布于哈萨克斯坦、蒙古国及欧洲地区。天津滨海新区盐碱地区均有分布。根具有药用价值，有小毒。

图 3-52　巴天酸模成株

22. 唇形科 Labiatae

夏至草　见图 3-53。

学名：*Lagopsis supina*

英文名：Herb of Whiteflower Lagopsis

图 3-53　夏至草成株

别名：夏枯草、白花夏枯草、白花益母、灯笼棵、风轮草、小益母草、假茺蔚、假益母草

多年生直立草本。生长在山沟水湿地或河岸两旁湿草丛、荒地、路旁。广泛分布于中国各地，以河南、安徽、江苏、湖南等省份为主要产地。世界分布在欧洲各地。天津滨海新区盐碱地区亦有分布。供观赏，可作花坛镶边材料和花境；全草药用。

23. 萝藦科 Asclepiadaceae

（1）鹅绒藤　见图 3-54。

学名：*Cynanchum chinense*

英文名：Deceiving Swallowwort

图 3-54　鹅绒藤开花

别名：祖子花、羊奶角角、牛皮消

多年生缠绕草本。分布于辽宁、内蒙古、河北、山西、陕西、宁夏、甘肃、山东、江苏、浙江、河南等地。天津滨海新区盐碱地区也有分布。茎中的白色浆乳汁及根入中药；全草入蒙药。

（2）萝藦　见图3-55。

学名：*Metaplexis japonica*

英文名：Japanese Metaplexis

别名：芄兰、斫合子、白环藤、羊婆奶、婆婆针落线包、羊角、天浆壳

多年生草质藤本。生长于林边荒地、山脚、河边、路旁灌木丛中。分布于中国东北、华北、华东和甘肃、陕西、贵州、河南、湖北等省份。在日本、朝鲜和俄罗斯也有分布。天津滨海新区盐碱地区也有分布。全株可药用。根补气益精；果壳补虚助阳，止咳化痰；全草强壮，行气活血，消肿解毒；茎皮纤维坚韧，可造人造棉。

图3-55　萝藦结果

24. 柽柳科 Tamaricaceae

柽柳　见图3-56。

学名：*Tamarix chinensis*

英文名：Chinese Tamarisk

别名：垂丝柳、西河柳、西湖柳、红柳、阴柳

乔木或灌木。野生于中国辽宁、河北、河南、山东、江苏、安徽等省份；栽培于中国东部至西南部各省份。日本、美国也有栽培。天津滨海新区盐碱地区也有分布。供观赏，常被作为庭园观赏植栽；编筐、耱和农具柄把；防风固沙、改造盐碱地、绿化环境；嫩枝叶药用。

图 3－56　柽柳开花

25. 十字花科 Brassicaceae

播娘蒿　见图 3－57。

学名：*Descurainia sophia*

别名：大蒜芥、米米蒿、麦蒿

一年或两年生草本。生于山地草甸、沟谷、村旁、田边。分布于中国东北、华北、华东、西北、西南，及亚洲其他国家。欧洲、非洲北部、北美洲也有分布。天津滨海新区盐碱地区亦有分布。种子药用，中药生用或炒用；蒙药生用。

图 3－57　播娘蒿植株群体

第六节 原生动物

2015年5—12月期间，分别在5月、7月、8月、9月、12月对天津市北大港附近海域表层海水及底泥进行了5次调查。在天津市北大港附近海域设置了3个站点，范围在117°51′28.8″—117°54′14.4″E、38°54′28.8″—38°56′27.6″N。

调查期间观察到纤毛虫的种类和生物量见表3-5。在5个航次中，表层水中共有29种纤毛虫被鉴定出来，隶属寡毛目（Oligotrichida）、钩刺目（Haptorida）和丁丁目（Tintinnida）3个目。其中，寡毛目（Oligotrichida）和丁丁目（Tintinnida）纤毛虫种类数最高，分别占总量的58%和39%。

表3-5 天津市北大港附近海域表层海水中纤毛虫种类及其生物量

目	种	生物量				
		5月	7月	8月	9月	12月
寡毛目	优雅欧米虫 *Omegastrombidium elegans*	+	+	+	+	+
	弗森纳欧米虫 *Omegastrombidium foissneri*	+	+	+	+	
	弗氏拟急游虫 *Parastrombidium faurei*	++	++	++	++	+
	卡尔欧米虫 *Omegastrombidium kahli*		+	+		
	拟扁平游虫 *Parallelostrombidium paralatum*	+				
	豪斯曼急游虫 *Strombidium hausmanni*	+	+	+		
	铃木急游虫 *Strombidium suzukii*				+	
	曼氏急游虫 *Strombidium montagnesi*		+			
	具沟急游虫 *Strombidium sulcatum*		+	+	+	+
	侧扁急游虫 *Strombidium apolatum*			+	+	
	楔尾急游虫 *Strombidium styliferum*	+	+	+	+	+
	具甲急游虫 *Strombidium capitatum*	+			+	
	锥形急游虫 *Strombidium conicum*	+				
	拟卡氏急游虫 *Strombidium paracalkinsi*					+
刺钩目	瞳孔中缢虫 *Mesodinium pupula*	++	++	++		+
丁丁目	短刺铃壳虫 *Codonella amphorella*	++	++	+		+
	简单薄铃虫 *Leprotintinnus simple*	+	+			+
	浅海薄铃虫 *Leprotintinnus neriticus*	+				

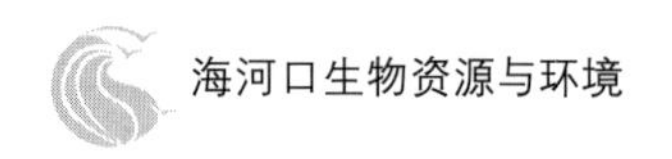

（续）

目	种	生物量				
		5月	7月	8月	9月	12月
丁丁目	矮小拟铃虫 *Tintinnopsis nana*	+	+			
	波特薄铃虫 *Leprotintinnus bottnicus*	+			+	+
	波罗的拟铃虫 *Tintinnopsis baltica*					+
	长形拟铃虫 *Tintinnopsis elongata*	+				
	开口真丁丁虫 *Eutintinnus apertus*		+			
	盾形拟铃虫 *Tintinnopsis urnula*			+		
	弯叶拟铃虫 *Tintinnopsis lobiancoi*		+	+	+	
	贪婪铃壳虫 *Codonella rapa*			+		
	管状拟铃虫 *Tintinnopsis tubulosa*		+	+		
	小拟铃虫 *Tintinnopsis minuta*			+		
	原始筒壳虫 *Tintinnidium primitivum*	+	+	+	+	

注：+表示生物量为 0～10 μg/L；++表示生物量为 10～100 μg/L。

在北大港湿地设置高潮、中潮、低潮 3 个采样点，分别于 2015 年 4 月、6 月、9 月和 12 月进行采样，采集时间按照《海洋调查规范 第 6 部分：海洋生物调查》（GB/T 12763—2007）（国家海洋标准计量中心，2008a）中浮游生物调查的时间进行。采集的方法参照李静（2014）、陈雪（2014）的方法进行。

把固定以后的标本放在 OlympusBX51 显微镜下观察，同时，通过结合活体纤毛虫的观察结果进行纤毛虫种类的鉴定与分析。纤毛虫的鉴定参照宋微波（1999）的研究以及徐奎栋（2001）的研究方法。生物量的计算方法参见姜勇（2014）挑出不低于 10 只的疑难种及不常见种的活体和固定样，在 OlympusBX51 显微镜下进行了纤毛虫个体观察，通过测量其体长度、宽度和厚度，然后按照几何体体积计算的公式来计算纤毛虫的体积（陈雪，2014），纤毛虫的虫体相对密度为 1，得出这一种纤毛虫单位个体的平均生物量的值。

在北大港湿地共发现了 29 种纤毛虫，隶属于 10 个目、15 个科、22 个属。10 个目分别为钩刺目（Haptorida）、管口目（Cyrtophorida）、异毛目（Heterotrichida）、前口目（Prostomatida）、合膜目（Synhymeniida）、钩刺目（Haptorida）、侧口目（Pleurostomatida）、寡毛目（Oligotrichida）、腹毛目（Hyptorida）、盾纤目（Scuticociliatid）。钩刺目：拟迈氏冠须虫（*Stephanopogon paramesnili*）、蚤状中缢虫（*Mesodinium pulex*）、异弯直管虫（*Orthodonella apohamatus*）；寡毛目：具沟急游虫、丁丁急游虫（*Strombidium tintinnodes*）、旋游虫（*Spirotrombidum* sp.）。腹毛目：缩颈半腹柱虫（*Hemi-*

gastrostyla engmatica）、条纹小双虫（*Amphisiella annulata*）、黄色伪角毛虫（*Pseudokeronopsis flava*），扇形游仆虫（*Euplotes vannus*）、红色伪角毛虫（*Pseudokeronopsis rubra*）、双核尾刺虫（*Uronychia binucleata*）、异佛氏全列虫（*Holosticha heterofoissneri*）；管口目：史氏伪裂口虫（*Amphileptiscus shii*）、单柱偏体虫（*Dysteria monostyla*）、裂沟侧环虫（*Lynchella dirempta*）、巴西偏体虫（*Dysteria brasiliensis*）；侧口目：余氏裂口虫（*Amphileptus yuianus*）、拟天鹅漫游虫（*Litonotus paracygnus*）、尹氏漫游虫（*Litonotus yinae*）、中华斜叶虫（*Loxophyllum sinicum*）、漫游裂口虫（*Amphileptus litonotiformis*）、海洋裂口虫（*Amphileptus marinus*）；盾纤目：海洋尾丝虫（*Uronema marinum*）、蠕状康纤虫（*Cohnilembus verminus*）；前口目：盐扁体虫（*Placus salinus*）；合膜目：钩状直管虫（*Orthodonella chilodon*）；异毛目：瓶囊虫（*Folliculina* sp.）、巨大突口虫（*Condylostoma magnum*）。优势种主要有扇形游仆虫、急游虫、海洋尾丝虫、旋游虫。纤毛虫的学名、体型及生物量如表3-6所示。

表3-6　天津市北大港湿地纤毛虫种类及其体型和生物量

中文名	学名	体型（长×宽，μm）	生物量
扇形游仆虫	*Euplotes vannus*	140×90	++++
具沟急游虫	*Strombididium captatum*	50×35	++
海洋尾丝虫	*Uronema marinum*	（25～35）×（10～15）	++++
余氏裂口虫	*Amphileptus yuianus*	（30～35）×（20～25）	+
红色伪角毛虫	*Pscudckcroncpsis rubra*	500×160	++
拟迈氏冠须虫	*Stephanopogon paramesnili*	110×60	+
异弯直管虫	*Orhtodonella apohamatus*	（120～125）×（70～90）	+
尹氏漫游虫	*Litonotus yinae*	60×30	++
拟天鹅漫游虫	*Litonotus paracygnus*	250×150	++
中华斜叶虫	*Loxophyllum sinicum*	（135～140）×（60～70）	+++
缩颈半腹柱虫	*Hemigastrostyla engmatica*	（120～180）×（30～50）	++
旋游虫	*Spirotrombidum* sp.	40×25	+++
史氏伪裂口虫	*Amphileptiscus shii*	（60～120）×（15～25）	+
单柱偏体虫	*Dysteria monostyla*	（50～100）×（30～40）	+
漫游裂口虫	*Amphileptus litonotiformis*	250×150	+
巨大突口虫	*Condylostoma magnum*	（400～800）×（80～120）	+
丁丁急游虫	*Strombidium styliferum*	50×30	++

（续）

中文名	学名	体型（长×宽，μm）	生物量
海洋裂口虫	*Amphileptus marinus*	（250～400）×（50～90）	+
盐扁体虫	*Placus salinus*	（50～60）×（30～40）	+
钩状直管虫	*Orthodonella chilodon*	（60～160）×（20～40）	+
条纹小双虫	*Amphisiella annulata*	（120～130）×（20～50）	+
双核尾刺虫	*Uronychia binucleata*	（70～75）×（50～60）	+
瓶囊虫	*Folliculina* sp.	110×75	+
黄色伪角毛虫	*Pseudo keronopsis flava*	460×150	+
异佛氏全列虫	*Holosticha heterofoissneri*	（60～75）×（45～50）	++
裂沟侧环虫	*Lynchella dirempta*	（55～70）×（35～40）	+
蠕状康纤虫	*Cohnilembus verminus*	（50～110）×（10～15）	+
巴西偏体虫	*Dysteria brasiliensis*	（100～130）×（30～45）	+
蚤状中缢虫	*Mesodinium pulex*	（20～30）×（15～20）	+

注：+表示生物量为0～10 μg/L；++表示生物量为10～100 μg/L；+++表示生物量为100～200 μg/L；++++表示生物量大于200 μg/L。

第四章 海河口环境影响及其评价

海河口岸线平直，底坡平缓，属于径流—潮汐型三角洲。入海口较长且陆源冲淡水能力较弱，水体交换能力差，随着近年来人为活动的增加，海河口环境污染问题日趋加剧，对于区域内的生境造成影响，进而影响了经济生物资源的种类和数量，使其整体水平均低于渤海湾。对海河口环境质量进行评价，为该水域的科学保护与管理提供科学依据，既是建设美丽天津的需要，也是保障该区域健康、和谐、可持续发展的需要。

海河口主要经济游泳动物包括六丝钝尾鰕虎鱼、焦氏舌鳎、黄鲫、口虾蛄、日本蟳、火枪乌贼等，平均每小时每网生物量为2.47 kg。其中，口虾蛄的渔获量较大，占总渔获量的63.76%，成为目前海河口经济生物的主要种类。营养盐及重金属是海河口主要污染物，其中，无机氮、铅、汞是较突出的污染因子。

第一节　经济生物资源评价

渤海湾是渤海三大海湾之一，浅海的浮游动物和浮游植物丰富，海域初级生产力高，成为小黄鱼、梭鱼、蓝点马鲛、中国花鲈、日本鳀、中国对虾、毛虾、毛蚶、长牡蛎、脉红螺等重要经济渔业生物的产卵场、索饵场及重要洄游通道。而海河口是海河流域的众多河流汇入渤海湾过渡区域的总称，是一个半封闭的海岸水体，与海洋自由沟通，海水在该区域可被来自陆地的淡水冲淡；又是多种重要经济生物的重要产卵场和栖息地。但由于河流汇入淡水的流量、周期、水质受上游人为活动的扰动较大，使本已经波动较大的环境变化更加复杂，经济生物资源也受到较大影响，海河口的经济生物资源种类和数量相对渤海湾而言总体较低。

一、评价方法及标准

评价一个区域经济生物资源，通常从种类组成、种群的年龄结构、性比、性成熟度、多样性与优势度等指标进行评价，而其核心评价目标是经济价值。

（一）种类组成

一般种类数由中上层鱼类、底层鱼类、头足类、虾类和蟹类及大型底栖生物等的种类数量组成，是对区域经济生物的宏观概况描述。

（二）年龄结构

年龄结构是经济生物种群的重要特征，是指经济生物种群的最大年龄、平均年龄以及各年龄个体的百分比组成。一般可分为单龄结构和多龄结构，单龄结构是指一年生的个体，如中国对虾、中小型的头足类；多龄结构是由多个年龄的个体组成，如大多数鱼类种群。年龄结构受物种的遗传特性、生长环境条件及捕捞利用状况的影响，也是确定捕捞策略的参考指标。

（三）性比和性成熟度

性比是指鱼群中雌性个体与雄性个体的数量比例，通常用渔获物中的雌雄数比来表示。种群性比组成是种群结构特点和变化的反映，是种群自然调节的一种方式。

性成熟度通常用补充部分和剩余部分的组成来表示。补充部分为产卵群体中初次达到性成熟的个体；剩余部分则指重复性成熟的个体。

（四）多样性与优势度

选取 α-多样性测度中的物种多样性指数、丰富度指数、均匀度指数及优势度，采用以下公式计算：

Shannon-Wiener 多样性指数（H'）：$H' = -\sum_{i=1}^{S} P_i \times \log_2 P_i$

Marglef 丰富度指数（D）：$D=\frac{S-1}{\ln N}$

Pielou 均匀度指数（J）：$J=\frac{H'}{\ln S}$

优势度(Y)：$Y=\frac{n_i}{N}\times f_i$

式中　N——所有物种的总个体数；

S——采集样品中的物种总数；

P_i——第 i 种的个体数与样品中的总个数的比值；

n_i——第 i 种的总个体数；

f_i——第 i 种在各站位出现的频率；

Y——Y 值大于 0.02 的种类为优势种。

二、评价结果

（一）种类组成

连续 3 年（2012—2014 年）、每年 4 个航次的调查结果发现，主要经济游泳动物包括六丝钝尾鰕虎鱼、焦氏舌鳎、黄鲫、口虾蛄、日本蟳、火枪乌贼等（图 4-1，表

4 -1)。其中，口虾蛄的渔获量较大，成为目前海河口经济生物的主要种类。

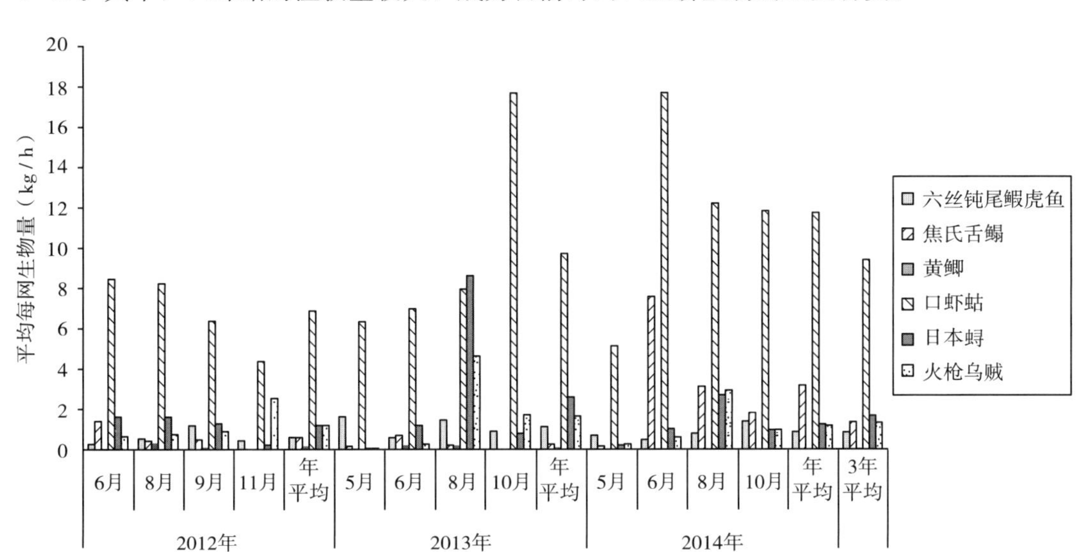

图 4 - 1　海河口经济生物平均生物量比较

表 4 - 1　海河口经济动物平均每网生物量（kg/h）

时间		六丝钝尾鰕虎鱼	焦氏舌鳎	黄鲫	口虾蛄	日本蟳	火枪乌贼
2012	6 月	0.321	1.468	0.099	8.515	1.684	0.714
	8 月	0.601	0.478	0.367	8.236	1.674	0.787
	9 月	1.245	0.534	0.158	6.408	1.322	0.947
	11 月	0.490	0.065	—	4.426	0.266	2.591
	平均	0.664 3	0.636 3	0.208 0	6.8960	1.237 0	1.260 0
2013	5 月	1.648	0.239	0.081	6.345	0.082	0.092
	6 月	0.633	0.767	0.272	6.995	1.225	0.327
	8 月	1.515	0.291	0.256	7.994	8.620	4.676
	10 月	0.993	0.051	0.064	17.670	0.878	1.802
	平均	1.197 3	0.337 0	0.168 3	9.751 0	2.701 3	1.724 3
2014	5 月	0.732	0.196	—	5.159	0.274	0.327
	6 月	0.544	7.625	—	17.690	1.058	0.665
	8 月	0.886	3.181	—	12.220	2.771	2.969
	10 月	1.429	1.859	—	11.840	1.038	1.039
	平均	0.897 8	3.215 0	—	11.730 0	1.285 0	1.250 0
	总平均	0.919 8	1.396 0	0.125 4	9.458 0	1.741 0	1.411 0

（二）六丝钝尾鰕虎鱼

1. 渔获量分布

六丝钝尾鰕虎鱼2012—2014年渔获量平均值为（10.11±4.63）kg，占鱼类总渔获量的（33.09±17.21）%。其平均每网生物量为（0.919 8±0.424 2）kg/h，平均每网密度为（127.4±58.6）尾/h（图4-2、图4-3）。站位出现频率为（96.97±6.78）%。2012年、2013年最高站位经常是2号、5号、6号站位，2014年经常是3号、9号站位；最低站位经常是2号、5号、7号、8号站位（图4-4）。

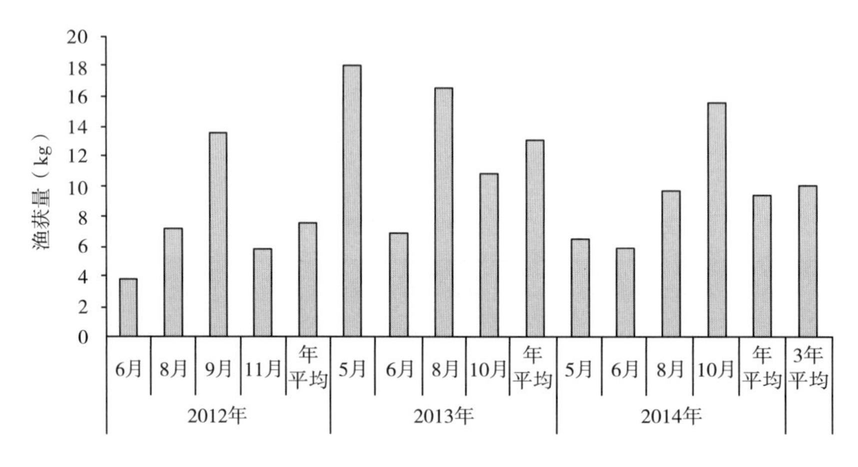

图4-2 六丝钝尾鰕虎鱼渔获量统计

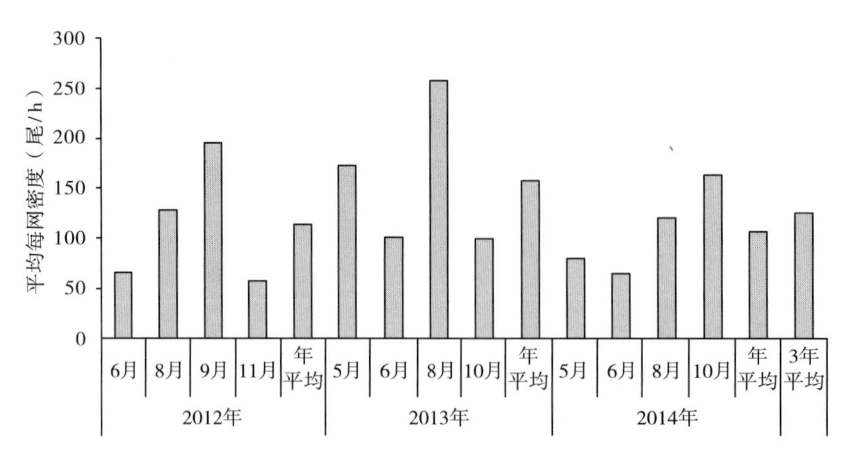

图4-3 六丝钝尾鰕虎鱼平均每网密度统计

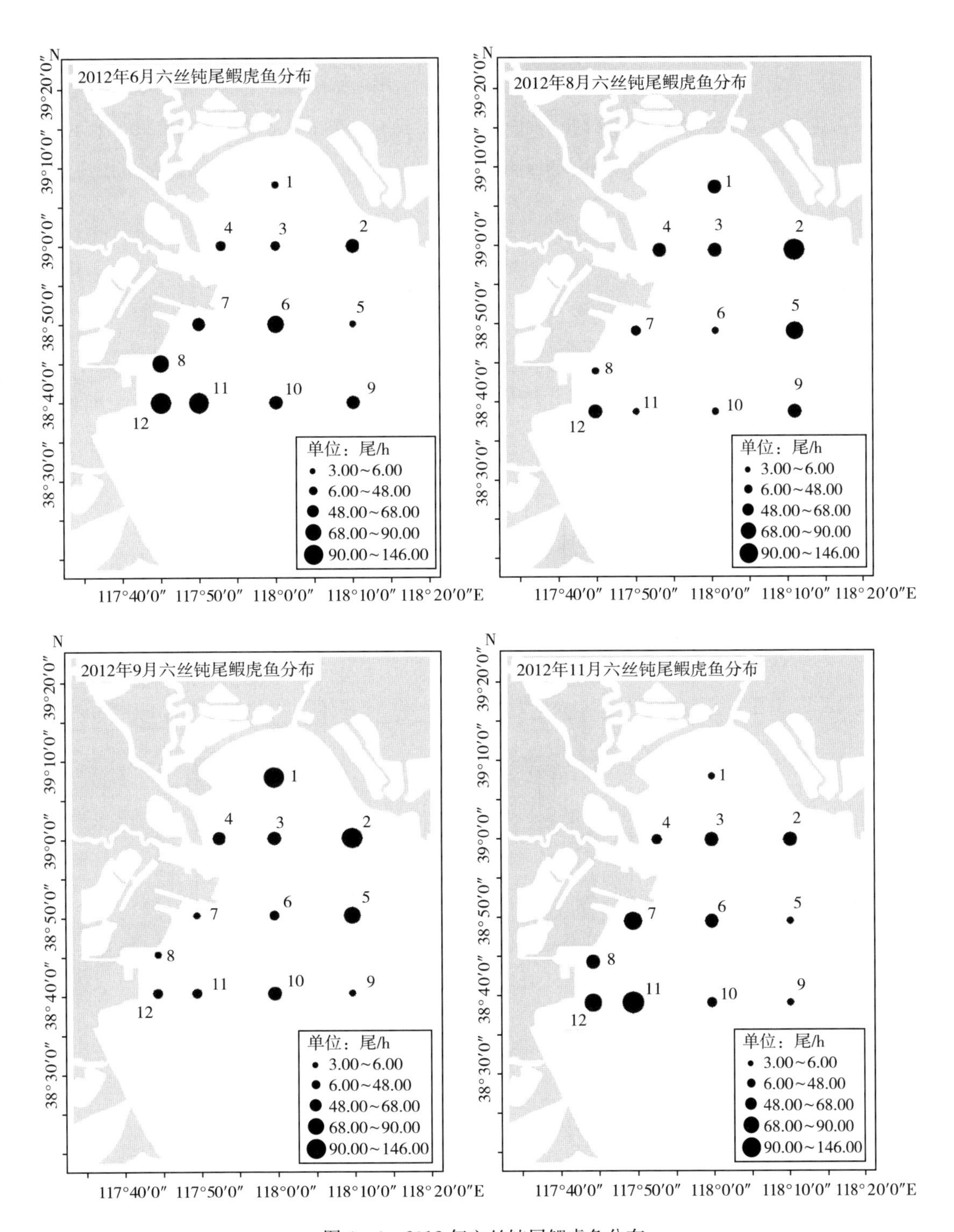

图 4－4　2012 年六丝钝尾鰕虎鱼分布

2. 群体组成

六丝钝尾鰕虎鱼3年体长分布范围为8～198 mm，平均体长87.75 mm。2012年以51～70 mm、71～90 mm体长组占优势；2013年、2014年以71～90 mm、91～110 mm体长组占优势。六丝钝尾鰕虎鱼体重分布范围为0.20～190.30 g，平均体重8.90 g。2012年以10～20 g体重组占优势；2013—2014年以5～10 g、10～20 g体重组占优势（图4-5、图4-6）。

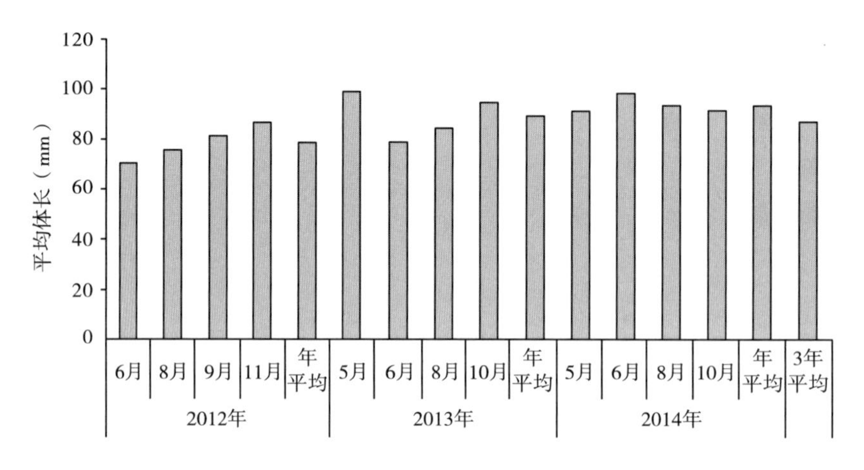

图4-5 六丝钝尾鰕虎鱼平均体长统计

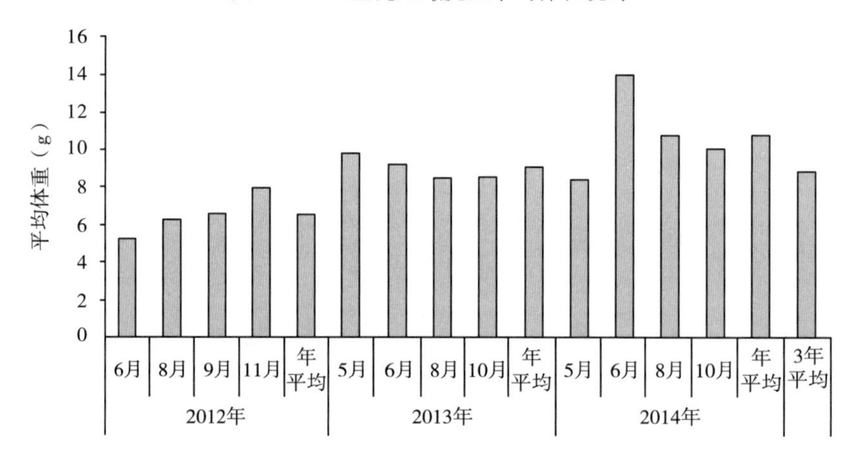

图4-6 六丝钝尾鰕虎鱼平均体重统计

（三）焦氏舌鳎

1. 渔获量分布

焦氏舌鳎3年（2012—2014年）渔获量平均值为（4.901±4.582)kg，占鱼类总渔获量的（16.50±17.30)%。其平均每网生物量为（0.443 0±0.379 1)kg/h，平均每网密度为（44.76±55.00)尾/h。站位出现频率为（86.46±11.44)%。3年最高站位经常是2号、5号站位；最低站位经常是1号、7号、8号、9号站位（图4-7至图4-9）。

2. 群体组成

焦氏舌鳎3年体长分布范围为50～202 mm，平均体长（126.6±9.1)mm。2012年以91～110 mm、131～150 mm体长组占优势；2013年、2014年以111～130 mm、131～150 mm体长组占优势。焦氏舌鳎体重分布范围为0.70～43.51 g，平均体重（11.20±2.39)g。2012年以0～5 g、5～10 g体重组占优势；2013—2014年以5～10 g、10～20 g体重组占优势（图4-10、图4-11)。

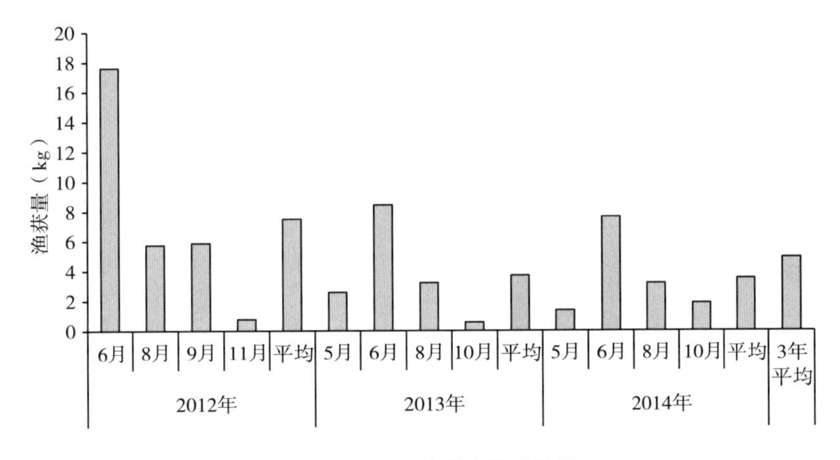

图4-7　焦氏舌鳎渔获量统计

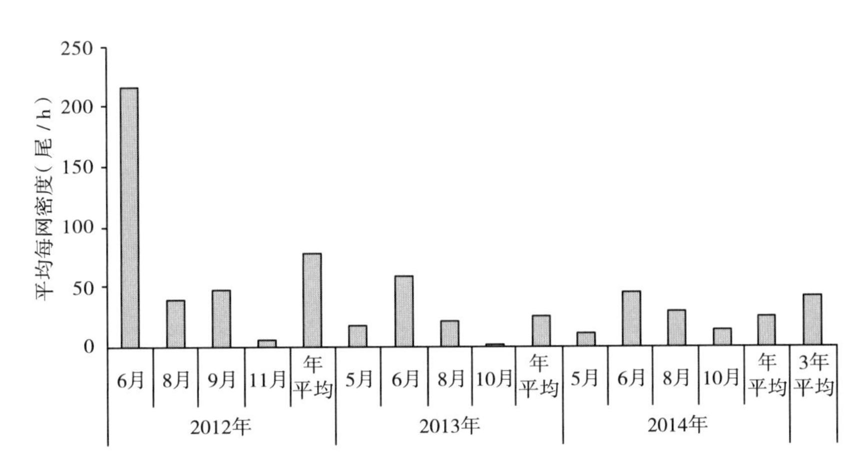

图4-8　焦氏舌鳎平均每网密度统计

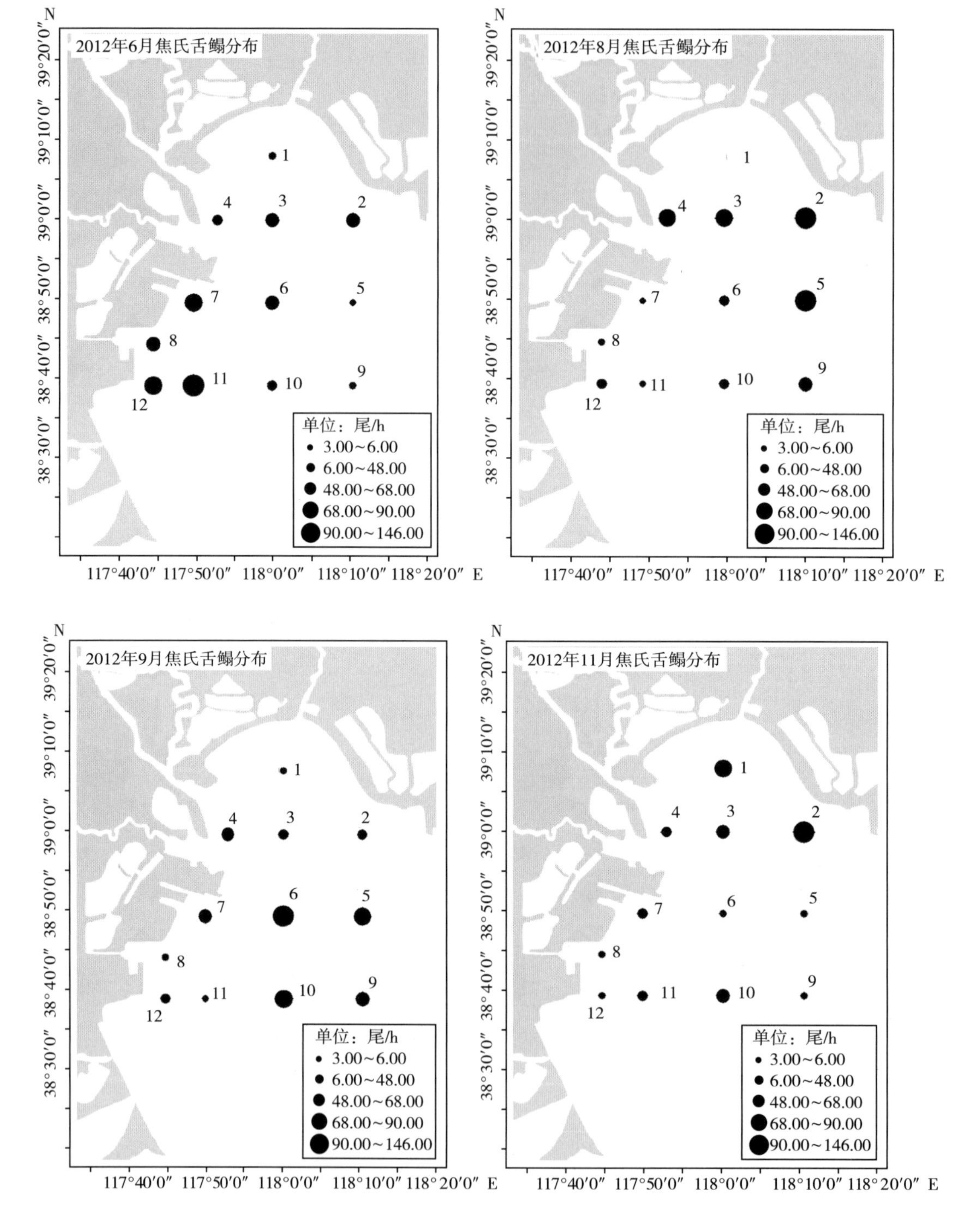

图 4－9　2012 年焦氏舌鳎分布

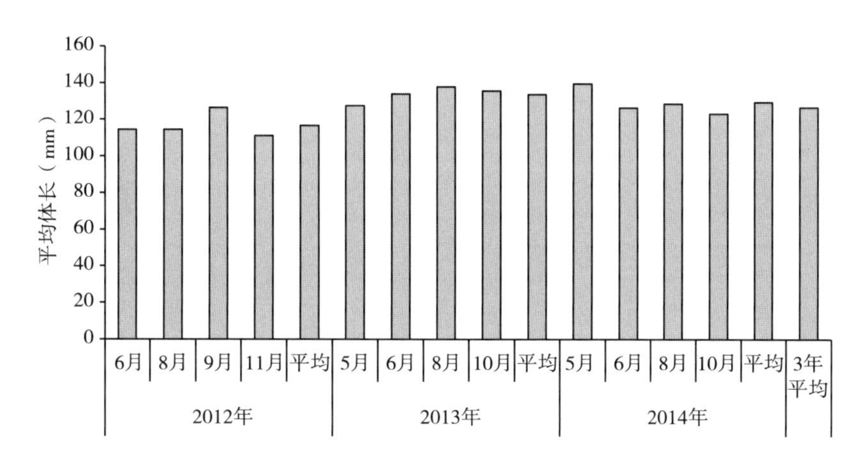

图 4－10　焦氏舌鳎平均体长统计

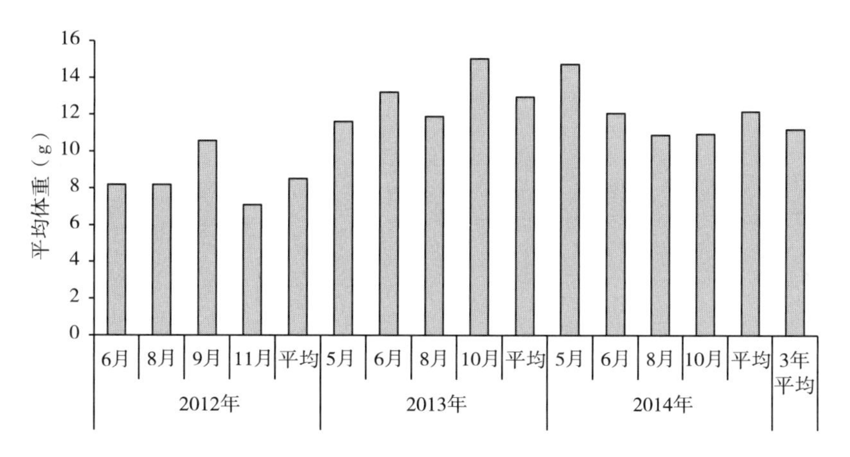

图 4－11　焦氏舌鳎平均体重统计

（四）黄鲫

1. 渔获量分布

黄鲫 3 年渔获量平均值为（1.227±1.410）kg，占鱼类总渔获量的（2.838±3.245）%。其平均每网生物量为（0.108 1±0.122 3）kg/h，平均每网密度为（13.09±18.80）尾/h。站位出现频率为（38.30±36.04）%。8 号站位经常出现最大值。2012 年最低站位经常是 3 号、9 号站位，2013 年经常是 1 号、2 号、6 号、9 号站位；2014 年未捕获到黄鲫样本（图 4－12 至图 4－14）。

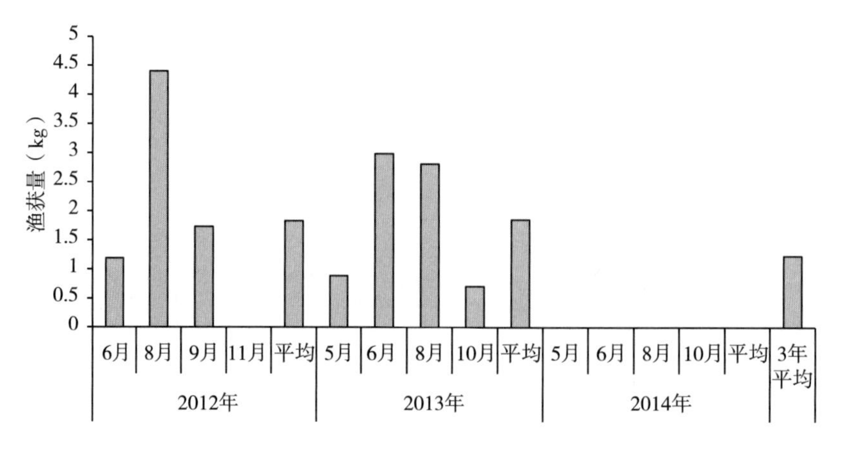

图 4-12　黄鲫渔获量统计

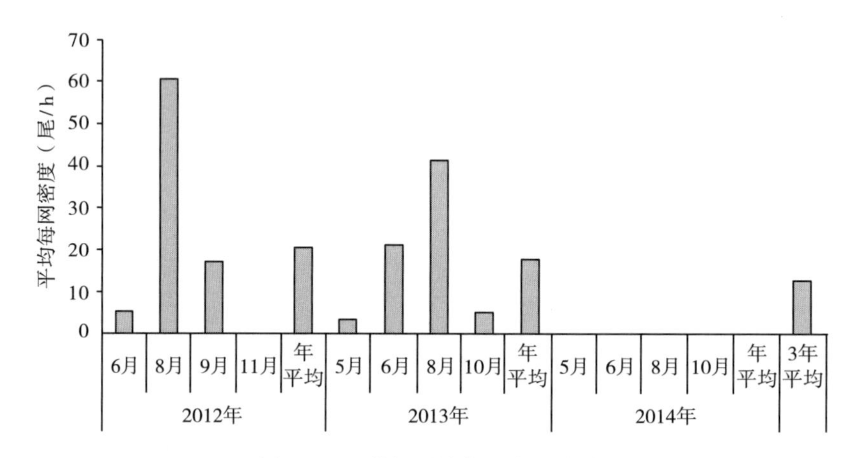

图 4-13　黄鲫平均每网密度统计

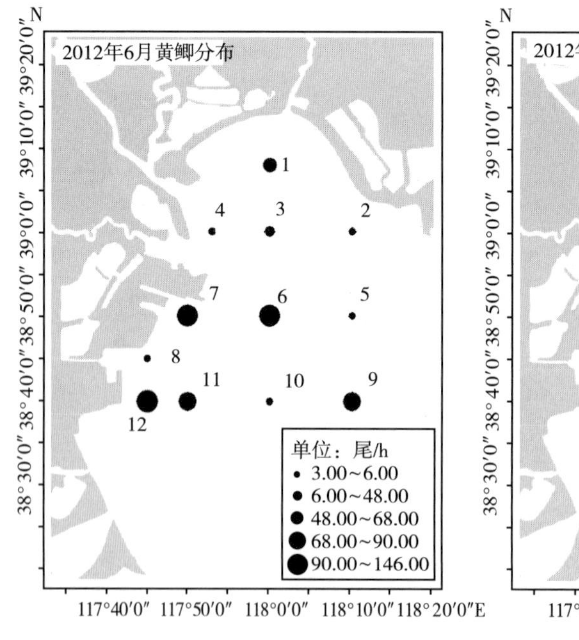

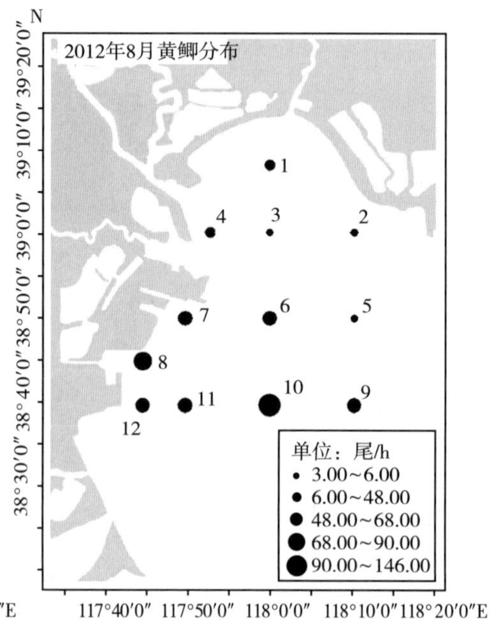

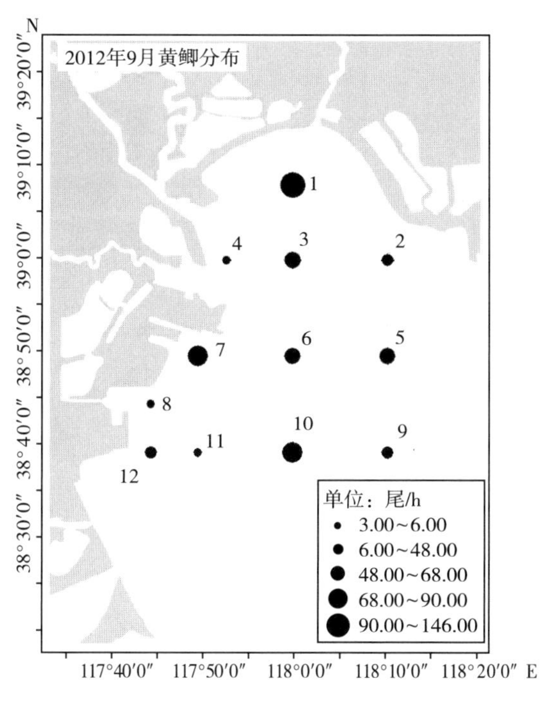

图 4－14　2012 年黄鲫分布

2. 群体组成

黄鲫 3 年体长分布范围为 41～174 mm，平均体长 63 mm。2012 年以 61～80 mm、121～140 mm 体长组占优势；2013 年各体长组分别在不同时期占有优势。黄鲫体重分布范围为 0.52～37.59 g，平均体重 6.53 g。2012 年以 1～5 g、15～20 g 体重组占优势；2013 年以各体重组分别在不同时期占优势（图 4－15、图 4－16）。

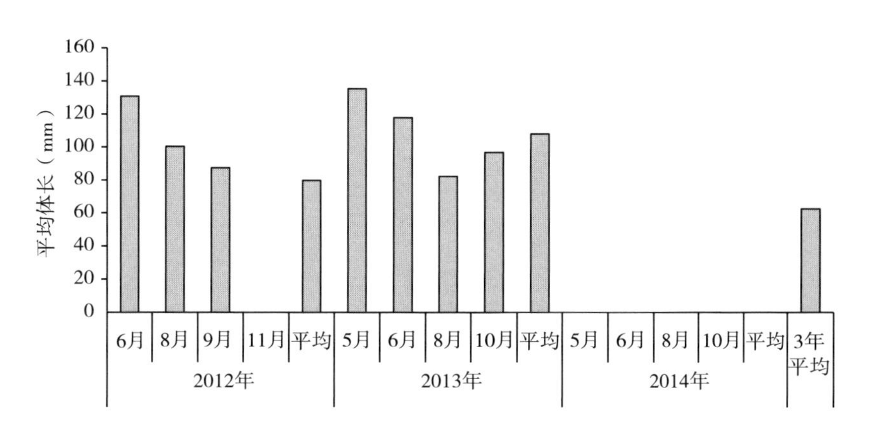

图 4－15　黄鲫平均体长统计

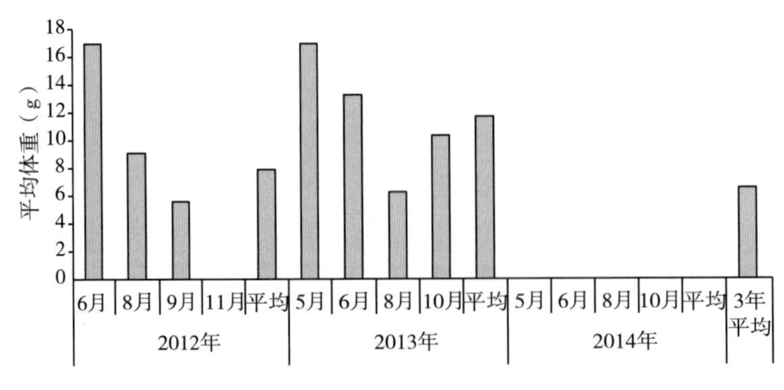

图 4-16　黄鲫平均体重统计

（五）口虾蛄

1. 渔获量分布

口虾蛄 3 年渔获量平均值为（105.00±47.63）kg，占总渔获量的（63.76±15.94）%。其平均每网生物量为（10.19±4.28）kg/h，平均每网密度为（586.9±251.7）尾/h。站位出现频率为（99.18±2.71）%。1 号、3 号、8 号站位经常出现最大值；最低站位经常出现在 2 号、5 号、9 号站位（图 4-17 至图 4-19）。

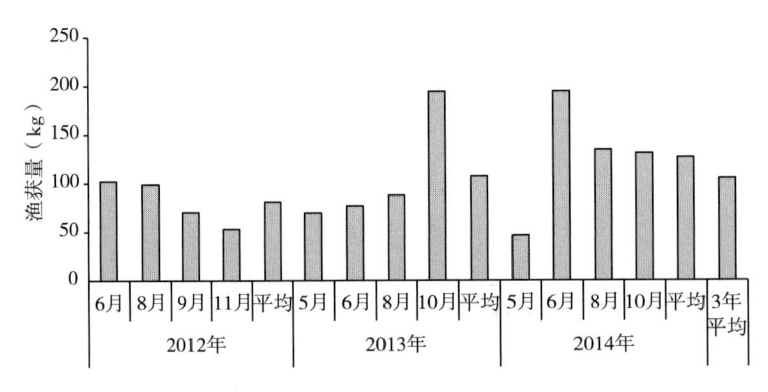

图 4-17　口虾蛄渔获量统计

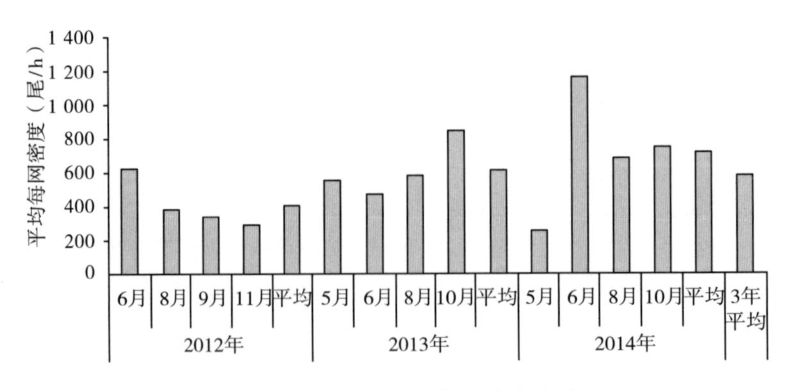

图 4-18　口虾蛄平均每网密度统计

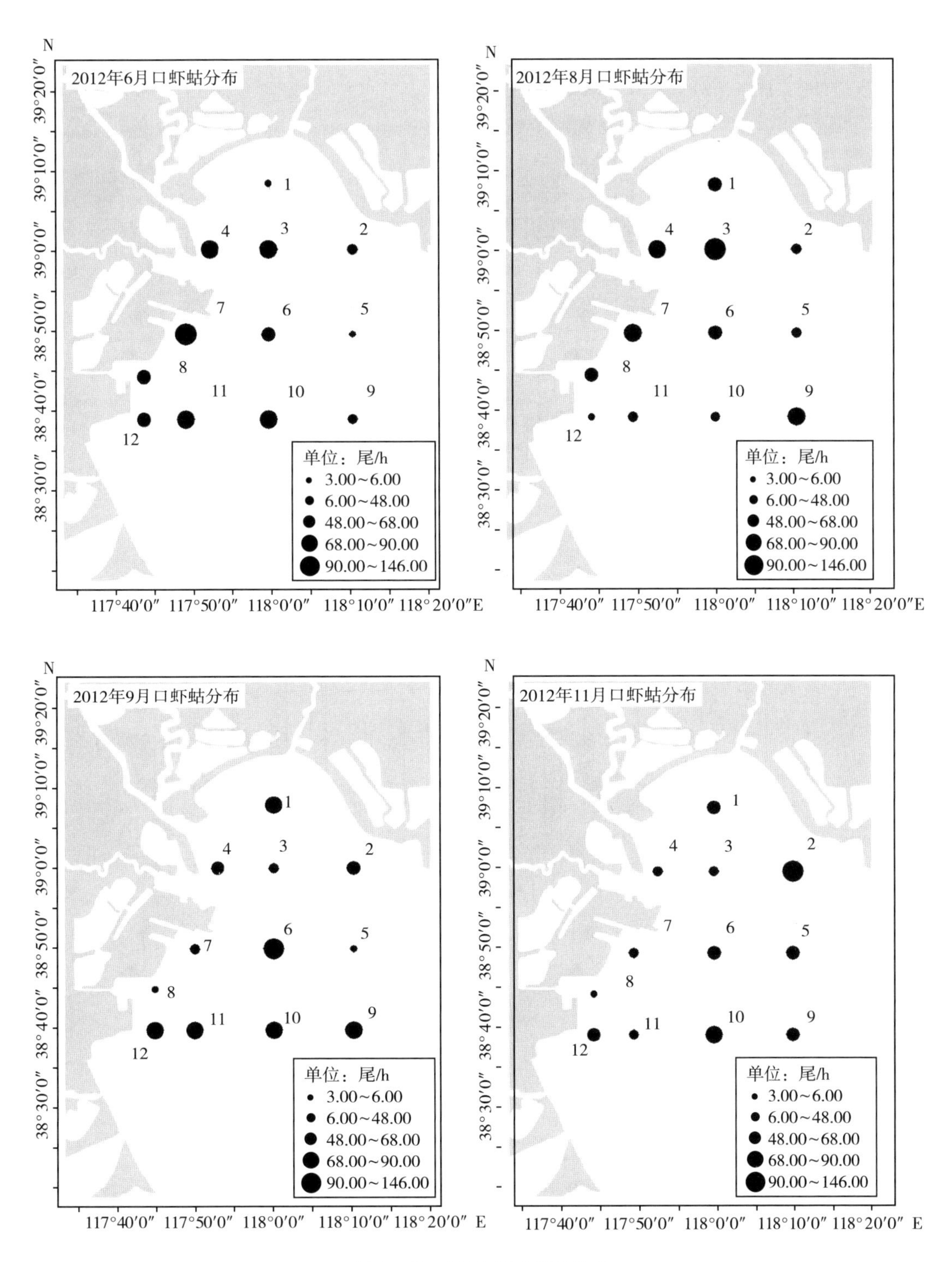

图 4-19　2012 年口虾蛄分布

2. 群体组成

口虾蛄 3 年体长分布范围为 35～189 mm，平均体长 107 mm，80～150 mm 体长组占优势。口虾蛄体重分布范围为 0.78～68.91 g，平均体重 18.17 g，以 5～30 g 体重组占优势（图 4－20、图 4－21）。

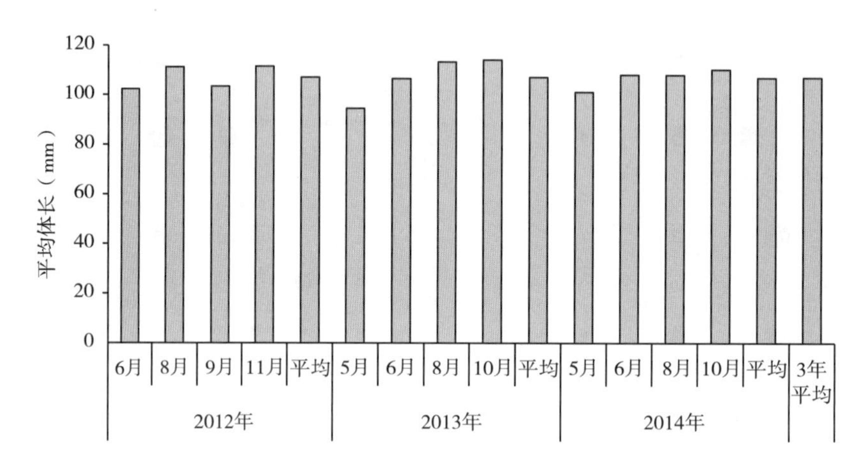

图 4－20　口虾蛄平均体长统计

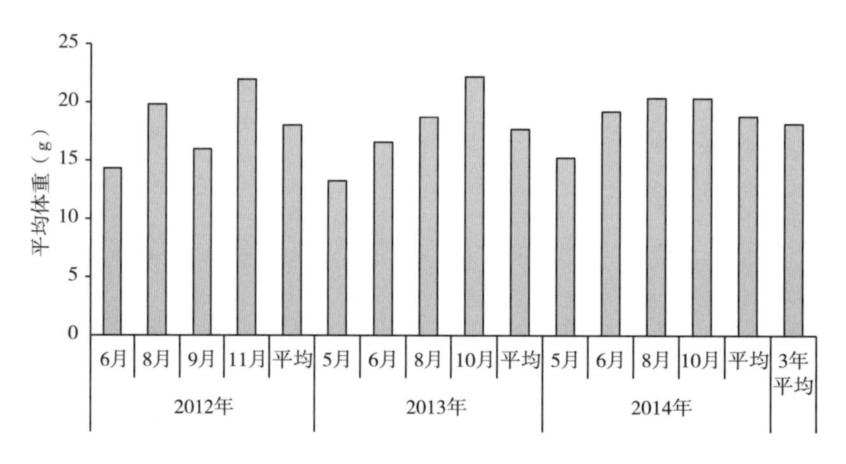

图 4－21　口虾蛄平均体重统计

（六）日本蟳

1. 渔获量分布

日本蟳 3 年渔获量平均值为（18.98±24.37）kg，占总渔获量的（9.944±9.902）%。其平均每网生物量为（1.741±2.191）kg/h，平均每网密度为（47.94±62.40）尾/h。站位出现频率为（82.30±23.43）%。5 号、6 号、10 号、11 号站位经常出现最大值；最低站位经常出现在 3 号、4 号站位（图 4－22 至图 4－24）。

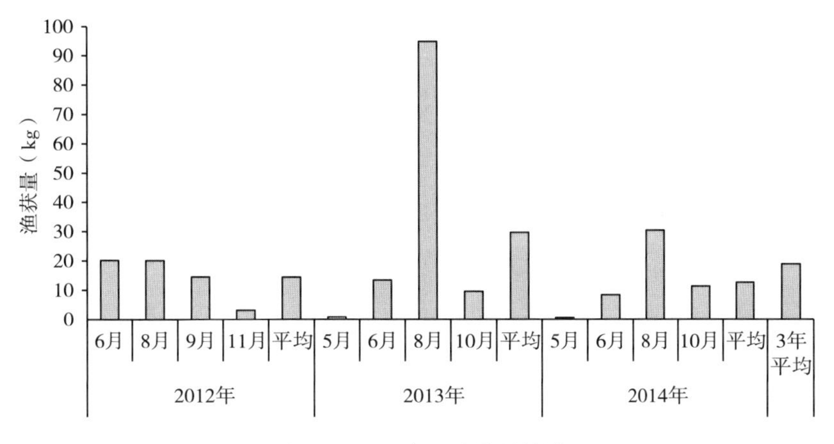

图 4-22　日本蟳渔获量统计

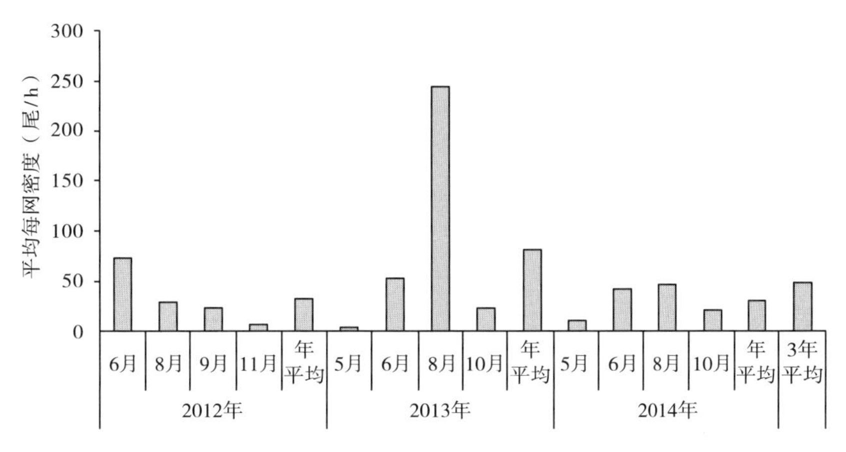

图 4-23　日本蟳平均每网密度统计

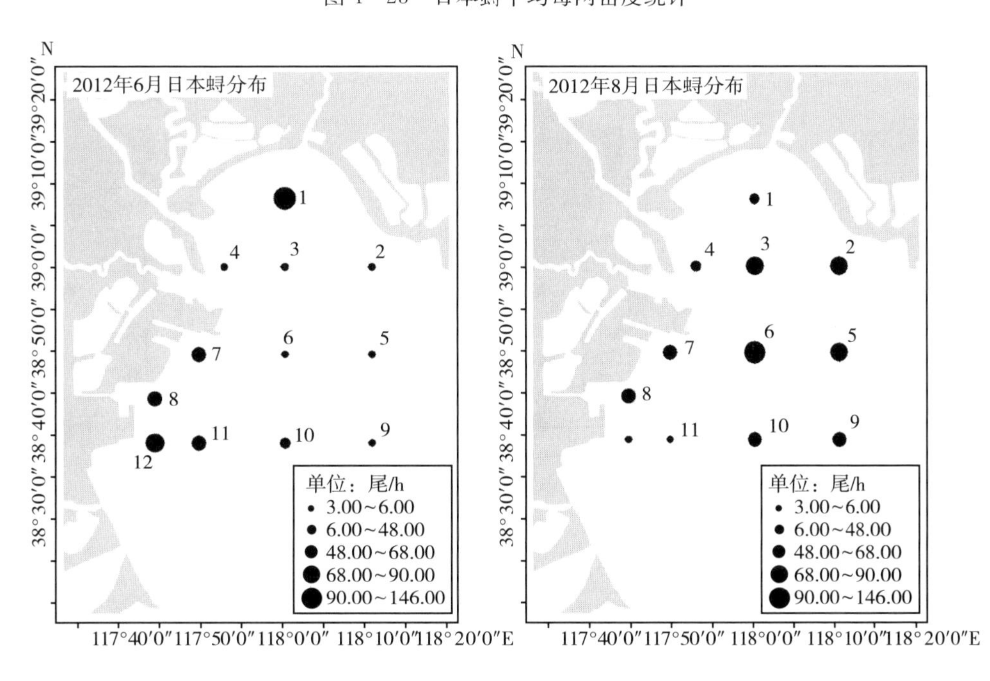

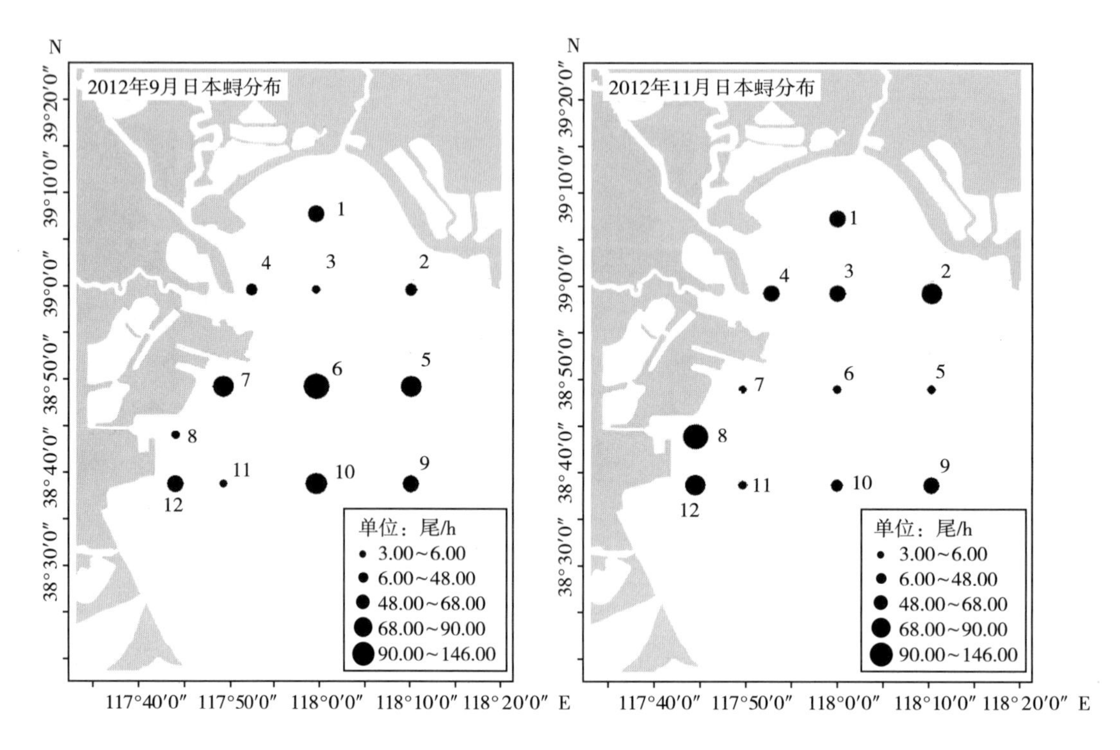

图 4-24　2012 年日本蟳分布

2. 群体组成

日本蟳 3 年头胸甲宽分布范围为 12.00～74.30 mm，平均体长 38.91 mm，30～60 mm 体长组占优势。日本蟳体重分布范围为 1.03～250.10 g，平均体重 41.8 g，以 10～30 g 体重组占优势（图 4-25、图 4-26）。

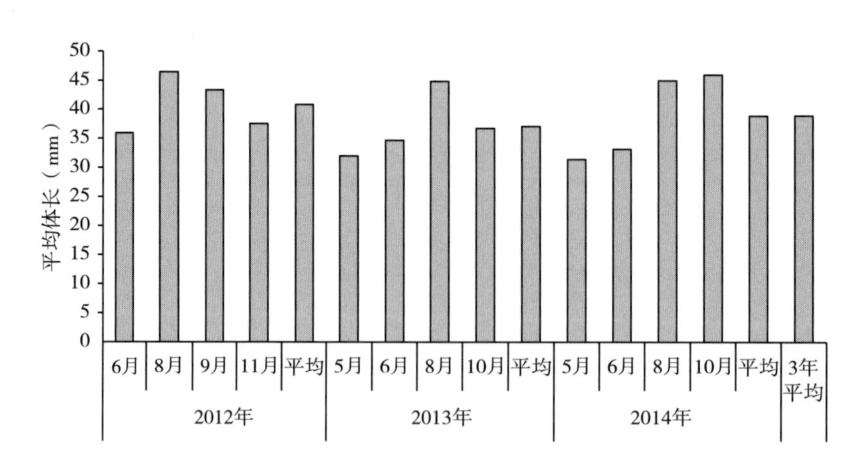

图 4-25　日本蟳平均体长统计

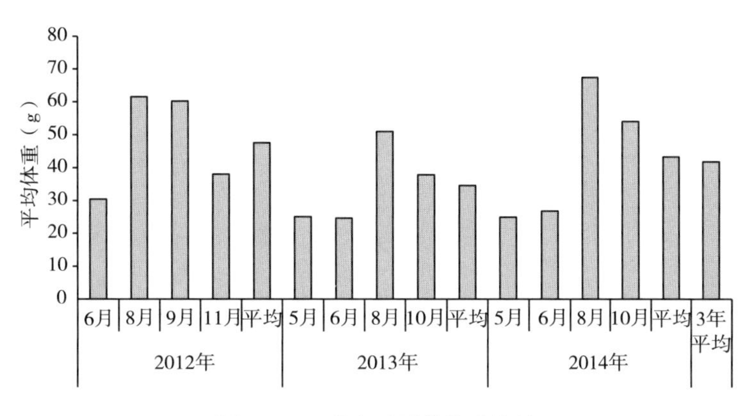

图 4-26　日本蟳平均体重统计

（七）火枪乌贼

1. 渔获量分布

火枪乌贼 3 年渔获量平均值为 15.69 kg，占总平均渔获量的 9.281%。其平均每网生物量为 1.411 kg/h，平均每网密度为 233.1 只/h。站位出现频率为 96.87%。3 号、6 号站位经常出现最大值；最低站位经常出现在 1 号、2 号、5 号站位（图 4-27 至图 4-29）。

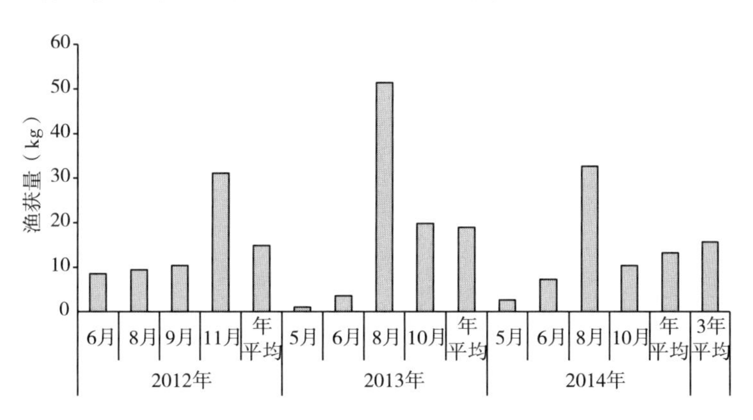

图 4-27　火枪乌贼渔获量统计

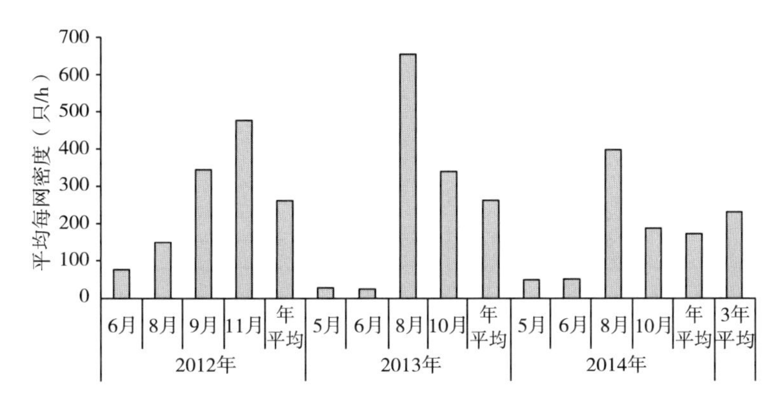

图 4-28　火枪乌贼平均每网密度统计

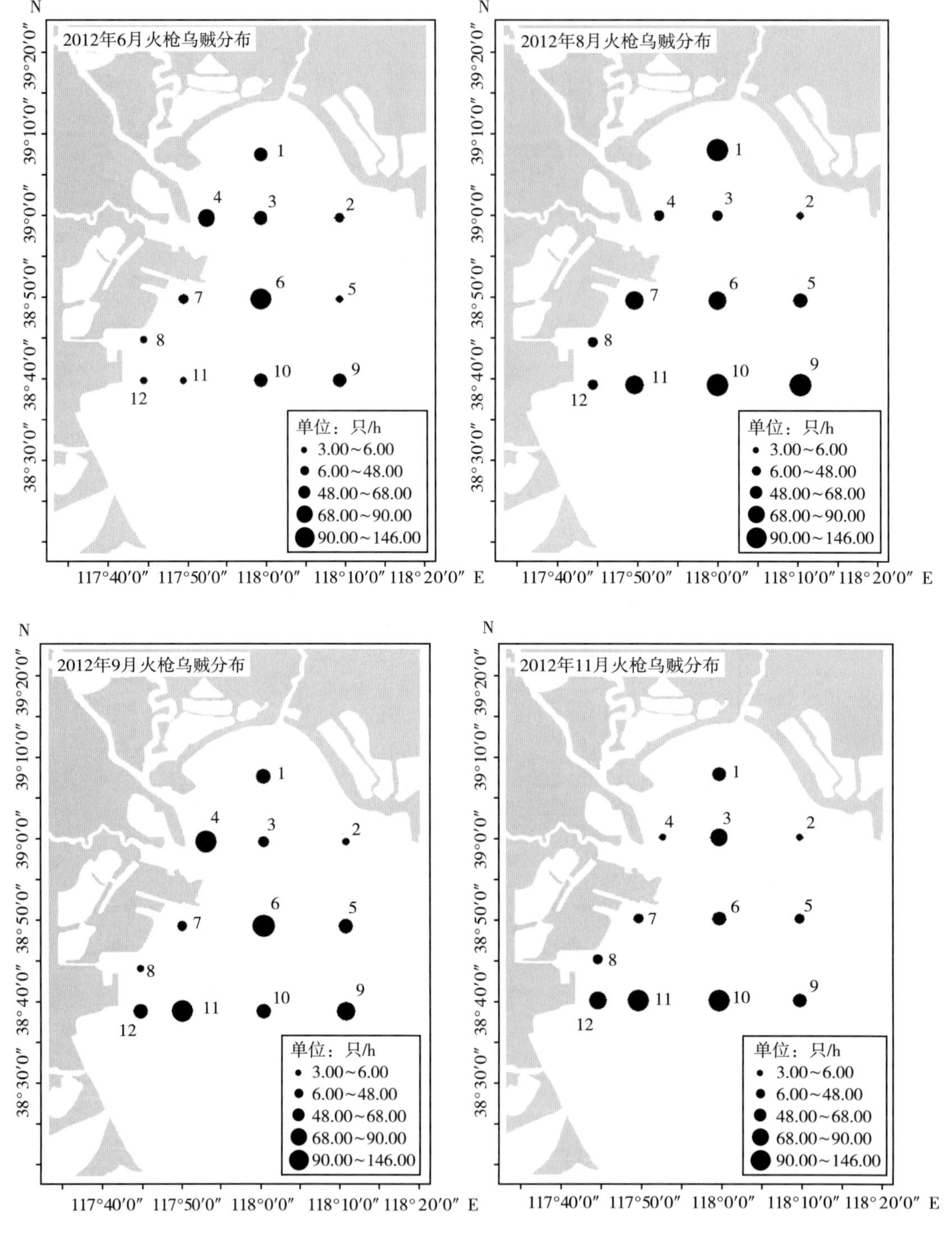

图 4-29　2012 年火枪乌贼分布

2. 群体组成

火枪乌贼3年体长分布范围为10～85 mm，平均体长46 mm，30～80 mm体长组占优势。火枪乌贼体重分布范围为0.36～37.52 g，平均体重为7.56 g，以2～10 g体重组占优势（图4－30、图4－31）。

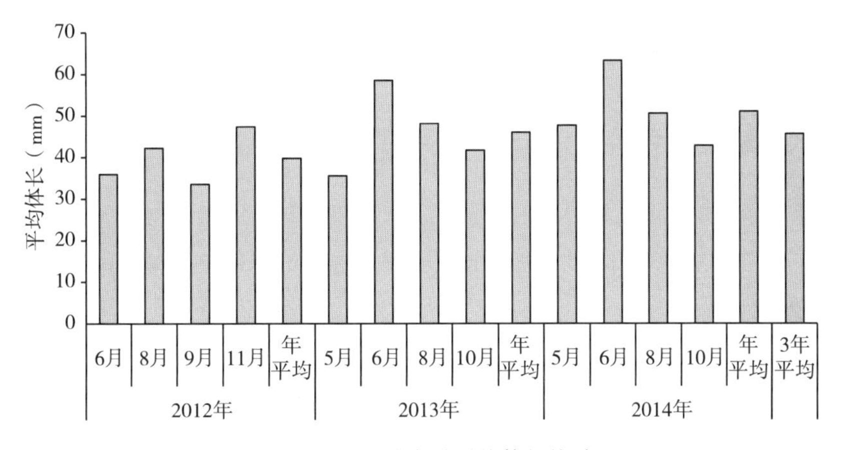

图4－30　火枪乌贼平均体长统计

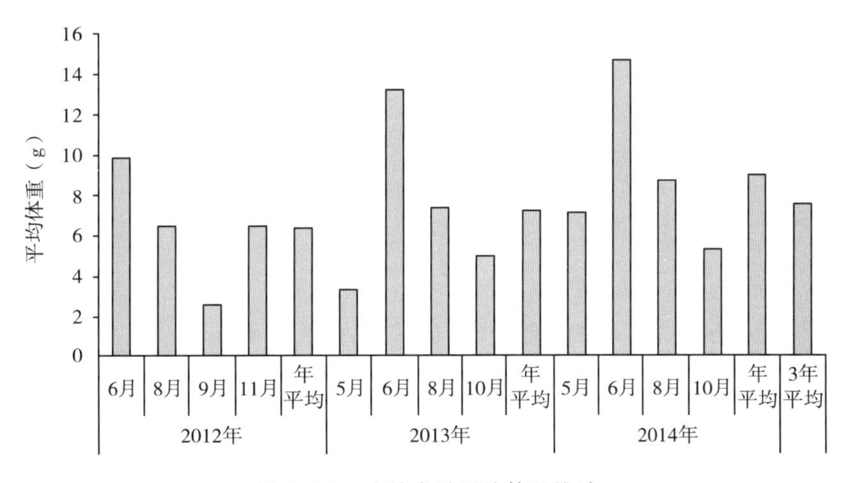

图4－31　火枪乌贼平均体重统计

第二节　海河口生态环境质量评价

随着近年来人为活动的增加，海河口环境污染问题日趋加剧，从而威胁着该区域生物赖以生存的生境。通过开展海河口环境质量调查与评价，为该水域的科学保护与管理提供科学依据，既是建设美丽天津的需要，也是保障该区域健康、和谐、可持续发展的需要。

一、评价方法及标准

从水环境质量、水体污染物状态、水体富营养化状态三个方面，对渤海湾天津海域生态环境进行评价；从水环境质量和水体污染物状态两个方面，对监测的内陆渔业水域生态环境进行评价。

（一）水环境质量评价

渤海湾天津海域采用《海水水质标准》（GB 3097—1997）（国家环境保护总局，2004）评价；内陆渔业水域采用《地表水环境质量标准》（GB 3838—2002）（国家环境保护总局，2002）评价。

（二）水质污染物状态评价

采用综合污染指数法，对水体污染物状态进行评价。综合污染指数法是国内外评价河流时应用范围最广、较为成熟的一种方法（陆卫军 等，2009；彭文启 等，2005；魏颖 等，2011），评价因子主要涵盖氮、磷和重金属元素等。综合污染指数，包括环境因子的污染指数 CI、平均污染指数 ACI 和综合污染指数 ICI。污染分担率 CR，表示单项环境因子指数对综合水质污染的贡献大小，污染分担率最高的环境因子即为水体的首要污染物。具体计算公式为：

$$CI_{ij}=\frac{C_{ij}}{Std_j}\text{；}ACI_j=\frac{1}{n}\sum_{i=1}^{n}CI_{ij}\text{；}ICI=\sum_{j=1}^{m}ACI_j\text{；}CR_j=\frac{ACI_j}{ICI}\times 100\%$$

式中　C_{ij}——监测站位 i 处环境因子 j 的实测含量（mg/L）；

Std_j——环境因子 j 的评价标准值（mg/L）；

CI_{ij}——环境因子 j 的污染指数（无量纲）；

ACI_j——环境因子 j 的平均污染指数（无量纲）；

CR_j——环境因子 j 的污染分担率。

$ACI>1$，则表明该环境因子已超标。

其中，Std_j评价依据采用《海水水质标准》（GB 3097—1997）（国家环境保护总局，2004）中适用于海洋渔业的Ⅰ类水质标准值以及《地表水环境质量标准》（GB 3838—2002）（国家环境保护总局，2002）中适用于内陆渔业的Ⅲ类水质标准值。

（三）水质富营养化状态评价

N/P 为氮、磷两元素对水体富营养化的重要指标。一般海水中 N/P 为 16∶1。这个比值称为 Redfield 比值（Hill，1963）。海水中浮游植物一般按照 Redfield 比值摄取营养盐，高于或者低于这个值，可以使环境中过剩的氮、磷营养盐不能被浮游植物所利用，因而并未对富营养化有实质性贡献。基于以上原因，采用郭卫东（1998）提出的富营养化评价模式（表 4－2）对研究区域进行评价。

表 4－2　潜在富营养化评价

海区等级	营养级	无机氮（mg/L）	活性磷酸盐（mg/L）	N/P
Ⅰ	贫营养	＜0.2	＜0.030	8～30
Ⅱ	中度营养	0.2～0.3	0.030～0.045	8～30
Ⅲ	富营养	＞0.3	＞0.045	8～30
ⅣP	磷限制中度营养	0.2～0.3	—	＞30
ⅤP	磷中等限制潜在性富营养	＞0.3	—	30～60
ⅥP	磷限制潜在性富营养	＞0.3	—	＞60
ⅣN	氮限制中度营养	—	0.030～0.045	＜8
ⅤN	氮中等限制潜在性富营养	—	＞0.045	4～8
ⅥN	氮限制潜在性富营养	—	＞0.045	＜4

（四）沉积物质量评价

依据《海洋沉积物质量》（GB 18668—2002）（国家海洋标准计量中心，2004b）第一类标准值，评价海洋沉积物中的石油类、铜、锌、铅、镉、汞、砷。

（五）生物质量评价

渤海湾天津海域生物依据《海洋生物质量》（GB 18421—2001）（国家海洋标准计量中心，2004a）第一类标准值评价。天津市重要内陆水域生物依据《无公害食品　水产品中有毒有害物质限量》（NY 5073—2006）（中华人民共和国农业部，2006）进行评价。

二、评价结果

（一）渤海湾天津海域生态环境评价

1. 水环境质量评价

2012 年，渤海湾天津海域水质因子达标情况分析表明：化学需氧量、无机氮、铅、汞因子达标情况较差；而无机氮和汞尤为显著，均达到Ⅳ类、劣Ⅳ类水质标准（表4－3）。

表4－3　2012年渤海湾天津海域水质达标情况

监测时间	pH	化学需氧量	溶解氧	无机氮	活性磷酸盐	油类	铜	锌	铅	镉	汞	砷
5月	Ⅰ～Ⅱ类	Ⅲ类	Ⅰ类	Ⅳ类	Ⅰ类	Ⅰ～Ⅱ类	Ⅰ类	Ⅱ类	Ⅱ类	Ⅰ类	Ⅳ类	Ⅰ类
8月	Ⅰ～Ⅱ类	Ⅱ类	Ⅰ类	劣Ⅳ类	Ⅰ类	Ⅰ～Ⅱ类	Ⅰ类	Ⅰ类	Ⅱ类	Ⅰ类	Ⅳ类	Ⅰ类

2013年，渤海湾天津海域水质因子达标情况分析表明：化学需氧量、无机氮、活性磷酸盐、铅、汞因子达标情况较差；而活性磷酸盐、无机氮尤为显著，均达到Ⅳ类、劣Ⅳ类水质标准（表4－4）。与2012年相比，5月化学需氧量、无机氮、活性磷酸盐、铜、锌达标情况劣于2012年，汞优于2012年水质状况；8月化学需氧量、溶解氧、活性磷酸盐、油类、锌、铅、镉达标情况均劣于2012年。

表4－4　2013年渤海湾天津海域水质达标情况

监测时间	pH	化学需氧量	溶解氧	无机氮	活性磷酸盐	油类	铜	锌	铅	镉	汞	砷
5月	Ⅰ～Ⅱ类	Ⅳ类	Ⅰ类	劣Ⅳ类	Ⅳ类	Ⅰ～Ⅱ类	Ⅱ类	Ⅲ类	Ⅱ类	Ⅰ类	Ⅱ～Ⅲ类	Ⅰ类
8月	Ⅰ～Ⅱ类	Ⅲ类	Ⅱ类	劣Ⅳ类	Ⅳ类	Ⅲ类	Ⅰ类	Ⅲ类	Ⅳ类	Ⅱ类	Ⅳ类	Ⅰ类

2014年，渤海湾天津海域水质因子达标情况分析表明：化学需氧量、无机氮、活性磷酸盐、汞达标情况较差；而化学需氧量、活性磷酸盐、无机氮尤为显著，均达到Ⅳ类、劣Ⅳ类水质标准（表4－5）。与2013年相比，2014年5月活性磷酸盐达标情况劣于2013年，铅优于2013年水质状况；8月溶解氧、无机氮、活性磷酸盐、锌、铅、镉、汞达标情况均优于2013年，化学需氧量劣于2013年。

表4－5　2014年渤海湾天津海域水质达标情况

监测时间	pH	化学需氧量	溶解氧	无机氮	活性磷酸盐	油类	铜	锌	铅	镉	汞	砷
5月	Ⅰ～Ⅱ类	Ⅳ类	Ⅰ类	劣Ⅳ类	劣Ⅳ类	Ⅰ～Ⅱ类	Ⅱ类	Ⅲ类	Ⅰ类	Ⅰ类	Ⅱ～Ⅲ类	Ⅰ类
8月	Ⅰ～Ⅱ类	劣Ⅳ类	Ⅰ类	Ⅲ类	Ⅰ类	Ⅲ类	Ⅰ类	Ⅱ类	Ⅱ类	Ⅰ类	Ⅱ～Ⅲ类	Ⅰ类

2015年，渤海湾天津海域水质因子达标情况分析表明：无机氮、活性磷酸盐、化学需氧量、铅达标情况较差；而无机氮、化学需氧量、活性磷酸盐尤为显著，均达到Ⅳ类、劣Ⅳ类水质标准（表4－6）。与2014年相比，2015年5月铅达标情况劣于2014年，化学

需氧量、活性磷酸盐优于2014年水质状况；8月无机氮、溶解氧、活性磷酸盐、铅达标情况均劣于2014年。

表4-6　2015年渤海湾天津海域水质达标情况

监测时间	pH	化学需氧量	溶解氧	无机氮	活性磷酸盐	油类	铜	锌	铅	镉	汞	砷
5月	Ⅰ～Ⅱ类	Ⅰ类	Ⅰ类	劣Ⅳ类	Ⅰ类	Ⅰ～Ⅱ类	Ⅰ类	Ⅱ类	Ⅲ类	Ⅰ类	Ⅱ～Ⅲ类	Ⅰ类
8月	Ⅰ～Ⅱ类	Ⅳ类	Ⅱ类	劣Ⅳ类	劣Ⅳ类	Ⅰ～Ⅱ类	Ⅱ类	Ⅱ类	Ⅲ类	Ⅰ类	Ⅱ～Ⅲ类	Ⅰ类

2. 水质污染物状态评价

应用综合污染指数法对该水域水质情况进行评价，依据污染分担率*CR*结果排序，结果为：2012年渤海湾天津海域水质中汞、无机氮、铅、化学需氧量、锌因子超标。其中，汞为首要污染物（表4-7）。

表4-7　2012年渤海湾天津海域污染分担率*CR*及平均污染指数*ACI*

监测时间	评价方法	无机氮	活性磷酸盐	油类	化学需氧量	铜	锌	铅	镉	汞	砷
5月	*CR*	12.04%	3.63%	3.57%	7.82%	2.90%	10.89%	15.08%	2.93%	40.94%	0.20%
	ACI	2.439	0.736	0.724	1.584	0.588	2.207	3.056	0.593	8.295	0.040
8月	*CR*	26.03%	4.95%	5.59%	9.84%	5.63%	5.17%	13.19%	0.81%	28.10%	0.68%
	ACI	3.769	0.717	0.810	1.425	0.816	0.749	1.911	0.117	4.070	0.099

注：*ACI*>1时，即表明该项指标已超标。

2013年渤海湾天津海域水体中铅、无机氮、化学需氧量、汞、锌因子超标，铅为首要污染物（表4-8）。

表4-8　2013年渤海湾天津海域污染分担率*CR*及平均污染指数*ACI*

监测时间	评价方法	无机氮	活性磷酸盐	油类	化学需氧量	铜	锌	铅	镉	汞	砷
5月	*CR*	33.42%	7.57%	5.57%	9.66%	6.56%	8.00%	19.77%	1.59%	7.66%	0.20%
	ACI	4.217	0.956	0.703	1.219	0.828	1.010	2.495	0.201	0.967	0.025
8月	*CR*	16.21%	4.45%	3.81%	8.76%	2.47%	6.39%	43.36%	2.43%	11.71%	0.43%
	ACI	2.184	0.600	0.514	1.180	0.333	0.860	5.84	0.328	1.578	0.058

注：*ACI*>1时，即表明该项指标已超标。

2014 年，渤海湾天津海域水质中无机氮、化学需氧量、铅、锌、活性磷酸盐、汞因子超标。其中，无机氮为首要污染物（表 4－9）。

表 4－9　2014 年渤海湾天津海域污染分担率 *CR* 及平均污染指数 *ACI*

监测时间	评价方法	无机氮	活性磷酸盐	油类	化学需氧量	铜	锌	铅	镉	汞	砷
5 月	*CR*	26.02%	14.31%	4.91%	13.46%	5.88%	12.57%	16.14%	2.06%	4.15%	0.52%
	ACI	2.68	1.47	0.51	1.38	0.61	1.29	1.66	0.21	0.43	0.05
8 月	*CR*	13.56%	3.44%	5.45%	24.49%	4.38%	14.71%	19.97%	2.96%	10.58%	0.47%
	ACI	1.34	0.34	0.54	2.41	0.43	1.45	1.97	0.29	1.04	0.05

注：*ACI*>1 时，即表明该项指标已超标。

2015 年，渤海湾天津海域水质中无机氮、铅、活性磷酸盐、锌、汞因子超标。其中，无机氮为首要污染物（表 4－10）。

表 4－10　2015 年渤海湾天津海域污染分担率 *CR* 及平均污染指数 *ACI*

监测时间	评价方法	无机氮	活性磷酸盐	油类	化学需氧量	铜	锌	铅	镉	汞	砷
5 月	*CR*	24.32%	4.58%	7.34%	6.73%	3.41%	10.54%	26.52%	2.42%	13.70%	0.44%
	ACI	1.99	0.38	0.60	0.55	0.28	0.86	2.17	0.20	1.12	0.04
8 月	*CR*	26.16%	17.70%	6.05%	8.81%	8.77%	12.35%	17.22%	1.11%	1.42%	0.43%
	ACI	2.55	1.72	0.59	0.86	0.85	1.20	1.68	0.11	0.14	0.04

注：*ACI*>1 时，即表明该项指标已超标。

3. 水质富营养化状态评价

2012—2015 年，渤海湾天津海域水质富营养化状态表明，活性磷酸盐是此海域的主要限定因子，渤海湾天津海域水质总体呈现为磷限制潜在性富营养状态（表 4－11）。

表 4－11　2012—2015 年渤海湾天津海域水质水体中氮磷含量及关系

年份		无机氮范围（mg/L）	活性磷酸盐范围（mg/L）	N/P	无机氮范围（mg/L）	活性磷酸盐范围（mg/L）	N/P
		5 月	5 月	5 月	8 月	8 月	8 月
2012	范围	0.202～0.795	0.003～0.031	40.4～406.0	0.441～0.981	0.000 6～0.050 2	43.3～2 214.3
	平均值	0.488	0.011	171.0	0.754	0.010 8	490.8

（续）

年份		无机氮范围（mg/L）	活性磷酸盐范围（mg/L）	N/P	无机氮范围（mg/L）	活性磷酸盐范围（mg/L）	N/P
		5月	5月	5月	8月	8月	8月
2013	范围	0.55～1.21	0.004～0.032	53.3～669.8	0.080～0.800	0.004～0.024	44.3～442.9
	平均值	0.843	0.014	211.1	0.437	0.008 5	258.9
2014	范围	0.446～0.696	0.004～0.156	6.6～376.4	0.135～0.381	0.004～0.009	72.0～207.0
	平均值	0.536	0.022	179.8	0.267	0.005 08	124.0
2015	范围	0.262～0.541	0.004～0.011	88.8～299.5	0.364～0.694	0.004～0.087	14.5～355.9
	平均值	0.398	0.005 62	183.2	0.509	0.025 8	99.9

4. 沉积物质量评价

渤海湾天津海域沉积物质量达标情况分析表明：油类、汞因子达标情况较差，达到Ⅱ类沉积物标准（表 4－12）。

表 4－12　渤海湾天津海域沉积物质量达标情况

年份	铜	锌	铅	镉	汞	砷	石油
2012	Ⅰ类	Ⅰ类	Ⅰ类	Ⅰ类	Ⅱ类	Ⅰ类	Ⅰ类
2013	Ⅰ类	Ⅰ类	Ⅰ类	Ⅰ类	Ⅰ类	Ⅰ类	Ⅱ类
2014	Ⅰ类	Ⅰ类	Ⅰ类	Ⅰ类	Ⅱ类	Ⅰ类	Ⅱ类
2015	Ⅰ类	Ⅰ类	Ⅰ类	Ⅰ类	Ⅰ类	Ⅰ类	Ⅱ类

5. 生物质量评价

2012—2015 年，监测的海洋生物体中的石油烃、铜、铅、镉含量均有不同程度的超标，汞、砷未超出标准要求。2015 年，贝类样品的腹泻性贝毒和麻痹性病毒检测结果为阴性。

（二）重要内陆水域生态环境评价

1. 水环境质量评价

2012—2015 年，重要内陆水域水质达标情况表明：高锰酸盐指数、总氮、氨氮、总磷因子超标严重，总体呈现劣Ⅴ类水质。总体来说，于桥水库水质优于其他水域（表 4－13）。

表 4-13 2012—2015 年重要内陆水域水质达标情况

年份	水域	高锰酸盐指数	总氮	氨氮	总磷	油类	铜	锌	砷
2012	海河干流市区段	劣Ⅴ类	劣Ⅴ类	劣Ⅴ类	劣Ⅴ类	Ⅳ类	Ⅱ～Ⅴ类	Ⅰ类	Ⅰ～Ⅲ类
	潮白新河	劣Ⅴ类	劣Ⅴ类	劣Ⅴ类	劣Ⅴ类	Ⅳ类	Ⅱ～Ⅴ类	Ⅰ类	Ⅰ～Ⅲ类
	独流减河	劣Ⅴ类	劣Ⅴ类	劣Ⅴ类	劣Ⅴ类	Ⅳ类	Ⅱ～Ⅴ类	Ⅱ～Ⅲ类	Ⅰ～Ⅲ类
	蓟运河	劣Ⅴ类	劣Ⅴ类	劣Ⅴ类	劣Ⅴ类	Ⅳ类	Ⅰ类	Ⅰ类	Ⅰ～Ⅲ类
	北大港水库	劣Ⅴ类	劣Ⅴ类	Ⅳ类	劣Ⅴ类	Ⅳ类	Ⅱ～Ⅴ类	Ⅰ类	Ⅰ～Ⅲ类
	于桥水库	Ⅳ类	Ⅴ类	Ⅲ类	Ⅴ类	Ⅰ～Ⅲ类	Ⅰ类	Ⅰ类	Ⅰ～Ⅲ类
	七里海湿地	劣Ⅴ类	劣Ⅴ类	Ⅲ类	劣Ⅴ类	Ⅳ类	Ⅱ～Ⅴ类	Ⅱ～Ⅲ类	Ⅰ～Ⅲ类
2013	海河干流市区段	劣Ⅴ类	劣Ⅴ类	劣Ⅴ类	劣Ⅴ类	Ⅳ类	Ⅱ～Ⅴ类	Ⅰ类	Ⅰ～Ⅲ类
	潮白新河	劣Ⅴ类	劣Ⅴ类	劣Ⅴ类	劣Ⅴ类	Ⅳ类	Ⅰ类	Ⅱ～Ⅲ类	Ⅰ～Ⅲ类
	独流减河	劣Ⅴ类	劣Ⅴ类	劣Ⅴ类	劣Ⅴ类	Ⅳ类	Ⅱ～Ⅴ类	Ⅱ～Ⅲ类	Ⅰ～Ⅲ类
	蓟运河	劣Ⅴ类	劣Ⅴ类	劣Ⅴ类	劣Ⅴ类	Ⅳ类	Ⅰ类	Ⅰ类	Ⅰ～Ⅲ类
	北大港水库	劣Ⅴ类	劣Ⅴ类	Ⅴ类	Ⅴ类	Ⅳ类	Ⅱ～Ⅴ类	Ⅳ～Ⅴ类	Ⅰ～Ⅲ类
	于桥水库	Ⅳ类	劣Ⅴ类	Ⅲ类	Ⅲ类	Ⅳ类	Ⅰ类	Ⅰ类	Ⅰ～Ⅲ类
	七里海湿地	劣Ⅴ类	劣Ⅴ类	Ⅴ类	劣Ⅴ类	Ⅳ类	Ⅱ～Ⅴ类	Ⅰ类	Ⅰ～Ⅲ类
2014	海河干流市区段	劣Ⅴ类	劣Ⅴ类	劣Ⅴ类	劣Ⅴ类	劣Ⅴ类	Ⅱ～Ⅴ类	Ⅰ类	Ⅰ～Ⅲ类
	潮白新河	劣Ⅴ类	劣Ⅴ类	劣Ⅴ类	劣Ⅴ类	Ⅳ类	Ⅱ～Ⅴ类	Ⅰ类	Ⅰ～Ⅲ类
	独流减河	劣Ⅴ类	劣Ⅴ类	劣Ⅴ类	劣Ⅴ类	Ⅳ类	Ⅱ～Ⅴ类	Ⅰ类	Ⅰ～Ⅲ类
	蓟运河	劣Ⅴ类	劣Ⅴ类	劣Ⅴ类	劣Ⅴ类	Ⅳ类	Ⅱ～Ⅴ类	Ⅰ类	Ⅰ～Ⅲ类
	北大港水库	劣Ⅴ类	劣Ⅴ类	Ⅴ类	劣Ⅴ类	Ⅳ类	Ⅱ～Ⅴ类	Ⅰ类	Ⅰ～Ⅲ类
	于桥水库	劣Ⅴ类	劣Ⅴ类	Ⅴ类	劣Ⅴ类	Ⅳ类	Ⅱ～Ⅴ类	Ⅰ类	Ⅰ～Ⅲ类
	七里海湿地	劣Ⅴ类	劣Ⅴ类	劣Ⅴ类	劣Ⅴ类	Ⅳ类	Ⅱ～Ⅴ类	Ⅰ类	Ⅰ～Ⅲ类
	大黄堡湿地	劣Ⅴ类	劣Ⅴ类	劣Ⅴ类	劣Ⅴ类	Ⅳ类	Ⅱ～Ⅴ类	Ⅱ～Ⅲ类	Ⅰ～Ⅲ类
	龙凤河	劣Ⅴ类	劣Ⅴ类	劣Ⅴ类	劣Ⅴ类	Ⅳ类	Ⅱ～Ⅴ类	Ⅰ类	Ⅰ～Ⅲ类
	洪泥河	劣Ⅴ类	劣Ⅴ类	劣Ⅴ类	劣Ⅴ类	Ⅳ类	Ⅱ～Ⅴ类	Ⅰ类	Ⅰ～Ⅲ类
2015	海河干流市区段	劣Ⅴ类	劣Ⅴ类	劣Ⅴ类	Ⅴ类	劣Ⅴ类	Ⅰ类	Ⅰ类	Ⅰ～Ⅲ类
	潮白新河	Ⅴ类	劣Ⅴ类	劣Ⅴ类	劣Ⅴ类	Ⅳ类	Ⅰ类	Ⅰ类	Ⅰ～Ⅲ类
	独流减河	劣Ⅴ类	劣Ⅴ类	劣Ⅴ类	劣Ⅴ类	Ⅳ类	Ⅰ类	Ⅰ类	Ⅰ～Ⅲ类
	蓟运河	劣Ⅴ类	劣Ⅴ类	劣Ⅴ类	劣Ⅴ类	Ⅳ类	Ⅰ类	Ⅰ类	Ⅰ～Ⅲ类
	北大港水库	劣Ⅴ类	劣Ⅴ类	劣Ⅴ类	劣Ⅴ类	Ⅳ类	Ⅰ类	Ⅱ～Ⅲ类	Ⅰ～Ⅲ类
	于桥水库	Ⅴ类	劣Ⅴ类	Ⅴ类	Ⅴ类	Ⅳ类	Ⅰ类	Ⅱ～Ⅲ类	Ⅰ～Ⅲ类
	七里海湿地	劣Ⅴ类	劣Ⅴ类	Ⅳ类	劣Ⅴ类	Ⅳ类	Ⅰ类	Ⅱ～Ⅲ类	Ⅰ～Ⅲ类
	大黄堡湿地	劣Ⅴ类	劣Ⅴ类	劣Ⅴ类	劣Ⅴ类	Ⅳ类	Ⅰ类	Ⅰ类	Ⅰ～Ⅲ类
	龙凤河	劣Ⅴ类	劣Ⅴ类	劣Ⅴ类	劣Ⅴ类	Ⅳ类	Ⅰ类	Ⅰ类	Ⅰ～Ⅲ类
	洪泥河	劣Ⅴ类	劣Ⅴ类	劣Ⅴ类	劣Ⅴ类	Ⅳ类	Ⅰ类	Ⅰ类	Ⅰ～Ⅲ类

2. 水质污染物状态评价

2012 年，应用综合污染指数法对各渔业水域水质情况进行评价，依据污染分担率 *CR* 结果排序，结果如下。

（1）河道　海河干流市区段、潮白新河、独流减河、蓟运河状况相似，水体总氮、总磷、氨氮、油类因子超标。其中，总氮为首要污染物。

（2）水库　北大港水库水质总氮、总磷、油类因子超标，于桥水库水质总氮、总磷因子超标。其中，北大港水库总磷为首要污染物，于桥水库总氮为首要污染物。

（3）七里海湿地　水质中总氮、总磷、油类、高锰酸盐指数因子超标。其中，总磷为首要污染物（表 4-14）。

表 4-14　2012 年重要内陆水域污染分担率 *CR* 及平均污染指数 *ACI*

监测地点	评价方法	总氮	总磷	氨氮	油类	高锰酸盐指数	铜	锌	砷
海河干流市区段	*CR*	44.94%	14.07%	20.67%	14.90%	5.12%	0.06%	0.08%	0.16%
	ACI	5.88	1.89	2.65	1.98	0.70	0.01	0.01	0.02
潮白新河	*CR*	42.27%	25.14%	16.18%	11.60%	4.51%	0.03%	0.05%	0.22%
	ACI	7.31	4.67	2.93	1.90	0.72	0.01	0.01	0.04
独流减河	*CR*	44.05%	18.22%	16.57%	16.26%	4.36%	0.05%	0.41%	0.09%
	ACI	8.91	4.10	3.08	2.74	0.86	0.01	0.08	0.02
蓟运河	*CR*	38.50%	21.83%	12.57%	19.85%	6.91%	0.03%	0.03%	0.28%
	ACI	7.18	4.24	2.51	2.54	0.94	0.01	0.00	0.06
北大港水库	*CR*	31.94%	34.14%	9.74%	14.31%	9.13%	0.07%	0.07%	0.61%
	ACI	3.15	4.95	0.79	1.70	0.92	0.01	0.01	0.08
于桥水库	*CR*	52.61%	24.09%	8.92%	9.51%	4.57%	0.07%	0.04%	0.19%
	ACI	3.87	1.56	0.58	0.66	0.29	0.00	0.00	0.01
七里海湿地	*CR*	29.09%	43.12%	3.85%	15.53%	7.63%	0.03%	0.39%	0.36%
	ACI	5.21	8.57	0.67	2.94	1.37	0.01	0.05	0.08

注：*ACI*>1 时，即表明该项指标已超标。

2013 年，应用综合污染指数法对各渔业水域水质情况进行评价，依据污染分担率 *CR* 结果排序，结果如下。

（1）河道　海河干流市区段、潮白新河、独流减河、蓟运河状况相似，水体高锰酸盐指数、总氮、总磷、氨氮、油类因子超标。总氮为首要污染物。

（2）水库　北大港水库、于桥水库水体高锰酸盐指数、总氮因子超标。北大港水库首要污染物为高锰酸盐指数，于桥水库首要污染物为总氮。

（3）七里海湿地　水体中高锰酸盐指数、总氮、油类、氨氮因子超标。七里海湿地总氮为首要污染物（表 4－15）。

表 4－15　2013 年重要内陆水域污染分担率 *CR* 及平均污染指数 *ACI*

监测地点	评价方法	高锰酸盐指数	总氮	总磷	氨氮	油类	铜	锌	砷
海河干流市区段	*CR*	13.58%	38.97%	10.14%	19.27%	12.31%	4.92%	0.47%	0.34%
	ACI	1.80	5.54	1.33	2.77	1.82	0.62	0.06	0.05
潮白新河	*CR*	15.03%	35.33%	17.63%	18.33%	9.36%	2.16%	1.10%	1.10%
	ACI	3.22	6.53	4.04	2.55	1.64	0.51	0.23	0.44
独流减河	*CR*	17.40%	38.67%	7.63%	15.84%	12.20%	4.39%	3.62%	0.20%
	ACI	2.74	7.12	1.11	2.97	2.23	0.78	0.69	0.03
蓟运河	*CR*	18.27%	29.97%	16.88%	16.93%	12.40%	4.55%	0.34%	0.72%
	ACI	2.54	4.40	2.28	2.52	1.78	0.63	0.04	0.10
北大港水库	*CR*	34.23%	27.13%	3.58%	8.86%	9.16%	9.24%	6.05%	1.73%
	ACI	2.87	2.27	0.30	0.74	0.77	0.78	0.51	0.14
于桥水库	*CR*	16.20%	60.97%	1.92%	6.70%	6.39%	7.10%	0.40%	0.31%
	ACI	1.15	4.64	0.14	0.51	0.50	0.48	0.03	0.02
七里海湿地	*CR*	26.83%	34.57%	6.44%	9.16%	14.90%	6.52%	0.43%	1.15%
	ACI	3.38	4.25	0.83	1.12	1.93	0.80	0.05	0.13

注：*ACI*>1 时，即表明该项指标已超标。

2014 年，应用综合污染指数法对各渔业水域水质情况进行评价，依据污染分担率 *CR* 结果排序，结果如下。

（1）河道　海河干流市区段、潮白新河、独流减河、蓟运河、龙凤河、洪泥河状况相似，水体高锰酸盐指数、总氮、总磷、氨氮、油类、铜因子超标。总氮为首要污染物。

（2）水库　北大港水库、于桥水库水体高锰酸盐指数、总氮、铜因子超标较严重。北大港水库首要污染物为高锰酸盐指数，于桥水库首要污染物为总氮。

（3）湿地　水体中高锰酸盐指数、总氮、总磷、铜、油类、氨氮因子超标。2014 年七里海湿地和大黄堡湿地的首要污染物分别为高锰酸盐指数和总氮（表 4－16）。

表 4－16　2014 年重要内陆水域污染分担率 *CR* 及平均污染指数 *ACI*

监测地点	评价方法	高锰酸盐指数	总氮	总磷	铜	锌	砷	油类	氨氮
海河干流市区段	*ACI*	2.11	4.44	1.33	2.42	0.04	0.03	1.39	1.23
	CR	15.48%	34.38%	10.16%	18.15%	0.30%	0.25%	11.68%	9.59%
潮白新河	*ACI*	2.87	5.92	5.00	2.67	0.03	0.11	1.44	1.32
	CR	15.19%	30.45%	25.68%	13.75%	0.13%	0.56%	7.61%	6.62%
独流减河	*ACI*	4.51	5.62	1.32	1.53	0.06	0.02	2.28	3.89
	CR	26.03%	29.13%	6.61%	7.21%	0.33%	0.11%	12.35%	18.23%
蓟运河	*ACI*	3.95	4.30	3.86	1.60	0.03	0.11	1.67	1.70
	CR	21.77%	24.82%	21.95%	10.44%	0.17%	0.62%	10.26%	9.98%
北大港水库	*ACI*	4.34	3.57	1.35	1.66	0.07	0.21	1.46	0.97
	CR	31.47%	25.76%	10.25%	12.55%	0.46%	1.50%	10.68%	7.35%
于桥水库	*ACI*	1.75	3.82	0.47	2.46	0.03	0.02	0.76	0.79
	CR	17.50%	37.63%	4.52%	24.19%	0.30%	0.18%	7.66%	8.01%
七里海湿地	*ACI*	4.28	3.69	1.55	1.70	0.06	0.16	1.42	1.13
	CR	29.25%	24.60%	10.87%	13.99%	0.45%	1.15%	10.83%	8.87%
大黄堡湿地	*ACI*	4.31	4.94	2.57	2.56	0.19	0.09	2.58	1.31
	CR	23.26%	25.58%	13.95%	14.41%	1.20%	0.52%	14.27%	6.80%
龙凤河	*ACI*	3.17	8.64	6.37	2.66	0.11	0.09	1.97	4.40
	CR	11.42%	31.75%	23.84%	9.54%	0.35%	0.32%	7.26%	15.51%
洪泥河	*ACI*	3.03	5.14	3.52	2.44	0.10	0.07	2.67	4.83
	CR	15.08%	24.40%	16.01%	12.14%	0.52%	0.30%	12.30%	19.25%

注：*ACI*>1 时，即表明该项指标已超标。

2015 年，应用综合污染指数法对各渔业水域水质情况进行评价，依据污染分担率 *CR* 结果排序，结果如下。

（1）河道　海河干流市区段水体高锰酸盐指数、总氮、氨氮、油类因子超标，潮白新河、独流减河、蓟运河、龙凤河、洪泥河状况相似，水体高锰酸盐指数、总氮、总磷、氨氮、油类因子超标。与 2012 年、2013 年、2014 年水质状况相似，总氮为首要污染物。

（2）水库　北大港水库、于桥水库水体高锰酸盐指数、总氮超标较严重。与 2012 年、2013 年、2014 年水体状况相似，首要污染物均为总氮。

（3）湿地　2015 年水体中高锰酸盐指数、总氮、总磷、油类均超标严重。其中，七里海湿地首要污染物为高锰酸盐指数，大黄堡湿地首要污染物为总氮。七里海湿地2012年首要污染物为总磷，2013年为总氮。2014年七里海湿地和大黄堡湿地的首要污染物分别为高锰酸盐指数和总氮（表4-17）。

表4-17　2015年重要内陆水域污染分担率 *CR* 及平均污染指数 *ACI*

监测地点	评价方法	高锰酸盐指数	总氮	总磷	铜	锌	砷	油类	氨氮
海河干流市区段	*ACI*	1.64	2.26	0.96	0.48	0.11	0.04	3.86	1.12
	CR	18.47%	23.88%	9.19%	5.90%	0.84%	0.29%	31.61%	9.82%
潮白新河	*ACI*	1.96	4.74	2.11	0.49	0.15	0.08	1.84	1.57
	CR	15.24%	36.13%	16.73%	3.71%	1.21%	0.61%	14.45%	11.92%
独流减河	*ACI*	3.35	3.47	1.87	0.36	0.17	0.06	2.47	2.22
	CR	24.02%	23.94%	14.29%	2.57%	1.25%	0.47%	19.63%	13.83%
蓟运河	*ACI*	3.40	4.88	3.68	0.49	0.23	0.06	2.82	2.73
	CR	18.34%	26.89%	20.18%	2.59%	1.32%	0.37%	15.63%	14.68%
北大港水库	*ACI*	4.90	5.03	1.32	0.47	0.32	0.14	2.67	1.12
	CR	31.41%	30.26%	8.10%	2.79%	2.12%	0.99%	16.83%	7.51%
于桥水库	*ACI*	1.39	1.88	0.61	0.42	0.30	0.03	0.76	0.86
	CR	22.31%	30.39%	9.25%	7.30%	4.47%	0.40%	12.34%	13.54%
七里海湿地	*ACI*	4.74	3.43	2.78	0.46	0.30	0.12	2.14	0.90
	CR	32.44%	23.19%	19.05%	3.21%	2.07%	0.85%	14.54%	6.25%
大黄堡湿地	*ACI*	3.18	5.12	4.56	0.64	0.14	0.09	2.27	3.74
	CR	17.78%	26.75%	22.93%	3.12%	0.82%	0.51%	12.47%	15.62%
龙凤河	*ACI*	3.09	6.56	4.21	0.73	0.11	0.07	2.50	3.94
	CR	15.39%	30.63%	19.02%	3.67%	0.46%	0.37%	11.36%	19.09%
洪泥河	*ACI*	2.80	3.63	1.76	0.46	0.13	0.04	2.39	1.60
	CR	23.24%	27.56%	13.43%	3.82%	0.88%	0.27%	19.33%	11.49%

注：$ACI>1$ 时，即表明该项指标已超标。

3. 生物质量评价

分别于2012—2015年5月、7月、9月，对海河干流市区段、潮白新河、独流减河、蓟运河、北大港水库、于桥水库、七里海湿地、大黄堡湿地等8个内陆渔业水域中的水产品中铜、铅、镉、汞、无机砷以及石油烃进行了监测。结果显示，2012—2014年，监测的内陆水域生物体中的石油烃、无机砷、镉含量均有不同程度的超标；2015年监测数据全部符合标准要求。

渤海湾是一半封闭内湾，水流缓慢，与外界水交换能力差，认为是受沿岸活动影响最为明显的海湾之一。渤海湾由于深入内陆，承受着来自京、津、冀等陆域的城市排污、工业污水、油气开发、船舶污染和养殖废水的压力。尤其随着现代工业的不断迅猛发展，以及海洋开发的不断深入，港口建设的不断加强，天津周边海域环境不断恶化。另一方面，天津入海河流流域内城市人口密度大，工业较为发达，生活污水、工业废水排放量不断增加，导致污染增加。

天津市重要内陆渔业水域污染物来源主要有以下几个方面：作为行洪河道，汛期雨水污水一同排入河道，再加上一些工业及生活污水非法排入河道，致使河道水质下降，同时污染物沉积到河底，形成了污染沉积物，造成河道内在的污染源；由于天津市水资源非常紧张，周边地区农田大部分利用污水灌溉，而向河流补水的沿途河道均为当地的农田排灌两用河道，农田沥水和居民生活污水均排入河道，故河流补水的同时，水质也会受到不同程度的污染；另外，水运、旅游、工业及民用垃圾等也给河流带来了污染。

总体来说，渤海湾天津海区和天津市重要内陆渔业水域环境质量不容乐观。建议一方面进行长期化监测，为该地区水域环境修复提供准确、及时、有效的数据；另一方面，加强环境保护举措，重视环境修复问题，标本兼治。

第五章 海河口生物资源可持续利用

据联合国粮食及农业组织统计，水产品为全球10亿多人提供了蛋白质来源。进入21世纪，水产品在保障人类食物安全上发挥的重要作用被越来越深刻地认识到，渔业生物资源的可持续利用成为全球渔业科技发展和渔业经济发展的重要命题。海河口生物资源可持续利用主要采取的手段是，通过人工鱼礁和增殖放流等多种形式养护渔业资源。

第一节 海河口渔业利用现状

一、海河口生物资源渔获概况

海河口主要海洋鱼类渔获物有小黄鱼、小带鱼（*Eupleurogrammus muticus*）、梭鱼、日本鲭（*Scomber japonicus*）、蓝点马鲛、长绵鳚（*Zoarces elongatus*）、日本鳀、中国大银鱼（*Protosalanx hyalocranius*）；主要海洋甲壳类渔获物有中国对虾、脊尾白虾（*Exopalaemon carinicauda*）、中国毛虾（*Acetes chinensis*）、口虾蛄、三疣梭子蟹、日本蟳和锯缘青蟹（*Scylla serrata*）；主要海洋贝类渔获物有脉红螺、毛蚶、青蛤、缢蛏和方形马珂蛤（*Mactra veneriformis*）；主要海洋头足类渔获物有中国枪乌贼（*Uroteuthis chinensis*）和章鱼［长蛸（*Octopus minor*）和短蛸］。海河口海洋渔业的渔获组成及主要渔获种类见表5-1。

表5-1 2010—2014年海河口近海海域不同海洋渔业种类渔获量（t）

种类	2010年	2011年	2012年	2013年	2014年
鱼类	6 393	7 729	7 935	47 642	37 407
小黄鱼	3 077	3 477	4 243	2 964	3 460
小带鱼	17	16	9	203	572
梭鱼	211	235	305	195	288
中国花鲈	47	—	—	—	20
银鲳	10	—	—	—	—
日本鲭	1 313	2 147	1 440	3 970	6 031
蓝点马鲛	401	348	261	1 697	526
中国大银鱼	25	5	—	—	—
棘头梅童鱼	35	5	5	—	—
斑鰶	115	2	197	160	240
黄鲫	14	5	5	—	—

（续）

种类	2010年	2011年	2012年	2013年	2014年
长绵鳚	685	290	355	390	205
日本鳀	443	1 199	1 115	38 063	26 065
甲壳类	2 780	2 218	2 645	1 756	1 186
中国对虾	82	108	133	88	67
脊尾白虾	71	91	112	96	64
中国毛虾	103	108	171	197	109
口虾蛄	1 544	833	1 424	864	490
三疣梭子蟹	447	411	414	316	231
日本蟳	205	205	205	165	150
锯缘青蟹	204	92	65	—	—
贝类	1 679	1 972	1 735	1 700	1 797
脉红螺	345	245	300	286	490
毛蚶	615	1 061	760	753	567
缢蛏	220	165	164	90	123
方形马珂蛤	403	405	415	504	504
青蛤	96	96	96	67	113
头足类	1 911	1 451	988	530	1 746
火枪乌贼	—	—	—	46	26
中国枪乌贼	1 725	1 190	749	292	1 614
章鱼（长蛸、短蛸）	186	261	239	192	106
海蜇	70	10	133	61	22

海河流域河口淡水捕捞渔获物以鲢、鳙、鲤、草鱼和池沼公鱼（*Hypomesum olidus*）为主，同时，中华绒螯蟹（*Eriocheir sinensis*）、罗氏沼虾（*Macrobrachium rosenbergii*）和中华圆田螺（*Cipangopaludian cathayensis*）有一定产量。海河流域河口淡水渔业的渔获物组成及主要渔获物种类见表5-2。

表5-2　2010—2014年海河流域河口不同淡水渔业种类渔获量（t）

种类	2010年	2011年	2012年	2013年	2014年
鱼类	5 173	7 071	6 906	8 375	8 776
鲢	312	765	720	1 316	1 036
鳙	98	458	370	332	766
鲤	1 193	2 112	1 714	2 663	2 030
鲫	3 154	3 205	3 729	3 337	4 103
草鱼	351	461	313	667	774

（续）

种类	2010 年	2011 年	2012 年	2013 年	2014 年
池沼公鱼	65	70	60	60	67
甲壳类	1 318	2 276	2 094	1 920	806
虾类	1 300	1 557	1 404	1 389	740
蟹类	18	615	690	531	66
贝类	983	1 093	976	982	979
其他类	2 193	597	1 491	900	1 151

海河口近海海域海洋渔获物组成中鱼类占绝大部分，2013—2014 年渔获物中的鱼类较 2010—2012 年间增加幅度较大，其他渔获物种类在各年份有所变化，但没有明显的规律性（图 5-1）。河口淡水渔获物总量在 2010—2013 年逐年增加，但幅度不大，2014 年有所下降；渔获物组成中鱼类占总渔获量的 65%左右，甲壳类占总渔获量的 15%左右，贝类占总渔获量的 9%左右（图 5-2）。

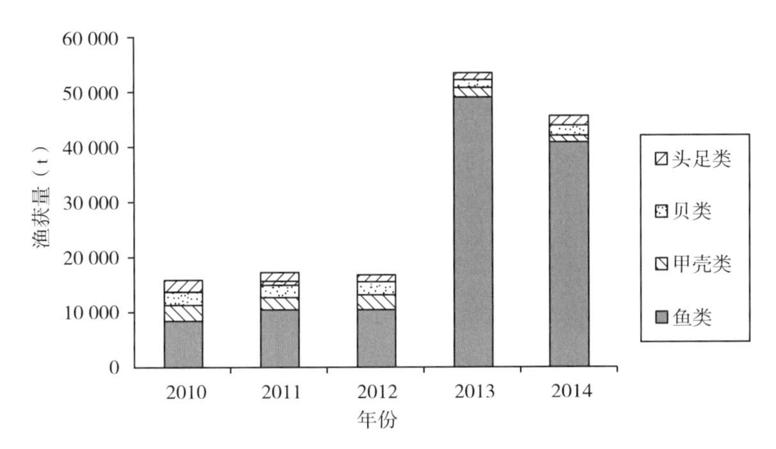

图 5-1 2010—2014 年海河口近海海域不同海洋渔业种类渔获量

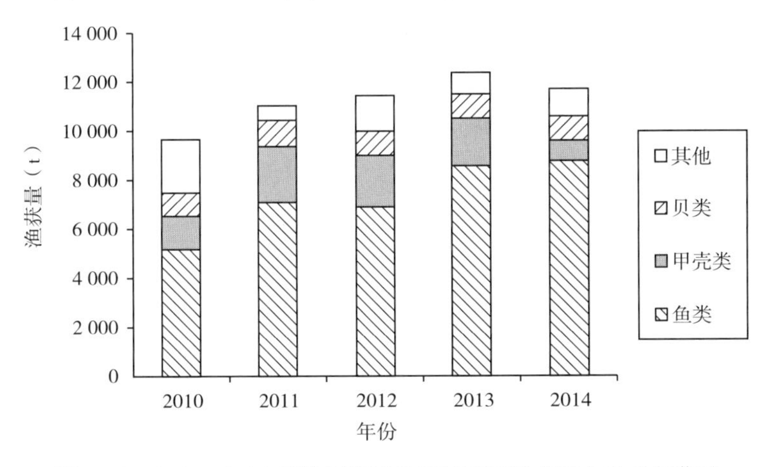

图 5-2 2010—2014 年海河流域各河口不同淡水渔业种类渔获量

二、渔业资源开发利用面临的问题

（一）海域天然渔业资源严重衰退

近年来，渤海自然水生生物资源呈严重衰减趋势，鱼类资源由1982年的75种下降到2008年的30余种（房恩军 等，2009）。主要经济鱼类中的蓝点马鲛、黄姑鱼（*Nibea albiflora*）、中国花鲈、银鲳、小黄鱼等资源已经严重衰退，小带鱼、真鲷（*Pagrosomus major*）等渔业资源濒临绝迹，中国对虾野生资源基本枯竭，但在大量放流对虾苗种的前提下，尚保持不错的产量。天津市1999—2003年海洋渔获物总产量为（3～4）$\times 10^4$ t（王连弟 等，2005）；而2010—2014年海洋渔获物总产量为（1.5～5）$\times 10^4$ t，海洋渔业资源目前基本能保持一定产量。这其中增殖放流起到的作用越来越大，而野生资源仍处于持续衰退的状态。

（二）天然海域水质污染持续存在

渤海是我国最大的近封闭型内海，海河口位于渤海湾底，具有宽阔的潮间带，屏蔽能力强，作用于水体的外动力弱，导致水体更新周期延长，污染物在水中富集系数较大。水体的交换能力差，也不利于营养物质在水中扩散转移。同时，海河五大支流汇合处和入海口的天津市，大量工业废水、市政生活污水，以及河流自身携带的污染物通过海岸线上分布的众多入海河口，源源不断地涌向近岸海域，严重影响着海水水质，破坏了海洋生态环境。如蓬莱19－3油田发生的溢油事故等海上突发污染事件时有发生，使本来就脆弱的海河口生态环境更是面临着非常严峻的考验。

（三）人为活动影响

捕捞强度过大，仍是目前渔业资源衰退的主要原因之一。近年来，随着渔民转产转业等政策的实施，天津市海洋捕捞渔船由1986年的1万多艘，降至2014年的637艘。虽然渔船数量有所减少，但功率却由1986年的约1.4$\times 10^5$ kW增加到约1.6$\times 10^5$ kW。另外，“三无”渔船昼伏夜出，与执法人员打游击进行偷捕作业，使稀少的渔业资源面临更大的捕捞压力。捕捞强度超过了资源更新能力，使资源得不到恢复。另外，大量的围填海工程压缩了海洋渔业资源的生存空间。

针对渔业资源开发利用面临的问题，天津市颁布了《天津市渔业管理条例》等政策制度。同时，开展了增殖放流和人工鱼礁建设等修复措施，取得了一定的成效。

第二节　增殖放流

一、增殖放流的必要性及实施原则

（一）增殖放流的必要性

1. 恢复渔业资源的需要

渔业是资源依赖型产业，渔业资源是渔业发展的物质基础。近年来，受水域污染、过度捕捞、工程建设等诸多因素影响，目前我国渔业资源严重衰退、水域生态环境不断恶化，传统优质品种在捕捞产量中的比重日趋减少，渔获物低龄化、小型化、低值化现象严重，捕捞生产效率和经济效益明显下降。资源衰退和水域生态环境恶化问题，已成为当前制约我国海洋渔业可持续发展的瓶颈。

海河口海域浅海生物资源的兴衰，对整个渤海渔业资源的变化影响很大。长期以来，由于海洋工程、工业化发展、海洋捕捞等人为活动对海洋生态环境造成了严重影响，环境污染日趋严重，有机物、石油、氮、磷含量急剧增加，赤潮频繁发生，使渔业资源的繁衍、生长及生物多样性面临严峻考验。生物种群的数量不断减少，种群结构发生改变，已发现有50多种主要经济鱼类、虾类、贝类资源锐减或衰退。此外，渔业资源的过度开发使水域生态环境遭到严重破坏，尤其是近海渔业几乎濒临消亡。

海河（天津市市区段）水质污染比较严重，各断面的水质均在《地表水环境质量标准》（GB 3838—2002）（国家环境保护总局，2002）Ⅳ类和Ⅴ类的水平。海河水域原有的生态系统遭到破坏，自净能力丧失，富营养化进程加速，表现为生物多样性明显下降，种类趋向单一。因此，亟须利用恢复生物资源的办法进行生态系统的修复。

2. 生态环境修复的需要

人类活动每年排放的二氧化碳以碳计为5.5×10^9 t，其中，海洋吸收了人类排放二氧化碳总量的20%～35%，大约为2.0×10^9 t，而陆地仅吸收7.0×10^8 t（唐启升和刘慧，2016）。碳汇渔业就是指通过渔业生产活动促进水生生物吸收水体中的二氧化碳，并通过收获把这些碳移出水体的过程和机制，也被称为“可移出的碳汇”。

碳汇渔业就是能够充分利用碳汇功能，直接或间接吸收并储存水体中的二氧化碳，降低大气中的二氧化碳浓度，进而减缓水体酸度和气候变暖的渔业生产活动的泛称。换句话说，凡不需要投饵的渔业生产活动，都能形成生物碳汇，相应地也可称之为碳汇渔业，如藻类养殖、贝类养殖（徐海龙 等，2016b）、滤食性鱼类养殖、人工鱼礁、增殖放流以及捕捞渔业等。

增殖放流的幼鱼和贝类苗种，不是靠投放饵料存活和生长，而是获取海洋及内陆水域中的天然饵料，而这些天然饵料是以含有氮、磷的营养盐为物质基础的。因此，苗种在摄食天然饵料的同时也减少了海洋及内陆水域中的氮、磷，改善了海洋环境（张硕等，2017）。有研究发现，藻类生长是以氮、磷为基础的，在氮、磷含量高的海域进行不施肥的藻类增养殖，是减少氮、磷污染负荷的有效手段。据统计，1997 年我国因对虾养殖排入海洋中的氮、磷量分别为 9 930 t、1 838 t；网箱养殖排入海洋中的氮、磷量分别为 343.9 t、34.4 t；贝类养殖利用海洋中的氮、磷量分别为 21 902 t、1 750.5 t；藻类养殖利用海洋中的氮、磷分别为 10 899.6 t、1 204 t。由此可见，贝藻的增养殖所利用的氮、磷量，远远超过了水产养殖投饵造成的氮、磷排放量。淡水鱼类生态学研究表明，鱼类在摄食各种动植物时，将氮、磷等无机盐富集到鱼体。鱼类一般含氮 2.5%～3.5%、磷 0.3%～0.9%，即每捕捞 1 kg 鱼，就可以从水中取出 25～35 g 氮和 3～9 g 磷，表明鱼类是水域净化的主导要素（田树魁，2012）。如果每年增加 1 000 t 捕捞产量，则可从水中取出 25～35 t 氮、3～9 t 磷。由此可以说明，保护渔业资源实际上就是保护海洋环境。目前，渔业资源增殖放流已成为国内外在修复水域生态和恢复渔业资源方面常采取的一种有效手段。在我国现阶段，开展渔业资源增殖放流工作具有十分重要的现实意义。

3. 保护和提升海河生态价值的需要

海河是中国华北地区的最大水系，中国七大河流之一。海河可说是天津人的母亲河，也是天津市的象征。海河起于天津市西部的金钢桥，东至大沽口入海，全长超过 70 km，横贯天津市。天津人日常生活闲逛、休憩的地方，都离不开海河两岸。

海河的价值体现在历史人文价值、沿岸美学和景观价值、两岸的经济价值和生态价值，其中，最根本的价值是海河的生态价值。而修复海河（天津市市区段）水域生态环境，是保护和提升海河的生态价值的需要。

4. 公共卫生安全的需要

蓝藻水华发生的原因，是水体的富营养化造成的。由于社会经济的迅猛发展，城市规模的不断扩大、人口剧增、人们生活水平的日益提高，含有大量氮、磷等营养物质的污水直接进入水体中，使水体呈富营养化。

蓝藻水华不但能使水体发臭，影响水体景观效果，更严重的是会产生毒素，给水域生态系统、社会公共卫生安全带来严重威胁。

动物学实验发现，藻类毒素可能有致畸、致突变的作用，对游泳者也会造成皮炎和结膜炎（裴海燕 等，2001）。流行病学研究及动物实验显示，微囊藻毒素（MC）对人体健康具有损害效应（殷丽红 等，2005）。对东部沿海某些地区微囊藻毒素与肿瘤关系的研究表明，微囊藻毒素能够导致肝癌发病率增高（鄂学礼 等，2006）。研究证明，微囊藻毒素可在水生食物链中积累，能快速地从浮游动物传递到鱼（童芳 等，2006）。将食用微囊藻毒素的无脊椎动物饲养鲑，可导致鲑死亡（孟春芳，2011）。但迄今人类是否可能因食用那些含有藻毒素的鱼类而受到更大的毒害尚无直接的证据证实，但有人认为饮用有藻毒素的自来水会引起肠道疾病。藻毒素对水体的污染而引起的人体潜在的健康危害，已成为一个重要的公共卫生问题。

于桥水库是天津市饮用水的水源地，海河是天津市备用饮用水源，蓝藻水华一旦发生，后果将非常严重。迄今为止，上海等一些南方大、中城市的夏季饮用水中已经检测出藻毒素，个别城市饮用水中藻毒素含量已经超过 1 μg/L。我国 2006 年发布的《生活饮用水卫生标准》（GB 5749—2006）（中华人民共和国卫生部，2007）和世界卫生组织 2011 年发布的《饮用水水质准则》（第四版），均规定饮用水中微囊藻毒素的限值为 1 μg/L。

多数藻类毒素具有热稳定性和水溶性，仅经过自来水厂的一般处理不仅不能除去藻类毒素，反而经加氯消毒处理后，其致突变活性有可能增加。长期饮用含有藻毒素的饮水，对人类健康具有潜在威胁。所以，为了社会公共卫生安全，必须加强对海河水域的治理。综上所述，为防止于桥水库、海河等水质继续富营养化，以渔净水、以渔保水，保证饮用水安全，提升海河景观价值，开展增殖放流是非常必要的。

5. 发展的需要

党的十八大报告首次将生态文明建设摆在总体布局的高度来论述，党的十九大报告指出“加快生态文明体制改革，建设美丽中国”“实施重要生态系统保护和修复重大工程，优化生态安全屏障体系”。开展水生生物资源养护工作是“优化生态安全屏障体系”的重要措施。为了贯彻落实科学发展观，实施可持续发展战略，国务院 2006 年批准发布了《中国水生生物资源养护行动纲要》，目标是到 2020 年，我国要基本遏制渔业资源衰退，同时水域生态环境得到初步修复。2006 年，天津市人民政府印发了《贯彻落实〈国务院关于印发中国水生生物资源养护行动纲要的通知〉的实施意见》（津政发［2006］115 号），将渔业资源增殖作为水生生物资源养护的一项重要措施，明确提出：“到 2020 年，全面实行捕捞限额制度，捕捞生产与可持续产量相适应，生态退化的水域环境得到明显修复，濒危物种数目增加的趋势得到有效遏制。重要水生生物资源利用进入良性循环，水域生态环境整体得到改善，水生生物多样性得到切实保护。每年增殖重要渔业资源品种的苗种数量达到 20 亿尾（粒），典型水域生态系统得到保护”。但目前的增殖规模同《中国水生生物资源养护行动纲要》提出的近期目标和工作任务相比，仍存在很大差距。水生生物资源增殖作为一项社会公益性事业，天津市针对重要的、对地方渔业资源恢复效益显著的品种进行了增殖放流，对推动天津市渔业资源增殖工作的深入开展、实现《中国水生生物资源养护行动纲要》提出的近期目标是十分必要的。

天津市是中国北方重要的经济中心，是环渤海区域最大的沿海开放城市，天津市未来发展定位是国际港口城市、北方经济中心和生态城市。要实现城市发展定位，把天津市建设成和谐、宜居的生态城市，开展增殖放流、修复和治理渤海湾及内陆水域生态是非常必要的。

（二）实施原则

依托各地开展的渔业资源增殖工作基础，优先选择技术成熟、管理规范、影响面大、效果显著的渔业资源增殖项目进行立项。确保增殖数量的同时，注重提高增殖质量和增殖效果。严格执行农业部2009年颁布的《水生生物增殖放流管理规定》。

针对严重衰退的渔业资源品种、生态荒漠化严重水域，在放流安排上有所侧重，重点加大支持力度。以海洋特别保护区、水产种质资源保护区、人工渔礁投放区为重点，着力解决重点水域的生态环境质量及渔业资源状况。

在增殖品种选择、规模确定等方面，充分考虑经济、社会和生态效益的有机统一。增殖品种原则上为本地种的子二代以内苗种，各增殖品种之间要保持合理的数量比例搭配。在保证中国对虾、三疣梭子蟹等大宗经济品种放流的同时，加大鱼类、贝类等品种的增殖放流。

二、增殖放流概况

天津市内陆水域增殖放流起步较早，于桥水库自20世纪70年代就开始鱼类增殖活动，但时断时续。2009年开始，内陆水域增殖放流工作力度逐步增加。海洋增殖放流工作始于1986年，首次在渤海湾进行中国对虾增殖放流试验；1990—1992年，进行了较大规模的对虾增殖放流。2006年，国务院发布《中国水生生物资源养护行动纲要》，为配合纲要的实施，天津市成立了“天津市水生生物资源养护工作领导小组”，并出台了贯彻落实《中国水生生物资源养护行动纲要》的具体实施意见，将渔业资源增殖作为水生生物资源养护的一项重要措施，在政府重视、财政投入、社会支持的多种因素推动下，在全国渔业资源增殖放流事业进入快速发展的大背景下，天津市的渔业资源增殖放流也进入快速发展时期。

“十二五”期间，天津市增殖放流活动形成了政府主导、各界支持、群众参与的良好社会氛围，规模性增殖放流力度逐年加大，海洋渔业资源增殖和淡水水域渔业资源增殖齐头发展，共计放流海水、淡水水生生物苗种50多亿尾（只、粒）。

（一）放流品种概述

1. 渤海湾放流品种

近年来，天津市海洋捕捞作业的主要品种有蓝点马鲛、中国花鲈、梭鱼、银鲳、中国大银鱼、小黄鱼、方形马珂蛤、毛蚶、长牡蛎、脉红螺、中国毛虾、脊尾白虾、口虾蛄、中国对虾、三疣梭子蟹、日本蟳、海蜇（*Rhopilem esculentum*）等。

渤海湾天津市近岸海域适宜放流的品种非常多，有中国对虾、脊尾白虾、口虾蛄、三疣梭子蟹、梭鱼、海蜇、金乌贼（*Sepia esculenta*）、小黄鱼、黑棘鲷（*Acanthopagrus schlegelii*）、牙鲆（*Paralichthys olivaceus*）、半滑舌鳎（*Cynoglossus semilaevis*）、银鲳、中国花鲈、许氏平鲉（*Sebastes schlegelii*）、刀鲚（*Coilia nasus*）、黄姑鱼、栉孔扇贝（*Chlamys farreri*），以及仿刺参（*Apostichopus japonicus*）等。但考虑渔业资源及生态环境改善，兼顾天津市地方渔民利益，优先选择当前技术成熟、能够规模化苗种生产、放流效果较好、经济附加值较高的种类。以下是近几年渤海湾天津近岸海域增殖放流主要品种。

（1）中国对虾（*Fenneropenaeus chinensis*） 属广温、广盐性、一年生暖水性大型洄游虾类，是我国分布最广的虾类。主要分布于中国黄海、渤海和朝鲜西部沿海。我国的辽宁、河北、山东及天津沿海是主要产区，主要食物为有机碎屑、小型甲壳类、多毛类、底栖软体动物等。中国对虾增殖放流的功能定位为实现资源增殖、渔民增收及种群生态修复。

（2）三疣梭子蟹（*Portunus trituberculatus*） 属暖温性、多年生大型蟹类，是中国沿海的重要经济蟹类。主要栖息于海底或河口附近，以渤海数量最大。梭子蟹属于杂食性动物。三疣梭子蟹增殖放流的功能定位为实现资源增殖、渔民增收与生物种群修复。

（3）海蜇（*Rhopilema esculentum*） 中国沿海各海域均有海蜇分布。海蜇水母体在海洋中浮游生活，栖息于近海水域，尤其喜栖河口附近，暖水性，喜生活于河口附近，自泳能力很弱，常随潮汐、风向、海流而漂浮。在我国，海蜇渔业有悠久的历史。海蜇增殖放流的功能定位为实现资源增殖、渔民增收与生物种群修复。

（4）毛蚶（*Scapharca kagoshimensis*） 主要分布于中国、朝鲜和日本沿海。以我国渤海和东海近海较多。生活在内湾浅海低潮线下至水深 10 m 有余的泥沙底中，尤喜在水流出的河口附近，主要食物为硅藻和有机碎屑，为渤海湾主要经济贝类之一。毛蚶增殖放流的功能定位为实现资源增殖、渔民增收与生物种群修复。

（5）青蛤（*Cyclina sinensis*） 大多分布在中国和日本，栖息在河口或沙泥质的浅水区，水深在 4～5 m，主要食物为硅藻和有机碎屑。青蛤增殖放流的功能定位为实现资源增殖、渔民增收与生物种群修复。

（6）许氏平鲉（*Sebastes schlegelii*） 我国东海、黄海和渤海均产，为冷水性近海底层鱼类，喜栖息于浅海岩礁间或海藻丛中。许氏平鲉较耐低温，是我国北方常见种。许氏平鲉为肉食性鱼类，属游泳摄食。许氏平鲉增殖放流的功能定位为生物种群修复与休闲渔业。

（7）牙鲆（*Paralichthys olivaceus*） 我国黄海和渤海分布较多，为冷温性底栖鱼类，具有潜沙习性，幼鱼多生活在水深 10 m 以上、有机物少、易形成涡流的河口地带。牙鲆增殖放流的功能定位为实现资源增殖、渔民增收与生物种群修复。

（8）半滑舌鳎（*Cynoglossus semilaevis*） 一种暖温性近海大型底层鱼类，终年生活栖息在中国近海海区，具广温、广盐和适应多变环境条件的特点，在渤海栖息的半滑舌鳎可终年不离开渤海，主要饵料为日本鼓虾（*Alpheus japonicus*）、鲜明鼓虾（*Alpheus distinguendus*）和泥脚隆背蟹（*Carcinoplax vestita*）。半滑舌鳎自然资源量少，具有很高的经济价值，是很好的增养殖品种。半滑舌鳎增殖放流的功能定位为实现资源增殖、渔民增收与生物种群修复。

表5-3至表5-7为2010—2014年渤海湾天津市海域增殖放流情况。

表5-3 2010年天津市海域增殖放流情况

品种	数量（万尾、万粒）	规格	地点
中国对虾	67 000	体长1～1.2 cm	塘沽、汉沽、大港
三疣梭子蟹	512	Ⅱ期仔蟹	大港
梭鱼	302	体长2.5～3 cm	大港、塘沽
半滑舌鳎	40	体长8～10 cm	汉沽
海蜇	580	伞径1.5 cm	大港
毛蚶	425.7	350个/kg	塘沽沉船渔礁区
金乌贼	200	—	塘沽高沙岭

表5-4 2011年天津市海域增殖放流情况

品种	数量（万尾、万粒）	规格	地点
中国对虾	75 100	体长1～1.2 cm	塘沽、汉沽、大港
三疣梭子蟹	1 014	Ⅱ期仔蟹	汉沽
梭鱼	447	体长2.5～3 cm	汉沽
许氏平鲉	5.5	体长4 cm	汉沽
海蜇	580	伞径1.5 cm	汉沽、大港
菲律宾蛤仔	2 454	500个/kg	汉沽大神堂牡蛎礁区
毛蚶	1 620	350个/kg	塘沽沉船渔礁区
青蛤	3	350个/kg	塘沽高沙岭
缢蛏	12	350个/kg	东疆海水浴场

表5-5 2012年天津市海域增殖放流情况

品种	数量（万尾、万粒）	规格	地点
中国对虾	121 557	体长1～1.2 cm	塘沽、汉沽、大港
三疣梭子蟹	1 212.6	Ⅱ期仔蟹	大港
梭鱼	623	体长2.5～3 cm	汉沽

（续）

品种	数量（万尾、万粒）	规格	地点
半滑舌鳎	17.81	体长 8～10 cm	塘沽、汉沽、大港
许氏平鲉	10.5	体长 4 cm	汉沽
海蜇	613	伞径 1.5 cm	汉沽
菲律宾蛤仔	1 175	500 个/kg	汉沽大神堂牡蛎礁区
毛蚶	885.5	350 个/kg	塘沽沉船渔礁区
青蛤	105	350 个/kg	塘沽高沙岭

表 5-6　2013 年天津市海域增殖放流情况

品种	数量（万尾、万粒）	规格	地点
中国对虾	148 771.33	体长 1～1.2 cm	塘沽、汉沽、大港
三疣梭子蟹	2 089.944 5	Ⅱ期仔蟹	大港
梭鱼	745	体长 3 cm	汉沽
半滑舌鳎	39.449 3	体长 8～10 cm	塘沽、汉沽、大港
牙鲆	102.427	体长 5～8 cm	汉沽
黑棘鲷	69.996 9	体长 3 cm	汉沽大神堂牡蛎礁区
许氏平鲉	67.133 1	体长 4 cm	汉沽大神堂牡蛎礁区
中国花鲈	3.312	体长 9～10 cm	汉沽大神堂牡蛎礁区
海蜇	1 840.24	伞径 1.2 cm	汉沽
菲律宾蛤仔	8 605.45	500 个/kg	汉沽大神堂牡蛎礁区
毛蚶	1 695.89	350 个/kg	汉沽
青蛤	403.297	350 个/kg	汉沽
栉孔扇贝	53.04	350 个/kg	汉沽大神堂牡蛎礁区

表 5-7　2014 年天津市海域增殖放流情况

品种	数量（万尾、万粒）	规格	地点
中国对虾	140 109.8	体长 1～1.2 cm	汉沽
三疣梭子蟹	1 653.9	Ⅱ期仔蟹	大港
梭鱼	591.43	体长 3 cm	汉沽
半滑舌鳎	14.15	体长 8～10 cm	塘沽、汉沽、大港
牙鲆	147.2	体长 5～8 cm	汉沽、大港
黑鲷	53.9	体长 3 cm	汉沽

（续）

品种	数量（万尾、万粒）	规格	地点
许氏平鲉	92.1	体长 4 cm	汉沽
中国花鲈	68.82	体长 2.5～3 cm	汉沽
海蜇	1 708.85	伞径 1.2 cm	汉沽
菲律宾蛤仔	9 625.02	1 000 个/kg	汉沽
毛蚶	2 673.98	350 个/kg	汉沽、塘沽
青蛤	395.6	350 个/kg	汉沽、大港
缢蛏	1 680.5	350 个/kg	汉沽
栉孔扇贝	429.14	350 个/kg	汉沽
仿刺参	37.95	200 个/kg	汉沽

2. 内陆水域放流品种

适合在海河、于桥水库等河流、水库放流的鱼类品种有青鱼（*Mylopharyngodon piceus*）、草鱼、鲢、鳙、鲤、鲫、鳊（*Parabramis pekinensis*）、团头鲂（*Megalobrama amblycephala*）、乌鳢、黄颡鱼（*Pelteobagrus fulvidraco*）、细鳞斜颌鲴（*Plagiognathops microlepis*）、松江鲈（*Trachidermus fasciatus*）和中华绒螯蟹（*Eriocheir sinensis*）等。淡水放流优先选择有利于内陆水域水生生物资源保护和水域生态环境修复的品种；湿地放流选择经济效益高、对生态环境修复效果明显的品种。

表 5-8　内陆水域适宜放流品种、分布及功能定位

水域类别	市内区域	功能定位	适宜增殖种类
大中型水库	于桥水库、北大港水库、黄港水库	资源增殖、生态修复	鲢、鳙、草鱼、鲤、鲫、池沼公鱼、团头鲂、黄颡鱼、细鳞斜颌鲴、中华绒螯蟹
小型水库	尔王庄水库、鸭淀水库	资源增殖、生态恢复	鲢、鳙、团头鲂、草鱼
大型公园湖泊	水上公园	生态净水	鲢、鳙、草鱼、黄颡鱼
小型公园湖泊	南翠屏公园、北宁公园	生态净水	鲢、鳙、锦鲤
境内主要河道	子牙河、蓟运河、独流减河、潮白新河	生态净水、生态修复	团头鲂、黄颡鱼、鲢、鳙、草鱼、鲫、鲤
景观河道	海河、津河、卫津河	生态净水	草鱼、鲢、鳙、黄颡鱼、团头鲂、细鳞斜颌鲴
主要湿地	七里海、大黄堡湿地	生态净水	鲢、鳙、中华绒螯蟹、泥鳅、鲫、中华圆田螺

（1）鲤（*Cyprinus carpio*）　亚洲原产的温带性淡水鱼，属底栖性鱼类。鲤是偏动物食性的杂食性鱼类，以腐屑碎片、藻类、浮游动物为主要食物，无洄游习性。鲤增殖

放流的功能定位为实现资源增殖及生态种群修复。

（2）草鱼（*Ctenopharyngodon idella*） 栖息于平原地区的江河湖泊，为典型的草食性鱼类。大量食用大型水生植物，对水草滋生现象起到有效抑制的作用。草鱼增殖放流的功能定位为水质净化及资源增殖。

（3）鲢（*Hypophthalmichthys molitrix*） 属于大江河鱼类，在天然条件下，我国主要大江河干流均有其产卵场，产卵季节亲鱼可游至产卵场繁殖。产卵期与草鱼相近，无洄游习性。食物为浮游生物，以浮游植物为主，也食有机碎屑。适量人工增殖放流鲢，对水域大型浮游植物的过度繁殖能产生抑制作用；可控制海河蓝藻水华发生，消除水体臭味；鲢增殖放流的功能定位为水质净化及资源增殖。

（4）鳙（*Aristichthys nobilis*） 在我国各大水系均有分布，为我国重要经济鱼类。主要以浮游动物为食，也食一些藻类。增殖放流鳙，不仅使浮游动物维持在一个适宜的水平，还可以通过摄食关系间接地将能量提取出来；同时，使浮游植物得到适量繁殖，从而提高水库、河流水域的溶解氧，有利于水库、河流水域生物的生存和维护浮游动植物的平衡。鳙增殖放流的功能定位以净化水质、资源增殖为主，渔民增收为辅。

（5）鲫（*Carassius auratus*） 分布广泛，全国各地水域常年均有生产。鲫适应性非常强，是主要以植物为食的杂食性鱼。鲫增殖放流的功能定位以净化水质、资源增殖为主，渔民增收为辅。

（6）团头鲂（*Megalobrama amblycephala*） 生活在湖泊中，无洄游习性。团头鲂为草食性鱼类，食性范围较广。团头鲂增殖放流的功能定位以净化水质、资源增殖为主，渔民增收为辅。

（7）细鳞斜颌鲴（*Plagiognathops microlepis*） 在江河、湖泊和水库等不同环境均能生活。为底栖刮食性鱼类，喜食腐泥、有机碎屑等，有净化水质、改善生态环境的特殊功能，是我国的一种重要经济鱼类。细鳞斜颌鲴增殖放流的功能定位以净化水质、资源增殖为主，渔民增收为辅。

（8）中华绒螯蟹（*Eriocheir sinensis*） 栖于淡水湖泊河流，但在河口半咸水域繁殖，栖于江河、湖泊的岸边。喜掘穴而居，或隐藏在石砾、水草丛中。中华绒螯蟹在淡水中度过大部分时间，但它们必须回到近海繁殖，是湿地增殖的优良品种。中华绒螯蟹增殖放流的功能定位以资源增殖、渔民增收为主。但由于其穴居的习性，不适宜在水库及具有人工堤坝的流域增殖放流。

（二）放流苗种的规格和数量

放流规格的确定，主要参考国家放流技术标准、天津市地方标准及周边省市的放流规定。其中，个别品种为避免疾病或保证成活率，会采取特殊的要求来确定规格大小。如中国对虾，考虑人工养殖条件下病毒病无法控制，所以采取了小规格苗种放流。目前，天津市海河口各苗种放流规格见表 5－9 和表 5－10。

表 5－9　2010—2014 年天津市渤海湾增殖放流主要品种规格

品种	规格
中国对虾	平均体长≥1.0 cm
三疣梭子蟹	Ⅱ期仔蟹
海蜇	伞径≥1.0 cm
毛蚶	700～800 个/kg
梭鱼	全长≥2.5 cm
牙鲆	全长≥5.0 cm
半滑舌鳎	全长≥6.0 cm
松江鲈	全长≥3.0 cm

表 5－10　2010—2014 年天津市内陆水域增殖放流各品种规格

品种	规格
鲢、鳙	≥4.0 cm
草鱼	≥4.0 cm
细鳞斜颌鲴	≥4.0 cm
团头鲂	≥4.0 cm
鲫	≥4.0 cm
中华绒螯蟹	扣蟹 160～200 只/kg

（三）放流苗种的生产要求

用于增殖放流的人工繁殖的水生生物物种，应当来自有资质的生产单位。其中，属于经济物种的，应当来自持有《水产苗种生产许可证》的苗种生产单位；属于珍稀、濒危物种的，应当来自持有《水生野生动物驯养繁殖许可证》的苗种生产单位。

为保持放流苗种的野生性状，要求亲本在自然海域捕捞的野生亲体或国家级原种场保种亲本，要求使用身体健康的原种或 F_1 代作为亲本，避免野生群体的遗传性状缺失。

应用于繁育增殖放流苗种的亲本，亲本数量要满足放流苗种生产需要；亲本应来自该物种原产地天然水域、水产种质资源保护区或省级及以上原种场保育的原种，且来源、培育、更新记录清楚完整。确有特殊情况无法自繁自育的，必须提供苗种来源单位的亲本来源及苗种繁育情况证明，且苗种来源单位符合有关的基本条件。

（四）放流时间和地点

1. 渤海湾放流

主要放流地点选择在以下 3 个区域。

（1）塘沽　北塘至高沙岭之间近海、塘沽人工鱼礁礁区。

（2）汉沽　大神堂近岸、活体牡蛎礁、人工鱼礁附近海域。

（3）大港　唐家河、马棚口近岸及附近海域。

放流地点选择主要因素：一是靠近天津市海洋特别保护区；二是以上海区天然饵料丰富，本身就是鱼虾类的产卵场，适合放流苗种生长。

渤海湾放流时间选择在每年 5 月上旬至 6 月下旬进行，主要是由于该季节为渤海湾主要品种的繁育期。而且投放苗种后，很快进入渤海休渔期（6 月 1 日），便于管理。贝类放流主要考虑在每年 3—4 月或 10—11 月进行，主要是由于该季节适合运输，苗种成活率提高，有利于增殖放流效果的提高（表 5－11）。

表 5－11　2015 年渤海湾主要品种增殖放流时间及放流地点

品种	放流时间	放流地点
中国对虾	5 月 1 日至 6 月 15 日	塘沽、汉沽、大港附近海域
三疣梭子蟹	5 月 1 日至 6 月 15 日	塘沽、大港附近海域
海蜇	6 月 1—30 日	塘沽、汉沽、大港附近海域
牙鲆、半滑舌鳎	6 月 1 日至 8 月 30 日	塘沽、汉沽、大港附近海域
毛蚶、菲律宾蛤仔	3—4 月或 10—11 月	汉沽、塘沽鱼礁附近海域
松江鲈	4—6 月	蓟运河河流入海口附近

2. 内陆水域放流

内陆水域放流地点，主要包括大中型水库、小型水库、大型公园、小型公园、境内主要河道、景观河道以及湿地保护区等。其中，大型水库有于桥水库、北大港水库、黄港水库；小型水库有尔王庄水库、鸭淀水库、团泊水库；大型公园有水上公园；小型公园有南翠屏公园、北宁公园；境内主要河道有子牙河、蓟运河、独流减河、潮白新河；景观河道有海河、津河、卫津河；湿地保护区有七里海、大黄堡湿地等。放流时间为每年 4—11 月。

（五）计数和放流方式

1. 计数方式

（1）鱼类、虾类、蟹类　结合本地育苗单位及放流地点实际情况，按照《水生生物增殖放流技术规程》(SC/T 9401—2010)(中华人民共和国农业部，2011)计数。

(2) 贝类　依据水产行业标准《水生生物增殖放流技术规程》(SC/T 9401—2010)(中华人民共和国农业部，2011)计数。

2. 放流方式

(1) 中国对虾　虾苗专用运输网箱内加水、充气运输，或塑料袋充氧包装，到达适宜地点放流。

(2) 蟹类　蟹苗放入泡湿的稻壳中混匀，装入塑料袋充氧包装，到达适宜地点放流。

(3) 鱼类　鱼苗专用运输网箱内加水、充气运输，或在塑料袋内加水，放入鱼苗后充氧包装，到达适宜地点放流。

(4) 贝类　泡沫箱(或聚乙烯网袋)低温运输，到达适宜地点放流。

(5) 海蜇　采用充氧打包法，装入塑料袋充氧包装，到达适宜地点放流。

(六) 增殖放流管理

1. 增殖前期管理

在增殖苗种培育阶段，苗种生产过程中严格按照现行的苗种生产技术规范进行生产，生产中严格执行国家有关规定和技术规范。对亲本选择、饵料、药品、养殖操作等，严格执行农业部2009年颁布的《水生生物增殖放流管理规定》、无公害水产品管理办法及相关生产操作规程、技术标准，做好养殖生产记录，建立完善的生产保障体系和苗种可溯源制度。投放前对增殖苗种进行检验检疫及药残检验，出具相关的检疫、检验报告，确保增殖苗种的质量。

2. 增殖期间管理

在投放增殖苗种过程中，根据《天津市水生生物资源养护工作规范》，由天津市水产局组织相关部门依照农业部《水生生物增殖放流管理规定》和《水生生物增殖放流技术规程》(SC/T 9401—2010)(中华人民共和国农业部，2011)，做好增殖苗种的规格测量、计数、运输、投放、验收等工作。成立增殖放流验收小组和增殖放流监督小组，放流验收工作本着“公平、公开、公正”的原则进行，并邀请科研单位、当地渔民群众参加。对渔业资源增殖过程实行公示制度，向社会公示增殖区域、时间、品种、数量、规格等情况。

3. 增殖后期管理

重点加强增殖区域内有害渔具的清理和水上执法检查工作，依法打击各类偷捕和破坏增殖苗种的行为。加强对增殖情况的跟踪调查和效果评估，科学评价增殖效果。每年12月底前对本年度方案实施情况进行总结，完善放流技术规范，根据增殖放流跟踪调查结果及海洋生态环境调查结果形成渤海湾增殖放流效果评估报告。

三、增殖放流管理及效果评估

（一）增殖放流管理

1. 相关管理制度

早在1979年2月10日，国务院就颁布了《水产资源繁殖保护条例》，开始重视水产资源的繁殖保护问题，将渔业资源的繁殖保护纳入法制轨道；1986年，《中华人民共和国渔业法》的实施进一步加大了依法保护渔业资源的力度；2003年，农业部发布了《关于加强渔业资源增殖放流工作的通知》，进一步倡导和规范渔业资源增殖放流行为。

2006年，国务院发布的《中国水生生物资源养护行动纲要》，提出要把水生生物增殖放流和海洋牧场建设作为养护水生生物资源的重要措施之一。2007年，农业部落实中央财政"水生生物资源增殖放流示范项目"，以推进全国渔业资源增殖放流工作；同年发出《关于加强渔业资源增殖放流的通知》，并以实施通知各项要求为基础，制定《渔业资源增殖放流管理规定》。2008年11月，党的十七届三中全会关于推进农村改革发展的决定，明确指出要"加强水生生物资源养护，加大增殖放流力度"，并再次对水生生物资源养护工作进行部署。2009年3月20日，农业部发布的《水生生物增殖放流管理规定》，在引导和鼓励增殖放流活动的基础上，进一步规范水生生物增殖放流活动的各项工作。2010年12月，农业部印发了《全国水生生物增殖放流总体规划（2011—2015年）》，提高增殖放流的科学化、规范化和社会化水平。

2. 主管部门和职责

农业农村部主管全国水生生物增殖放流工作。县级以上地方人民政府渔业行政主管部门负责本行政区域内水生生物增殖放流的组织、协调与监督管理。各级渔业行政主管部门应当加大对水生生物增殖放流的投入，积极引导、鼓励社会资金支持水生生物资源养护和增殖放流事业。县级以上地方人民政府渔业行政主管部门应当制定本行政区域内的水生生物增殖放流规划，并报上一级渔业行政主管部门备案。

渔业行政主管部门组织开展增殖放流活动，应当公开进行，邀请渔民、有关科研单位和社会团体等方面的代表参加，并接受社会监督。增殖放流的水生生物的种类、数量、规格等，应当向社会公示。单位和个人自行开展规模性水生生物增殖放流活动的，应当提前15日向当地县级以上地方人民政府渔业行政主管部门报告增殖放流的种类、数量、规格、时间和地点等事项，接受监督检查。经审查符合《水生生物增殖放流管理规定》的增殖放流活动，县级以上地方人民政府渔业行政主管部门应当给予必要的支持和协助。应当报告并接受监督检查的增殖放流活动的规模标准，由县级以上地方人民政府渔业行政主管部门根据本地区水生生物增殖放流规划确定。

增殖放流应当遵守省级以上人民政府渔业行政主管部门制定的水生生物增殖放流技术规范，采取适当的放流方式，防止或者减轻对放流水生生物的损害。渔业行政主管部门应当在增殖放流水域采取划定禁渔区、确定禁渔期等保护措施，加强增殖资源保护，确保增殖放流效果。县级以上地方人民政府渔业行政主管部门应当将辖区内本年度水生生物增殖放流的种类、数量、规格、时间、地点、标志放流的数量及方法、资金来源及数量、放流活动等情况统计汇总，于11月底以前报上一级渔业行政主管部门备案。

3. 管理和宣传

加强水生生物资源增殖放流工作的组织建设，健全渔政监督管理机构设置，建设一支政治与业务素质高、保障能力强的渔政监督管理机构和队伍，优化执法装备建设，提高执法实力和水准。强化渔政监督管理机构的职能，加大依法保护和从严执法的管理力度。理顺各增殖放流区域与整个区域联动管理机制，建立水生生物资源增殖放流的统一监管机制和管理办法。在增殖放流水域采取划定禁渔区、确定禁渔期等保护措施，开展增殖放流水域统一执法、联合执法工作，严厉打击和依法查处滥捕滥采及破坏海洋生态系统的一切违法违规行为。实施严格的违规处罚制度和渔业资源赔偿制度，对于蓄意违反规定的单位和项目，要予以严厉的行政和经济处罚。在水生生物资源增殖放流中要确保放流的生态安全性，严格控制放流品种和来源。用于增殖放流的水生生物应当来自持有《水产苗种生产许可证》的苗种生产单位，属于珍稀、濒危物种的，应当来自持有《水生野生动物驯养繁殖许可证》的苗种生产单位。用于增殖放流的水生生物应当依法经检验检疫合格，确保健康无病害、无禁用药物残留。放流品种应为本地原种或子一代的苗种或亲体，禁止使用外来种、杂交种、转基因种以及其他不符合生态要求的水生生物物种进行增殖放流。

广泛、深入开展全民教育和宣传活动，充分发挥新闻媒介的舆论监督和导向作用，大力宣传实施水生生物资源增殖放流的重要意义，使水生生物资源增殖放流与生态环境修复、保护意识真正深入人心，增强全社会的水生生物资源增殖放流与生态环境修复、保护的意识和法制观念，积极引导社会参与，形成国家、地方、集体、个人共同投资进行增殖放流的长效机制。水生生物资源增殖放流实行当地渔业主管部门管理和吸纳当地转产转业渔民管护的运作模式，积极引导公众参与水生生物资源增殖放流与生态环境修复保护工作，协调渔业合理开发，当地渔业主管部门联合当地旅游部门配合水生生物资源增殖放流工作，指导、鼓励、吸收转产转业渔民积极参与水生生物资源增殖放流工作和休闲渔业的适度开发，发挥群众的参与和监督作用。加强政务信息公开，创造条件方便公众查询，在制定重大环境政策、开展地方有关立法中，应召开听证会，或在媒体上发布，公开征求公众意见，定期公布水生生物资源的变动状况、水域生态系统的发展现状等信息，建立公众参与水生生物资源增殖放流监督制度，鼓励公众举报滥采滥捕、危害水域生态系统稳定性的违法行为，保障公众对水生生物资源增殖放流与生态环境保护工作的知情权和参与权。积极营造水生生物资源增殖放流的良好社会氛围，积极联合工程建设、环保、交通、媒体等部门参与水生生物资源增殖放流活动，发挥各部门的优势，加大水生生物资源增殖放流重要性的宣传，扩大影响，加强社会监督，不断提高全社会增殖和保护水生生物资源的意识。

4. 监测和评估

增殖放流活动开展一段时间后，应当进行效果评价。增殖放流效果跟踪，包括定期对生物资源与环境调查和渔业生产社会调查，研究放流水域环境，主要是监测关键环境因子的变动规律，包括水温、盐度、pH、溶解氧、氨氮、无机磷、油类、化学需氧量、铜离子等；调查放流水生生物的种群变动规律，包括浮游植物、浮游动物、底栖生物、鱼类等，掌握生物多样性的特征。利用调查数据，重点分析放流种类的资源密度、种群结构、摄食状况及迁徙规律等相关信息。同时，掌握各生物资源群体的种类组成和数量变动，分析增殖放流对水生生物群落的影响。

根据放流水域渔业生产作业方式的生产情况实施动态监测，分别选取作业渔船，委托船主详细填写放流期间的渔捞日志。渔捞日志由相关科研单位负责设计，内容包括生产日期、渔获物组成、渔获物产量、渔获物规格等。渔捞日志每月收集1次。此外，与放流水域渔业主管部门联系沟通，获取放流水域渔业生产船只数量和渔获物产量的相关信息，从而分析增殖放流对渔业生产的影响。

（二）增殖放流效果评估

增殖放流效果评估是放流工作体系的核心环节之一，根据评估结果，可以不断改进放流技术，使放流效果不断改善。但是由于渔业资源量不仅取决于种群生物本身的补充量、种间竞争和饵料生物量等因素，而且要受到复杂的气候变化、海况环境变化以及人为因素等各方面的影响，使得人们试图全面地把握增殖放流对渔业资源和渔业生境的修复变得极其困难（刘莉莉 等，2008）。本书依据相关文献及统计调查数据，对天津市中国对虾增殖效果情况进行了分析对比，以期为今后的增殖放流工作提供有益的参考。

由于中国对虾具有适应性强、生长快、经济价值高、亲虾越冬和工厂化人工育苗技术成熟等优点，已经成为天津市最主要的增殖放流品种之一。海河口海域自然条件优越，基础饵料丰富，是中国对虾的重要渔场。受水域污染、填海造陆、过度捕捞等因素影响，自20世纪80年代开始，中国对虾资源锐减，至90年代已难见虾汛，野生中国对虾几乎绝迹。为了资源恢复，天津市加大了中国对虾增殖放流的力度。2006—2015年，合计放流中国对虾约84.57亿尾，放流量逐年增加，取得了良好的经济、社会、生态效益。

中国对虾是天津市受益面最广的一个放流品种。它是一年生、长距离洄游的大型虾类。每年10月中旬至11月初进行交尾，翌年春天选择在河口附近海区产卵，虾卵要在盐度较高的海水中孵化并度过变态期。中国对虾以活动性不大的底栖生物为食，其食物组成与其栖息海区的浮游生物、底栖生物的种类和数量分布密切相关。对虾的捕捞群体是由单一世代组成的，其资源量的盛衰或者说补充量的大小，主要取决于世代发生量和成活率。发生量取决于产卵亲体的数量，而成活率的高低则取决于繁殖生长期间，外界自然环境条件的好坏和人为的损害程度。中国对虾在开展增殖放流前已几乎形不成渔汛。图 5－3 列出了 2007—2014 年的中国对虾的放流量及回捕重量。可见随着放流的不断加大，尤其是 2009—2014 年，随着每年的中国对虾投苗量的不断增加，由于放流效果的累积效应，回捕重量也不断提高，这些都反映出天津市中国对虾增殖放流效果是显著的。

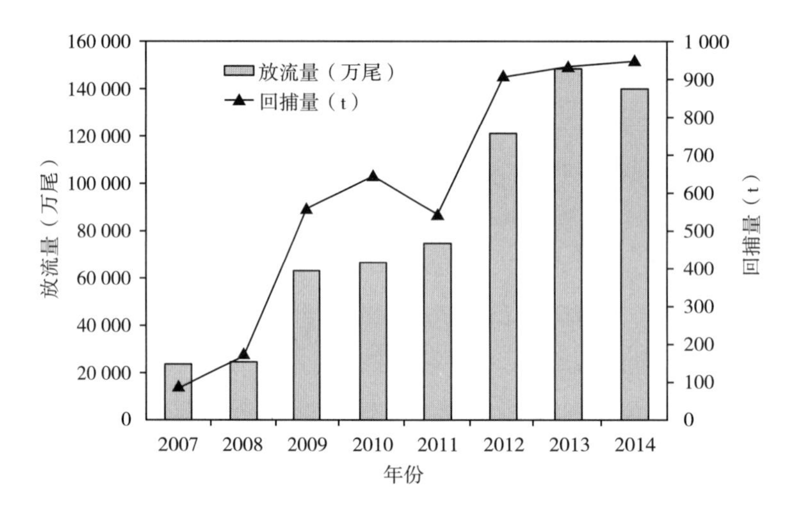

图 5－3　2007—2014 年天津海域中国对虾放流数量与回捕重量

1. 评估调查时间与方法

中国对虾放流主要步骤为亲虾暂养、产卵、孵化及对虾变态发育，苗种体长为 10 mm。2014 年 5 月进行放流，地点为北疆电厂东大堤最南端（117°57′48″E、39°12′13″N），全长 2 850 m 处。2014 年 6 月 2 日、7 月 17 日、8 月 16 日，分别租用调查船进行跟踪与回捕调查，2014 年 6 月 20 日、9 月 2 日、10 月 12 日在放流地点附近的市场回收放流中国对虾。将捕获的中国对虾样品带回实验室进行体长、体重等生物学测定，按雌、雄分别分析其体重与体长关系，并采用生长方程拟合其体长、体重与日龄的函数关系，以此研究中国对虾放流群体的生长特性，为天津海域开展中国对虾的增殖放流提供科学依据。

2. 中国对虾生长特征

（1）中国对虾生长特性的计算　按雌、雄分别分析中国对虾体重与体长关系，并采用 Von Bertalanffy 生长方程拟合其体长、体重与日龄的函数关系，研究中国对虾放流群体的生长特性。Von Bertalanffy 生长方程：

$$L_t = L_\infty [1 - e^{-K(t-t_0)}]$$

式中　L_t——指在某时间 t 时的长度；

L_∞——渐近体长；

K——生长系数，它描述了趋近渐近体长的速率；

t_0——体长为 0 时的假设年龄，即假设动物一直按 Von Bertalanffy 生长函数进行生长。

对生长方程一次求导，得出中国对虾的生长速度。

（2）放流中国对虾体长与体重关系　以表 5－12 中测得的中国对虾平均体重与平均体长，计算其体长与体重关系，经计算，中国对虾体长与体重呈幂函数关系。

雌虾：$W=3.0\times10^{-6}L^{3.267}$　　$R^2=0.977$

雄虾：$W=3.0\times10^{-6}L^{2.780}$　　$R^2=0.929$

由图 5－4 可看出，在中国对虾体长小于 120 mm 时，雌、雄虾体长与体重关系曲线接近于重合，表明同等体长雌、雄个体重量差异不大；在中国对虾体长大于 120 mm 时，雌虾体重高于雄虾，说明随着体长增加，雌虾的生长速度高于雄虾（徐海龙　等，2016a）。

表 5－12　2014 年中国对虾调查体长与体重

时间	雌虾		雄虾	
	体重（g）	体长（mm）	体重（g）	体长（mm）
6 月 2 日	0.31±0.16	31.3±8.92	0.31±0.16	31.3±8.92
6 月 20 日	4.04±1.23	77.6±11.34	4.04±1.23	77.6±11.34
7 月 17 日	18.21±6.13	117.3±15.12	12.83±4.26	119.3±11.50
8 月 16 日	33.83±6.41	147.2±10.16	25.40±5.82	136.6±3.06
9 月 2 日	43.76±9.76	157.2±14.04	30.89±8.25	142.5±11.07
10 月 12 日	74.58±13.08	194.0±16.33	37.52±9.35	158.0±13.43

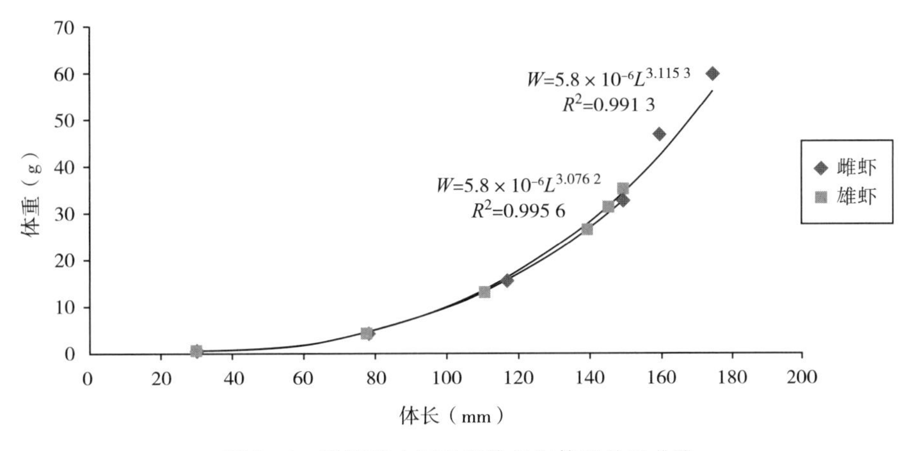

图 5－4　渤海湾中国对虾体长与体重关系曲线

（3）放流中国对虾生长方程　国内学者通常把亲虾产卵时间确定为对虾的零日龄，标记中国对虾的产卵时间为 2014 年 4 月 10 日。选择利用拉格朗日（Lagrange）抛物线插值内插法，对中国对虾的平均体长和平均体重数据资料进行插值处理，使其成为以 10 d 为间隔的等间隔数据，然后利用 Von Bertallanffy 生长方程，来拟合渤海湾中国对虾的生长参数。

依据拉格朗日抛物线插值内插法数据，处理渤海湾中国对虾体长（表 5－13）。

表 5－13　对虾体长插值结果（mm）

对虾	日龄（d）								
	100	110	120	130	140	150	160	170	180
L_B（雌虾）	100.7	124.7	135.3	144.3	153.7	162.6	170.8	178.5	185.6
L_B（雄虾）	103.0	118.4	130.0	141.4	148.5	153.4	156.1	156.5	154.6

采用 Walford 作用法：用 L_{t+1} 对 L_t（假设中国对虾以 10d 为一个生长阶段）作图（图 5－5、图 5－6），经检验两者存在显著性相关，得出：

雌虾：$L_{t+1}=0.948L_t+12.95$（$R^2=0.968$，$P<0.01$）

雄虾：$L_{t+1}=0.741L_t+50.40$（$R^2=0.841$，$P<0.01$）

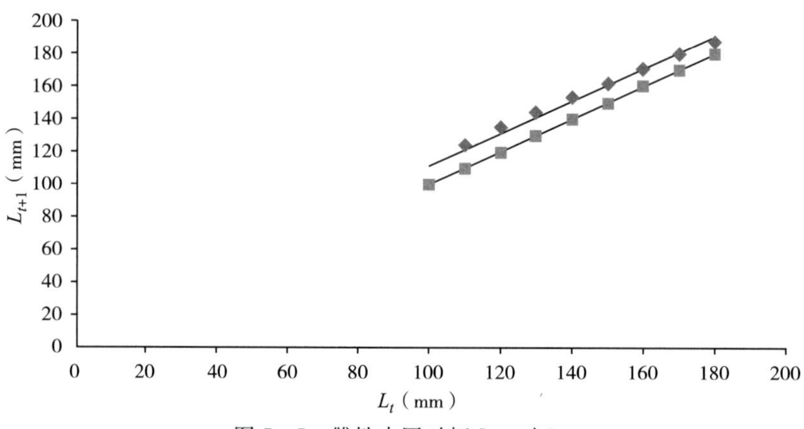

图 5－5　雌性中国对虾 L_{t+1} 对 L_t

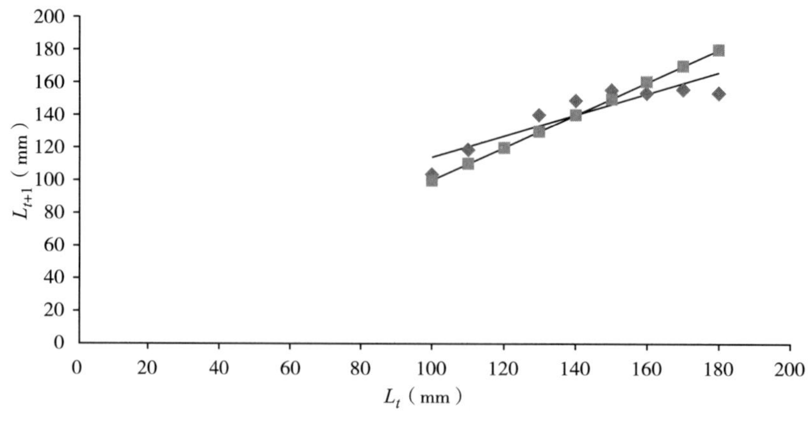

图 5－6　雄性中国对虾 L_{t+1} 对 L_t

这两个方程对应曲线通过原点 45°与对角线（$y=x$）相交的点，即 L_∞，求得渤海湾放流中国对虾雄虾最大体长为 194.59 mm，由体长与体重关系式推算出最大体重为 69.32 g；中国对虾的生长方程，如下方程式：

$$L_t=L_\infty\left[1-e^{-K(t-t_0)}\right]$$

$$W_t=W_\infty\left[1-e^{-K(t-t_0)}\right]^3$$

式中　t——日龄；

L_t 和 W_t——t 日龄时的平均体长和平均体重；

L_∞ 和 W_∞——平均渐进体长和渐进体重；

K——生长系数；

t_0——假设的理论生长起点日龄。

依据表 5－13 数据资料进行线性回归计算，拟合出体长与体重生长方程的参数。$K_{雄虾}=0.006$，$t_{0雄}=36.83$；$K_{雌虾}=0.011$，$t_{0雌}=21.36$。

其体长与体重生长方程分别为：

雄虾：$L_t=194.59\left[1-e^{-0.006(t-36.83)}\right](R^2=0.888)$

$W_t=69.32\left[1-e^{-0.006(t-36.83)}\right]^{2.780}$

雌虾：$L_t=249.04\left[1-e^{-0.011(t-21.36)}\right](R^2=0.989)$

$W_t=202.18\left[1-e^{-0.011(t-21.36)}\right]^{3.267}$

由上式可知，雄虾理论最大体长可达到 194.59 mm，体重 69.32 g；雌虾理论最大体长可达到 249.04 mm，体重 202.18 g。根据生长拐点年龄式为 $t_r=\ln b/k+t_0$，代入相应的生长参数，得出雄虾的 $t_r=207.24$ d，雌虾的 $t_r=128.98$ d，表明放流中国对虾雌雄个体生长存在较为显著的差异。由图 5－7 及图 5－8 可知，雌虾的生长速度较快，雄虾的生长速度较慢，而且雌虾的最大体长及体重远远高于雄虾。

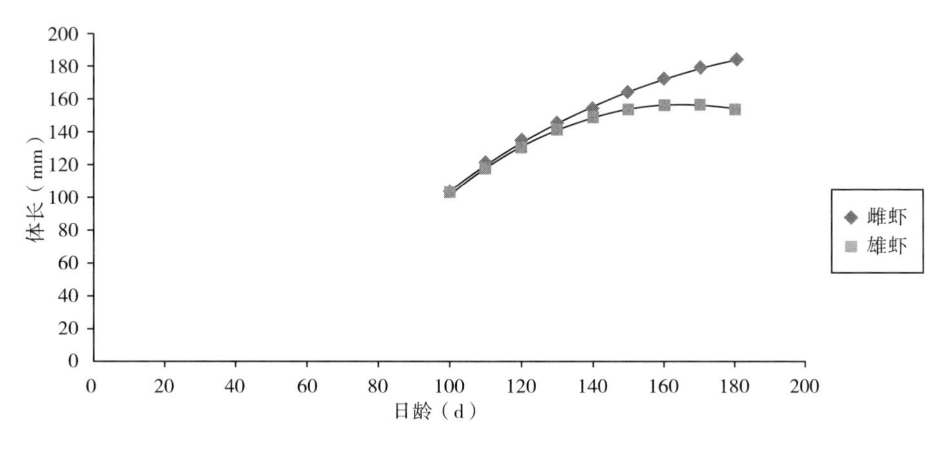

图 5－7　渤海湾中国对虾体长生长曲线

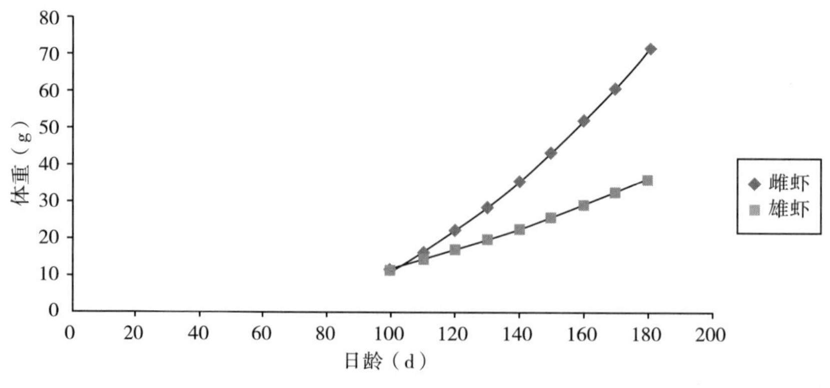

图 5-8　渤海湾中国对虾体重生长曲线

(4) 生长速度　对体长、体重生长方程求一次导数，可得体长、体重生长速度方程如下：

雄虾：$dL_t/d_t=1.17e^{-0.006(t-36.83)}$

$$dW_t/d_t=1.16e^{-0.006(t-36.83)}[1-e^{-0.006(t-36.83)}]^{1.78}$$

雌虾：$dL_t/d_t=2.74e^{-0.011(t-21.36)}$

$$dW_t/d_t=7.27e^{-0.011(t-21.36)}[1-e^{-0.011(t-21.36)}]^{2.267}$$

由图 5-9 及图 5-10 可知，放流中国对虾体长生长速度逐渐减慢，而体重生长速度

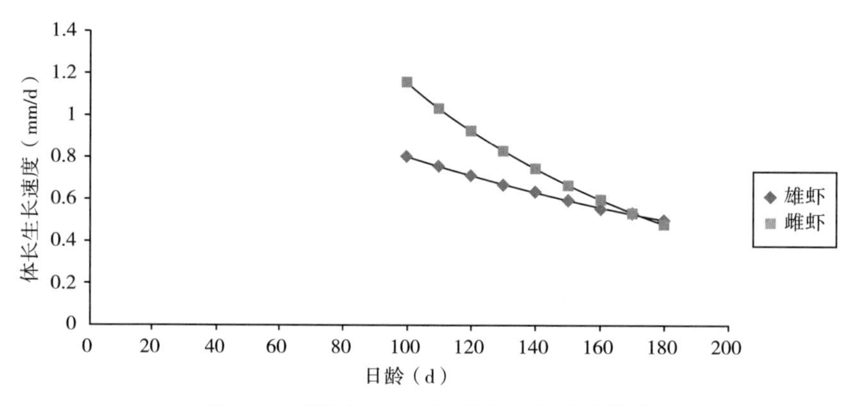

图 5-9　渤海湾中国对虾体长生长速度曲线

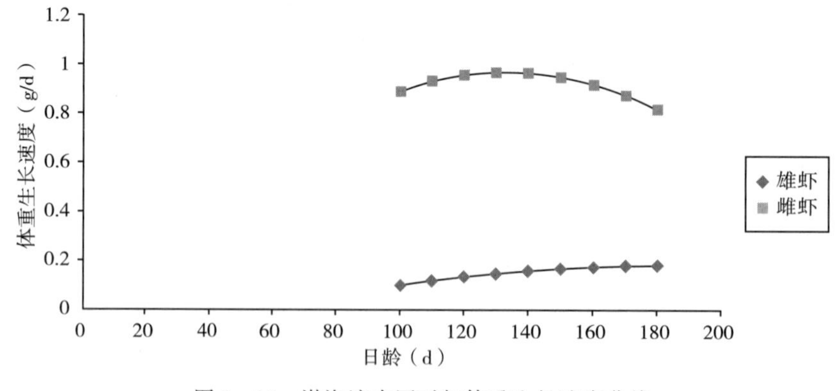

图 5-10　渤海湾中国对虾体重生长速度曲线

先增而后减慢，由此可知，中国对虾体长生长先于体重生长。

3. 资源量评估

(1) 评估方法　扫海面积法是目前国际上普遍采用的资源量评估方法（谷德贤　等，2018），适用于资源大面积调查结果的资源量评估。采用扫海面积法，进行秋汛中国对虾的资源量预报。扫海面积评估法为：

$$B=AN/ap$$

式中　B——资源数量；

A——渔场总面积，渤海湾海域调查渔场总面积为 3.5×10^9 m^2；

a——每个调查网次的扫海面积，为 27 780 m^2；

p——捕捞系数，渤海湾取 0.15；

N——平均每网捕获中国对虾数量，即相对资源量。

(2) 评估结果　以 2014 年 7 月 17—22 日调查结果评估，平均每站捕获中国对虾 40.38 个/h，则 2014 年秋汛渤海湾海域中国对虾资源数量为 3 392 万尾，以秋汛期间中国对虾平均体重 40 g 计，则资源量为 1 356.7 t。可捕系数取 0.7，则 2014 年渤海湾秋汛中国对虾可捕量为 949.69 t。

(3) 回捕统计与分析　中国对虾回捕率$=B/S$

式中　B——对虾捕捞量（尾）；

S——放流数量（尾）。

回捕率＝3 392 万尾/140 109.8 万尾×100%≈2.42%

历史资料表明，中国对虾在渤海的放流回捕率为 1.24%～4.60%。与其相比，2014 年天津市海域中国对虾资源调查的回捕率相对较低。可能与沿岸遍布定置网，中部水域存在流刺网和蟹笼等作业工具有关，使得调查结果不能完全反映中国对虾真实的资源量。

(4) 社会调查　在捕捞生产期间及主要放流资源回捕生产结束后，选择塘沽和汉沽作为代表性渔业区域，进行渔业生产调查。通过发放渔捞日志和随船取样监测方法，了解不同功率类型、不同作业方式渔船的作业时间、作业渔场、渔获物产量、渔获物结构、航次产量、产值和直接成本等生产情况；同时，通过主要渔港和卸货码头，调查各类渔船捕捞产量和渔获物结构，评估各地渔船捕捞放流品种的平均单船日产量和月产量及产值和成本。并通过统计天津市的放流中国对虾数量及回捕结果，计算渤海湾增殖放流中国对虾的产量、产值，了解放流费用，计算投入产出比。

①渔民收益情况。从 2014 年 9 月中旬开始，笔者组织开展了海洋捕捞中国对虾抽样调查。抽样船 6 艘，收到渔民填写调查表 6 份，单船平均产量为 519.5 kg，单船平均产值为 10.39 万元；扣除新购置网具费 2 万元/船、人工费 2.6 万元/船、燃油费 2.4 万元/船等，平均单船纯收入 3.39 万元，最高单船纯收入 14.11 万元。9 月中国对虾每千克销售价格为 220～240 元；进入 10 月价格为每千克 240～280 元。抽样调查显示：仅中国对虾

这一放流品种，捕捞渔船平均增加纯收入 3.39 万元。

②投入产出比。2014 年放流中国对虾的捕捞量为 949.69 t。按平均价格 200 元/kg 计算，天津市放流中国对虾的产值达 18 993.8 万元。

成本：主要为苗种费和管理费以及捕捞费用。

成本＝苗种费＋管理费＋捕捞费

　　＝60 元/万尾×140 409.8 万尾＋12 万元＋1 260 万元

　　＝2 112.659（万元）

投入产出比＝2 112.659 万元/18 993.8 万元≈1∶8.99

四、海河口增殖放流存在的问题及对策

（一）海河口增殖放流存在的问题

多年来，中国对虾增殖放流对渔业资源和生态系统的恢复起到了积极作用，并取得了可喜的成绩，但是仍然存在一些问题。

1. 放流水域生态系统的研究薄弱

深入研究放流水域的生物种群结构、群落结构和营养结构，不仅可以确定合适的放流种类，加强种群动态监测，还可以研究放流水域生态系统的影响机制，保障增殖放流的健康发展。虽然近年来对中国对虾放流水域生态系统进行了一定研究，但是缺乏成熟的增殖放流监控体系，致使开展的规模生产性种苗放流缺乏科学指导，带有很大的盲目性，难以确保增殖生态安全，无法准确保护生物多样性。

2. 放流苗种缺乏严格检测

放流苗种主要来源于当地养殖场，其种质遗传信息量缺乏严格的检验检测，大量长期放流必然对自然群体的遗传多样性构成影响，甚至导致种群退化。应加强对放流苗种的检测力度，增加放流苗种遗传多样性的检验，选择含有较高遗传信息量的苗种进行放流。

3. 放流规格仍处于探索阶段

确定放流种苗规格的因素主要有回捕产量和成本，还包括放流海区的影响。放流种苗规格越大，海区环境越好，成活率和回捕产量就会越高，但经过中间培育的时间就越长，投入成本就会越高。因此，确立不同海区成活率较高的最小规格，即海区最佳规格，是解决放流苗种的关键。目前，中国对虾的放流规格仍处于探索阶段，确立不同海区最佳放流规格需要进行长期的放流实验。

4. 放流容量难以确定

放流容纳量是合理放流的关键。放流数量较少，不能充分利用水域生产力；放流数

量过多，影响种苗生长，甚至破坏食物关系。故确定最大限度地发掘出水域生产潜力时放流的数量，即最佳放流生态容纳量，是至关重要的。有关放流容量的估算目前还没有统一的估算方法，目前一种方法是根据初级生产力等饵料生物和中国对虾生长速度资料，统计分析估算出放流数量，此种方法需要进行计算大量的生长速度参数，同时受到中国对虾自身生长限制的影响；另一种方法是参照放流海区历年该种类最大的世代产量，并根据不同补充量水平与回捕率，来确定相应年份种苗的放流数量，此种方法比较简单，缺少确切依据，只是理论上可行。目前，还有一种方法是应用初级生产力及各营养级间的转化效率（或称生态效率）估算，此种方法建立在生态动力模型的基础上，计算饵料供应速率和放流品种的摄食率，需要大量数据支持。因此，确定最佳放流数量是很困难的，主要是放流数量与种苗成活率、生长、饵料基础、饵料竞争种和敌害生物等多种因素密切相关。

5. 放流中国对虾的判别存在技术困难

由于中国对虾的特殊性，区分野生虾与放流虾比较困难，比较准确的是利用微卫星标记技术，对中国对虾个体进行亲缘关系鉴定，但是需要大量的资金支持；此外，是利用野生虾和放流虾生物学时间差的方法进行估算，而由于长期连续放流，野生群体与放流群体长期混合，获取野生群体生物学相当困难。

6. 放流后的管理力度不够

目前，我国增殖放流相关的法律法规不够完善，已成为制约增殖业发展的重要因素，缺乏统一的科学规划，增殖管理机构不健全。存在有害捕捞网具、养殖场和盐场纳水、环境污染等突发事件的影响，会导致中国对虾产量临时的变化。此外，中国在对虾捕捞产量统计上，存在偷捕、漏捕和作业渔区不确定等影响，导致其捕捞总产量具有一定偏差。

7. 缺乏准确的评估

关于准确合理的评估，由于缺少对放流效果系统的调查研究，对相差较大的放流效果无法做出科学的解释，难以确定影响放流效果的关键因素及作用机制。这些问题的长期存在，将严重影响增殖放流事业的可持续发展。

（二）对今后放流工作的建议

1. 加大对放流水域生态系统结构和功能的动态监测

海洋生态系统是海洋渔业产业的母体，其结构和功能特征从某种程度上决定了各种群的生存空间，只有了解掌握增殖放流水域生态系统的特点，才能准确制定诸如放流时间、放流规模等增殖放流策略。但长期的增殖放流实践表明，由于缺乏长期的海洋生态环境监测和调查，对放流水域生态系统的结构功能认识不清，因此在此背景下实施的增殖放流，也就难以取得预期成效。

2. 科学地制定放流策略

开展海洋生物资源增殖放流，必须充分考虑放流水域的生态因子（如捕食者、食物可获得性、是否容易到达栖息地、对食物和空间的竞争力、温度和盐度适应性等）和放流对象的生理条件、行为能力（诸如游泳能力、摄食能力、逃避敌害能力、集群习性、栖息地选择等）对放流成活率的影响。对这些因素的掌握与了解，是提高放流对象存活率、确保放流效果的环境保障和理论应用基础。因此，在进行规模化增殖放流之前，彻底认清上述因素对于放流对象成活率的影响方式，科学制定增殖放流策略，选择合适的种类和数量、地点和时间、规格和结构进行放流，是取得最佳增殖效果的必要前提。

3. 增加在人工鱼礁建设区的增殖放流

人工鱼礁的建设可以改善传统渔场环境，为海藻繁殖、鱼类生存创造更加有利的环境条件。同时，人工鱼礁建设使重要渔场的拖网生产受到限制，客观上有效阻止了以底拖网为主导致的毁灭性的捕捞生产。因此，在人工鱼礁建设区适当增加恋礁鱼类及底栖贝类的增殖放流，可以有效恢复受损渔业资源群体，改善海域的生物多样性水平。

4. 加大对增殖放流效果评估的投入

随着增殖放流活动不断频繁，发现存在一个很大的缺陷，即重投放规模、轻效益评估。在增殖放流过程中，过分强调种苗的生产数量和放流规模，每年投入大量人力、物力和财力用于种苗繁育和投放。但是由于标记技术的限制、基础研究的滞后、放流策略和方法尚不成熟，致使增殖放流成效很难评估，许多增殖放流活动无法达到预期效果。因此，增加对增殖放流效果评估的投入，合理制订增殖放流效果评价体系，科学地对增殖放流效果进行评价变得非常必要和迫切。

第三节　人工鱼礁建设

一、基本概况

（一）人工鱼礁的基本概念与功能

1. 人工鱼礁的基本概念

在《人工鱼礁建设技术规范》（SC/T 9416—2014）（全国水产标准化技术委员会渔业资源分技术委员会，2014）中，采用“人工鱼礁”（artificial reef）作为专业术语。其定义为：用于修复和优化海域生态环境，建设海洋水生生物生息场的人工设施。而中国农业出版社出版的《英汉渔业词典》（贾建三，1995）和中华人民共和国国家标准《渔业资源基本术语》（GB/T 8588—2001）（全国水产标准化技术委员会，2002）中解释，人工鱼礁（artificial fish reef）是为改善水域生态环境，诱集鱼类栖息或繁殖，在水中设置的固定设施。虽然关于人工鱼礁的定义目前具有多种解说，但学者们的共识是：人工鱼礁是为了改善海域生态环境，为鱼类等水生生物的聚集、索饵、繁殖、生长、避敌提供必要的、安全的栖息场所，以达到保护、增殖渔业资源和提高渔获量的目的。

其实，最初的人工鱼礁是以诱集鱼类、形成渔场、以便于捕获为目的，而且是以鱼类为对象，所以叫做人工鱼礁或渔获性鱼礁；又因为鱼礁作为捕捞技术的副渔具用来诱集鱼类，进行捕捞生产，所以曾使用“渔礁”（fishing reef）一词。后来，随着人工鱼礁的发展，鱼礁的用途和诱集的对象也在不断扩大，鱼礁不仅仅用于诱集鱼类进行捕捞，而且给鱼类提供一个良好的生息繁殖场所，起到保护、培育鱼类资源的作用，因此就采用了“鱼礁”（fish reef）这一词语。又因为人工鱼礁不仅仅能诱集、培育鱼类，而且它同时可以诱集、培育许多不同的虾类、蟹类、贝类、藻类等，因此所谓“人工鱼礁”一词的“鱼”字，目前已广泛地将生物对象扩大到上述水产生物上了。为了能全面地概括现代“人工鱼礁”的真正含义，1988 年在美国召开的第 4 届国际人工鱼礁会议上，把“人工鱼礁”（artificial reef）正式改名为“人工栖息地”（artificial habitat），旨在扩大其功能范围，即能积极提高当地海域的总体生产力，发挥生态基质的作用，以期能够在实质上提高基础生产量和生产值，而不仅仅限于副渔具诱集鱼类之效果。

综上所述，现阶段人工鱼礁的概念可解释为：人工鱼礁是人们为了诱集并捕捞鱼类，保护、增殖鱼类等水产资源，改善水域环境，进行休闲渔业活动等而有意识地设置于预定水域的构造物。

2. 人工鱼礁的主要功能

人工鱼礁不仅在修复和改善海洋生态环境、增殖和优化渔业资源、拯救珍稀濒危生物和保护生物多样性上发挥着重要的作用，同时，在调整渔业产业结构和配合大农业改革、促进海洋产业的升级和优化，带动旅游业等相关产业的发展方面也起着积极的作用。人工鱼礁建设是一项系统工程，按系统工程要求做好工作，充分发挥人工鱼礁应有的社会、经济和生态环境效益，对于促进海洋经济快速、持续、健康发展等，均具有十分重要的战略意义和深远的历史意义。

（1）*修复和改善海洋生态环境*　人工鱼礁建设是一项海洋生态环境的修复工程，其通过建造礁区，增加生物覆盖，诱集和聚集鱼类等在礁区觅食、繁殖、栖息，促进初级生产力和次级生产力增加，形成海上人工牧场和近海渔场，促进海洋生态环境的修复和改善，保障海洋生态环境呈良性循环。同时，人工鱼礁在投礁海域可以阻碍底拖网等作业方式作业，在一定程度上保护了该区域的地质地貌环境。目前，海河口大部分人工鱼礁都是以修复和改善海洋生态环境为目的建设的，并且其生态修复效果随着礁区建成时间的推移，逐步显现（郭彪　等，2015）。

（2）*保护珍稀濒危生物及生物多样性*　人工鱼礁可以为产卵群体和仔稚鱼提供庇护场所，将大大降低产卵群体的捕捞死亡率和提高仔稚鱼的成活率，其在保护珍稀濒危生物和维护海区生物多样性方面具有积极的作用。同时，为人工增殖放流的物种提供保护，提高人工增殖放流的效果。因而，将人工鱼礁建设、海洋保护区或水产自然保护区的建设、人工增殖放流渔场建设相结合，是保护珍稀濒危生物及生物多样性的一项有力措施。

（3）促进海洋渔业产业结构调整　《关于调整国内渔业捕捞和养殖业油价补贴政策—促进渔业持续健康发展的通知》（财建［2015］499号）中规定："按照海洋捕捞强度与资源再生能力平衡协调发展的要求，将现有减船补助标准从2 500元/kW提高到5 000元/kW，并对渔船拆解等给予一定补助，推动捕捞渔民减船转产。同时，支持开展人工鱼礁建设，促进渔业生态环境修复。"建设人工鱼礁可以充分利用被淘汰的废旧渔船，妥善地解决渔船再利用问题和增加渔民再就业问题，为调整国内渔业捕捞和养殖业油价补贴政策促进渔业持续健康发展政策的实施提供一个有力的保障，以更好地实现海洋渔业产业结构调整。

（4）促进和带动有关产业的发展　人工鱼礁建设可促进垂钓观光旅游业的发展，同时带动地方餐饮娱乐等项目的开发与发展。转产转业的渔船可改装为垂钓游艇，为渔船的转产提供一条新的出路，扩大渔船再就业的途径。同时，由于在礁区作业主要是垂钓和刺网等渔具，这些渔具捕大留小，可促进渔业资源的良性循环。

（二）国内外人工鱼礁发展趋势

1. 国外人工鱼礁发展趋势

关于最早投放人工鱼礁的国家，不同报道中有不同的说法（刘同渝，2003；陈心等，2006）。但日本可以说是世界人工鱼礁建设的典型国家，其特点是投入资金多，投放鱼礁时间早，对鱼礁研究深入（贾晓平，2012）。日本政府于1932年就制定了"沿岸渔业振兴政策"，第二次世界大战以后开始逐年在其沿岸海域投放人工鱼礁，至今日本环岛沿岸几乎都设有人工鱼礁区。1986年，全国沿岸渔业振兴开发协会公布了"沿岸渔场整备开发事业人工鱼礁渔场建设计划指南"，对鱼礁诱集鱼类生态、鱼礁渔场建设计划的基本要素、海域及社会经济条件调查、建礁计划确定、投礁效果调查分析、鱼礁渔场的合理利用、鱼礁渔场之范例等做了具体描述和规定，从而促使日本人工鱼礁向标准化、规模化发展。目前，混凝土和钢铁两种材料是日本建礁的主要材料，其中，混凝土礁占80%，钢铁礁占20%。日本一直在研究开发人工鱼礁的新构型，目前已开发了300多种不同形状的礁体。其中，使用最多、最接近自然、效果最好的礁体为3 m×3 m×2 m的混凝土单体。日本目前重视发展贝壳型鱼礁和高层鱼礁。其中，贝壳型鱼礁主要用于渔业资源增殖；高层鱼礁因其高度高，具有保留水域的功能，适合深水海域。

美国是把人工鱼礁建设纳入国家发展计划的第二个国家。第二次世界大战以后，美国在东部海域投放了很多城市废弃物作为鱼礁，如废汽车、废火车头、废车厢、废锅炉、废轮胎、废管道等。建礁范围从美国东北部逐步扩大到西部和墨西哥湾，甚至到夏威夷。至1983年，鱼礁区已达1 200个，投礁材料也更广泛，废石油平台、废军舰、废货船都在投放之列。1984 年，美国国会通过国家渔业增殖提案，并相应地对人工鱼礁建设提出了规定，使人工鱼礁建设走上合理、健康发展的正轨。为促进人工鱼礁技术的有效利用，美国商务部编制并公布了一个长期的国家人工鱼礁方案，并于 1985 年获准实施，该方案对人工鱼礁建设的各个方面提供指南。目前，美国人工鱼礁建设明显倾向于游钓渔业，被称为美国人民的娱乐事业。

韩国于 1973 年开始大规模建设人工鱼礁，政府已投资 4 253 亿韩元（约合人民币 30 亿元），地方投资 1 063 亿韩元（约合人民币 7.5 亿元）。2001 年，政府又增加投资 29 亿韩元（约合人民币 2 亿多元），地方投资 0.5 亿韩元（约合人民币 5 000 万元），已建鱼礁区面积达 1 400 km^2。其人工鱼礁的建礁材料大部分为混凝土。2014 年年初，韩国制定计划利用 4 年时间投入 40 亿韩元（约合人民币2 271.8 万元）的专项资金投放人工鱼礁，以达到阻碍捕捞的目的。

欧洲各国人工鱼礁建设基本上投放于禁渔区，主要目的是防止拖网渔船的作业。其礁型材料主要以废旧渔船和轮胎为主，只有个别国家投放了少量混凝土构件鱼礁。

2. 国内人工鱼礁的发展趋势

我国现代人工鱼礁的开发始于 1979 年，当年广西壮族自治区水产局筹资在防城港近海投下 26 座小型鱼礁，以后又逐年投放人工鱼礁。随后，广东、广西、山东各地开始人工鱼礁建设试验，并取得初步效果（刘同渝，2003）。1984 年，人工鱼礁被列为国家经委开发项目，成立了全国人工鱼礁技术协作组。1981—1987 年，广东省在多地开展了人工鱼礁试点工作，先后投放礁体 4 654 个，空方为 18 227 m^3。后来，人工鱼礁的研究和建设由于资金等多种原因而中断（贾晓平，2012）。直至 2001 年，广东省政府经过研究随即组织有关单位实施，并拨款 8 亿元建礁经费，建造 100 个人工鱼礁区。山东、辽宁等沿海省份相继开始大规模人工鱼礁建设。至 2010 年，全国已投放人工鱼礁 3 100 万 m^3以上。

目前，我国人工鱼礁工程设计与优化、生物附着与生态诱集、资源放流与增殖、生态与经济效应综合评估、示范区的构建与推广等方面取得了全面进步，为我国人工鱼礁生态系统的建设提供了科技支撑。2014 年，农业部发布了《人工鱼礁建设技术规范》（SC/T 9416—2014）（全国水产标准化技术委员会渔业资源分技术委员会，2014），从人工鱼礁的分类、投放水域的选择、礁体设计、制作和投放方法、维护与管理、效果调查与分析等方面给予规定，使我国人工鱼礁建设走向正规化。

（三）人工鱼礁建设的必要性

1. 贯彻落实国家关于保护渔业资源和促进渔业资源可持续发展等政策和建设生态文明的必然要求

2006 年，国务院颁布实施《中国水生生物资源养护行动纲要》，这是全面贯彻落实科学发展观，切实加强国家生态建设，依法保护和合理利用水生生物资源，实施可持续发展战略的一项战略举措，对渔业资源保护、渔业生态建设和渔业可持续发展意义重大。十八大报告中提出："建设生态文明，是关系人民福祉、关乎民族未来的长远大计。面对资源约束趋紧、环境污染严重、生态系统退化的严峻形势，必须树立尊重自然、顺应自然、保护自然的生态文明理念，把生态文明建设放在突出地位，融入经济建设、政治建设、文化建设、社会建设各方面和全过程，努力建设美丽中国，实现中华民族永续发展。"十九大报告指出"建设生态文明是中华民族永续发展的千年大计"，再次强调建设生态文明和美丽中国。这说明保护生态环境、促进资源可持续利用，已经是国人的共识。海洋生态文明和美丽海洋，是建设生态文明和美丽中国的重要组成部分；而以人工鱼礁建设为核心的海洋牧场建设，是修复受损海域、保护渔业资源、促进海洋经济可持续利用的一条重要途径。

2. 海洋渔业资源与环境现状的迫切要求

如前所述，目前天津市海河口渔业资源开发利用面临着天然渔业资源严重衰退、水质污染持续存在、人为活动破坏严重等问题。遏止水生生物资源衰退、保护水域生态环境势在必行。另外，"蓝色农业"已经成为我国农业发展的前沿领域之一，成为未来解决人口、资源、环境所带来的困扰，向人们提供粮食、提供蛋白质和药物的战略领域，而发展以人工鱼礁建设为核心的海洋牧场是进军"蓝色农业"，养护和增殖水生生物资源、实现渔业资源可持续利用的战略举措。

3. 符合海洋渔业产业结构调整的历史要求

人工鱼礁建设以及在此基础上的海洋牧场建设，是由粗放型、无序开发利用海洋资源向集约化、综合开发利用海洋资源转变，由掠夺性开发海洋资源的传统渔业向环境友好型、可持续发展的现代渔业转变的重要途径之一，其能在渔民转产转业、废旧渔船再利用、创造就业机会等方面发挥良性作用。《关于调整国内渔业捕捞和养殖业油价补贴政策　促进渔业持续健康发展的通知》（财建〔2015〕499号）中，也明确指出"支持渔民减船转产和人工鱼礁建设"。这充分说明，人工鱼礁建设是国家海洋渔业产业结构调整历史阶段的必然产物。

4. 符合全球海洋渔业进入全面科学管理时代的发展趋势

以人工鱼礁建设为核心的海洋牧场建设，自20世纪60年代由美国首先提出建设计划，继而70年代在美国、日本等国家开始付诸实施，以其在技术开发、生态经济效益、理论研究等领域所取得的新进展，而被誉为面向未来水产业经济发展和生产管理方式变革的新趋势和新模式。

二、人工鱼礁建设基础性研究

参考国外及国内其他省市人工鱼礁建设基础性研究的成果，结合海河口海洋生态环境及渔业资源状况，天津渤海水产研究所开展了一系列针对海河口人工鱼礁建设的基础性研究。

（一）海河口海域流场数值模拟

1. 海河口海域概况

海河口海域位于渤海湾内，渤海是我国最大的浅海型内海，渤海南北跨度 550 km，东西宽 346 km，海岸线长 3 700 km，面积约 7.7 万 km^2，渤海海峡宽仅 106 km，典型的腹大口小。平均水深 18 m，最大深度 86 m，是一个深入大陆内地的近封闭的浅海。近年来，数值模拟的方法已广泛应用于研究海湾、近岸海域水动力问题。

2. 水动力学模型的控制方程

（1）浅水长波方程　沿水深积分的二维水动力学控制方程为浅水长波方程：

连续性方程/质量守恒方程

$$\frac{\partial \zeta}{\partial t}+\frac{\partial p}{\partial x}+\frac{\partial q}{\partial y}=S_m$$

x 方向动量（守恒）方程

$$\frac{\partial p}{\partial t}+\frac{\partial(\beta pU)}{\partial x}+\frac{\partial(\beta pV)}{\partial y}=fq-\frac{H}{\rho}\frac{\partial P_{\zeta}}{\partial x}-gH\frac{\partial \zeta}{\partial x}+\frac{\tau_{sx}}{\rho}-\frac{\tau_{bx}}{\rho}+ \varepsilon\left(\frac{\partial^2 p}{\partial x^2}+\frac{\partial^2 p}{\partial y^2}\right)+U_m S_m$$

y 方向动量（守恒）方程

$$\frac{\partial q}{\partial t}+\frac{\partial(\beta qU)}{\partial x}+\frac{\partial(\beta qV)}{\partial y}=-fp-\frac{H}{\rho}\frac{\partial P_{\zeta}}{\partial y}-gH\frac{\partial \zeta}{\partial y}+\frac{\tau_{sy}}{\rho}-\frac{\tau_{by}}{\rho}+ \varepsilon\left(\frac{\partial^2 q}{\partial x^2}+\frac{\partial^2 q}{\partial y^2}\right)+V_m S_m$$

其中，x、y 为水平方向坐标（m），t 表示时间（s），$\zeta(x, y, t)$ 为水位（m），U、V 分别为沿水深平均的流度在 x、y 方向的分量（m/s），p、q 分别为流体在 x、y 方向的单宽通量［m^3/（s·m）］，$H(x, y, t)=\zeta(x, y, t)+h(x, y, t)$ 为水深（m/s），$h(x, y, t)$ 为相对于基准面的水深（m/s），S_m、U_m、V_m 分别为单位水平面上的源项强度和该源项初始速度在 x、y 方向的分量［m^3/（s·m^2）、m/s、m/s］，β 为非均匀流的动量修正系数（由流速垂向分布引起），$f=2\omega\sin\theta$ 为科氏力（Coriolis force）系数（由地球自转引起），$\omega=2\pi/(24\times 3\,600)\approx 7.27\times 10^{-5}$ rad/s 为地球自转角频率，θ 为纬度（rad），g 为重力加速度（m/s^2），本书取 $g=9.81$ m/s^2，ρ 为水体密度（kg/m^3），本书取 $\rho=$ 1 023kg/m^3，P_{ζ} 为自由水面处大气压强（N/m^2），τ_{sx}、τ_{sy} 分别表示自由水面剪切应力（风应力）在 x、y 方向的分量（N/m^2），τ_{bx}、τ_{by} 分别表示水体底部剪切应力（底摩擦应力）在 x、y 方向的分量（N/m^2），ε 为水深平均涡黏系数（m^2/s）。

（2）*底部摩擦应力*　1919 年 Taylor 提出了二次律公式，认为摩擦应力与速度的平方成正比。水体底部的摩擦应力通常类比明渠均匀稳定流的结果，其应力公式可写为（Henderson，1966）：

$$\tau_{bx}=\frac{\rho g U\sqrt{U^2+V^2}}{C^2}=\frac{\rho g p\sqrt{p^2+q^2}}{H^2C^2}$$

$$\tau_{by}=\frac{\rho g V\sqrt{U^2+V^2}}{C^2}=\frac{\rho g q\sqrt{p^2+q^2}}{H^2C^2}$$

其中，C 为谢才系数（Chezy roughness coefficient），可直接给出，也可根据曼宁公式得出，即：

$$C=\frac{H^{1/6}}{n}$$

其中，n 为曼宁系数（Manning's roughness coefficient），其取值范围通常在 0.010～0.040。

另外，可将底摩部的阻项线性化，即认为与一次方成正比，表示为（Lynch，1978）：

$$\tau_{bx}=k\rho HU=k\rho p$$

$$\tau_{by}=k\rho HV=k\rho q$$

（3）*风应力*　通常认为风应力与水面上 10 m 处的风速成正比，可用下式求得：

$$\tau_{sx}=\rho_a C_w W_x\sqrt{W_x{}^2+W_y{}^2}$$

$$\tau_{sy}=\rho_a C_w W_y\sqrt{W_x{}^2+W_y{}^2}$$

其中，$\rho_a=1.29\ kg/m^3$ 为空气密度，C_w 为风应力系数，W_x、W_y 分别为风速在 x、y 方向的分量（m/s）。

（4）*动量修正系数*　动量修正系数 β 是由于速度的垂向分布不均匀在积分后产生的修正系数，在缺少实测资料的情况下，动量修正系数 β 通常设为单位 1 或通过设定垂向流速剖面来计算。例如，假定流速在垂向成对数分布：

$$u=\frac{U_*}{\kappa}\ln(h+z)+U_*C_1$$

则可求得动量修正系数为：

$$\beta=1+\frac{g}{C^2\kappa^2}$$

其中，$U_*=\sqrt{\tau_*/\rho}$ 为摩阻流速，τ_* 为底部剪切应力，$\kappa=0.4$ 为卡门常数（Von Karman's constant）。另外，垂向流速剖面若为七次函数（seventh power law velocity profile），则 $\beta=1.016$；若为二次函数（quadratic），则 $\beta=1.2$。本书中取为 $\beta=1.0$。

（5）*垂向平均的涡黏系数*　ε 为水深平均涡黏系数，也可认为是分子黏性系数和湍动扩散系数之和。对于二维流动也可以将其理解为侧向摩擦系数，在正压浅海问题中，由于侧向摩擦项的量级比垂向摩擦项的量级小得多，所以常被略去。但在狭窄的近岸水域，当水平尺度小至数百米到数千米的规模时，水平摩擦力的作用已不能忽略。

计算涡黏系数的方法很多，但至今尚无比较通用的方法。较为简单的计算方法可以用代数公式计算或设为常数，较为复杂的方法有计算湍动能量和动量输运的 $k-\varepsilon$ 方程的方法。本文计算的水体通常范围较大，而且流速已沿垂向平均，另外也没有大量的实测资料作为支持，所以没有用较为复杂的方式计算。为简单起见，本书采用 Fischer（1979）公式计算垂向平均涡黏系数：

$$\varepsilon=C_e\frac{H}{C}\sqrt{g(U^2+V^2)}$$

其中，C_e 为涡黏系数。Fisher（1979）根据实验室条件下得到的数据得出 $C_e\approx0.15$。实际的河口、海岸水体的垂向平均涡黏系数要远比该值大，本书均取 $C_e=1.0$。

（6）大气压强　P_ζ 为自由水面处大气压强（N/m^2），其大小受气象条件影响较大。但在局部范围内其空间变化往往不大，本书 P_ζ 设为恒定值，取 1 个标准大气压。

3. 水动力学模型初始条件与边界条件

对于水动力学模型，在模拟初始时刻（$t=0$）应给定水位、单宽流量的初始值，即：

$$\zeta(x,\ y,\ 0)=\zeta^0(x,\ y)$$
$$p(x,\ y,\ 0)=p^0(x,\ y)$$
$$q(x,\ y,\ 0)=q^0(x,\ y)$$

其中，上标（^{0}）表示初始时刻已知的全场数值。模型的启动方式，可根据初始时刻水位、单宽流量的给定方式分为冷启动和热启动。冷启动，初始时刻全场的单宽流量取零，水位取为统一值，最高水位、最低水位或平均水位；热启动，初始时刻全场的水位、单宽流量由试算或其他计算结果给出。如无特殊说明本书均采用冷启动的方法，水位取平均水位。

水动力学模型在模拟计算过程中需要指定其边界条件。边界条件分为：闭边界（Γ_0）条件和开边界（Γ_1）条件。对于像潮间带上的移动边界问题，本书采用数值的方法进行处理。

在闭边界处流速采用无渗透、部分滑移边界条件。

无渗透：沿边界法线方向（$\boldsymbol{n}_{\Gamma_0}$）流速为零，即：

$$V_n\big|_{\Gamma_0}=\mathbf{V}\cdot\boldsymbol{n}_{\Gamma_0}=0$$

部分滑移：闭边界处，沿边界切线方向（$\boldsymbol{\tau}_{\Gamma_0}$）存在切向流速即 $\mathbf{V}\times\boldsymbol{\tau}_{\Gamma_0}\neq\mathbf{0}$。其切向流速沿法向的导数为：

$$\frac{\partial V_\tau}{\partial \boldsymbol{n}}\bigg|_{\Gamma_0}=\nabla(\mathbf{V}\times\boldsymbol{\tau}_{\Gamma_0})\cdot\boldsymbol{n}_{\Gamma_0}=\alpha_{\Gamma_0}$$

其中，$\alpha_{\Gamma_0}\in[0,\ 1]$ 为滑移系数，其取值情况反映了边界处流速的滑移状态，有如下关系：

$$\begin{cases} \alpha_{\Gamma_0}=1 & \text{滑移边界条件} \\ 0<\alpha_{\Gamma_0}<1 & \text{部分滑移边界条件} \\ \alpha_{\Gamma_0}=0 & \text{无滑移边界条件} \end{cases}$$

在开边界处可设置水位开边界条件和单宽流量开边界条件，即：

$$\zeta(x,\ y,\ t)|_{\Gamma_1}=\zeta^*(x,\ y,\ t)|_{\Gamma_1}$$

或

$$p(x,\ y,\ t)|_{\Gamma_1}=p^*(x,\ y,\ t)|_{\Gamma_1}$$

$$q(x,\ y,\ t)|_{\Gamma_1}=q^*(x,\ y,\ t)|_{\Gamma_1}$$

其中，上标（*）表示边界处已知值。

4. 水动力模型的验证

2003—2012 年，对渤海湾的水动力、水质状况进行监测。2003 年 7 月 13 日 14：00 至 16 日 12：00；对 B1 站位、B2 站位、B3 站位（表 5－14）进行了同步连续观测。每个小时对其进行 1 次分层观测，观测项目主要包括潮流、潮汐等，共观测 71 h。

针对渤海湾的全潮验证，开边界上节点的水位时间序列作为边界条件对区域进行强迫驱动，全场的初始水位和初始流速均设为零，为避免初始条件对计算结果的影响，计算开始时间较实测时间提前 12 d，从 2003 年 7 月 1 日 00：00 开始计算，以保证到达计算运行到采样时间的潮流结果稳定，时间步长 $dt=30.0$ s。

在计算中，渤海湾地形采用 2003 年渤海湾当时的地形，监测数据取 B1 站位、B2 站位、B3 站位的观测水位和流速，监测站位具体坐标见表 5－14。

表 5－14　连续观测站具体坐标

站位	经度（E）	纬度（N）
B1	117°44′56.40″	38°53′24.00″
B2	118°07′12.35″	38°51′00.00″
B3	118°07′09.40″	38°34′48.00″

图 5－11 至图 5－13 分别为 B1 站位、B2 站位、B3 站位的水深、沿水深平均的流速大小以及沿水深平均的流速方向的模拟结果与实测结果的对比图。

从图 5－11 至图 5－13 可知，B1 站位、B2 站位、B3 站位的水深模拟结果与实测值比较，整体上吻合较好。其中，B1 站位的水深模拟结果较实测值偏小，原因是 B1 站位靠近岸线，地形变化较大，使得实测值与计算时采用的插值所得水深存在一定的误差。从图 5－12至图 5－13 可知，潮流的流速大小与流速方向的模拟结果与实测结果吻合很好。

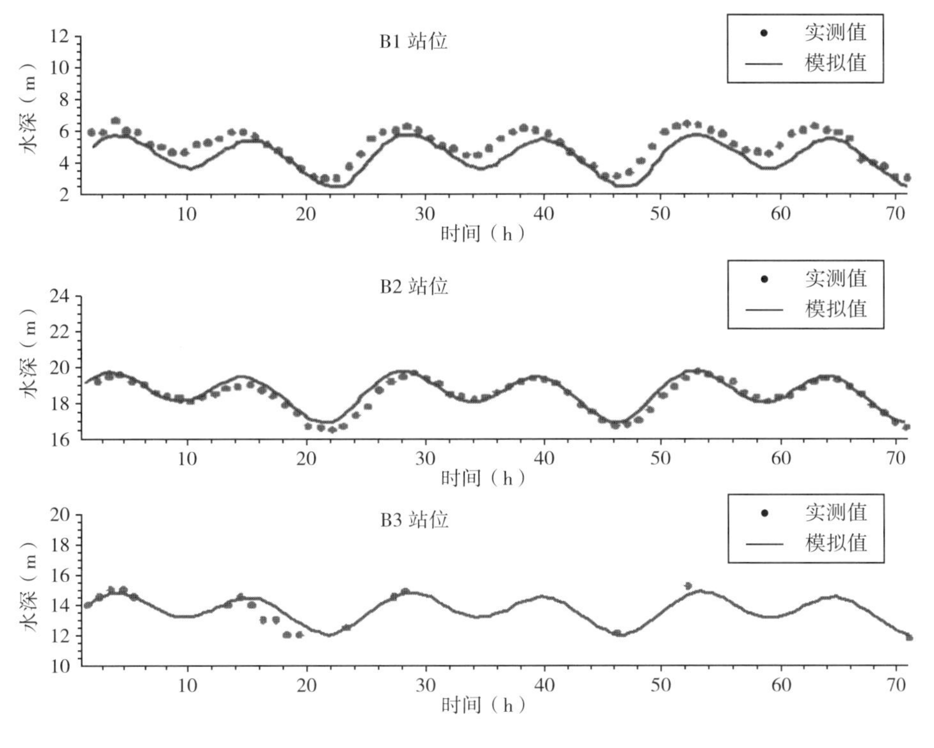

图 5-11　B1 站位、B2 站位、B3 站位水深的模拟与实测结果对比

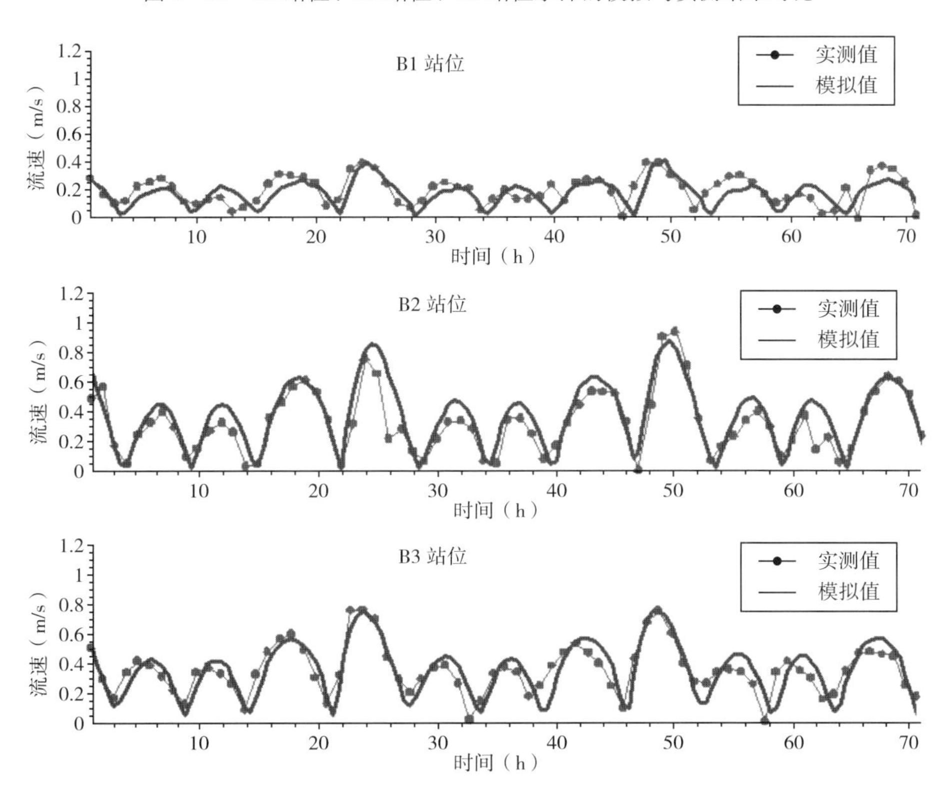

图 5-12　B1 站位、B2 站位、B3 站位沿水深平均流速大小的模拟与实测结果对比

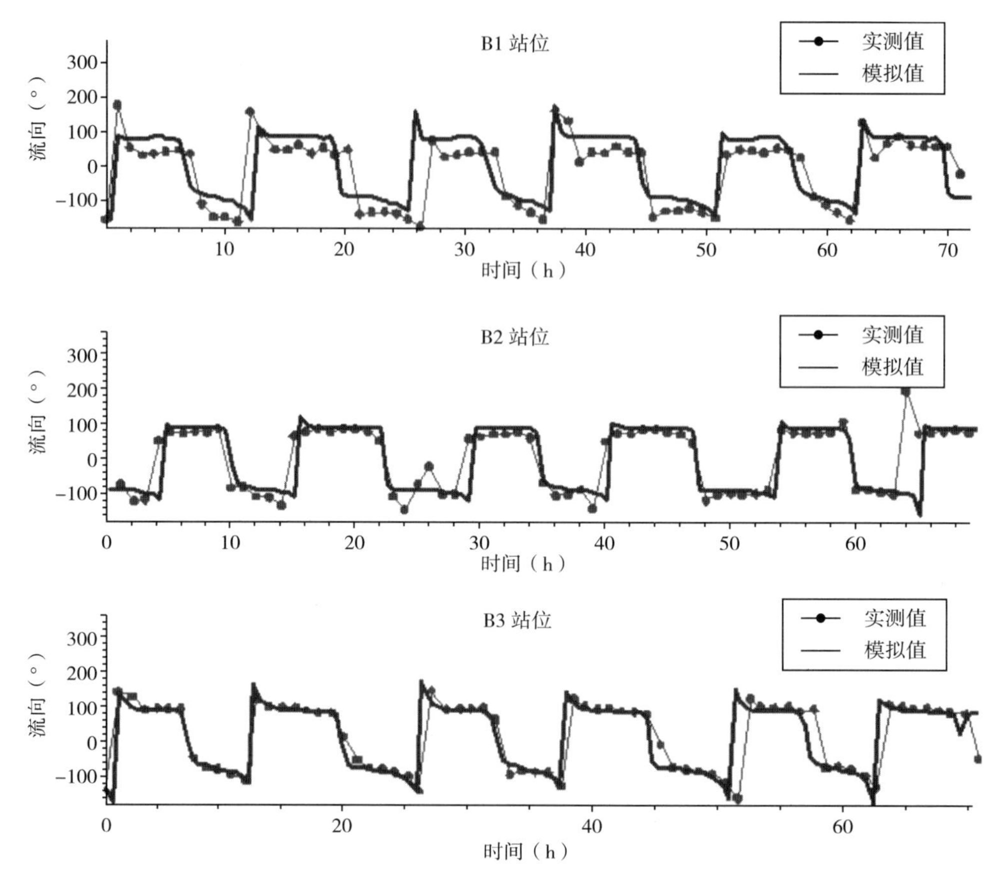

图 5-13　B1 站位、B2 站位、B3 站位沿水深平均流速方向的模拟与实测结果对比

5. 海河口人工鱼礁建设区域流场数值模拟结果

海河口人工鱼礁建设区域主要集中在滨海新区汉沽大神堂外海。为计算鱼礁投放区的流场特征，取现状的地形条件，利用验证后的模型，模拟渤海湾的流场，得到其典型时刻的流场。模拟结果显示在示范区，潮流方向为东南—西北向，涨急和落急流速约为 0.5 m/s。

（二）海河口人工鱼礁单体流场效应分析

水流经过礁体时，礁体对流体产生阻碍作用，使得部分流体沿着礁体表面爬升而形成上升流。上升流的产生可以使海底营养盐上涌而提高海域的初级生产力，从而诱集鱼类前来索饵；流过礁体的部分流体绕过礁体后，在礁体的后方形成背涡流。背涡流域流速较缓，涡心处速度最小，多数鱼类喜欢栖息于流速缓慢的涡流区，特别是在躲避强潮流时，涡流还可造成浮游生物、甲壳类和鱼类的物理性聚集，因此，上升流和背涡流的规模可作为鱼礁流场效应的衡量指标之一，并且对人工鱼礁物理环境功能造成技术的研究具有重要意义。

1. 采用的软件和计算条件

本研究采用的软件为 Fluent，通过物理建模、网格划分、数值计算得到模拟结果；并采用 Tecplot 360 软件对模拟结果进行处理分析，对相同水流条件下不同形状的人工鱼礁单体所造成的上升流和背涡流的体积进行探讨，以期从整体上把握人工鱼礁海域的流场效应，为定量评估人工鱼礁的生态效益提供依据。

在计算 4 种鱼礁的流场时，计算区域布置相同，长 30 m、宽 10 m、高 7.5 m，前 3 种鱼礁中心布置在计算区域的原点位置处（原点位置处于 X 轴的 1/4 处，即距离入口边界为 7.5 m）（图 5－14）；而第 4 种鱼礁计算区域相同，但鱼礁布置在距离入口边界 5 m 处，且 X 轴相反。

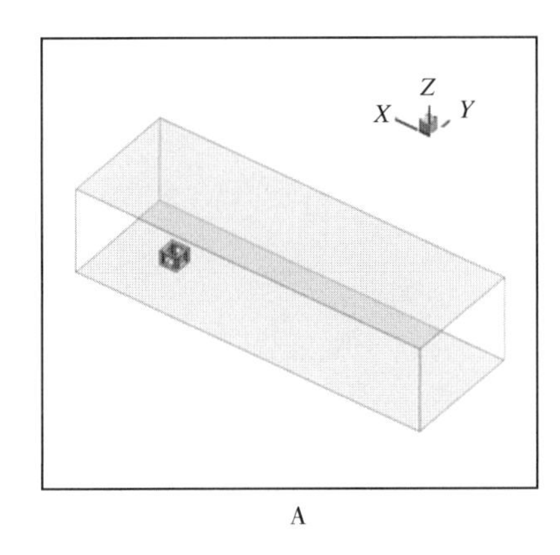

A

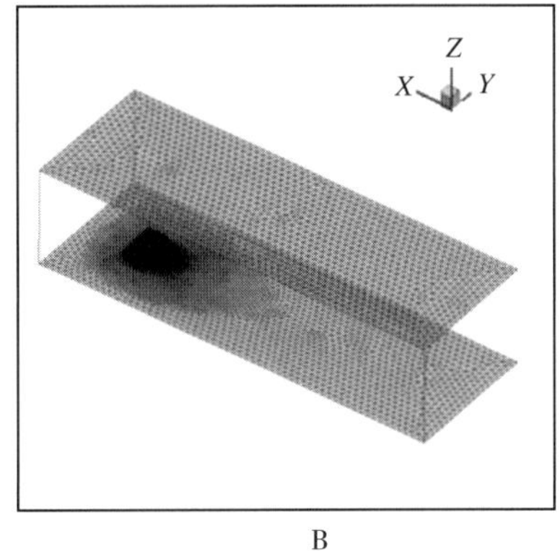

B

图 5－14　计算区域布置及网格剖分

A. 计算区域　B. 网格剖分

入口海流速度，依据渤海湾的潮流场的数值模拟结果取为 0.5 m/s。

分析流场效应时，在计算上升流区域的体积时，取该区域的垂向流速大于来流速度的 5%；在计算背涡流区域的体积时，取该区域流速小于来流速度的 80%为判据。

2. 大窗箱型鱼礁流场效应分析

大窗箱型鱼礁结构如图 5－15 所示，此种鱼礁“窗口”相对较大，过流较为通畅；图 5－16 为大窗箱型鱼礁立面剖面速度矢量分布图；图 5－17 为整个计算区域立面剖面流速大小等值线图；图 5－18 为鱼礁附近立面剖面流场速度大小等值线图；图 5－19 为大窗箱型鱼礁水平剖面速度矢量分布图；图 5－20 为整个计算区域水平剖面流速大小等值线图；图 5－21 为鱼礁附近水平剖面流场速度大小等值线图；图 5－22 为大窗箱型鱼礁水平、垂向截面压力云图；图 5－23 为上升流和背涡流区域，通过此区域可以计算出上升流和背涡流的体积。

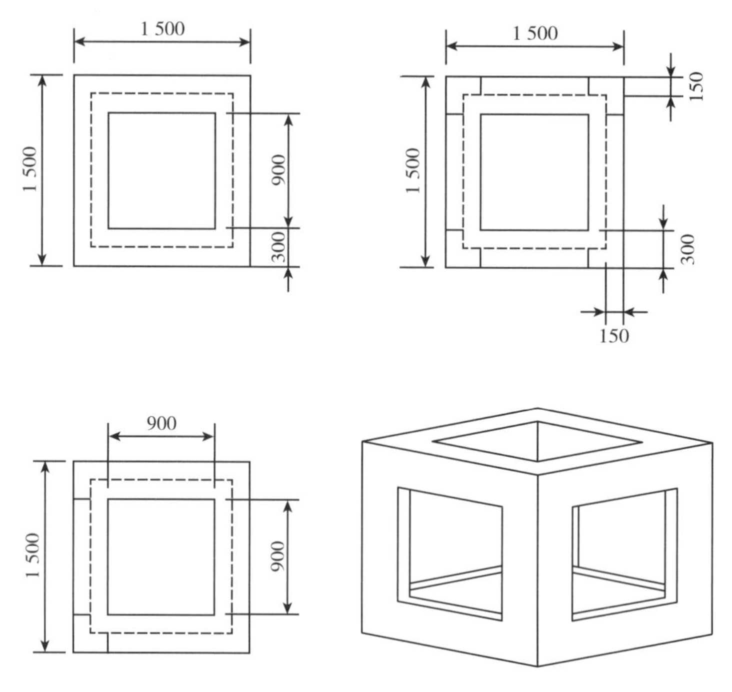

图 5-15　大窗箱型鱼礁（单位：mm）

图 5-16　大窗箱型鱼礁垂直剖面（$Y=0$ m 截面）流场速度（单位：m/s）

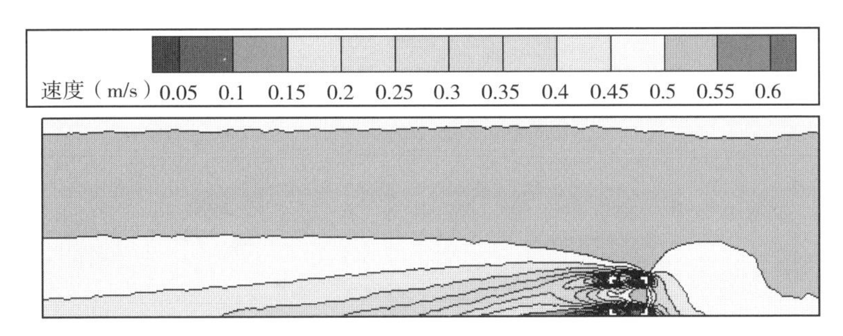

图 5-17　大窗箱型鱼礁垂直剖面（$Y=0$ m 截面）整个计算区域流场速度大小等值线

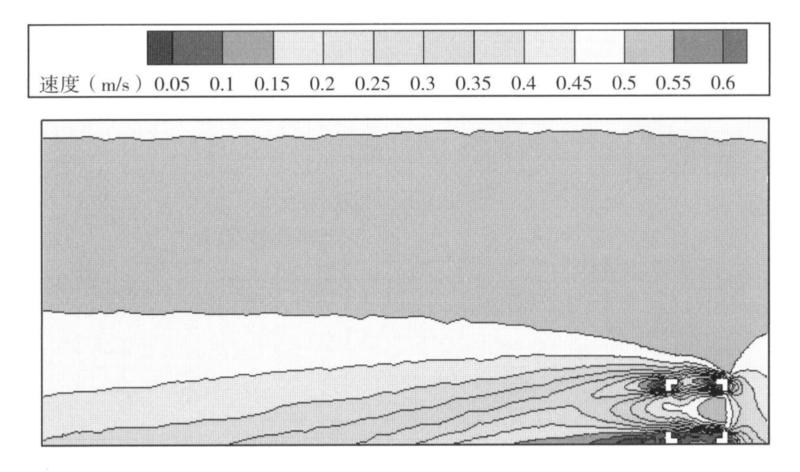

图 5-18　大窗箱型鱼礁垂直剖面（$Y=0$ m 截面）鱼礁附近速度等值线

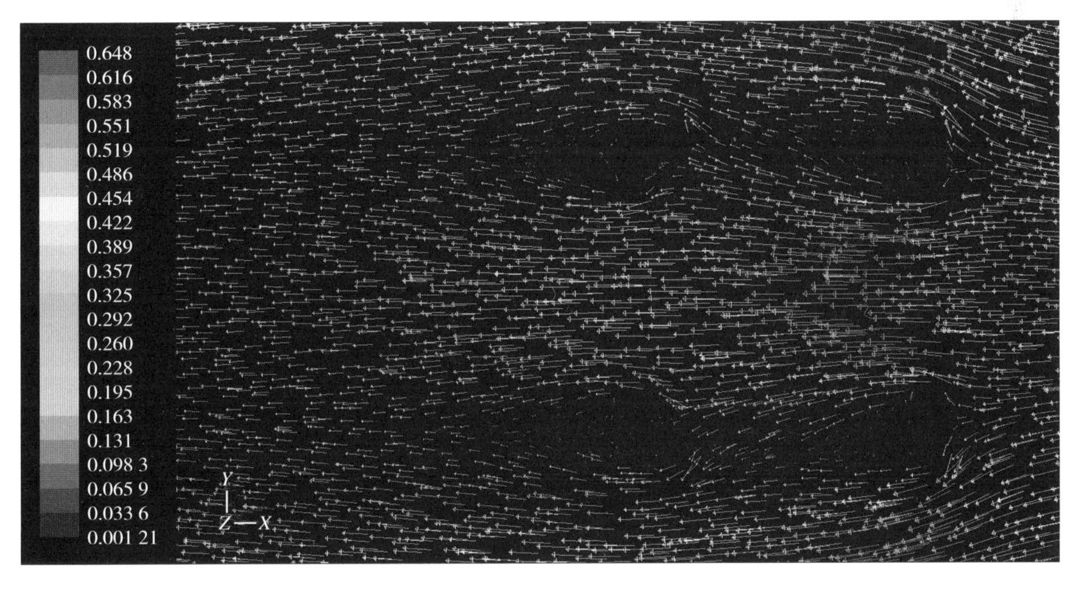

图 5-19　大窗箱型鱼礁水平剖面（$Z=0.75$ m 截面）流场速度（单位：m/s）

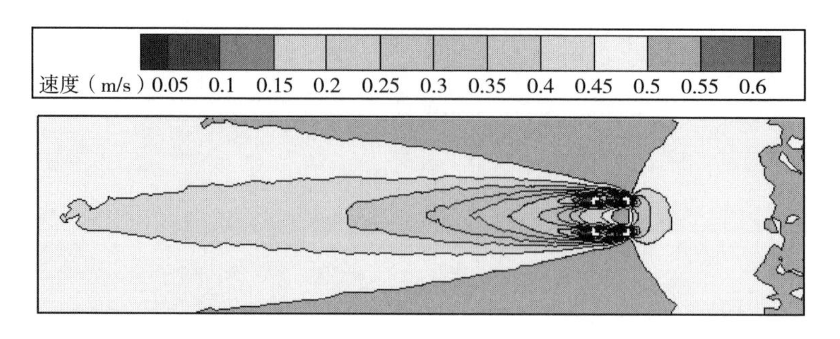

图 5-20 大窗箱型鱼礁水平剖面（$Z=0.75$ m 截面）整个计算区域流场速度等值线

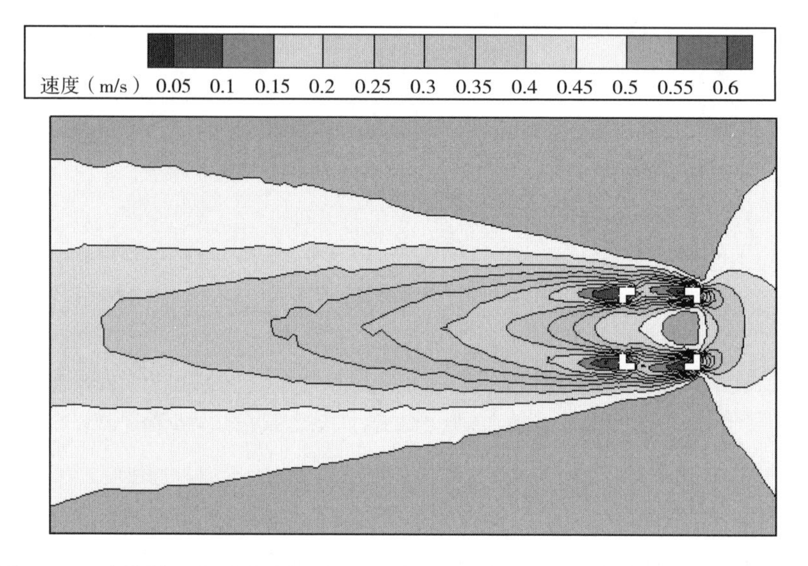

图 5-21 大窗箱型鱼礁水平剖面（$Z=0.75$ m 截面）鱼礁附近流场速度等值线

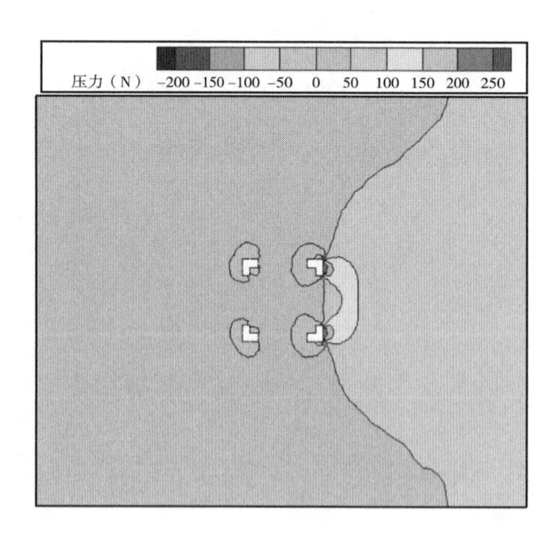

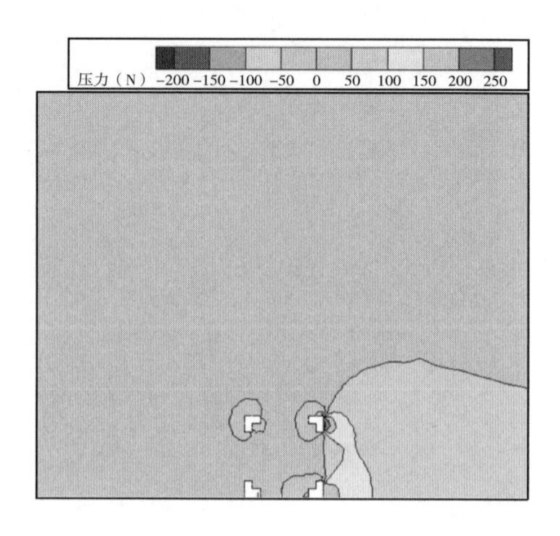

图 5-22 大窗箱型鱼礁水平、垂向截面压力

A. 水平剖面（$Z=0.75$ m 截面） B. 垂向剖面（$Y=0$ m 截面）

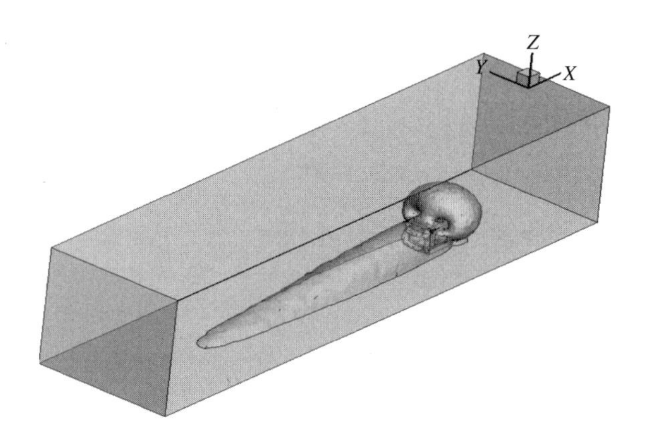

图 5－23　大窗箱型鱼礁上升流和背涡流区域（球形：上升流；长条形：背涡流）

3. 大小窗箱型鱼礁流场效应分析

大小窗箱型鱼礁结构如图 5－24 所示。此种鱼礁若大窗为迎流面，基本同大窗箱型鱼礁相似；若小窗为迎流面，过流面积较大窗箱型鱼礁小，因此对流场的阻碍效应要大，本部分计算考虑小窗为迎流面的情况。图 5－25 为大小窗箱型鱼礁立面剖面速度矢量分布图；图 5－26 为整个计算区域立面剖面流速大小等值线图；图 5－27 为鱼礁附近立面剖面流场速度大小等值线图；图 5－28 为大小窗箱型鱼礁水平剖面速度矢量分布图；图 5－29 为整个计算区域水平剖面流速大小等值线图；图 5－30 为鱼礁附近水平剖面流场速度大小等值线图；图 5－31 为大小窗箱型鱼礁水平、垂向截面压力云图；图 5－32 为上升流和背涡流区域，通过此区域可以计算出上升流和背涡流的体积。对比图 5－22 和图 5－23，大小窗箱型鱼礁，当小窗为迎流面时，上升流和背涡流区域的体积要大。

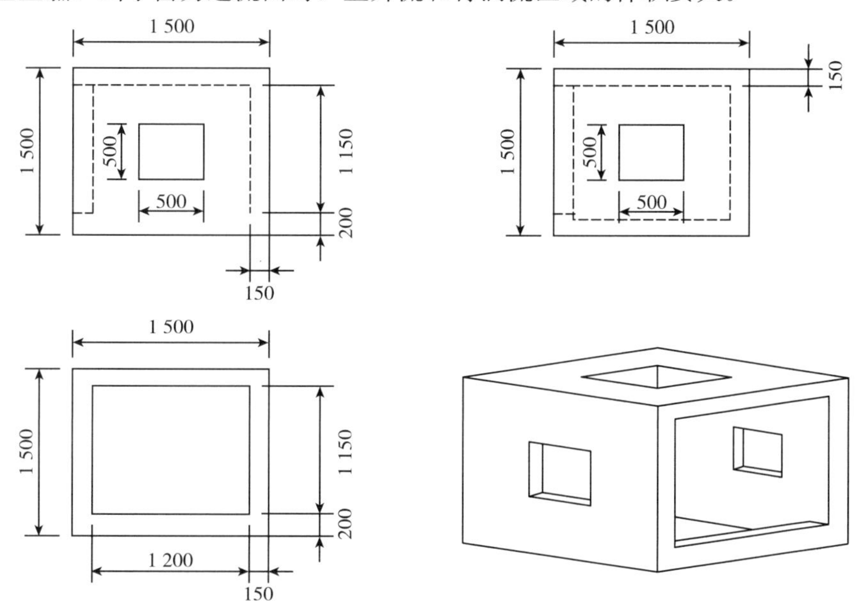

图 5－24　大小窗箱型鱼礁（单位：mm）

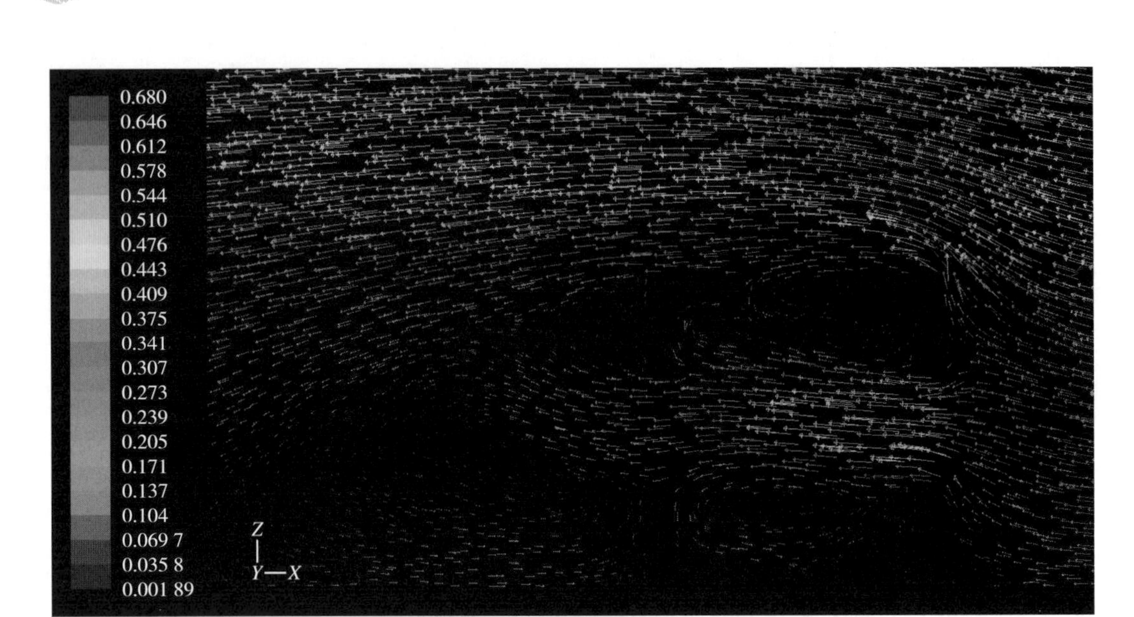

图 5-25　大小窗箱型鱼礁垂直剖面（$Y=0$ m 截面）流场速度（单位：m/s）

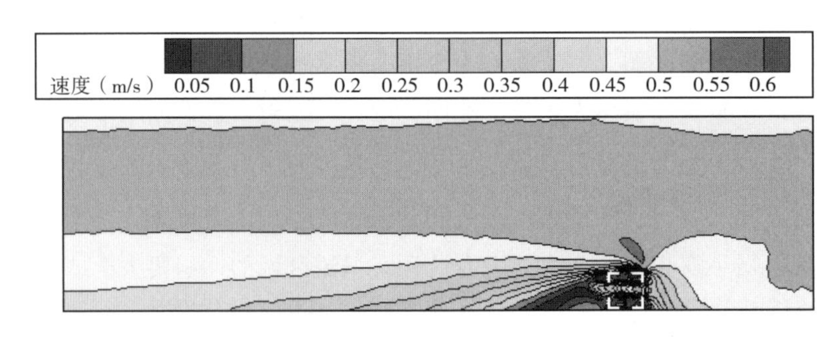

图 5-26　大小窗箱型鱼礁垂直剖面（$Y=0$ m 截面）计算区域流场速度大小等值线

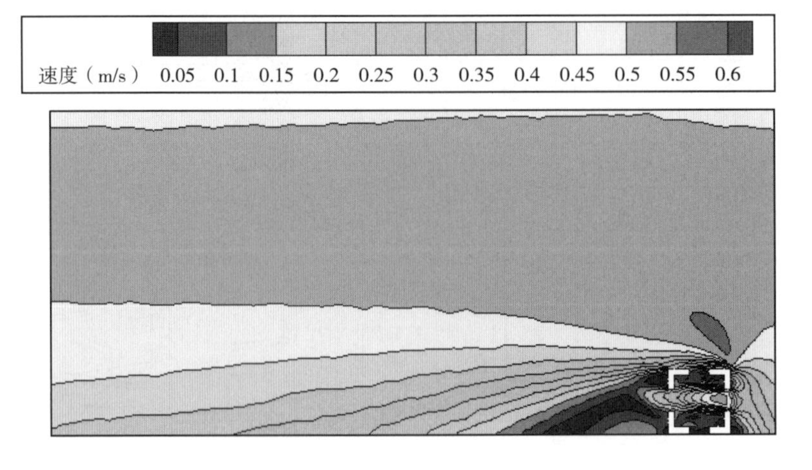

图 5-27　大小窗箱型鱼礁垂直剖面（$Y=0$ m 截面）礁体附近流场速度等值线

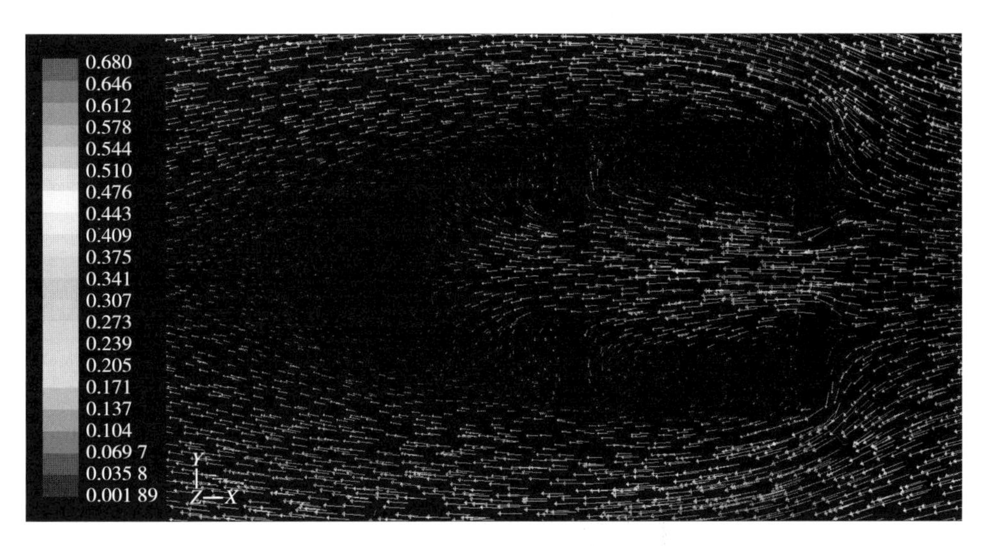

图 5-28　大小窗箱型鱼礁水平剖面（$Z=0.75$ m 截面）流场速度（单位：m/s）

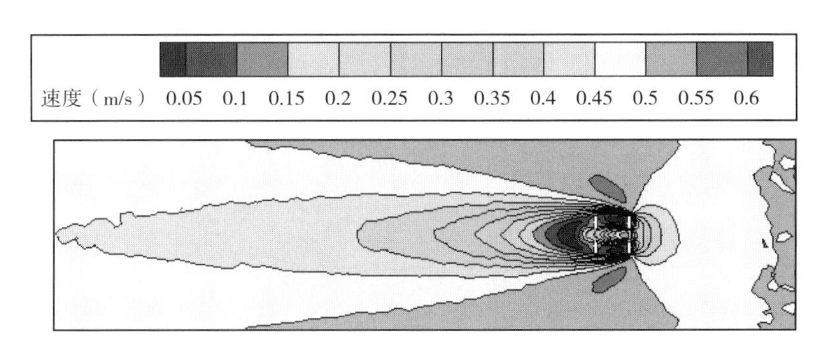

图 5-29　大小窗箱型鱼礁水平剖面（$Z=0.75$ m 截面）计算区域流场速度大小等值线

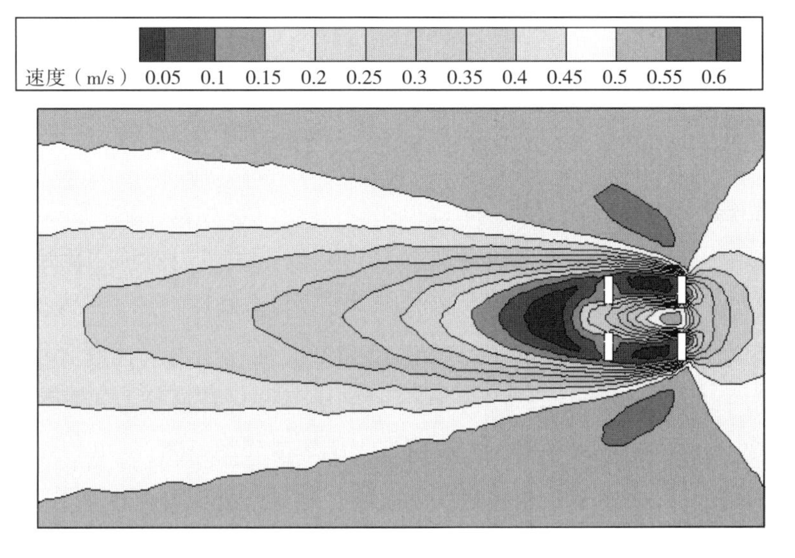

图 5-30　大小窗箱型鱼礁水平剖面（$Z=0.75$ m 截面）礁体附近流场速度等值线

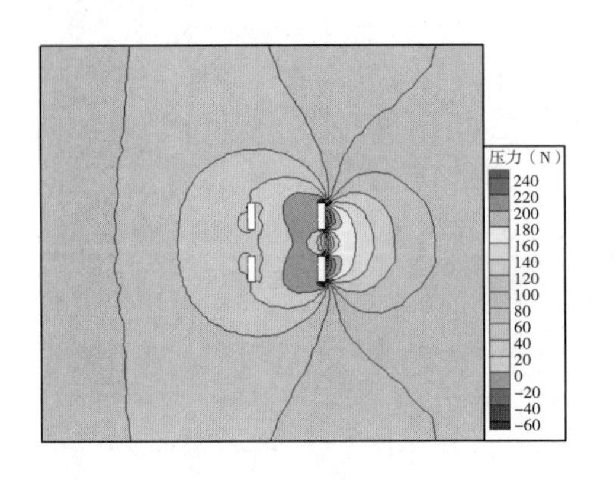

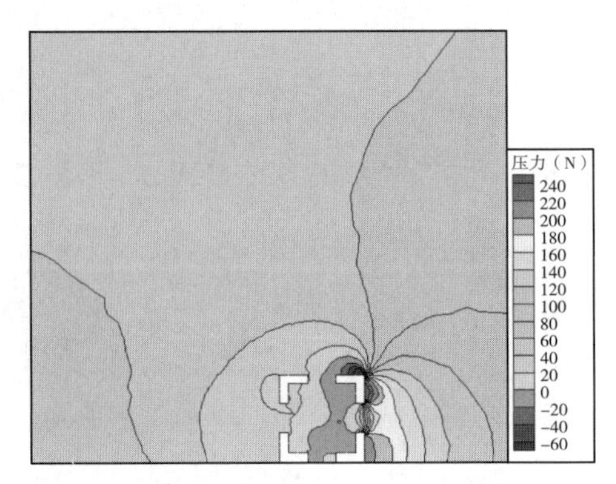

图 5 - 31　大小窗箱型鱼礁附近压力分布

A. 水平剖面（Z=0.75 m 截面）　B. 垂直剖面（Y=0 m 截面）

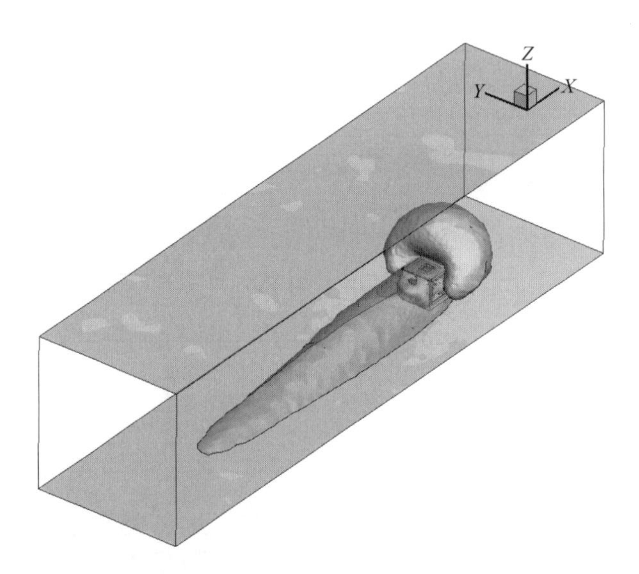

图 5 - 32　大小窗箱型鱼礁上升流和背涡流区域（球形：上升流；长条形：背涡流）

4. 卐型鱼礁流场效应分析

卐型鱼礁结构如图 5 - 33 所示，此种鱼礁形状复杂，四边对称，无论哪个边为迎流面，流场效应相似；图 5 - 34 为鱼礁立面剖面速度矢量分布图；图 5 - 35 为整个计算区域立面剖面流速大小等值线图；图 5 - 36 为鱼礁附近立面剖面流场速度大小等值线图；图 5 -37 为鱼礁水平剖面速度矢量分布图；图 5 - 38 为整个计算区域水平剖面流速大小等值线图；图 5 - 39 为鱼礁附近水平剖面流场速度大小等值线图；图 5 - 40 为鱼礁水平、垂向截面压力云图；图 5 - 41 为上升流和背涡流区域，通过此区域可以计算出上升流和背涡流的体积。

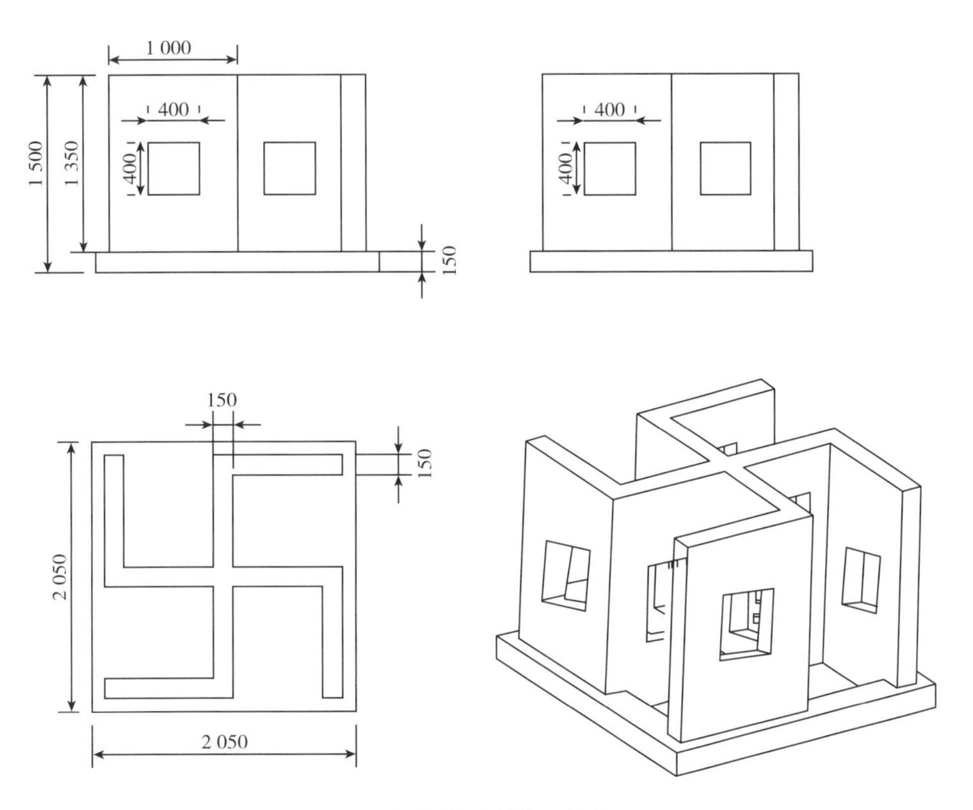

图 5-33 卐型鱼礁结构（单位：mm）

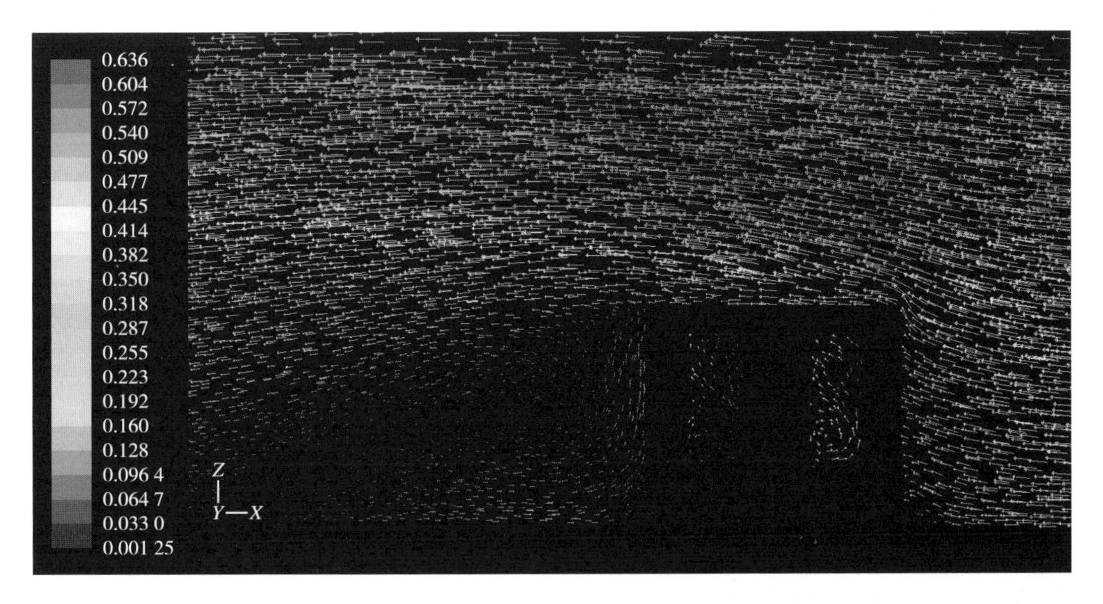

图 5-34 卐型鱼礁垂直剖面（Y=0 m 截面）流场速度（单位：m/s）

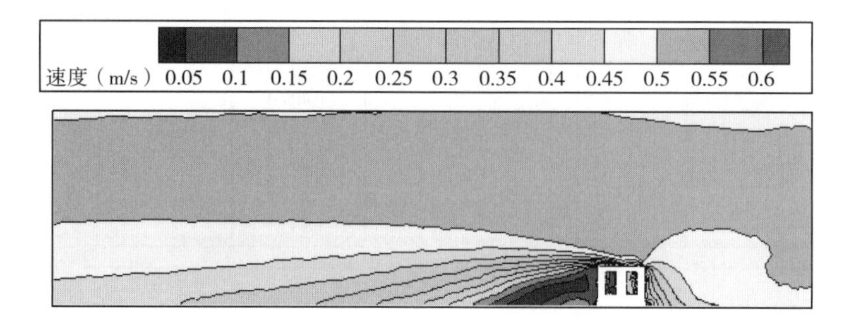

图 5-35　卐型鱼礁垂直剖面（Y=0 m 截面）计算区域流场速度大小

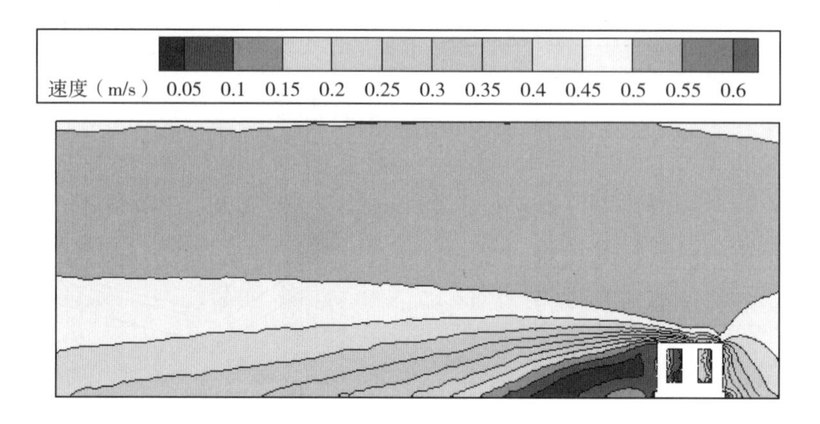

图 5-36　卐型鱼礁垂直剖面（Y=0 m 截面）鱼礁附近流场速度大小

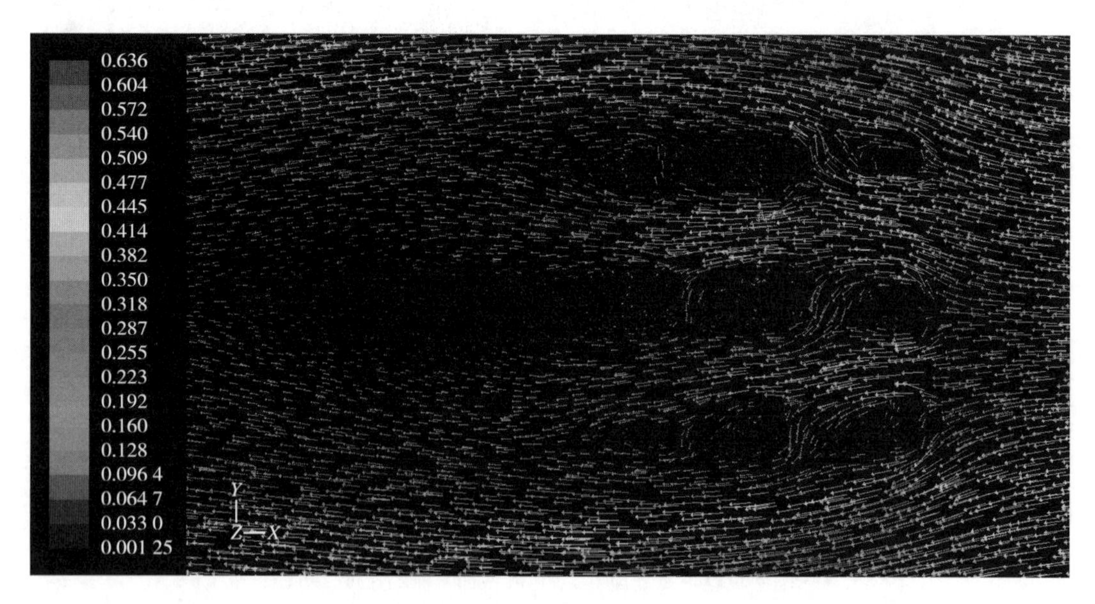

图 5-37　卐型鱼礁水平剖面（Z=0.75 m 截面）流场速度（单位：m/s）

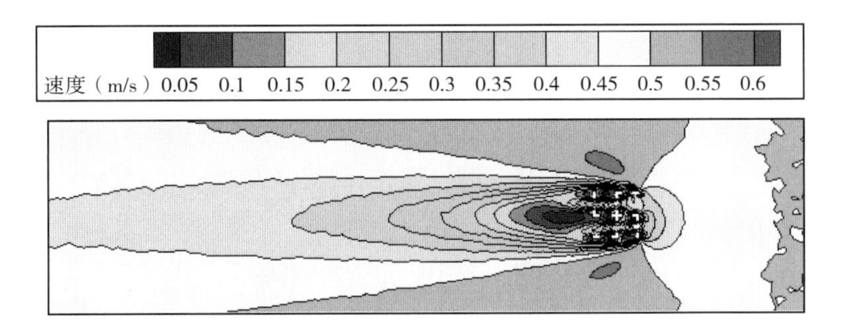

图 5-38 卐型鱼礁水平剖面（Z=0.75 m 截面）计算区域流场速度

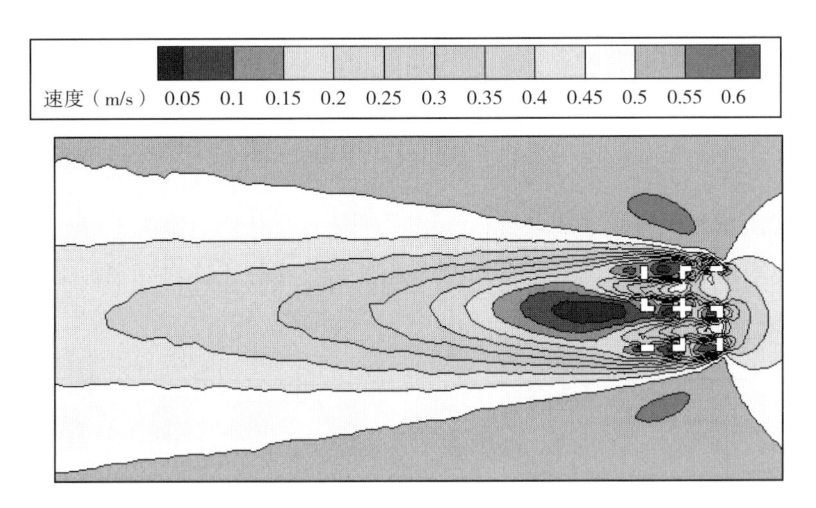

图 5-39 卐型鱼礁水平剖面（Z=0.75 m 截面）礁体附近流场速度

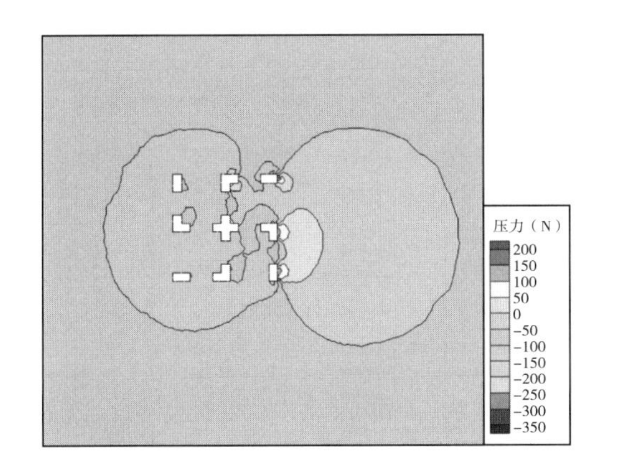

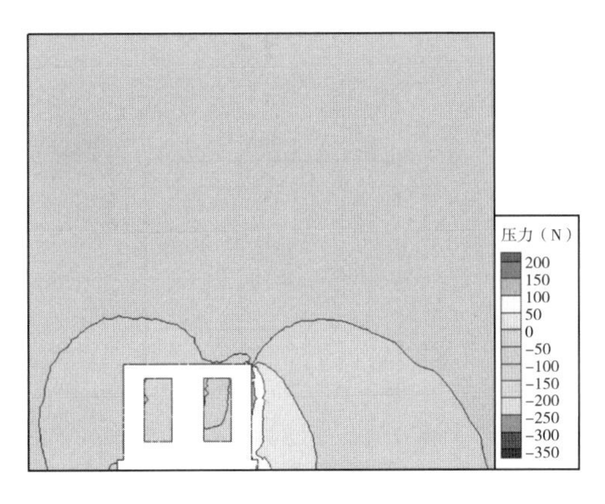

图 5-40 卐型鱼礁附近压力分布

A. 水平剖面（Z=0.75 m 截面） B. 垂直剖面（Y=0 m 截面）

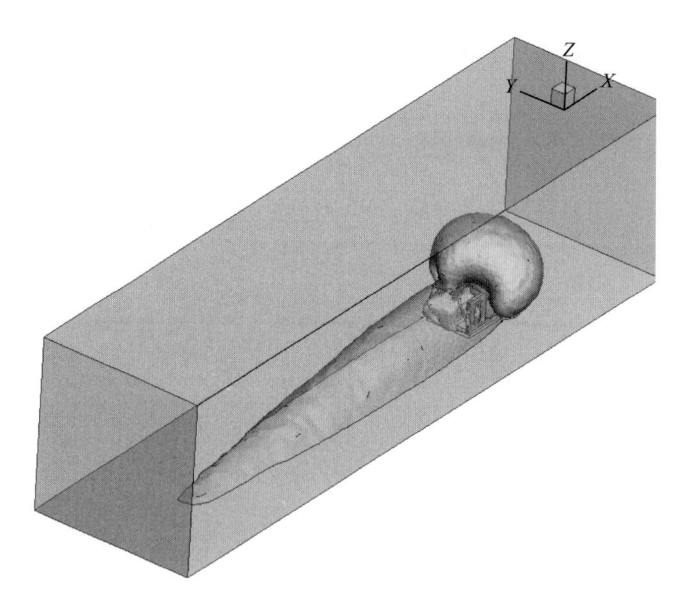

图 5-41　㐭型鱼礁上升流和背涡流区域（球形：上升流；长条形：背涡流）

5. 双层贝类增殖礁流场效应分析

双层贝类增殖礁结构如图 5-42 所示，此种鱼礁比以上 3 种鱼礁小，类似㐭型鱼礁

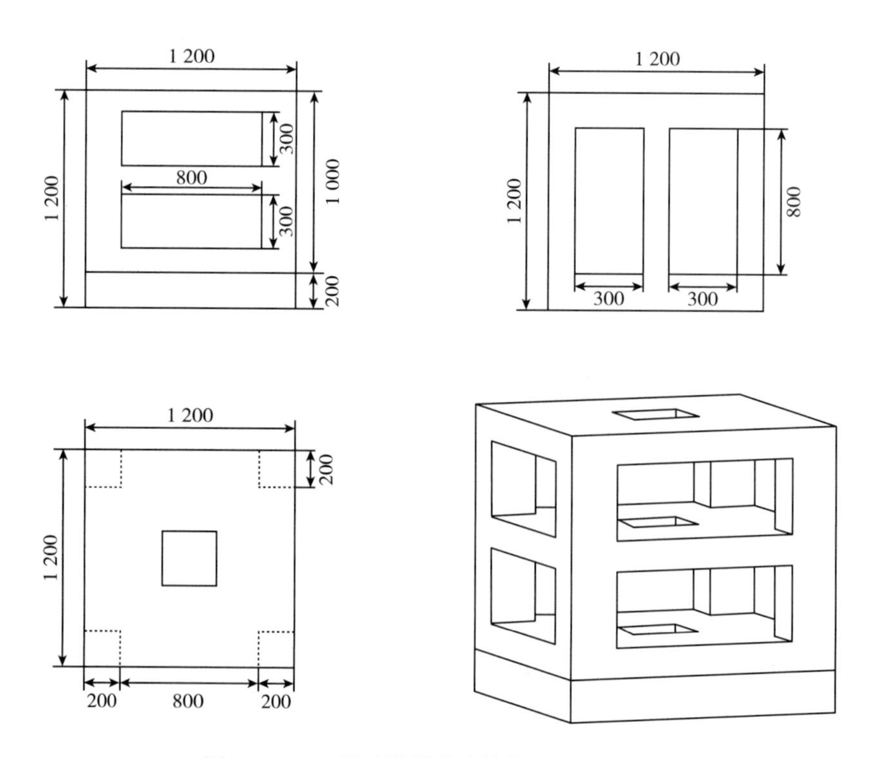

图 5-42　双层贝类增殖礁结构（单位：mm）

四边对称，无论哪个边为迎流面，流场效应相似；图 5-43 为鱼礁立面剖面速度矢量分布图；图 5-44 为整个计算区域立面剖面流速大小等值线图；图 5-45 为鱼礁附近立面剖面流场速度大小等值线图；图 5-46 为鱼礁水平剖面速度矢量分布图；图 5-47 为整个计算区域水平剖面流速大小等值线图；图 5-48 为鱼礁附近水平剖面流场速度大小等值线图；图 5-49 为鱼礁水平、垂向截面压力云图；图 5-50 为上升流和背涡流区域，通过此区域可以计算出上升流和背涡流的体积。

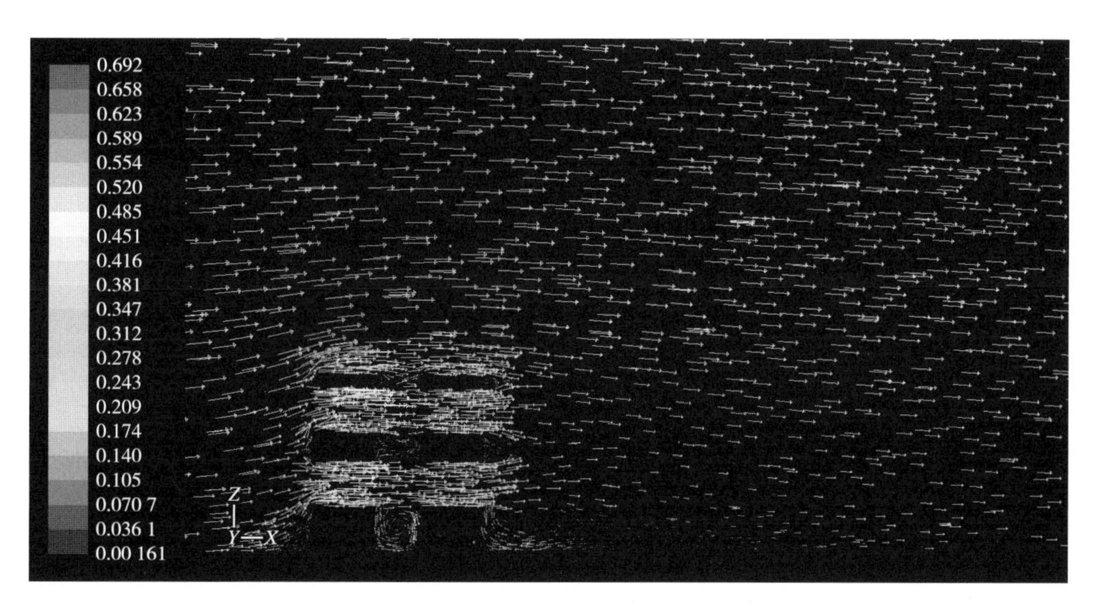

图 5-43 双层贝类增殖礁垂直剖面（Y=0 m 截面）流场速度（单位：m/s）

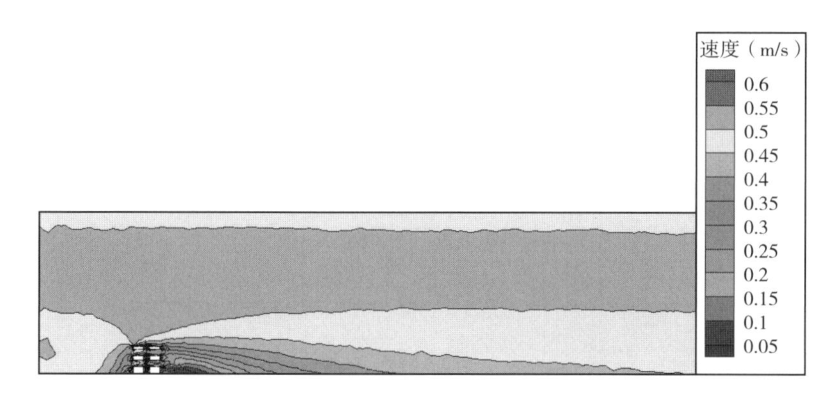

图 5-44 双层贝类增殖礁垂直剖面（Y=0 m 截面）计算区域流场速度大小

图 5-45　双层贝类增殖礁垂直剖面（Y=0 m 截面）鱼礁附近流场速度大小

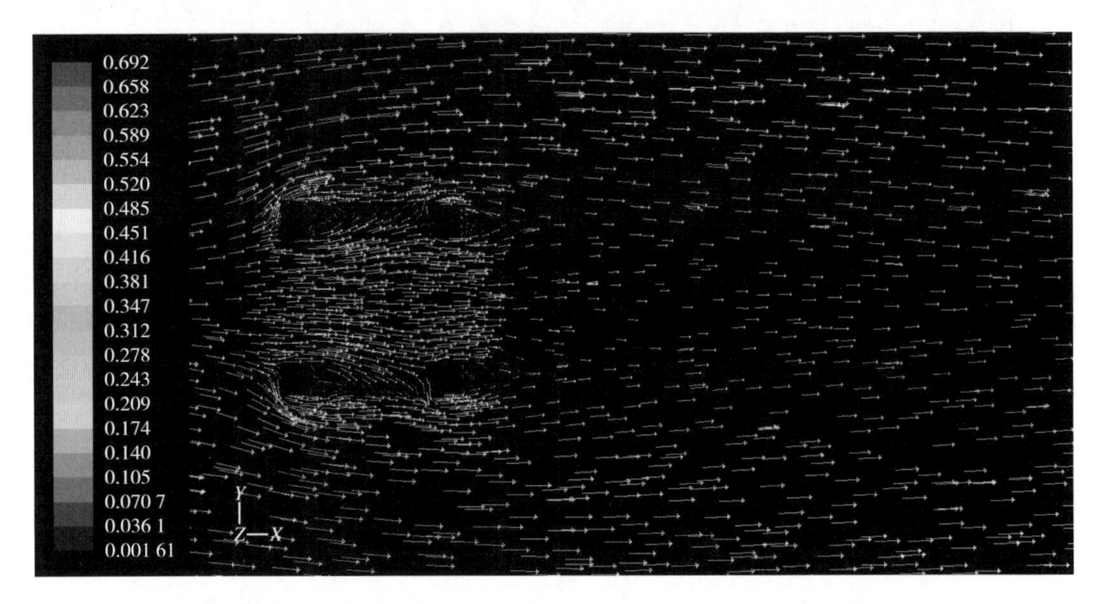

图 5-46　双层贝类增殖礁水平剖面（Z=0.6 m 截面）流场速度（单位：m/s）

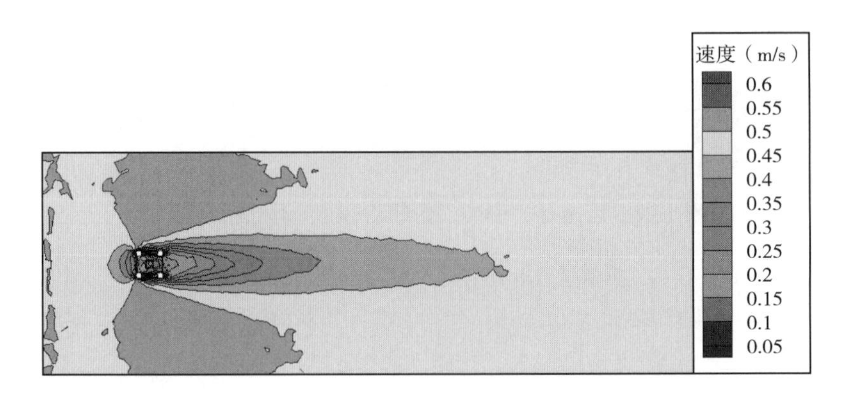

图 5-47　双层贝类增殖礁水平剖面（Z=0.6 m 截面）计算区域流场速度大小

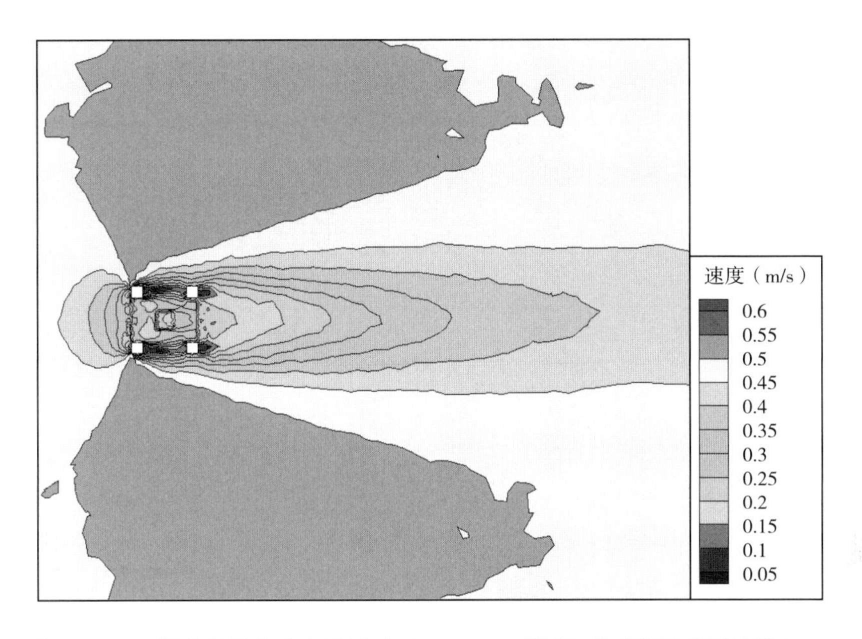

图 5－48　双层贝类增殖礁水平剖面（Z=0.6 m 截面）鱼礁附近流场速度大小

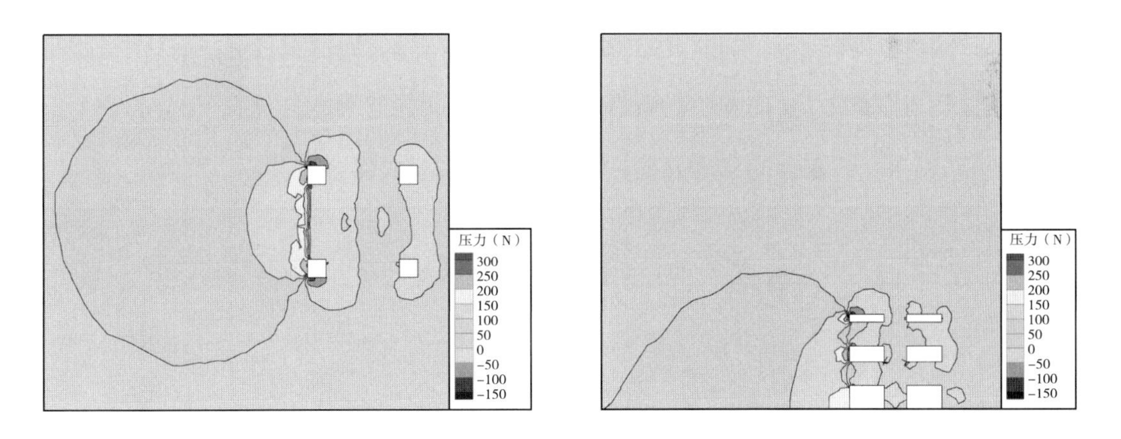

图 5－49　双层贝类增殖礁鱼礁附近压力分布

A. 水平剖面（Z=0.6 m 截面）　B. 垂直剖面（Y=0 m 截面）

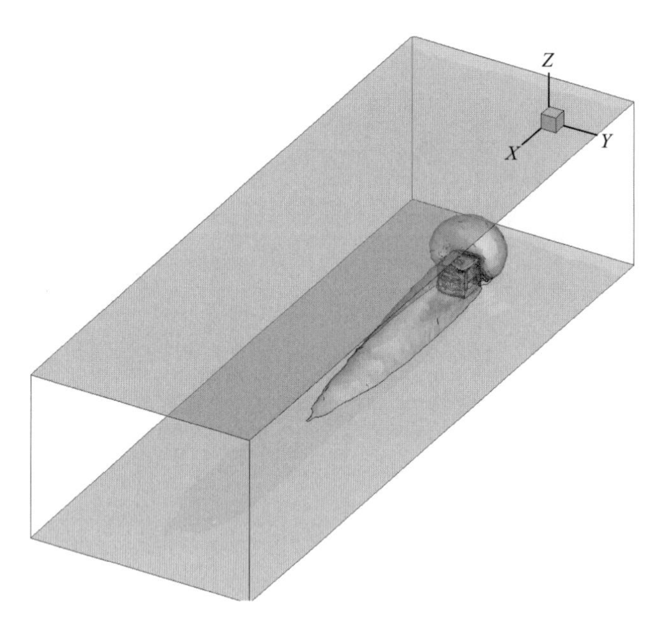

图 5-50　双层贝类增殖礁上升流和背涡流区域（球形：上升流；长条形：背涡流）

6. 单体流场效应结果与分析

本书中，背涡流区为迎流面之后速度较小的区域，定义背涡流区为流速小于来流速度的 80%的区域，上升流定义为 z 方向流速大于来流速度的 5%。4 种礁型附近的上升流和背涡流区域，分别见图 5-23、图 5-32、图 5-41 和图 5-50。运用 Tecplot 360 软件对数值模拟的结果进行分析，可以积分求得 4 种鱼礁背涡流区域和上升流区域的体积。相同初始条件和边界条件下，各礁体的背涡流区体积和上升流区体积详见表 5-15。

表 5-15　4 种礁体上升流和背涡流区域的体积（m^3）

类型	背涡流区体积	上升流区体积
大窗箱型鱼礁	69.69	44.57
大小窗箱型鱼礁	71.60	61.42
圤型鱼礁	86.54	67.02
双层贝类增殖礁	41.21	26.78

由数值模拟的结果可知，在初始条件和边界条件下，4 种形状的礁体中圤型鱼礁礁体产生的背涡流区体积最大，为 86.54 m^3。

比较初始条件和边界条件下，4 种礁型中圤型鱼礁的上升流体积最大，为 67.02 m^3。

4 种鱼礁中，由于圤型鱼礁的底座长和宽都为 2.05 m；而大窗箱型鱼礁和大小窗箱型鱼礁的底座长和宽都为 1.5 m。这 3 种鱼礁的高度都为 1.5 m，因此，㐄型鱼礁体积最大，对流场的扰动最大，因此其上升流和背涡流最大；而大小窗箱型鱼礁迎流面开孔率较大窗箱型鱼礁小，其上升流和背涡流比大窗箱型鱼礁的大。双层贝类增殖礁的长和宽都为 1.2 m，高度也为 1.2 m，体积最小，对流场的扰动也最小，因此其上升流和背涡流最小。

通过分析 4 种礁体的几何形状及其过流面积与对应的上升流和背涡流区域的体积，可以得出：

（1）无论是上升流还是背涡流，都与礁体的形状、大小、迎流面开口大小有关。同样条件下，开口越小，上升流越强，背涡流区越大；体积越大，上升流越强，背涡区越大。

（2）4 种礁型中，㐄型鱼礁，由于其尺寸比其他型礁略大的原因，其上升流区和背涡流区的体积都最大，分别为 86.54 m^3 和 67.02 m^3。

（三）海河口人工鱼礁抗滑移抗倾覆技术研究

1. 礁体质量

对以下内容开展研究：对 4 种模型鱼礁进行数值模拟，得出在相同来流速度的情况下不同鱼礁的受力情况；根据模拟结果，对 4 种礁体模型进行安全性研究和核算，求得抗滑移系数 S_1 和抗翻滚系数 S_2。

礁体的材料以钢筋混凝土为主，参照《混凝土结构设计规范》（GB 50010—2010）（中国建筑科学研究院，2011），《港口及航道护岸工程设计与施工规范》（JTJ 300—2000）（中华人民共和国交通部，2001），对于海水环境中的混凝土，设计年限为 50 年的混凝土结构，强度等级需要达到 C35；参照《水工混凝土结构设计规范》（DL/T 5057—2009）（中华人民共和国国家能源局，2009），抗渗设计采用等级 S8。

为了保证礁体结构的强度和性能，尽量使混凝土的沙砾径不超过 30 mm；配筋标准：参照《混凝土结构设计规范》（GB 50010—2010）（中国建筑科学研究院，2011）中的 4.2.1 条规定；可采用国家现行标准《钢筋混凝土用钢　第 1 部分：热轧光圆钢筋》（GB/T 1499.1—2008）（全国钢标准化技术委员会，2008a）中的 Q235 钢筋（即 HPB 235 热轧钢筋）和《钢筋混凝土用钢　第 2 部分：热轧带肋钢筋》（GB/T 1499.2—2007）（全国钢标准化技术委员会，2008b）中的 HRB 335（即 20MnSi 热轧钢筋）钢筋。

礁体配筋根据《钢筋混凝土结构设计用表》中的规定，在 C35 混凝土 HPB 235 钢筋的最小配筋率为 0.336%，在板厚 150 mm 时的配筋为 Φ10@155（504.0 mm^2/m）。

查阅资料，综合考虑之后取混凝土礁体的密度为 2 500 kg/m^3。

依据礁体几何形状，可以得出礁体的质量如表 5－16 所示。

表 5-16　4 种礁体的规格

礁体类型	尺寸（m）	实体体积（m^3）	迎流面积（m^2）	礁体质量（kg）
大窗箱型鱼礁	1.5×1.5×1.5	0.918	2.61	2 295.0
大小窗箱型鱼礁	1.5×1.5×1.5	1.187	3.69	2 967.5
卍型鱼礁	2.05×2.05×1.5	1.281	4.62	3 202.5
双层贝类增殖礁	1.2×1.2×1.2	1.05	1.38	2 625.0

2. 礁体的冲击力

通过关于流场等的计算公式计算得到的礁体周围的压强分布，通过积分，可以得出鱼礁受到的水平方向的冲击力。大窗箱型、大小窗箱型、卍型和双层贝类增殖礁周围的压强分布分别如图 5－22、图 5－31、图 5－40 和图 5－49 所示。积分得到 4 种礁型受到的水平力如表 5－17 所示。

表 5－17　4 种礁体受到的水平冲击力（N）

礁体类型	F_h
大窗箱型鱼礁	373.50
大小窗箱型鱼礁	502.67
卍型鱼礁	378.42
双层贝类增殖礁	243.05

3. 礁体抗滑移抗倾覆分析

礁体模型不发生滑动的条件为最大静摩擦力大于波流的作用力，即必须满足下式。依据贾小平（2011）研究成果，鱼礁抗滑移能力可以用抗滑移系数来描述，抗滑移系数（S_1）可以用如下公式计算：

$$S_1=\frac{(W-F_0)\mu}{F_{max}}$$

式中　μ——水泥礁与底部的摩擦系数，计算中取值为 0.55；

W——鱼礁自重；

F_0——礁体所受浮力。

F_{max}即 F_h。若 $S_1>1$，则礁体不会滑移。

鱼礁抗翻滚能力可以用抗翻滚系数来描述，抗翻滚系数（S_2）可以用下式计算：

$$S_2=\frac{M_1}{M_2}=\frac{(W-F_0)L_1}{F_{max}L_{max}}$$

式中　M_1——重力和浮力对倾覆支边的合力矩；

M_2——潮流作用下礁体最大作用力对倾覆支边的力矩；

L_1——竖直方向的力臂；

L_{max}——水平方向的最大力臂。

在潮流作用下不发生翻滚的条件为重力和浮力的合力矩 M_1，大于潮流作用下礁体最大作用力矩 M_2，即 $S_2>1$。

将所模拟的各礁型的受力代入安全性核算的计算公式，可得礁体在 0.5 m/s 的来流速度下礁体模型的抗滑移系数 S_1 和抗翻滚系数 S_2，结果见表 5－18。

表 5－18 4 种礁型抗滑移系数和抗翻滚系数

礁体类型	W（kg）	F_h（N）	S_1	S_2
大窗箱型鱼礁	2 295.0	373.50	19.90	18.09
大小窗箱型鱼礁	2 967.5	502.67	19.12	17.38
圻型鱼礁	3 202.5	378.42	27.40	34.05
双层贝类增殖礁	2 625.0	243.05	34.35	17.18

由表 5－18 可知，当来流速度为 0.5 m/s 时，各礁体的抗滑移系数 S_1 和抗翻滚系数 S_2 均大于 1，安全性能表现良好。其中，双层贝类增殖礁的水平力较小，而体积和质量同比较大，其抗滑移系数最高，为 34.35；圻型鱼礁由于底座面积较大，其抗倾覆系数最高，为 34.05。

（四）海河口人工鱼礁礁群配置及礁区布局组合流场效应分析

1. 概述

已有的研究表明，礁体造成的背涡流长度为礁体高度的 2～4 倍，甚至更长，礁体的间距对背涡流的影响范围同样会产生影响。根据礁区的流场效应，选择合适的礁群配置组合模式，能更好地发挥礁区的物理环境造成功能，因此，有必要对不同的礁群配置组合模式进行数值模拟研究。研究共计 4 种的礁群配置，分别见图 5－51 至图 5－54 所示。其中，来流流向除图 5－52 所示的配置二为东南向西北外，其余均为从北至南。

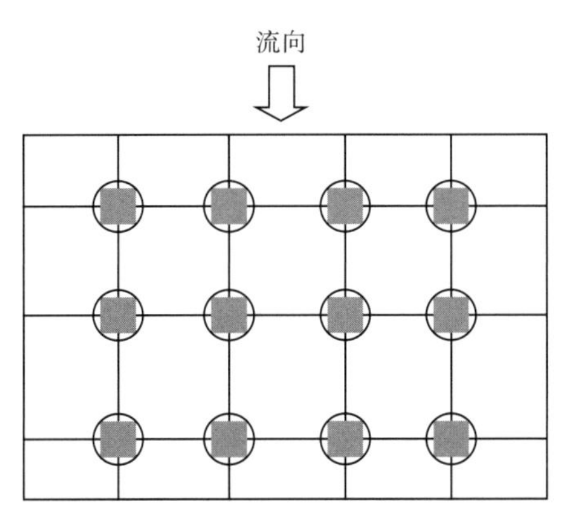

图 5－51 礁群配置一

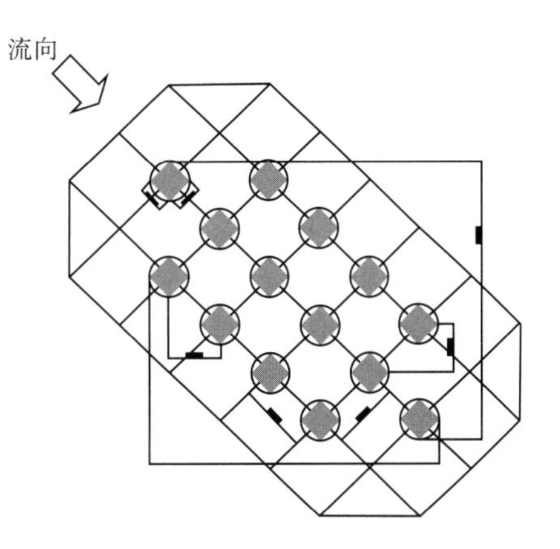

图 5－52 礁群配置二

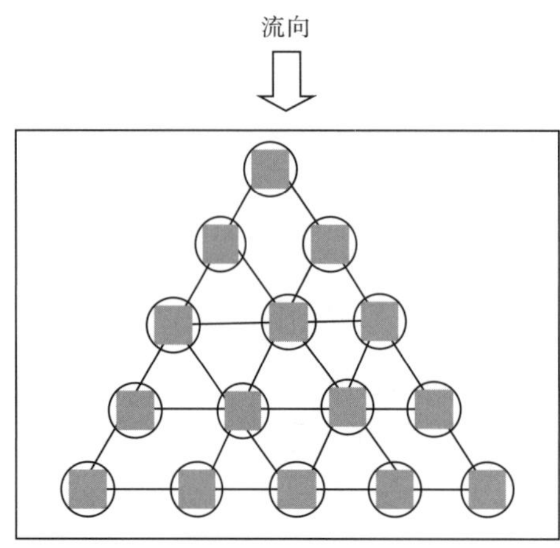

图 5-53　礁群配置三

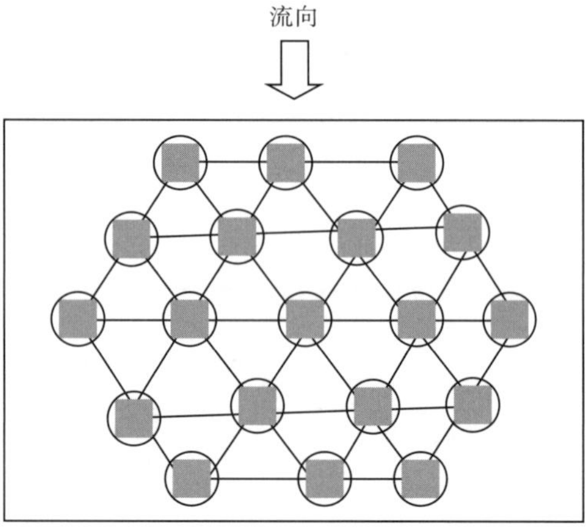

流向

图 5-54　礁群配置四

2. 采用的软件和计算条件

根据渤海湾流场数值模拟的结果，采用计算流体力学（CFD）应用软件 Fluent 来模拟渤海湾人工鱼礁区礁群的流场效应。通过分析，给出适合渤海湾人工鱼礁区科学合理的礁群配置模式。

不同礁群配置方案对背涡流的影响范围同样会产生影响，单位礁群的尺度为长 20 m、宽 20 m、高 1.5 m。4 种礁群的配置中，礁群之间的距离均为 100 m，计算区域大小随配置中礁群数目和位置作相应变化。由于此 4 种礁群的几何布置都具有对称性，其流场也为对称的，计算区域取为图 5-51 至图 5-54 区域的一半来计算即可，如对应配置一的计算区域可参见图 5-55。不同礁群配置方案的入口海流速度仍然都取 0.5 m/s。

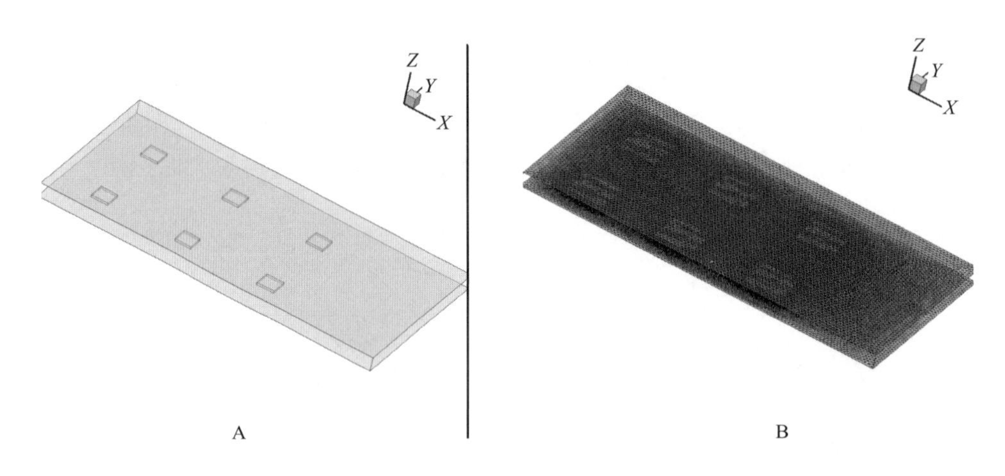

图 5-55　计算区域布置及网格剖分

A. 计算区域　B. 网格剖分

分析流场效应时，在计算上升流区域的体积时，取该区域的垂向流速大于来流速度的 5%；在计算背涡流区域的体积时，取该区域流速小于来流速度的 80%为判断依据。

3. 配置一礁群流场效应分析

配置一礁群布置如图 5-51 所示，此种配置中礁群成三行四列布置。由于对称性，计算区域选择其中一半来进行。图 5-56 为整个计算区域水平剖面流速大小等值线图；图 5-57为上升流和背涡流区域，通过此区域可以计算出上升流和背涡流的体积。如图 5-57 所示，位置靠前的礁群对后面的礁群有一定的缓流效果，背涡流区域的判据为入流速度的 80%，因此后面礁群的背涡流区域的体积要大。

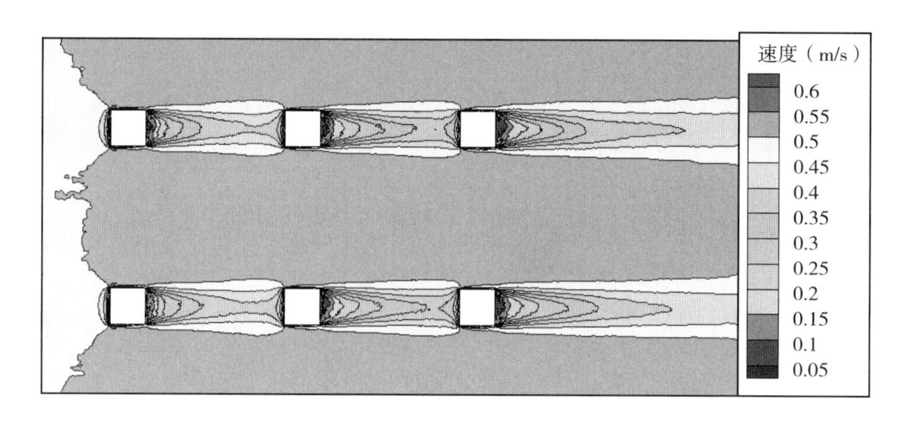

图 5-56　礁群配置一流场速度大小等值线

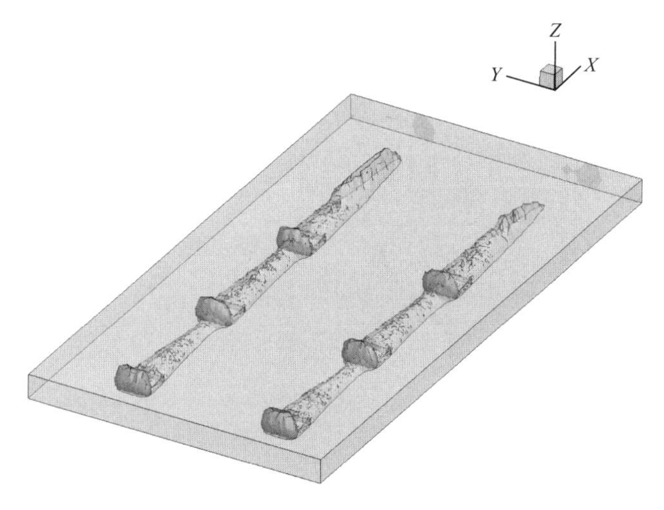

图 5-57　礁群配置一上升流和背涡流区域

礁群前面为上升流区域；后面为背涡流区域

4. 配置二礁群流场效应分析

配置二礁群的布置如图 5-52 所示，此种配置中礁群呈“464”三列布置。由于该种配置方式为对称布置，取其中的一半为计算范围。图 5-58 为整个计算区域水平剖面流速大小等值线图；图 5-59 为上升流和背涡流区域，通过此区域可以计算出上升流和背涡流的体积，位置靠前的礁群对后面的礁群有一定的缓流效果，中间列的礁群数目最多，缓流效果最明显，越靠后的礁群背涡流区越大。

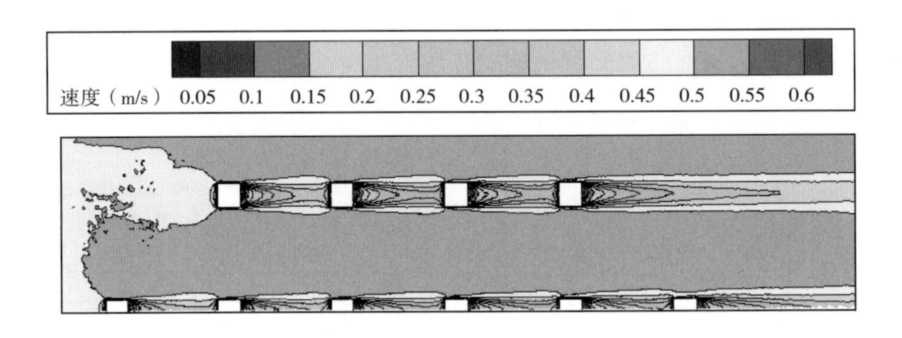

图 5-58　礁群配置二流场速度大小等值线

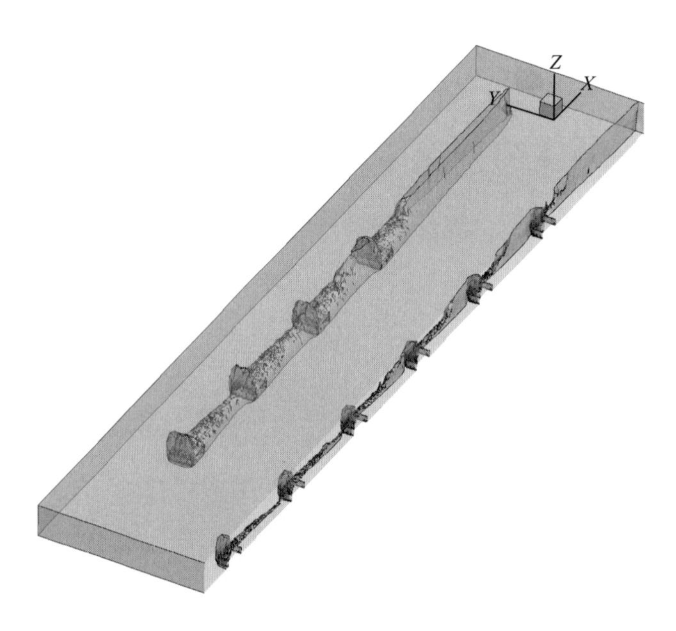

图 5-59　礁群配置二上升流和背涡流区域

礁群前面为上升流区域；后面为背涡流区域

5. 配置三礁群流场效应分析

配置三礁群布置如图 5-53 所示，此种配置中礁群呈“12345”五行三角形布置。由于对称性，取一半为计算区域。图 5-60 为整个计算区域水平剖面流速大小等值线图；图 5-61 为上升流和背涡流区域，如图 5-61 所示，位置靠前的礁群对后面的礁群有一定的缓流效果，但由于交错布置的缘故，在流速方向上，前后礁群的位置较第一种和第二种配置要远，缓流效果前后积累效应不明显。

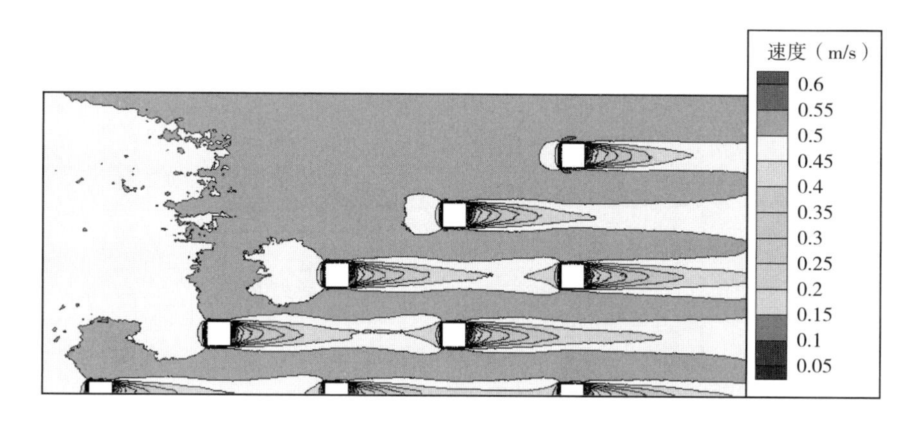

图 5-60　礁群配置三流场速度大小等值线

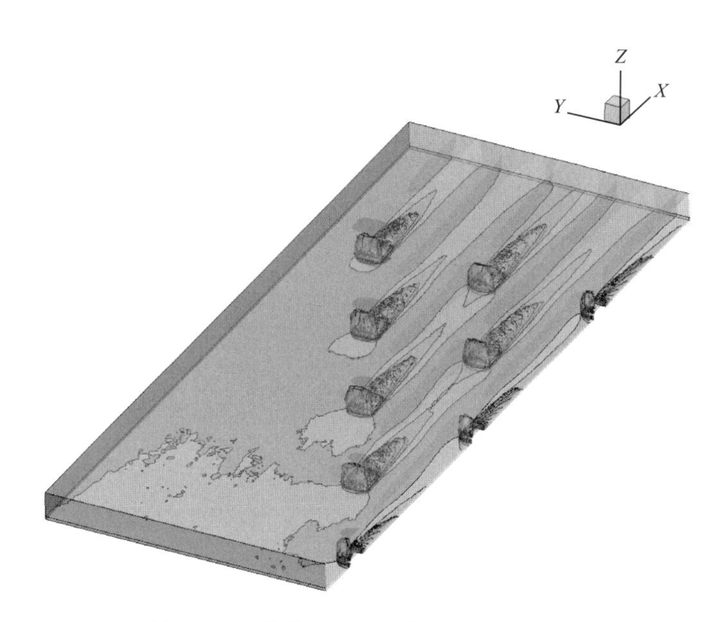

图 5-61　礁群配置三上升流和背涡流区域

礁群前面为上升流区域；后面为背涡流区域

6. 配置四礁群流场效应分析

配置四礁群布置如图 5-54 所示，此种配置中礁群呈“34543”五行正六边形布置。由于对称性，取一半为计算区域。图 5-62 为整个计算区域水平剖面流速大小等值线图；图 5-63 为上升流和背涡流区域，位置靠前的礁群对后面的礁群有一定的缓流效果，同样由于交错布置的缘故，在流速方向上，前后礁群的位置较第一种和第二种配置要远，缓流效果前后积累效应不明显，同配置三类似。

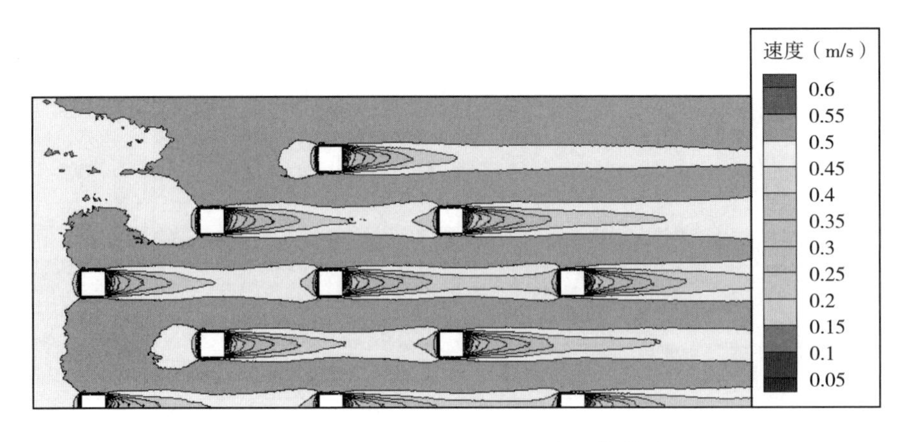

图 5－62　礁群配置四流场速度大小等值线

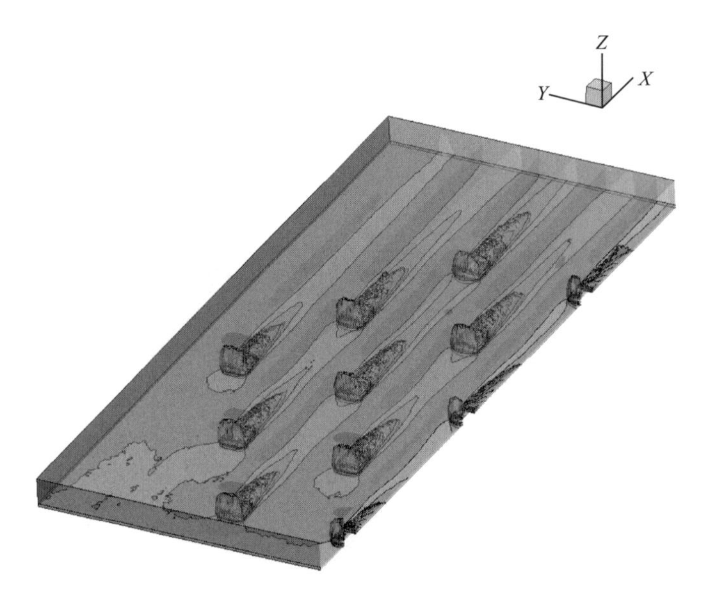

图 5－63　礁群配置四上升流和背涡流区域

礁群前面为上升流区域；后面为背涡流区域

7. 结果与分析

4 种配置礁群的上升流和背涡流区域分别见图 5－57、图 5－59、图 5－61、图 5－63，运用 Tecplot 360 软件对上升流和背涡流区域求体积，各种礁群布置方式的流场效应如表 5－19 所示。

表 5－19　上升流和背涡流的体积

礁群类型	上升流区域总体积（m^3）	背涡流区域总体积（m^3）	域内礁群数（个）	平均单个礁群上升流体积（m^3）	平均单个礁群背涡流体积（m^3）
配置一	3 151.02	12 978.40	6	525.17	2 163.07
配置二	3 487.92	17 009.72	7	498.27	2 429.96

（续）

礁群类型	上升流区域总体积（m³）	背涡流区域总体积（m³）	域内礁群数（个）	平均单个礁群上升流体积（m³）	平均单个礁群背涡流体积（m³）
配置三	3 944.90	13 284.71	7.5	525.99	1 771.29
配置四	5 007.52	16 988.68	9.5	527.11	1 788.28

通过比较以上结果可知，由于单个礁群之间的距离较远，垂直于来流的方向上，相互间的流场影响和差别都比较小，因此平均单个礁群上升流区域的体积差别不大；而沿着来流方向上，礁群间的影响范围受配置方式影响较大，从几何上看，配置一和配置二与配置三和配置四相比，配置一、配置二礁群的前后距离较配置三、配置四礁群前后距离近，因此对背涡流区的体积影响大，因此配置一和配置二比配置三、配置四背涡流区域的体积大；而配置一和配置二比较，由于配置二单排布置的礁群数目多，其对背涡流区域的影响要大，因此配置二背涡流区域的体积较配置一的大，从计算结果来看，也是配置二情况下的单个礁群背涡流区的平均体积最大，为 2 429.96 m^3。

综上所述，总体上按配置二布置礁群带来的流场效应最大。

（五）礁群配置在不同来流方向时的流场效应分析

上文已分析了不同礁群布局在主流向上的流场效应。实际上，当礁群投放到工程区域后，由于施工布放的误差、四季风向的不同以及围海造陆对岸线的改变，潮流的流向在不停地改变，因此，有必要分析不同来流流向对流场效应的影响。

本部分将来流流向进行改变，礁群配置一的来流流向由原来的北向南改为西向东，如图 5－64 所示；礁群配置二的来流流向由原来的西北向改为东北向，如图 5－65 所示；礁群配置三的来流流向由北向改为北偏西 60°，如图 5－66 所示；礁群配置四的来流流向由原来的北向改为北偏西 30°，如图 5－67 所示。

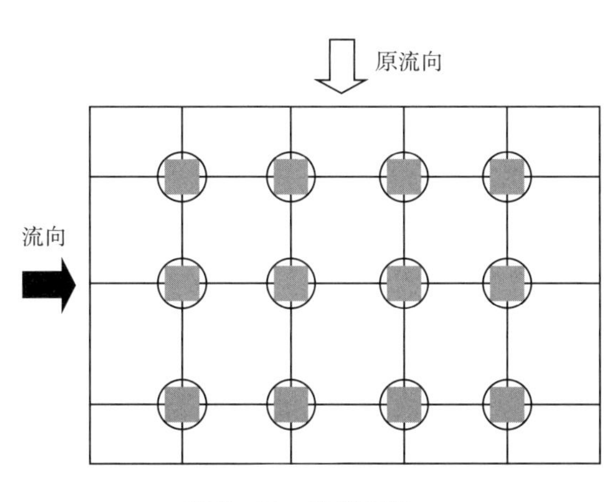

图 5－64　礁群配置一

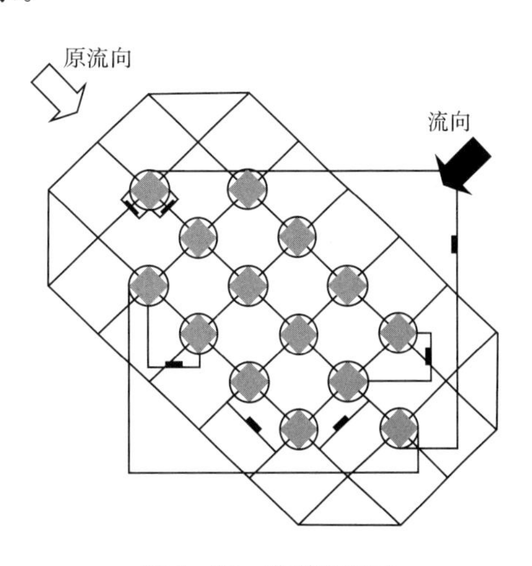

图 5－65　礁群配置二

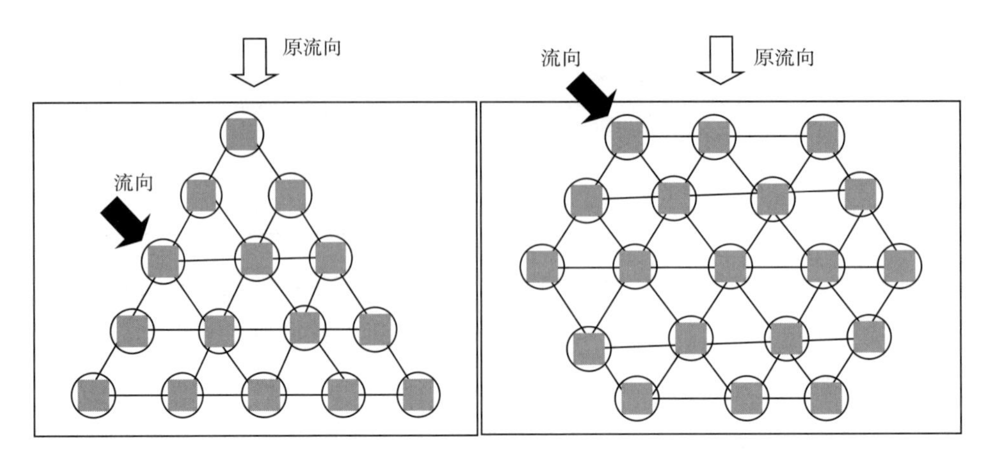

图 5-66 礁群配置三　　图 5-67 礁群配置四

1. 采用的软件和计算条件

与本节（一）、（四）部分的计算条件相比，本部分的计算条件仅是在流向上进行改变，其余的计算条件保持相同。即单个礁群的尺度为长 20 m、宽 20 m、高 1.5 m，4 种礁群的配置中，礁群之间的距离均为 100 m，不同礁群布置方案的入口海流速度仍然都取 0.5 m/s。

分析流场效应时，与本节（一）和（四）部分的判据也相同。即在计算上升流区域的体积时，取该区域的垂向流速大于来流速度的 5%；在计算背涡流区域的体积时，取该区域流速小于来流速度的 80%。

计算区域大小随配置中礁群数目和位置作相应变化，由于礁群配置一、礁群配置二的几何布置具有对称性，其流场也应该是对称的，计算区域取为如图 5-64 至图 5-65 区域的一半来计算即可。如对应礁群配置一的计算区域和网格剖分如图 5-68（A）、（B）所示；而礁群配置三改变来流流向时，单位矩形鱼礁区域的顶点迎着流向，则单位矩形礁群为“楔形体”，而且由于来流流向为北偏西 60°，而非西北向，单位矩形鱼礁几何上与迎流面不具有对称性，同时考虑计算效率，计算区域如图 5-68（C）所示；同样礁群配置四也不具有对称性，计算区域如图 5-68（D）；当单位矩形礁群的顶点为迎流面时，单位矩形礁群为“楔形体”，迎流面较大，而当单位礁群的面为迎流面时，则迎流面面积较小。当来流主流向确定后，为分析单位矩形礁群迎流面的布局，针对礁群配置三和礁群配置四，布置矩形礁群的面为正向迎流面，作为对比算例。考虑此时的对称性，礁群配置三和礁群配置四的计算区域如图 5-68（E）、（F）所示。

2. 礁群配置一流场效应分析

如图 5-64 所示，此种配置中礁群呈四行三列布置。由于对称性，计算区域选择其中一半来进行；图 5-69 为整个计算区域水平剖面流速大小等值线图；图 5-70 为上升流和背涡流区域，通过此区域可以计算出上升流和背涡流的体积，结果如表 5-20 所示。位置靠前的礁群对后面的礁群有一定的缓流效果，背涡流区域的判据为入流速度的 80%，因此后面礁群的背涡流区域的体积要大。此计算区域内 6 个礁群的平均背涡流的体积为 2 259.74 m³。

与本节（一）和（四）部分中改变流向前的礁群配置一相比（结果见表 5－19 所示，背涡流体积为 2 163.07 m³），本部分的礁群配置一在来流方向上礁群的叠加数目要多 1 排礁群，后排礁群缓流区的叠加效应明显一些。

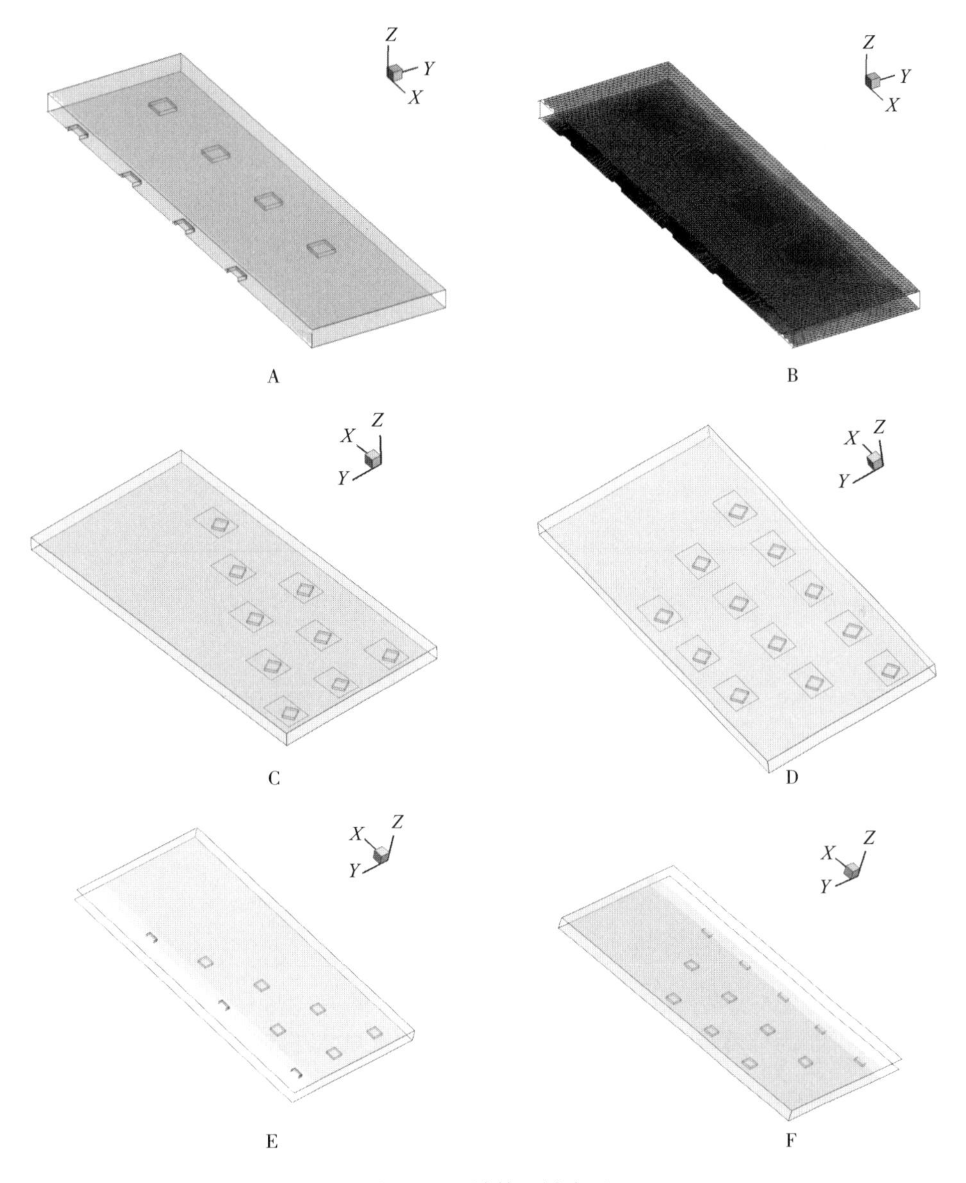

图 5－68　计算区域布置

A. 礁群配置一计算区域　B. 礁群配置一网格剖分　C. 礁群配置三正向布置时计算区域
群配置四正向布置时计算区域　E. 礁群配置三楔形布置时计算区域　F. 礁群配置四楔形布置时计算区域

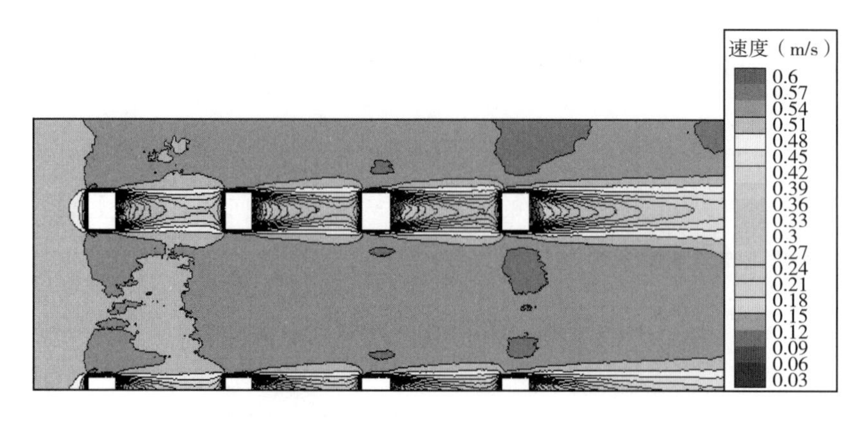

图 5-69　礁群配置一流场速度大小等值线图（m/s）

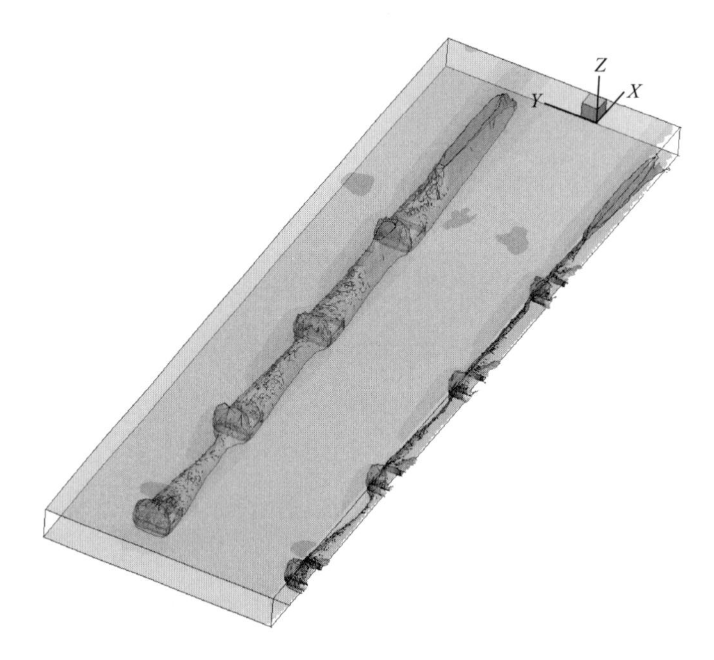

图 5-70　上升流和背涡流区域

礁群前面为上升流区域，后面为背涡流区域

3. 礁群配置二流场效应分析

如图 5-65 所示，此种配置中礁群呈“464”三行布置。由于该种配置方式为对称布置，取其中的一半为计算范围。图 5-71 为整个计算区域水平剖面流速大小等值线图；图 5-72 为上升流和背涡流区域，通过此区域计算出上升流和背涡流的体积，如表 5-20 所示（上升流的体积为 526.11 m^3，背涡流的体积为 1 980.5 m^3）。

与本节（一）、（四）部分未改变来流方向时礁群配置二的结果（平均单个礁群的上升流体积为 498.27 m^3，背涡流体积为 2 429.96 m^3）相比，在来流方向改变后，由于单排礁群的数目要少，后排礁群缓流效果要弱一些，因此计算的背涡流的体积要小很多。

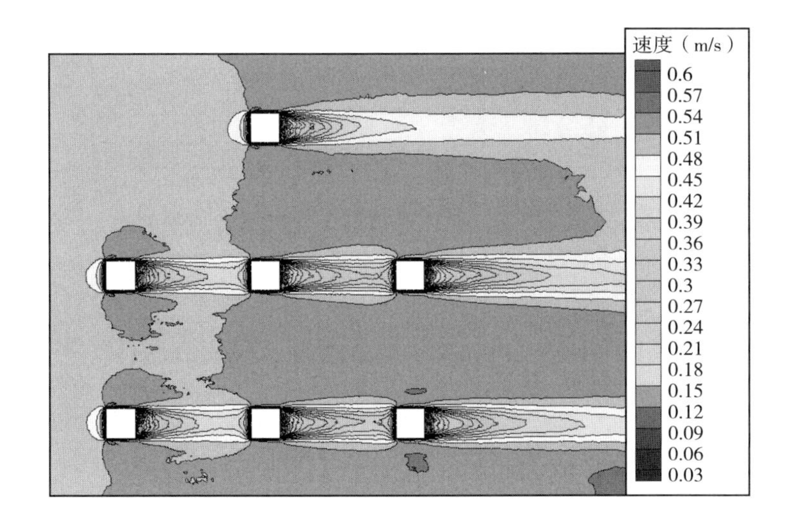

图 5－71　礁群配置二流场速度大小等值线图

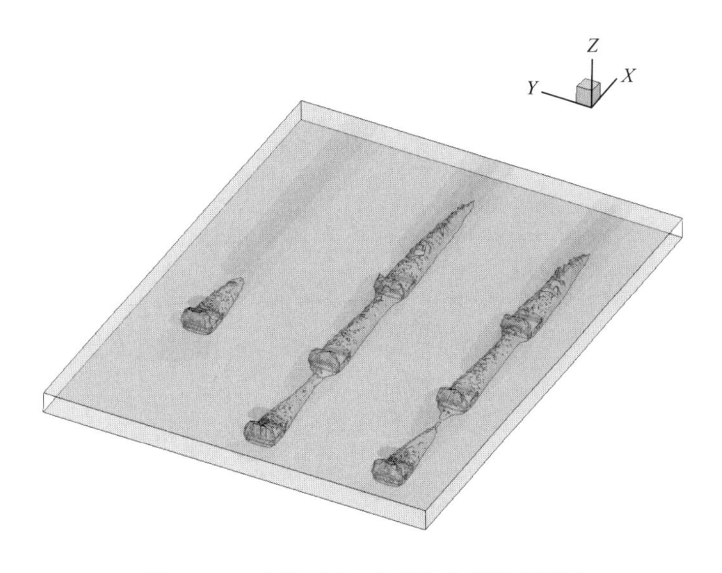

图 5－72　礁群配置二上升流和背涡流区域

4. 礁群配置三流场效应分析

如图 5－66 所示，此种配置中礁群呈“54321”五行三角形布置。当迎流面为单个矩形礁群的面时，由于对称性，取一半为计算区域。图 5－73 为礁群正对来流方向时计算区域水平剖面流速大小等值线图；图 5－74 为上升流和背涡流区域，从图中可以统计出单个矩形礁群平均上升流区域的体积为 535.20 m^3，而平均背涡流的体积为 1 731.43 m^3。如图5－74 所示，位置靠前的礁群对后面的礁群有一定的缓流效果，但由于交错布置的缘故，在流速方向上，前后礁群的位置较前礁群配置一和礁群配置二要远，缓流效果前后积累效应相对要弱。

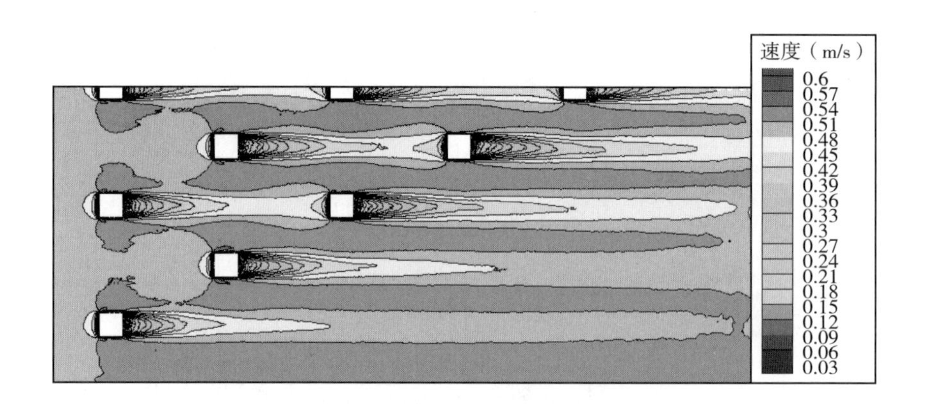

图 5-73　礁群配置三不倾斜流场速度大小等值线图

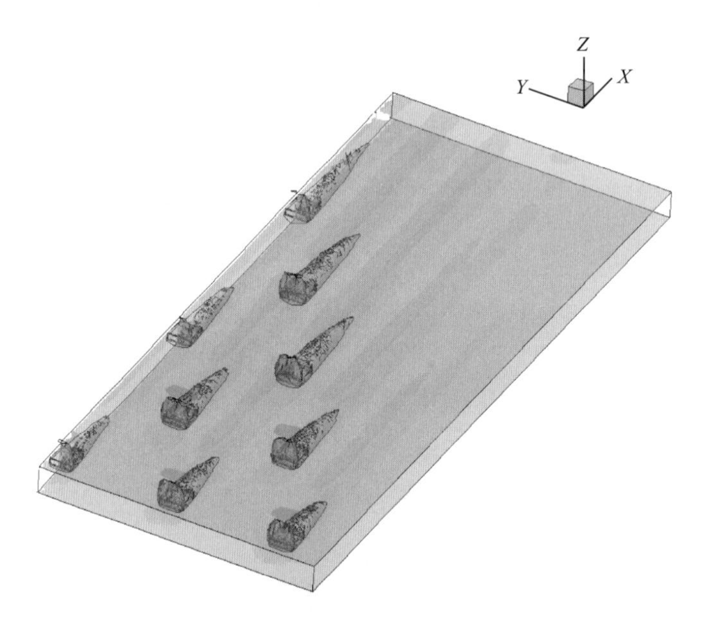

图 5-74　礁群配置三不倾斜上升流和背涡流区域

图 5-75 为礁群迎流面相对于来流方向呈 60°倾斜角时，整个计算区域水平剖面流速大小等值线图；图 5-76 为上升流和背涡流区域，统计出单个矩形礁群平均上升流区域的体积为 829.59 m^3，而平均背涡流的体积为 1 469.75 m^3。由于迎流面相对来流方向有倾斜角的缘故，背涡流也不对称，水流更容易绕过礁群，从而缓流效果前后累计效应弱于不倾斜状态下的缓流效果。而且倾斜状态下，迎流面相对来流方向倾斜角度越大，水流越容易绕过并保持较大流速，使缓流区越小。所以，倾斜状态下礁群后的缓流区呈现出两侧大小不同的现象。

从以上两种结果比较来看，当单个礁群倾斜布置时，为楔形体，由于迎流面面积（为矩形礁群在垂直方向的投影面积）较大，因此平均单个矩形礁群的上升流体积要大很多；而由于楔形体绕流效果好，其平均背涡流的体积要小一些。

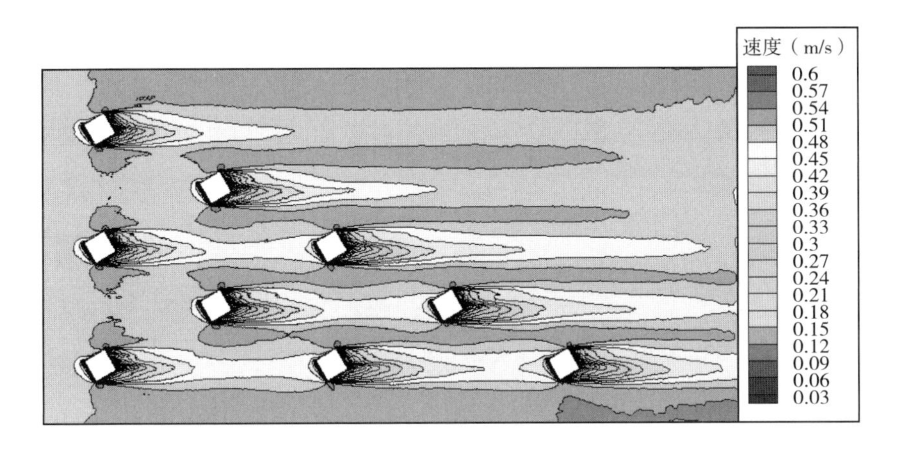

图 5-75　礁群配置三倾斜流场速度大小等值线图

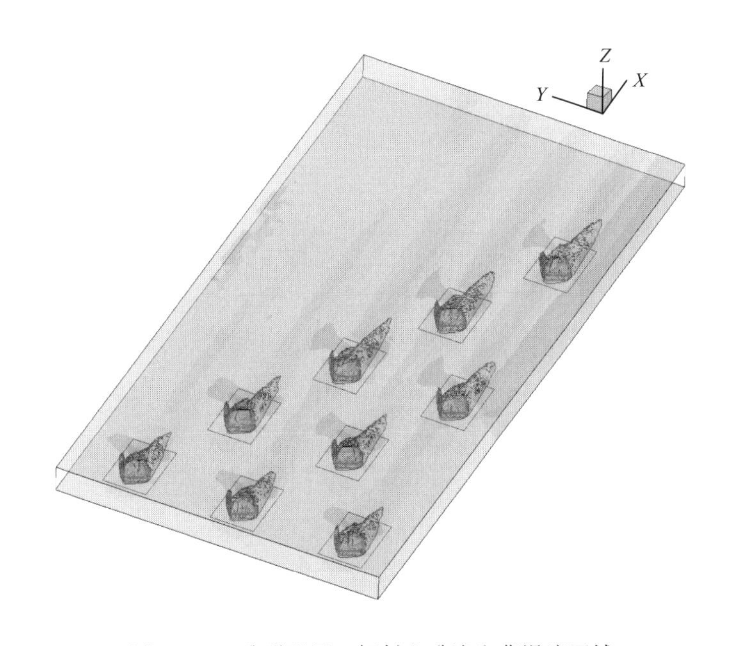

图 5-76　礁群配置三倾斜上升流和背涡流区域

与本节（一）、（四）部分中配置三在未改变流向的结果（表 5-19）相比，当单个矩形礁群正向布置时，由于整个礁群布局为正三角形，当来流方向改变和不改变时，相当于涨潮和落潮，其平均上升流和背涡流的体积基本保持相同。而当单个矩形礁群倾斜布置时，由于迎流面面积的改变，其平均单个礁群的上升流体积要大很多，而背涡流的体积要小一些。

5. 配置四礁群流场效应分析

如图 5-67 所示，此种配置中礁群呈“34543”五列正六边形布置。当单个矩形礁群的面与来流流向正向布置时，由于对称性，图 5-77 为整个计算区域水平剖面流速大小等值线图；图 5-78 为上升流和背涡流区域，计算得出平均单个礁群的上升流的体积为 511.42 m^3，而背涡流的体积为 2 299.29 m^3。同样由于交错布置的缘故，在流速方向上，同礁群配置一、礁群配置二相比，前后礁群的距离要远，缓流效果前后积累效应要弱一些，同礁群配置三类似。

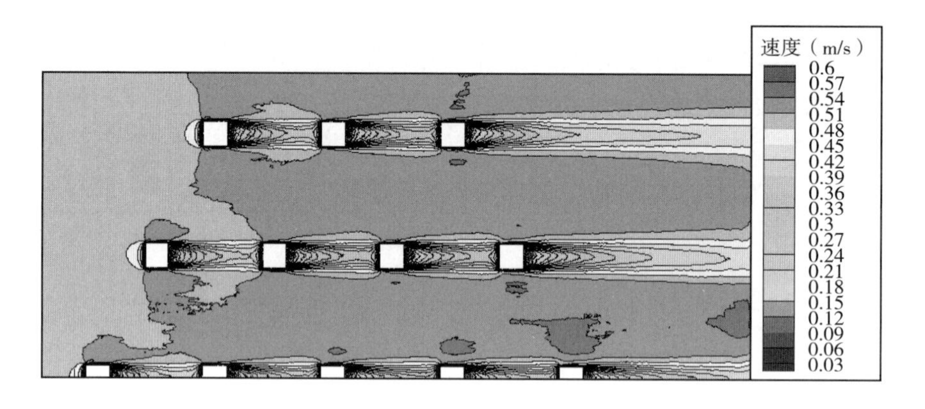

图 5-77　礁群配置四不倾斜流场速度大小等值线图（m/s）

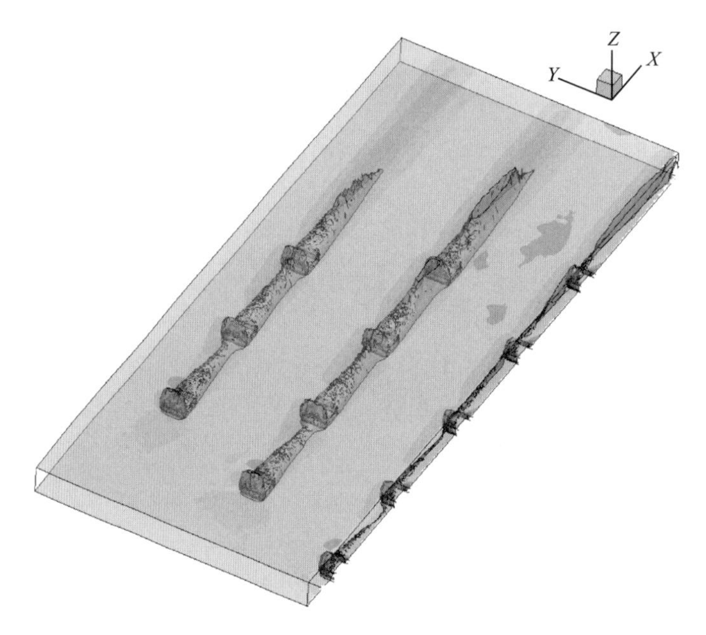

图 5-78　礁群配置四不倾斜上升流和背涡流区域

图 5-79 为礁群迎流面相对于来流方向呈 30°倾斜角时，整个计算区域水平剖面流速大小等值线图；图 5-80 为上升流和背涡流区域，计算得出平均单个礁群的上升流的体积为 789.84 m^3，而背涡流的体积为 2 200.86 m^3。如图 5-78 所示，同礁群配置三类似，倾斜状态下礁群后的缓流区同样呈现出两侧不对称的现象。

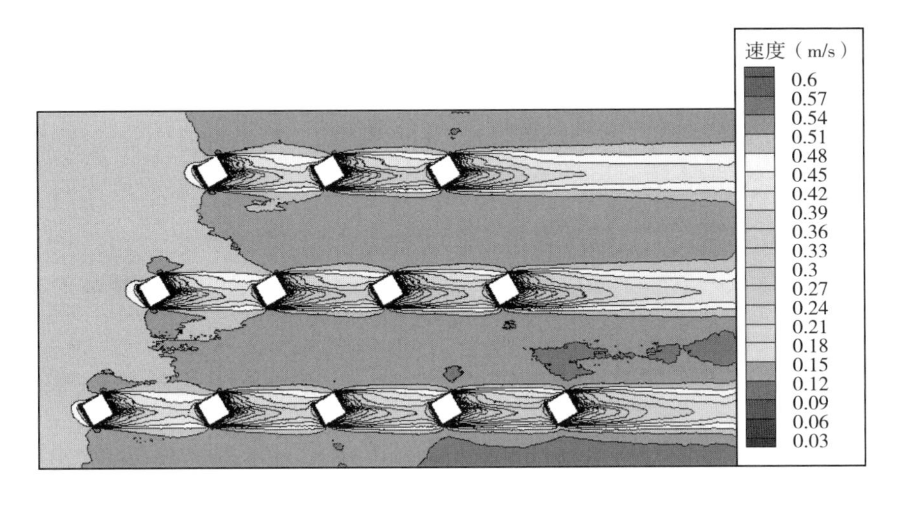

图 5－79 礁群配置四倾斜流场速度大小等值线图（m/s）

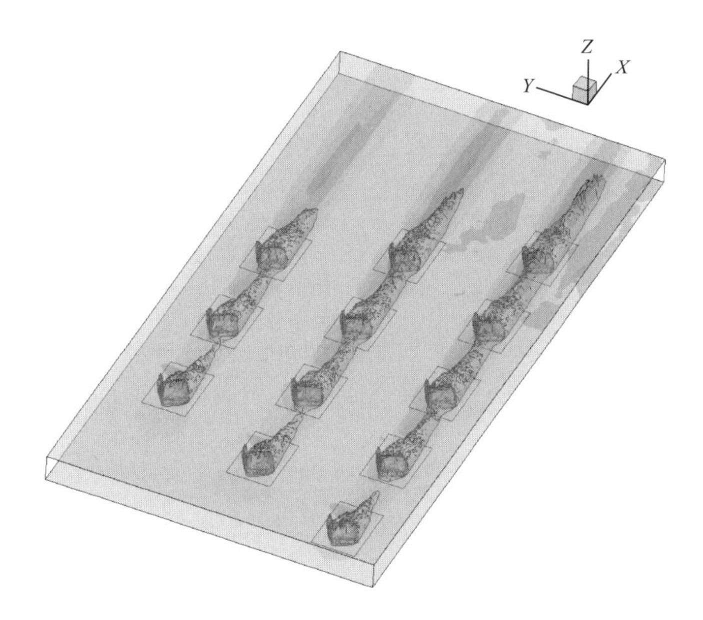

图 5－80 礁群配置四倾斜流上升流和背涡流区域

以上两种结果比较来看，当单个礁群倾斜为楔形体布置时，由于迎流面面积（为矩形礁群在垂直方向的投影面积）较大，因此平均单个矩形礁群的上升流体积要大很多；而由于楔形体绕流效果好，其平均背涡流的体积要小一些。

与本节（一）、（四）部分中礁群配置四在未改变流向的结果（表 5－19）相比，当单个矩形礁群与迎流面为正向布置时，由于改变流向后，每排单个礁群的间距要小，其缓流效果要好，因此其平均背涡流的体积要大，而上升流的平均体积差不多；当倾斜为楔形体布置时，同样由于礁群之间的间距小，平均背涡流的体积要大，而上升流由于其迎流面的面积大，因此平均上升流的体积也大。

6. 结果与分析

4种礁群布置的上升流和背涡流区域，分别见图 5－70、图 5－72、图 5－74、图 5－76、图 5－78 和图 5－80。运用 Tecplot 360 软件，对上升流和背涡流区域求体积，各种礁群布置方式的流场效应如表 5－20 所示。

通过比较以上结果可知，当迎流面面积相同时，垂直于来流的方向上，平均单个礁群上升流区域的体积差别不大，说明单个礁群之间的距离和配置方式基本不影响上升流的流速大小，其平均上升流的体积相差不大；而当单个矩形礁体倾斜为楔形体布置时，由于迎流面面积的加大，其平均上升流的体积要大，其体积的增加量与倾斜的角度有关系。

表 5－20　来流方向变化后上升流和背涡流的体积

礁群类型	上升流区域总体积（m^3）	背涡流区域总体积（m^3）	域内礁群数（个）	平均单个礁群上升流体积（m^3）	平均单个礁群背涡流体积（m^3）
配置一	3 049.54	13 558.43	6.0	508.26	2 259.74
配置二	3 682.74	13 863.53	7.0	526.11	1 980.50
配置三	4 013.98	12 985.74	7.5	535.20	1 731.43
配置四	4 858.53	21 843.27	9.5	511.42	2 299.29
配置三斜	7 466.30	13 227.79	9.0	829.59	1 469.75
配置四斜	9 478.12	26 410.34	12.0	789.84	2 200.86

而沿着来流方向上，礁群间的影响范围受配置方式影响较大，从结果上看，背涡流基本上受到单个矩形礁群的前后距离的影响较大，而基本不受左右礁群的影响。从计算结果来看，礁群配置四的单个礁群背涡流区的平均体积最大，当单个礁群与迎流面正向布置时为 2 299.29 m^3。

当礁群配置三和礁群配置四迎流面与来流方向有一定倾斜角度时，由于迎流面增大的缘故，上升流区域相比于不倾斜状态下要增大；由于迎流面与来流方向有倾斜角，使得来流更容易通过礁群，从而使得绕过礁群的水流保持较大的流速，使得礁群的缓流区域变小。从计算的结果来看，倾斜状态下礁群配置三、礁群配置四上升流区域的体积较不倾斜状态要大；而缓流区域的体积较不倾斜状态要小。

综上所述，总体上，按本部分礁群配置四布置的礁群带来的流场效应最大。综合不同礁群配置和来流方向来看，本节（一）、（四）部分中礁群配置二在由东南向西北来流情况下，单个礁群由于礁群前后影响较大，其单个礁群背涡流区域的平均体积最大，为 2 429.96 m^3，流场效应最大。且此来流方向与项目实施区域的来流方向一致，建议礁群布置时，采用此种布置方式。

(六) 人工鱼礁鱼类生态诱集技术研究

人工鱼礁是人们为了诱集并捕捞鱼类，保护增殖水产资源，改善水域环境，进行休闲渔业等活动而有意识地设置于预定水域的构造物（杨吝 等，2005）。其不但可以吸引和聚集鱼类，形成良好渔场，提高渔获量，且能保护产卵场，防止敌害对稚幼鱼的侵袭。同时，可放养各种海珍品或放流优质鱼类，而直接发挥增殖效果（何大仁 等，1995）。鱼类与人工鱼礁的关系有各种不同说法，不同种类的鱼类对鱼礁的依赖性不同（陈勇 等，2002），不同类型人工鱼礁对同一种鱼类的生态诱集作用也有所差异（周艳波 等，2011）。所有趋礁型鱼类根据其栖息于礁体内部周边与外围的相对位置，大致可划分为Ⅰ型、Ⅱ型和Ⅲ型 3 种鱼类（王淼 等，2010）。鱼类对应于礁体所表现出的不同行为特征，是人工鱼礁的饵料效应、流场效应以及声响效应等在不同鱼种间的相应差异的表现（杨吝 等，2005）。但实际鱼礁海域使用的礁体形状多种多样，不同鱼类对应它们的栖息位置都是相对的，这是由于不同结构的鱼礁所产生的各种效应之差异所致。

对人工鱼礁集鱼效果的研究，主要是通过海上资源调查（张怀慧 等，2001）、潜水观察（Markevich，2005）和模型实验（周艳波 等，2011）等方式进行。根据天津市海域的状况及实验方案的可行性等因素，结合天津市海域趋礁性鱼类的主要种类，在静水和流水条件下，研究 4 种构型的人工鱼礁和不同的组合对于中国花鲈、黑棘鲷和许氏平鲉的行为影响，通过对比实验，探索不同来流条件下幼鱼对礁体结构间隙的选择特点。

1. 实验设计

（1）实验装置　实验利用室内 5 m×6 m 矩形水池进行，池深 1.5 m。如图 5-81 所示，水池中央设置环形隔离板，利用水泵产生的推力使水体循环流动，隔离板两侧放置 2 片网栅，将鱼隔离在实验区域内，实验区为 4 m×4 m 的方形，实验水体为净化海水，水深 0.9 m，水温变化范围 18～23 ℃。

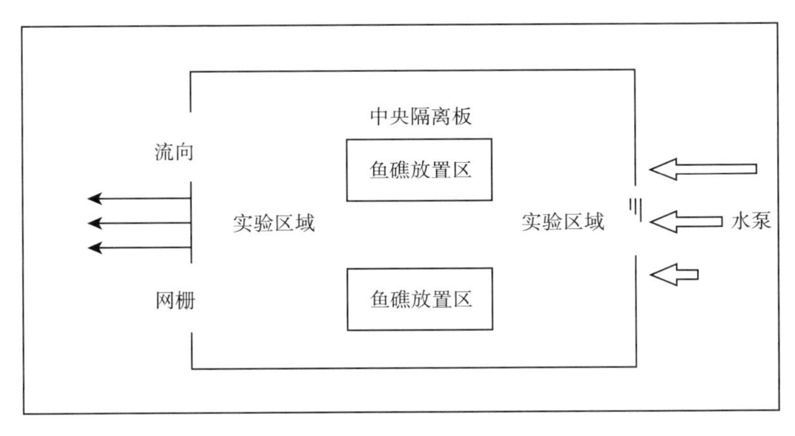

图 5-81　实验水槽俯视平面

在对渤海湾潮流场的模拟中，得知鱼礁投放区域的潮流场特征，在此区域，涨急和落急流速约为 0.5 m/s，本实验水流速度设计时参考此值区间进行。利用平行安装的 2 台潜水泵使水体产生循环流动，中泵型流量 60 m^3/h，小泵型号 40 m^3/h，分别开启中、小 2 个泵，对应产生的来流区平均流速分别为 23.4 cm/s、19.1 cm/s 和不开水泵的静水状态。水池上方约 2 m 的屋顶横梁悬挂安装有 4 个高清摄像头（型号为 AN－50W3H），实验区两端池底固定 2 个水下探头（型号为 GW0106），分别用于垂直和水平方向的监控和观察，6 个探头均通过线缆连接放置在监控室的控制电脑，可无干扰地监控并记录水池实验区的黑棘鲷行为。

流速使用 ALEC－QL1X3061 流速仪对水池内多个定点的测量，来确定实验区的流速分布。

（2）人工鱼礁模型的制作　根据海河口近年最为常用的 4 种鱼礁礁型（大窗型鱼礁、大小窗型鱼礁、卐型鱼礁和双层贝类增殖礁）结构参数，采用材料为高密度塑料板混合铅块按一定比例制作实验人工鱼礁模型。模型制作完成后，模型先置于海水中 24 h 以上备用。

（3）实验用鱼　根据海河口鱼类历史资料，结合近年来海河口海域渔业资源增殖放流的主要品种，选择中国花鲈、黑棘鲷和许氏平鲉作为实验用鱼品种。选取实验鱼种为苗种孵化车间中养殖的中国花鲈、黑棘鲷和许氏平鲉幼鱼各 60 尾，先将其暂养于另一水池中 3 d，其间投喂饲料，以配合饲料为主。待实验开始时，随机选择 3 种鱼类各 30 尾（体长 8～10 cm）进行实验。鱼苗培养时，提前把鱼礁模型放置于培养池中，使其适应环境，避免实验开始时的应激反应。

（4）实验方法　通过悬挂在水槽上方的摄像头来观察中国花鲈、黑棘鲷和许氏平鲉幼鱼的趋礁行为。根据礁体影响区域为礁体宽度的 1～2 倍，将摄像头的摄像区域确定为距离礁体放置区前后 1.5 m 范围；而大于该范围的区域，视为远礁区不做观察。实验时间固定为每天 8：00—11：00、13：00—16：00。实验开始后，同时开启 4 台水上摄像头和 2 台水下摄像头，对水槽内中国花鲈、黑棘鲷和许氏平鲉幼鱼的行为和分布进行实时监视，每隔 1 min 截取 1 次图像。

（5）数据处理　诱集效率指数（I）为实验鱼在实验水槽出现在密集区的平均出现率（P）与其出现区域的面积（S）之间的比值（周艳波 等，2011）。

$$I=\frac{P_i}{\pi(R^2-r^2)}\times 100\%$$

式中　I——诱集效率指数；

P_i——实验鱼在鱼礁模型投放后密集区的平均出现率；

R——密集区外缘到水槽中心点的距离；

r——密集区内缘到水槽中心点的距离。

2. 静水条件下 4 种鱼礁对 3 种鱼苗集鱼效果

在静水条件下，4 种鱼礁对于 3 种鱼苗的诱集效果不同，大小窗箱型>双层贝类增殖型>卐型>大窗箱型（图 5－82）。同时发现，3 种鱼苗的恋礁效果也有明显差异，许氏平鲉鱼苗恋礁强于其他两种，黑棘鲷次之，中国花鲈鱼苗最差。这与鱼苗的栖息性相关。

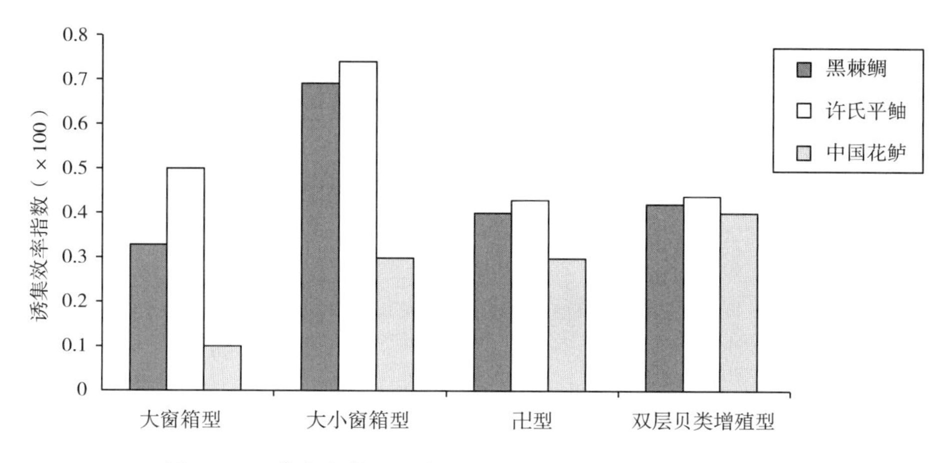

图 5－82　静水条件下 4 种鱼礁对不同鱼苗诱集效率指数比较

将 4 种鱼礁两两组合，组合 1 为卐型鱼礁和双层贝类增殖礁、组合 2 为大小窗箱型礁和双层贝类增殖礁、组合 3 为大小窗箱型礁和卐型鱼礁、组合 4 为大窗箱型礁和双层贝类增殖礁、组合 5 为大小窗箱型礁和大窗箱型礁、组合 6 为大窗箱型礁和卐型鱼礁。由图 5－83 可知，鱼礁两两组合时，以组合 2（大小窗箱型礁体和双层贝类增殖礁）的效果最好。由图 5－84 至图 5－86 可知，静水条件下，鱼类在 4 种鱼礁的礁前礁后出现频次的差异不大。

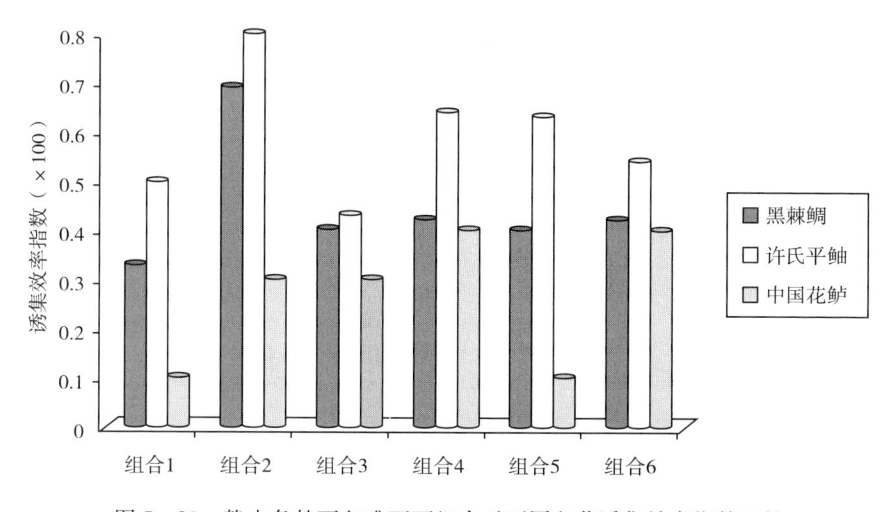

图 5－83　静水条件下鱼礁两两组合对不同鱼苗诱集效率指数比较

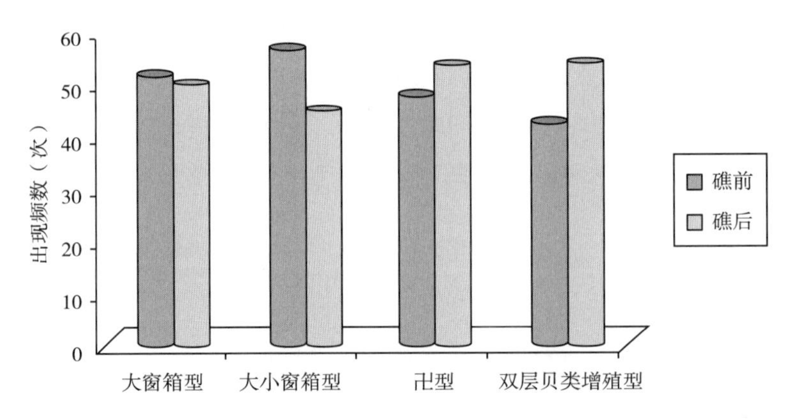

图 5-84　静水条件下许氏平鲉在 4 种礁型礁前、礁后出现频次

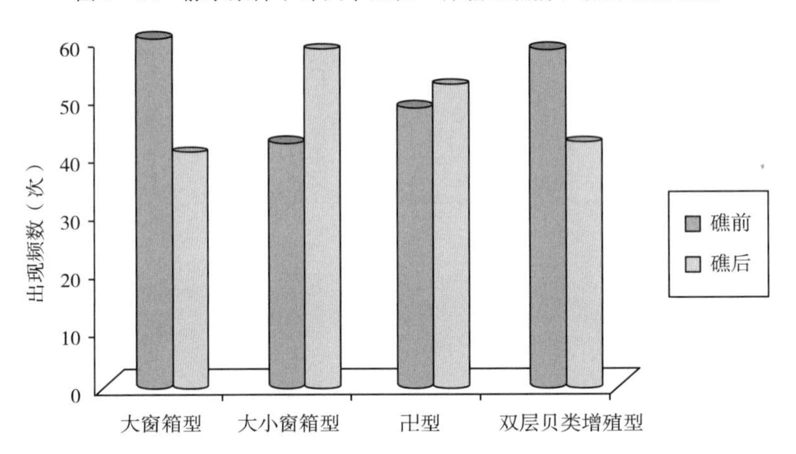

图 5-85　静水条件下许氏平鲉在 4 种礁型礁前、礁后出现频次

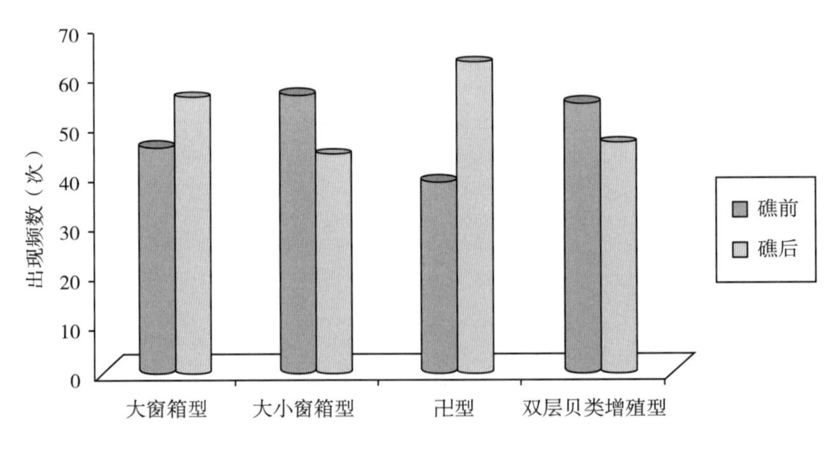

图 5-86　中国花鲈在 4 种礁型礁前、礁后出现频次

3. 流水条件一下 4 种鱼礁对 3 种鱼苗集鱼效果

因条件限制，本实验只讨论了鱼礁间距为 30 cm 的情况，幼鱼的趋礁性反应。水泵开启以后，幼鱼先是产生应激性反应，鱼头全部趋向于来流方向，并随着流速的增大而不

断向来流方向游动。当流速趋于稳定后，许氏平鲉和黑棘鲷幼鱼恢复正常游泳状态，并寻找合适的栖息点，大约 10 min 以后，幼鱼行动趋于稳定。但中国花鲈幼鱼基本还处于游走状态，这与 3 种鱼苗的栖息特性有关。但是由于实验条件限制，部分鱼苗在稳定后，有一部分喜好栖息于水槽的四周底边，对本实验中结果的计算产生一定的影响。在有水流的条件下，幼鱼较静水条件更有趋礁性。通过本实验显示，流水条件一（开启 1 台水泵，流速 10.1 cm/s）下，还是大小窗型鱼礁对鱼苗的诱集效果最好；许氏平鲉和黑棘鲷鱼苗恋礁强于中国花鲈鱼苗，尤其是在诱集效果较好的大小窗型鱼礁和双层贝类礁上，其差异更加明显（图 5－87）。

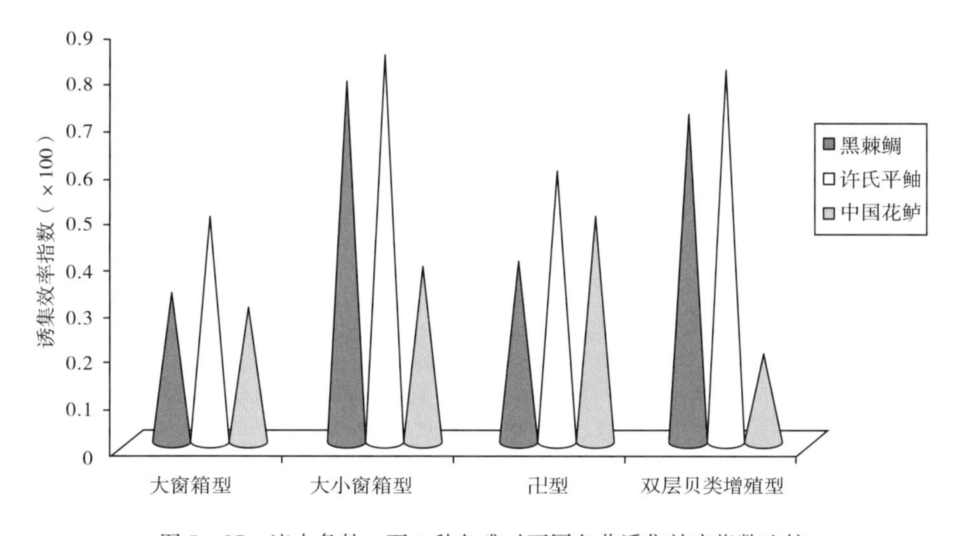

图 5－87　流水条件一下 4 种鱼礁对不同鱼苗诱集效率指数比较

由图 5－88 可知，在流速 10.1 cm/s 条件下，鱼礁两两组合（组合方式同静水条件）

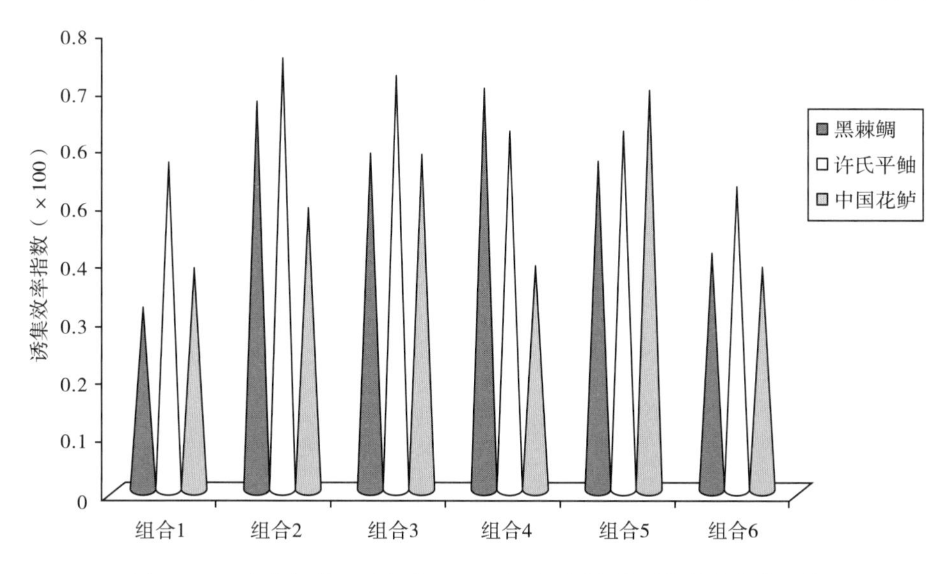

图 5－88　流水条件一下鱼礁两两组合对不同鱼苗诱集效率指数比较

时，组合 2（大小窗箱型礁体和双层贝类增殖礁）的效果最好，但相比静水条件，其优势不是很明显。

由于有水流的存在，鱼苗聚集的区域明显较静水效果不同，其礁后出现的频次高于礁前。这种现象在许氏平鲉和黑棘鲷幼鱼上表现得尤为明显（图 5－89 至图 5－91）。

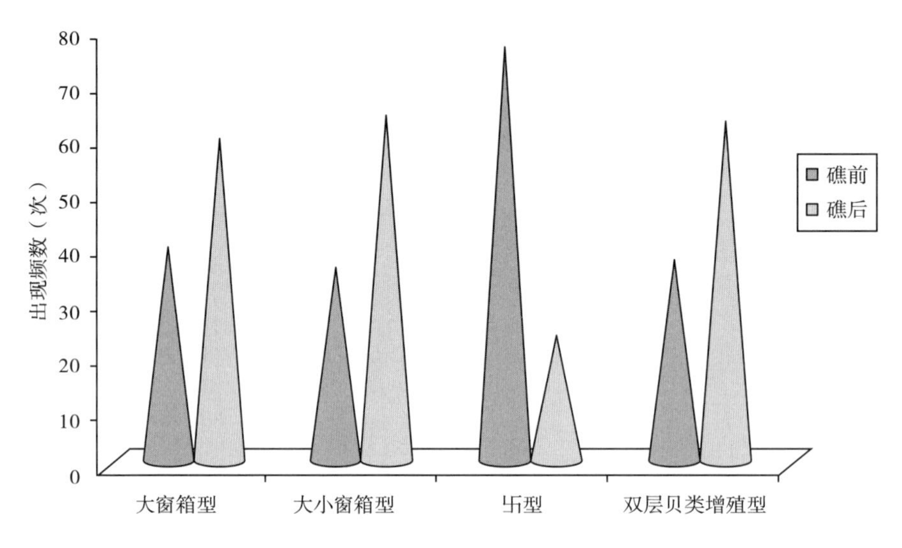

图 5－89　流水条件一下许氏平鲉在 4 种礁型礁前、礁后出现频次

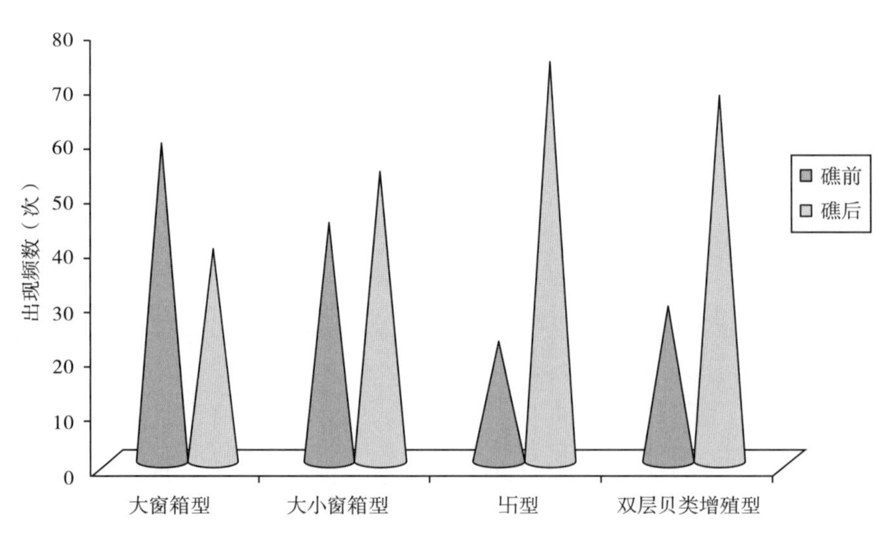

图 5－90　流水条件一下黑棘鲷在 4 种礁型礁前、礁后出现频次

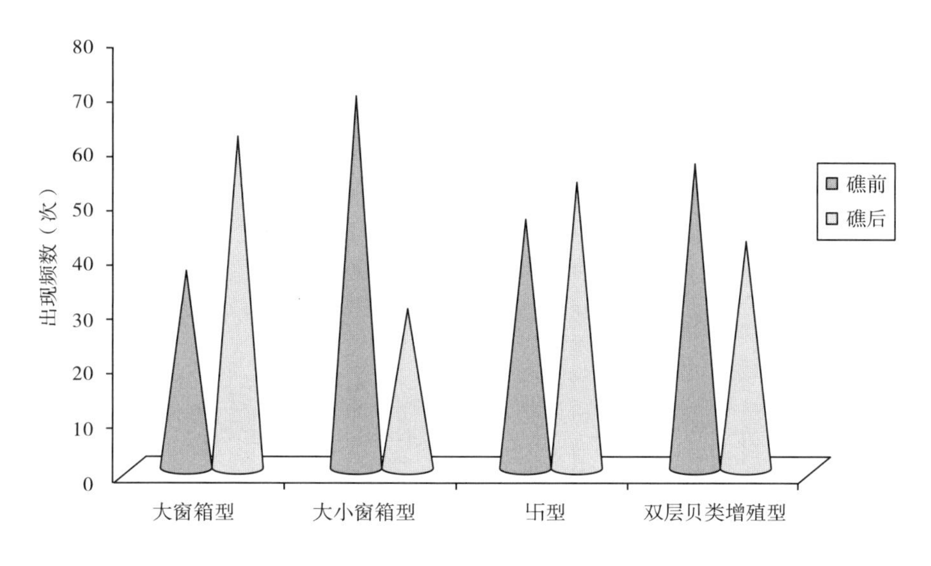

图 5-91 流水条件一下中国花鲈在 4 种礁型礁前、礁后出现频次

4. 流水条件二下 4 种鱼礁对 3 种鱼苗集鱼效果

由图 5-92 得知，在流水条件二（流速 23.4 cm/s）下 4 种鱼礁对于 3 种鱼苗的诱集效果不同，双层贝类增殖礁>大小窗箱型>㐌型>大窗箱型。同时发现，3 种鱼苗的恋礁效果也有明显差异，许氏平鲉鱼苗恋礁强于其他两种，黑棘鲷次之，中国花鲈鱼苗最差。这在诱集效果较好的双层贝类增殖礁和大小窗箱型礁体上体现的尤为明显。

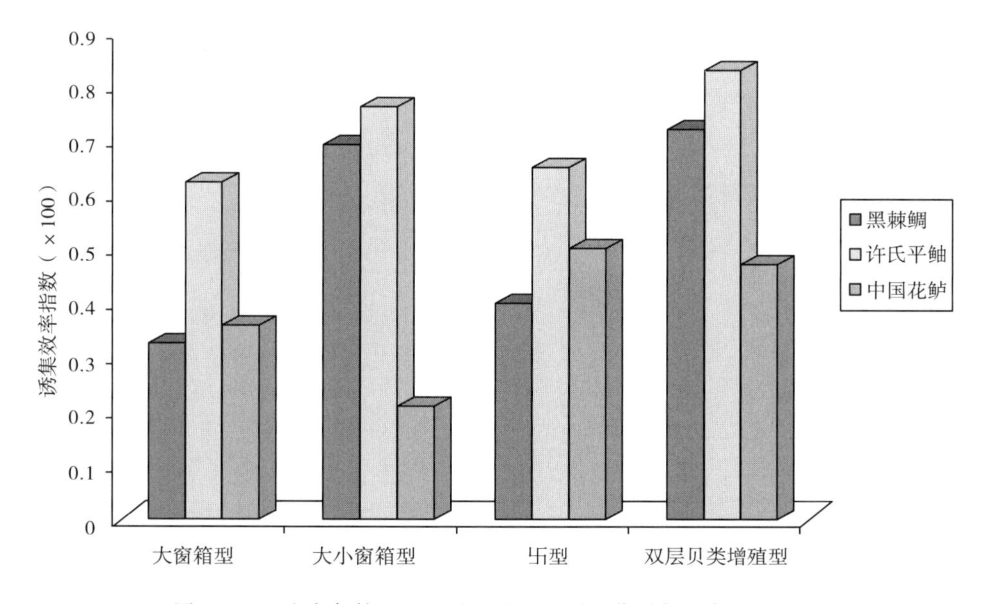

图 5-92 流水条件二下 4 种鱼礁对不同鱼苗诱集效率指数比较

由图 5-93 可知，在流速 23.4 cm/s 条件下，鱼礁两两组合（组合方式同静水条件）

时，组合 2（大小窗箱型礁体和双层贝类增殖礁）和组合 3（大小窗箱型礁和𠮷型鱼礁）的效果较好。

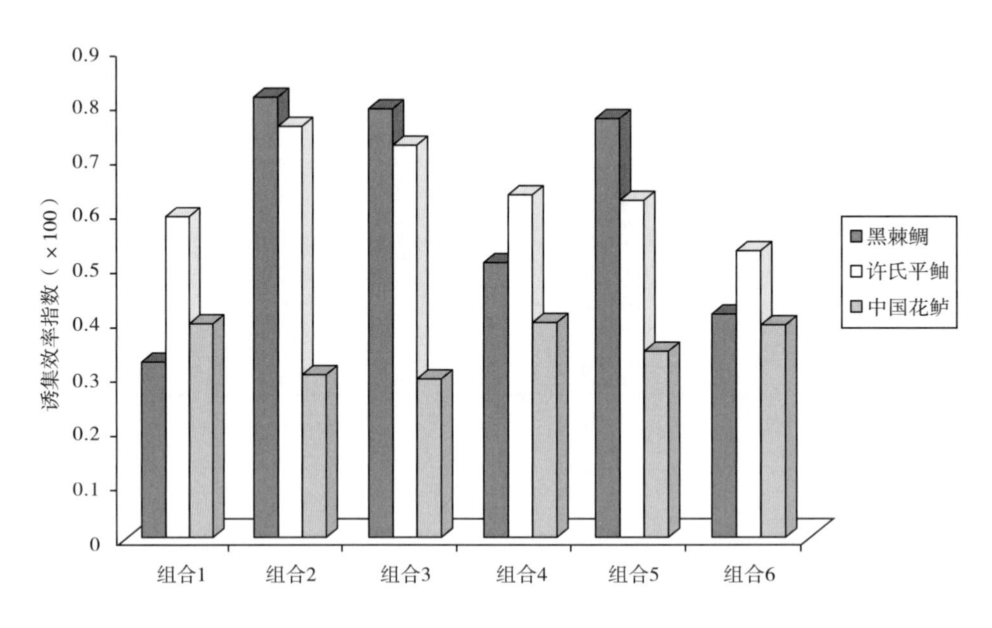

图 5-93　流水条件二下鱼礁两两组合对不同鱼苗诱集效率指数比较

当水体流速为 23.4 cm/s 时，不同鱼类幼鱼在礁前后出现的频次有所差异，但整体上仍然是礁后出现的频次高一些。而大小窗箱型礁体的结果与整体结果相反（图 5-94 至图 5-96），这可能是该礁体对水流的影响较大的结果，这有待进一步深入研究。

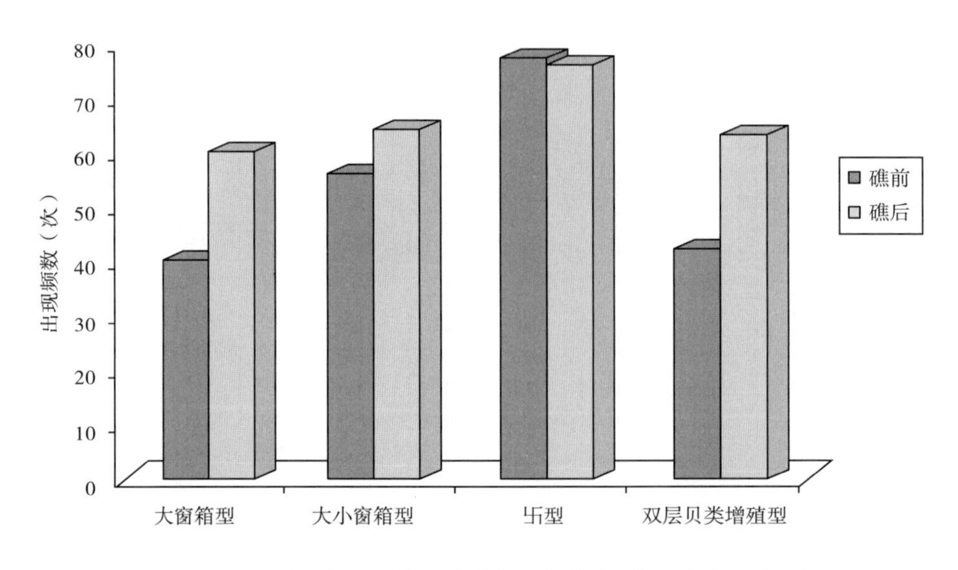

图 5-94　流水条件二下许氏平鲉在 4 种礁型礁前、礁后出现频次

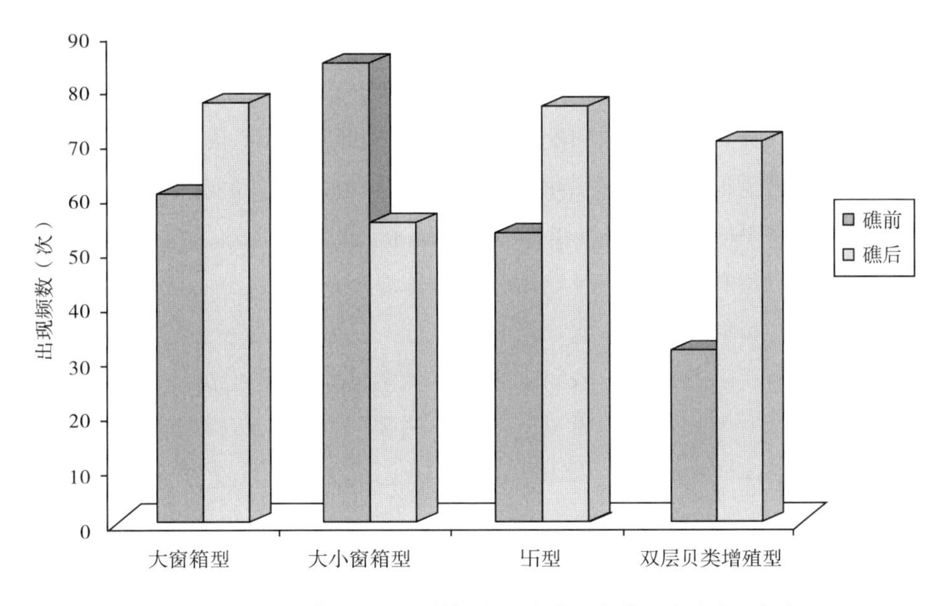

图 5－95　流水条件二下黑棘鲷在 4 种礁型礁前、礁后出现频次

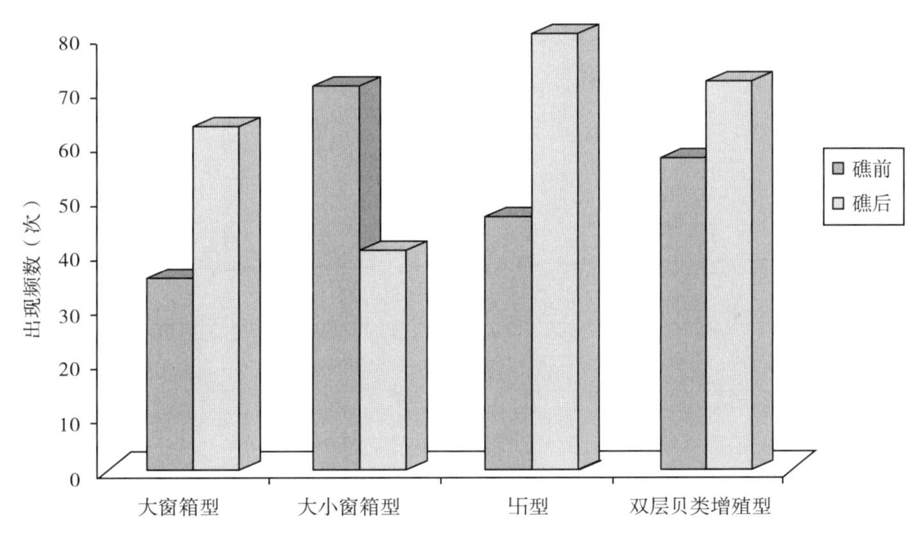

图 5－96　流水条件二下中国花鲈在 4 种礁型礁前、礁后出现频次

5. 分析与总结

通过本实验研究发现，4 种鱼礁的集鱼效果有显著的差异。其中，大窗箱型鱼礁的集鱼效果最差，主要是因为其提供的遮蔽区域较少，同时在有水流时，其中心部位的流速会高于其迎面流速。大小窗箱型鱼礁在试验中是小窗面迎流，其对水流的改变最大，同时其提供的涡流和遮蔽处较多，所以其对鱼苗的诱集效果最好。双层贝类增殖礁也能提供较多的栖息位置，其诱集效果要好于㐂型鱼礁和大窗箱型鱼礁。在人工鱼礁建设过程中，考虑到海区物种的多样性，应当以不同的鱼礁组合进行建设。根据本实验结果，认为应该采用大小窗箱型鱼礁和双层贝类增殖礁的组合进行建设。一是能起到较好的集鱼效果；二是能提供较多的鱼礁表面积，有利于开展海区内的贝类增殖。

（七）人工鱼礁渔业资源增殖技术研究

经过科学设计，具有一定结构和配置的人工礁体投放后，不仅可以改善海洋环境和诱集海洋生物，也可为海洋生物提供索饵、产卵、避敌及栖息场所。它既是保护、增殖海洋渔业资源的重要手段，也是修复受损海洋生态系统的一项基础工程。

目前，关于人工鱼礁对不同海区游泳动物群落影响的报道较为常见。了解人工鱼礁区游泳动物群落结构特征和时空变化，是科学评价人工鱼礁建设效果的重要内容。大多数学者通过对投礁前后以及投礁区域和未投礁区域游泳动物群落结构的对比分析，来阐明人工鱼礁诱集及增殖生物资源的效果。本研究侧重研究人工鱼礁建设初期，天津市大神堂海域游泳动物群落特征的变化，以期了解－10 m 等深线以内人工鱼礁的诱集效果及生态效益。

1. 研究方法

（1）调查站位与时间　2014 年 1 月，在天津市大神堂特别保护区南端投放1 624 块人工鱼礁单体（其中，大窗箱型鱼礁和大小窗箱型鱼礁各 812 块），按照每个鱼礁间隔 3 m，按 8×8 或 7×7 方式组成一个鱼礁组，14 个鱼礁组组成一个鱼礁群，共形成一片大约 0.18 km^2 的鱼礁区域。在该区域设置 5 个调查站位，同时，在邻近未投礁海域设置 5 个站位作为对照区站位（表 5－21）。调查时间为 2014 年 6 月 11 日、7 月 28 日、9 月 22 日，共进行 3 次调查。

表 5－21　调查站位位置

区域	站位	经度（E）	纬度（N）
鱼礁区	1	117°58′15.60″	39°06′30.60″
	2	117°58′15.60″	39°06′25.08″
	3	117°58′21.84″	39°06′27.84″
	4	117°58′28.08″	39°06′30.60″
	5	117°58′28.08″	39°06′25.08″
对照区	6	117°58′20.37″	39°05′35.06″
	7	117°58′56.21″	39°05′35.06″
	8	117°58′38.29″	39°05′20.52″
	9	117°58′20.37″	39°05′05.98″
	10	117°58′56.21″	39°05′05.98″

（2）*调查方法*　调查船为租用的天津市大神堂村 88.26 kW 渔业生产船。调查网具采用地笼网，网长 5 m、网高 0.4 m、网宽 0.4 m，网目尺寸 20 mm。每调查站位放置地笼网 5 个，地笼口与潮流方向相反（即东南方向），放置时间为 2 d。渔获物经冷冻保存，带回实验室，进行种类鉴定，并测量各种类的体长、体重等生物学指标。

（3）*数据处理及统计分析*　在渔获量变动分析中，地笼网单位捕捞努力量渔获量（CPUE）为地笼网每天每网的渔获物重量，单位为 g/(d·网)。同时，计算地笼网每天每网的渔获物数量个/(d·网)。

采用 Margalef 种类丰富度指数、Shannon-Wiener 多样性指数、Pielou 均匀度指数、Jaccard 相似性系数、Pinkas 相对重要性指数、埃三极能值参数对获得的数据进行解析，并使用 SPSS 19.0 进行统计处理。各个调查区域的指数均值采用双因子方差检验，显著性水平为 0.05。各指数公式如下：

Margalef 种类丰富度指数：$D=\frac{(S-1)}{\ln N}$

Shannon-Wiener 多样性指数：$H'=-\sum_{i=1}^{S}P_i\times\log_2 P_i$

Pielou 均匀度指数：$J=\frac{H'}{\ln S}$

Jaccard 相似性系数：$I=\frac{C}{A+B-C}$

Pinkas 相对重要性指数：$IRI=\left(\frac{N_i}{N}\times100\%+\frac{W_i}{W}\times100\%\right)\times F\times100\%$

埃三极能值：$E_X=\sum$（生物量$\times\beta_i\times$18.7 kJ/g）

式中　S——种类数；

N——尾数；

W——生物量；

N_i 和 W_i——分别为第 i 种的尾数和生物量；

F——出现频率；

A——鱼礁区种数；

B——对照区种数；

C——鱼礁区与对照区的共有种；

β_i——能值转化因子，在不同类型动物中有不同的数值。

根据章飞军（2007）的研究总结，结合天津市大神堂海域渔获物的组成，设定本研究各动物的 β_i 值如表 5－22。

表 5-22 不同动物的 β_i 值

生物类型	β_i 值	来源
鱼类	499	基于全基因测序工程
甲壳动物	232	min-DNA，β-Fon
软体动物	310	β-Fon
腹足动物	312	min-DNA

2. 结果

（1）渔获种类组成　将渔获物按照不同区域和不同时间进行归类（表 5-23）。

人工鱼礁区和对照区种类组成相似性系数从 6 月至 9 月呈下降趋势。两者相似性系数在 7 月和 9 月数值低于 0.5，达不到中等相似水平（表 5-24）。NMDS 分析结果表明，6 月除 5 号站位外，人工鱼礁区其他站位种类组成与对照区明显不同；7 月人工鱼礁区种类组成与对照区明显不同；而 9 月人工鱼礁区仅有 1 号和 2 号站位种类组成与对照区明显不同（图 5-97）。

表 5-23 人工鱼礁区和对照区渔获物种类名录

种类	人工鱼礁区			对照区		
	6月11日	7月28日	9月22日	6月11日	7月28日	9月22日
鱼类						
髭缟鰕虎鱼（*Tridentiger barbatus*）	0.02	0.01	0.20	0.01	—	0.02
红狼牙鰕虎鱼（*Odontamblyopus rubicundus*）	0.02	0.01	—	0.09	—	—
六丝钝尾鰕虎鱼（*Amblychaeturichthys hexanema*）	0.01	0.01	—	0.12	—	—
斑尾刺鰕虎鱼（*Acanthogobius ommaturus*）	—	1.65	2.03	—	0.95	1.16
斑鰶（*Konosirus punctatus*）	—	0.03	0.07	—	—	—
焦氏舌鳎（*Cynoglossus joyneri*）	—	—	—	0.01	—	—
小黄鱼（*Larimichthys polyactis*）	0.04	0.02	—	0.06	—	0.02
尖嘴柱颌针鱼（*Strongylura anastomella*）	—	0.01	—	—	—	—
鲬（*Platycephalus indicus*）	—	0.01	—	—	0.01	—
许氏平鲉（*Sebastes schlegelii*）	—	—	0.22	—	—	—
方氏锦鳚（*Pholis fangi*）	—	—	0.02	—	—	0.03
甲壳动物						
葛氏长臂虾（*Palaemon gravieri*）	0.02	—	0.05	0.26	0.33	0.13

（续）

种类	人工鱼礁区			对照区		
	6月11日	7月28日	9月22日	6月11日	7月28日	9月22日
锯齿长臂虾（*Palaemon serrifer*）	0.03	—	—	0.03	0.34	0.01
巨指长臂虾（*Palaemon macrodactylus*）	0.05	—	—	0.83	0.06	0.01
鲜明鼓虾（*Alpheus distinguendus*）	0.04	—	—	—	—	—
日本鼓虾（*Alpheus japonicus*）	0.04	0.07	0.02	0.01	0.02	0.03
水母深额虾（*Latreutes anoplonyx*）	—	—	—	0.03	0.13	—
中国对虾（*Penaeus chinensis*）	0.01	—	—	—	—	—
口虾蛄（*Oratosquilla oratoria*）	0.46	0.09	—	0.36	0.17	0.01
日本关公蟹（*Dorippe japonica*）	0.08	0.33	—	1.01	0.33	0.01
隆线强蟹（*Eucrate crenata*）	18.37	3.91	0.45	4.57	0.10	0.07
十一刺栗壳蟹（*Arcania undecimspinosa*）	0.01	—	—	—	—	—
日本蟳［*Charybdis*（*Charybdis*）*japonica*］	0.44	1.21	2.28	1.05	0.52	0.40
三疣梭子蟹（*Portunus trituberculatus*）	—	—	—	—	—	0.01
软体动物						
长蛸（*Octopus minor*）	0.18	—	0.10	0.17	—	0.08
短蛸（*Amphioctopus fangsiao*）	0.01	—	—	—	—	—
火枪乌贼（*Loliolus beka*）	—	0.04	0.02	—	0.01	—
脉红螺（*Rapana venosa*）	0.14	0.01	0.03	0.21	0.12	0.03

注：表中数值表示该种类每天每网的渔获量（尾）；“—”表示未出现。

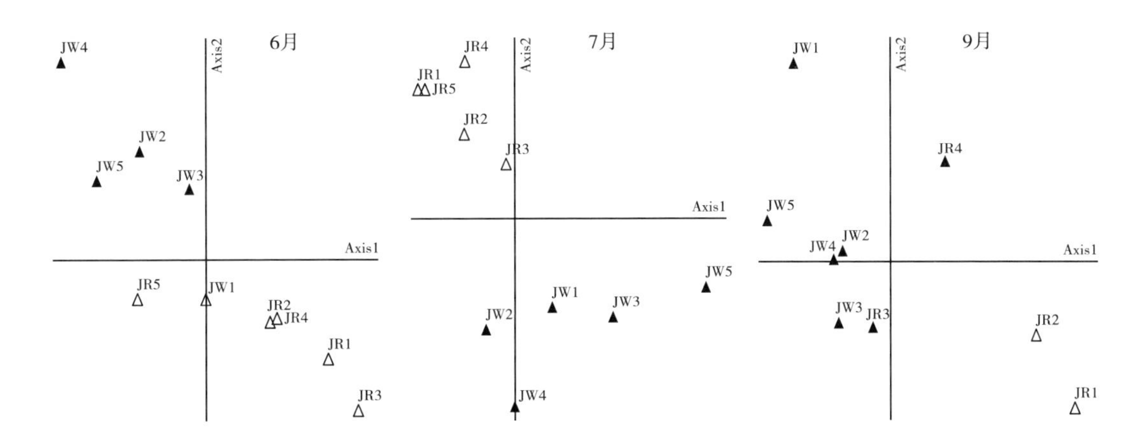

图 5-97 调查站位鱼类组成 NMDS 排序图

表 5-24 人工鱼礁区与对照区种类组成相似性系数

采样时间	种类组成相似性系数
6 月 11 日	0.736 8
7 月 28 日	0.473 7
9 月 22 日	0.444 4

（2）*渔获物的群落多样性* 经双因子方差检验，区域和月份均未对种类丰富度指数产生显著性影响（$P>0.05$）；而多样性指数和均匀度指数，受区域和月份的影响显著（$P<0.05$）（表 5-25）。

表 5-25 渔获物群落特征各指标参数双因子方差分析 *P* 值

指标	区域	月份	交互
D	0.234	0.705	0.945
H'	0.000	0.003	0.000
J	0.000	0.001	0.098
渔获物 CPUE	0.005	0.300	0.634
渔获物数量	0.004	0.000	0.229
经济渔获物 CPUE	0.029	0.028	0.083
经济渔获物数量	0.019	0.022	0.029
埃三极能值	0.006	0.256	0.368

6 月人工鱼礁区的多样性指数和均匀度指数，均显著低于 7 月和 9 月（$P<0.05$）；而对照区在各月份没有显著性差异（$P>0.05$）。6 月和 7 月人工鱼礁区的多样性指数和均匀度指数，均显著低于同月份对照区数值（$P<0.05$）；9 月人工鱼礁区和对照区的多样性指数和均匀度指数，无显著性差异（$P>0.05$）（表 5-26）。

表 5-26 人工鱼礁区和对照区渔获物群落多样性指数比较（平均值±标准差）

区域	指标	采样时间		
		6 月 11 日	7 月 28 日	9 月 22 日
人工鱼礁区	D	1.067 8±0.328 9	0.973 0±0.277 7	0.988 8±0.137 8
	H'	$0.670\ 6\pm0.265\ 5^{a*}$	$1.826\ 8\pm0.167\ 8^{b*}$	$1.841\ 0\pm0.343\ 9^{b}$
	J	$0.081\ 2\pm0.040\ 6^{a*}$	$0.256\ 2\pm0.026\ 0^{b*}$	$0.308\ 3\pm0.090\ 9^{b}$

（续）

区域	指标	采样时间		
		6月11日	7月28日	9月22日
对照区	*D*	1.206 4±0.182 5	1.144 6±0.275 6	1.071 8±0.408 7
	H′	2.233 4±0.431 1**	2.385 4±0.401 0**	1.783 6±0.524 2
	J	0.310 8±0.086 3**	0.403 4±0.037 0**	0.376 0±0.130 6

注：同一行数值上标的不同字母，表示经单因素方差分析有显著性差异（$P<0.05$）；同一采样时间同一指标在不同区域数值上标中不同数量星号，表示两者经独立样本 t 检验有显著性差异（$P<0.05$）。

（3）渔获物优势种分析　本研究采用相对重要性指数（*IRI*）作为判断优势种的标准，为更清晰地表示出优势种的情况，规定 *IRI*>1 000 为优势种（表 5-27）。日本蟳除 6 月人工鱼礁区没有成为优势种外，在其他各时间段的各区域都是优势种；斑尾刺鰕虎 7 月和 9 月在人工鱼礁区和对照区均为优势种；6 月人工鱼礁区和对照区以及 7 月的人工鱼礁区，隆线强蟹都在物种组成中占有绝对的优势，其相对重要性指数均为最高，尤其是 6 月人工鱼礁区，隆线强蟹成为唯一的优势种。

表 5-27　人工鱼礁区和对照区渔获物优势种组成

采样时间	人工鱼礁区		对照区	
	种类	*IRI*	种类	*IRI*
6月11日	隆线强蟹	16 546	隆线强蟹	9 660
			日本蟳	2 656
			日本关公蟹	1 420
			脉红螺	1 042
7月28日	隆线强蟹	8 949	斑尾刺鰕虎鱼	7 215
	斑尾刺鰕虎鱼	5 124	日本蟳	4 474
	日本蟳	4 555	脉红螺	1 633
			日本关公蟹	1 438
			口虾蛄	1 082
9月22日	斑尾刺鰕虎鱼	8 674	斑尾刺鰕虎鱼	12 395
	日本蟳	8 191	日本蟳	3 932

（4）人工鱼礁区和对照区渔获量比较　由表 5-25 可知，经双因子方差分析发现，区域对 CPUE 值产生了显著的影响（$P<0.05$），月份的影响不显著（$P>0.05$）；但区域和月份对渔获物数量均产生了显著的影响（$P<0.05$）。

由图 5－98A 可知，虽然 6 月礁区内平均渔获物 CPUE 比礁区外高 50.52％，但两者经 t 检验（SPSS 19.0）分析无显著性差异（$P>0.05$）；7 月渔获物 CPUE 经 t 检验发现，礁区内显著高于礁区外（$P<0.05$）；9 月礁区内平均渔获物 CPUE 高于礁区外 207.12％，但由于礁区内各点位数值差异较大，经 t 检验，未发现礁区内和礁区外的显著性差异（$P>0.05$）。

经 SPSS 19.0 单因素方差分析可知，虽然礁区内 6 月、7 月、9 月渔获物 CPUE 存在差别，但统计分析未发现显著性差异（$P>0.05$）。礁区外 6 月渔获物 CPUE 显著高于 7 月（$P<0.05$）；9 月渔获物 CPUE 与其他两个月均无显著性差异（$P>0.05$）（图 5－98B）。

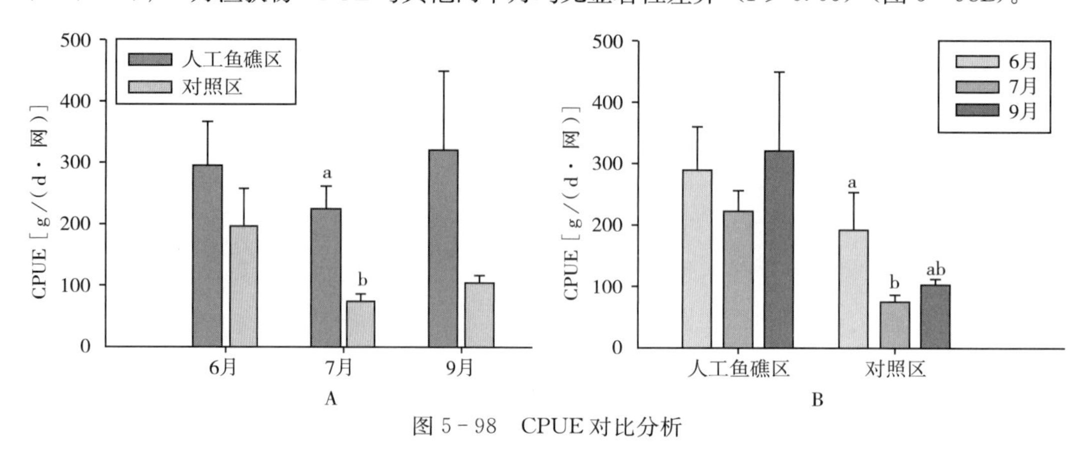

图 5－98 CPUE 对比分析

A. 同一月份不同区域 CPUE 对比 B. 人工鱼礁区和对照区不同月份 CPUE 对比

在图 5－98A 中，同一月份不同区域数值（平均值±标准误）上不同字母，表示两者间存在显著性差异（$P<0.05$）；在图 5－98B 中，同一域不同月份数值上不同字母，表示其存在显著性差异（$P<0.05$），下同

由图 5－99A 可知，虽然 6 月礁区内平均渔获物数量比礁区外高 126.24％，但两者经 t 检验（SPSS 19.0）分析无显著性差异（$P>0.05$）。7 月渔获物数量经 t 检验发现，礁区内显著高于礁区外（$P<0.05$）；9 月礁区内平均渔获物数量高于礁区外 182.19％，但由于礁区内各点位数值差异较大，经 t 检验，未发现礁区内和礁区外的显著性差异（$P>0.05$）。

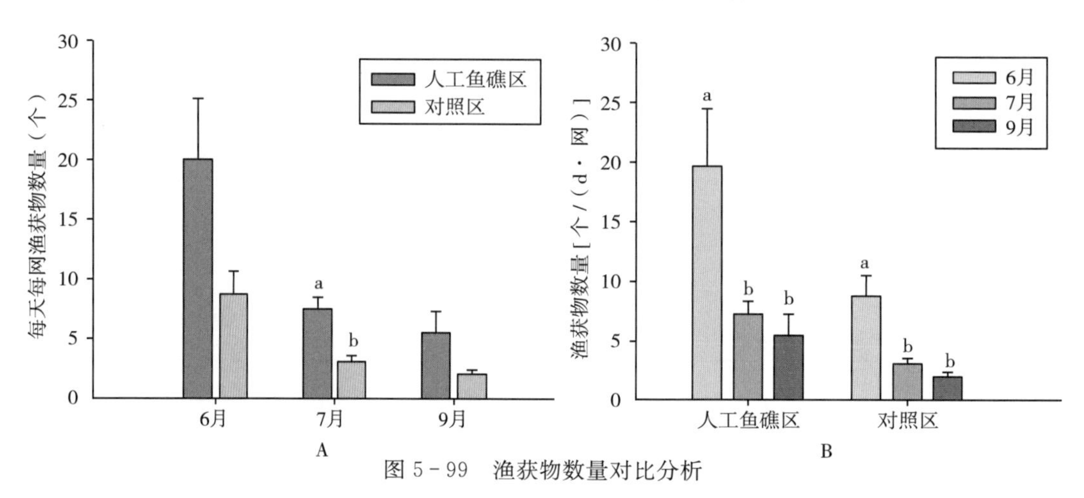

图 5－99 渔获物数量对比分析

A. 同一月份不同区域渔获物数量对比 B. 同一区域不同月份渔获物数量对比

经 SPSS 19.0 单因素方差分析可知，礁区内 6 月渔获物数量显著高于 7 月和 9 月（$P<0.05$），7 月和 9 月无显著性差异（$P>0.05$）；礁区外各月份渔获物数量的规律与礁区内一致，但其整体数量较礁区内小（图 5－99B）。

（5）人工鱼礁区和对照区经济渔获量比较　在渔获物中，有相当一部分是一些价值很低或者没有经济价值的海洋生物，如隆线强蟹、日本关公蟹等。本研究在剔除这些海洋生物后，再次统计其经济海洋生物渔获量。

经双因子方差分析检验可知，礁区和月份对经济渔获物 CPUE 和经济渔获物数量均产生了显著的影响（$P<0.05$）（表 5－25）。

经 t 检验（SPSS 19.0），未发现 6 月礁区内经济渔获物 CPUE 与礁区外间显著性差异（$P>0.05$）；虽然 7 月平均经济渔获物 CPUE 礁区高于礁区外 101.47%，但经 t 检验，两者间无显著性差异（$P>0.05$）；9 月礁区内平均经济渔获物 CPUE 高于礁区外 206.76%，但由于礁区内各点位数值差异较大，经 t 检验，未发现礁区内和礁区外的显著性差异（$P>0.05$）（图 5－100A）。

经 SPSS 19.0 单因素方差分析可知，礁区内 6 月经济渔获物 CPUE 显著低于 9 月（$P<0.05$），7 月经济渔获物 CPUE 与其他月份无显著性差异（$P>0.05$）；礁区外经济渔获物 CPUE 虽然较礁区内经济渔获物 CPUE 偏低，但其各月份规律与礁区内规律一致（图 5－100B）。

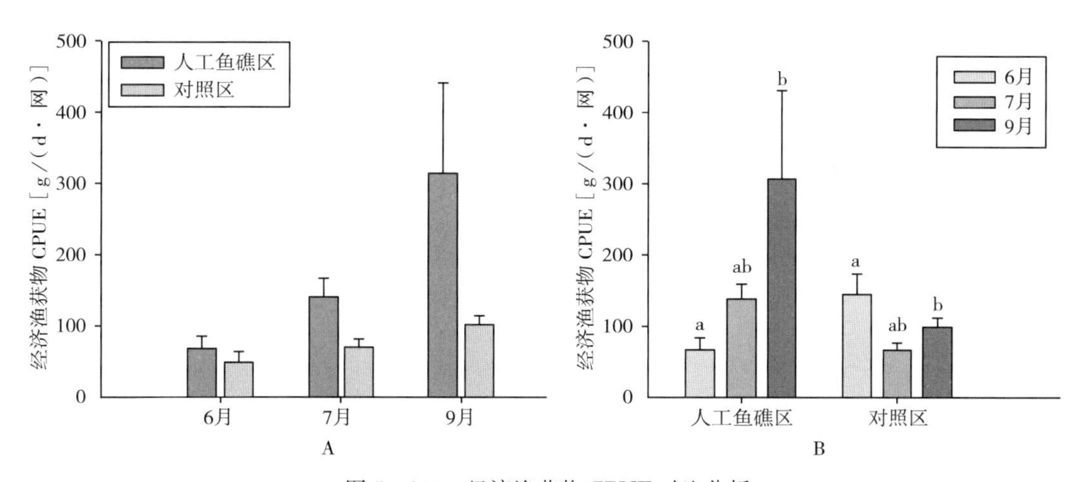

图 5－100　经济渔获物 CPUE 对比分析

A. 同一月份不同区域经济渔获物 CPUE 对比　B. 同一区域不同月份经济渔获物 CPUE 对比

由图 5－101A 可知，虽然 6 月礁区外平均经济渔获物数量比礁区内高 58.30%，但两者经 t 检验（SPSS 19.0）分析无显著性差异（$P>0.05$）；7 月平均渔获物数量较礁区外高 74.16%，但经 t 检验未发现两者间显著性差异（$P>0.05$）；9 月礁区内平均渔获物数量高于礁区外 183.71%，但由于礁区内各点位数值差异较大，经 t 检验未发现礁区内和礁区外的显著性差异（$P>0.05$）。

经 SPSS 19.0 单因素方差分析可知，礁区内 6 月经济渔获物数量显著低于 9 月（$P<$

0.05)，7月经济渔获物数量与其他月份无显著性差异（$P>0.05$）；礁区外经济渔获物数量在各月份变化不大，经单因素方差分析未发现显著性差异（$P>0.05$）（图5-101B）。

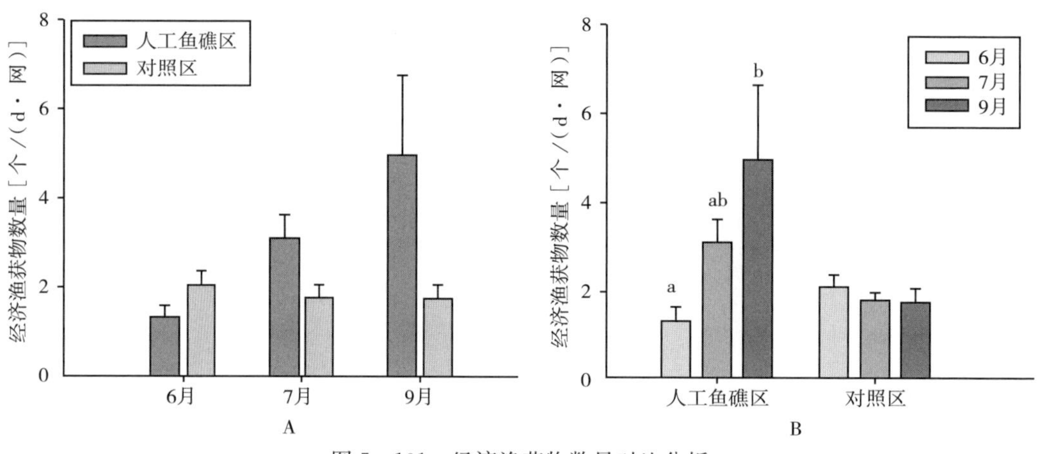

图5-101 经济渔获物数量对比分析

A. 同一月份不同区域经济渔获物数量对比 B. 同一区域不同月份经济渔获物数量对比

（6）人工鱼礁区和对照区能量值分析 经双因子方差检验分析发现，区域埃三极能值产生了显著性影响（$P<0.05$），而月份影响不显著（$P>0.05$）（表5-25）。

经t检验（SPSS 19.0）分析发现，只有7月礁区内外渔获物的埃三极能值是有显著性差异的（$P<0.05$）；6月和9月礁区内外无显著性差异（$P>0.05$）（图5-102A）。

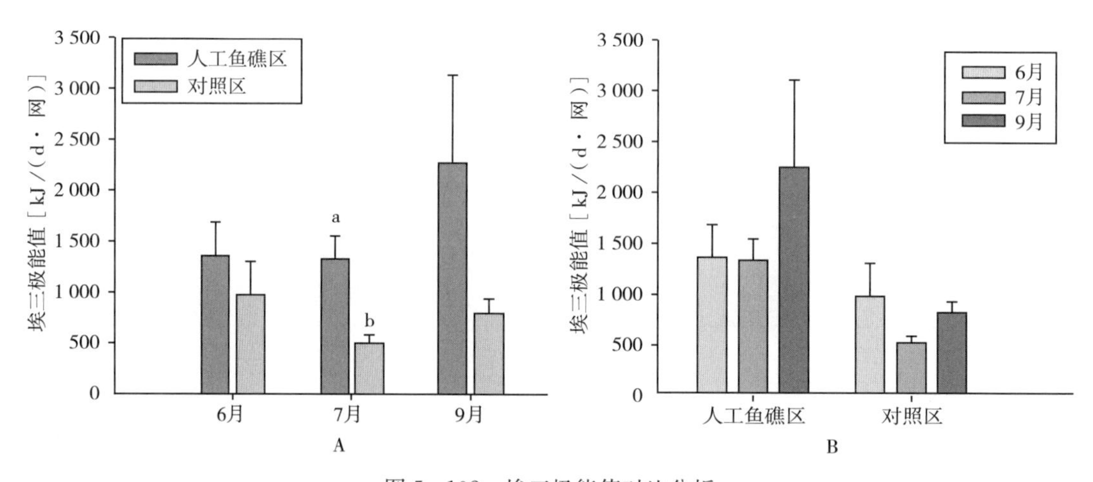

图5-102 埃三极能值对比分析

A. 同一月份不同区域埃三极能值对比 B. 同一区域不同月份埃三极能值对比

3. 讨论

许多研究表明，投放人工鱼礁可使大量生物聚集在鱼礁区，起到聚集、养护和增殖渔业资源的效果。但人工鱼礁建设初期，新投入海域的人工鱼礁暂时破坏了海底的地貌结构，礁区海域原有的平稳流态受到扰动（刘洪生 等，2009）。孙习武 等（2010）的研究也表明，人工鱼礁投放后的前两年时间里，鱼类和大型无脊椎动物群落都处于一个中度扰动的状态。本研究中人工鱼礁区和对照区渔获种类组成变化不大，尤其是6月和7月人工鱼礁区多样性指数和均匀度指数显著低于对照区，优势种组成较为单一。这些结果均表明，人工鱼礁投放初期，渔业资源种群会受到一定程度扰动。一般情况下，鱼礁投放后鱼礁区鱼类和大型无脊椎动物群落结构会在1～5年内达到一个新的平衡（Bohnsack & Sutherland，1985）。9月人工鱼礁区多样性指数和均匀度指数与对照区无显著性差异，且优势种相同；这些结果表明，9月人工鱼礁区的群落结构特征基本由受扰动状态恢复到对照区水平。

人工鱼礁具有良好的维持固有种和为更多种类提供适宜生境的能力（徐浩　等，2012）。本研究9月人工鱼礁区调查种类中出现了一定数量的许氏平鲉。虽然许氏平鲉一直是天津市增殖放流鱼类的一个主要品种，但近几年的资源调查中很难直接捕获。如果要证明许氏平鲉已经在人工鱼礁区形成一定种群，尚需更长时间和更多频次的监测结果；但该次调查的结果也在一定程度上从侧面反映出人工鱼礁对生物的聚集作用。不同月份，人工鱼礁区的渔获数量和重量均比对照区高，虽然大多数时间其结果未出现显著性差异。这些结果也在一定程度上表明人工鱼礁的生物聚集作用和渔业增殖效果。

礁体投放后对游泳动物群落的影响，集中体现在增加了游泳动物的庇护场和饵料场，从而大大增加了游泳动物在礁区的聚集，但这种生态效益的完全体现需要一定的时间（吴忠鑫　等，2012）。由于2014年春夏季天津市海域隆线强蟹大规模暴发，调查渔获物中大量的隆线强蟹严重遮盖了礁区生态效益的体现。基于此，将隆线强蟹等经济价值很低或者没有经济价值的渔获物剔除，重新计算分析对比了人工鱼礁区和对照区的经济渔获物。从结果来看，对照区各月份经济渔获数量没有显著变化，由于鱼类自身生长等因素影响，其经济渔获物CPUE逐月增加；与之形成鲜明对比的是，人工鱼礁区经济渔获数量随着礁区建成时间的延长而增加。这些结果充分说明，人工鱼礁生态效益不是在人工鱼礁投放后立即显现的，而是逐步显现的。

徐浩等（2012）对山东莱州朱旺港海区人工鱼礁区游泳动物调查发现，建成2年和3年的人工鱼礁区，与对照区CUPE值在统计学上没有显著性差异，但CPUE值是对照区的1.43倍和1.55倍，这一研究结果和本研究的调查结果十分相似。吴忠鑫等（2012）对荣成俚岛人工鱼礁区也发现类似的结果，这些研究结果也再次说明人工鱼礁生态效应的显现是需要时间的。据何国民的论著中介绍，日本北海道大学左藤修博士的论证，1 m^3的人工鱼礁渔场比未投礁的一般渔场，平均每年可增加10 kg渔获量（何国民　等，2001）。王宏等（2009）研究发现，广东省汕头市人工礁区建成4年后，其资源密度增加了25.63倍。上述研究结果均说明人工鱼礁生态效应的显现需要时间，本研究结果表明，经t检验，鱼礁区内外平均经济渔获量无显著差异，可能是调查时间和投礁时间间隔较短造成的。

“埃三极”理论指出，在一般状态下，生态系统将选择对系统的埃三极贡献最大的那种组织程度。这就是说生态系统的发展倾向于使本身的组织程度更高，稳定性更好。一个生态系统在形成初期结构往往很简单，物种数量稀少，稳定性和组织程度都很差，埃三极能值较低；随着生态系统的发展，系统物种多样性不断增加，结构变得更复杂，稳定性和组织程度大大提高，埃三极能值也有所增加（Salomonsen，1992）。本研究中，礁区内外埃三极能值仅在7月有显著性差异，其他时间均未出现显著性差异；但礁区内埃三极数据均比对照区高。虽然人工鱼礁区生态系统处于调整期，但与之相对的对照区生态系统组织程度更低、稳定性更差。这一结果说明天津市大神堂海域生态系统较差，这与乔延龙等（2009）的研究相符。人工鱼礁建设对该海域生态系统有所改善，但由于人工鱼礁投放时间较短，效果尚未完全显现。

三、人工鱼礁建设

（一）人工鱼礁礁型设计

在满足强度、结构稳定以及航行安全的前提下，提高礁体的高度、空方与表面积的比例，使其具有最大几何效应。针对鱼礁投放海域主要养护与增殖对象生物（栉孔扇贝、毛蚶、许氏平鲉、中国花鲈等）的生态学特性，2009年设计12种鱼礁礁型（图5-103）。

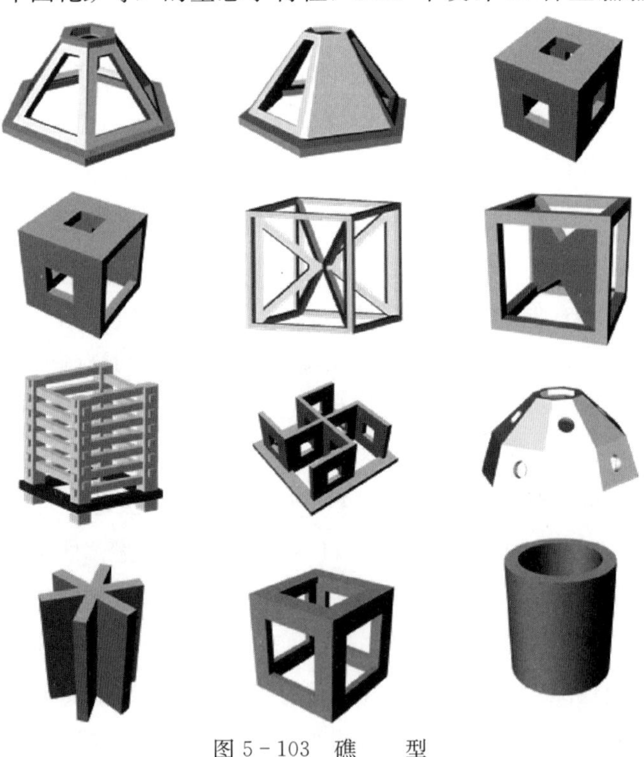

图5-103　礁　　型

第一排从左到右依次为：TJA001型、TJA002型、TJB001型；第二排从左到右依次为：TJB002型、TJB003型、TJB004型；第三排从左到右依次为：TJD002型、TJE001型、TJE002型；第四排从左到右依次为TJE003型、TJB005型、TJC001型

其中，2009年和2010年选取星体礁（TJE003型）和圆管礁（TJC001型）进行人工鱼礁建设。根据建设后人工鱼礁的集鱼效果、沉降和制作可行性等因素分析，2011年在上述12种鱼礁中选取了3种鱼礁礁型（TJB002型、TJE001型和TJB005型），并重新设计1种双层贝类增殖鱼礁作为天津市人工鱼礁建设主要备选鱼礁礁型。这4种鱼礁分别被命名为大窗箱型鱼礁、大小窗箱型鱼礁、五型鱼礁和双层贝类增殖型鱼礁。在2011年以后的不同建设项目中，根据投礁具体位置的水深情况等因素，对鱼礁进行等比例的扩大或缩小。目前，天津市所有建设的人工鱼礁生态功能类型均属于资源养护型鱼礁。

（二）航标设置

为保证航行安全及确定天津市人工鱼礁建设的主要区域，2010年天津市水产局在汉沽大神堂海域设置7个航标灯，在航标围成的海域内进行人工鱼礁建设。7个航标的具体位置见表5-28。

表5-28 设置的7个航标灯信息

名称	位置	灯质	构造	类别
海洋牧场示范区1#灯浮	39°07′36.27″N、117°57′57.28″E	莫（C）黄12s	黄色柱形，顶标为黄色×型	水中构筑物标
海洋牧场示范区2#灯浮	39°07′36.27″N、118°03′07.69″E	莫（C）黄12s	黄色柱形，顶标为黄色×型	水中构筑物标
海洋牧场示范区3#灯浮	39°05′55.87″N、118°03′07.69″E	莫（C）黄12s	黄色柱形，顶标为黄色×型	水中构筑物标
海洋牧场示范区4#灯浮	39°05′55.87″N、117°57′57.28″E	莫（C）黄12s	黄色柱形，顶标为黄色×型	水中构筑物标
海洋牧场示范区5#灯浮	39°07′55.27″N、117°59′40.28″E	莫（C）黄12s	黄色柱形，顶标为黄色×型	水中构筑物标
海洋牧场示范区6#灯浮	39°07′55.27″N、118°01′23.28″E	莫（C）黄12s	黄色柱形，顶标为黄色×型	水中构筑物标
海洋牧场示范区7#灯浮	39°05′55.87″N、118°00′37.48″E	莫（C）黄12s	黄色柱形，顶标为黄色×型	水中构筑物标

（三）人工鱼礁建设

2005年投放礁体渔船93条，共计空方为2.16万m^3，建成礁区面积约2.3 km^2。礁区位于驴驹河外海，海滨浴场以东，海水深5 m的水域。即最低低潮水深5 m，最高高潮水深可达10 m以上，平均高潮7～8 m。远离航道、地下电缆安全区和生产作业区，底质较坚实，水质无污染水域。礁区由以下四点连线围成，折点坐标如下：

A. 38°49′27.10″N、117°47′42.11″E

B. 38°48′55.22″N、117°48′10.64″E

C. 38°48′32.90″N、117°47′29.89″E

D. 38°49′04.78″N、117°47′01.36″E

2009年制作试验性礁体120个，共计空方45 m^3，投放了90个，建成面积约600 m^2的试验性礁区；剩余的30个在2010年投到海中。试验性礁区的折点坐标如下：

A. 117°59′23.86″E、39°07′31.36″N

B. 117°59′24.86″E、39°07′31.36″N

C. 117°59′24.86″E、39°07′29.36″N

D. 117°59′23.86″E、39°07′29.36″N

2010年在大神堂外海投放了2 800个礁体，均为钢筋混凝土构件，共计空方1.03万 m^3。建成面积约0.81 km^2 的海洋牧场示范区，示范区的折点坐标如下：

A. 117°59′00″E、39°07′40″N

B. 117°59′30″E、39°07′40″N

C. 117°59′30″E、39°07′10″N

D. 117°59′00″E、39°07′10″N

2011年在大神堂外海共投放礁体1 178个，共计空方0.43万 m^3。示范区的面积约0.22 km^2，由以下四点的连线围成：

A. 39°06′23″N、117°58′30″E

B. 39°06′23″N、117°58′43″E

C. 39°06′10″N、117°58′43″E

D. 39°06′10″N、117°58′30″E

2012年天津市财政项目“天津市人工鱼礁建设”项目在大神堂外海共投放人工鱼礁1 537个，共计空方0.53万 m^3。建成礁区面积约0.32 km^2，由以下四点的连线围成：

A. 39°07′30″N、117°58′10″E

B. 39°07′40″N、117°58′45″E

C. 39°07′20″N、117°58′45″E

D. 39°07′10″N、117°58′10″E

同年，天津海域牡蛎礁区生态修复与生物资源恢复示范项目在大神堂外海共投放人工鱼礁684个，共计空方0.23万 m^3。建成礁区面积约0.15 km^2，由以下四点的连线围成：

A. 117°58′00″E、39°6′00″N

B. 117°58′00″E、39°6′10″N

C. 117°58′20″E、39°6′10″N

D. 117°58′20″E、39°6′00″N

2013年天津市人工鱼礁建设项目，在大神堂外海共投放人工鱼礁786个，共计空方0.304万m^3。建成礁区面积约0.32 km^2，由以下四点的连线围成：

A. 39°06′55″N、117°58′10″E

B. 39°07′00″N、117°58′45″E

C. 39°06′40″N、117°58′45″E

D. 39°06′35″N、117°58′10″E

同年，天津市大神堂海洋特别保护区资源修复与生境评价技术研究项目在大神堂外海共投放人工鱼礁100个，共计空方0.017万m^3。建成礁区面积约0.003 6 km^2，投放坐标点如下：

A. 117°58′340″E、39°07′230″N

B. 117°58′344″E、39°07′230″N

同年，农业部蓬莱溢油生物资源养护与渔业生态修复项目渤海生态修复汉沽示范区项目在大神堂外海共投放人工鱼礁1 904个，共计空方0.64万m^3。建成礁区面积约1.44 km^2，投放坐标点如下：

A. 118°0′0.000″E、39°7′17″N

B. 118°1′53.027″E、39°8′1.034″N

C. 118°0′0.000″E、39°7′17″N

D. 118°1′53.027″E、39°8′1.034″N

天津市大神堂浅海活牡蛎礁独特生态系统保护与修复项目于2013年和2014年分别投放人工鱼礁1 624个和976个，共计空方0.88万m^3。建成礁区面积约0.36 km^2，由以下四点的连线围成：

A. 117°58′10″E、39°6′32″N

B. 117°58′35″E、39°6′32″N

C. 117°58′35″E、39°6′12″N

D. 117°58′10″E、39°6′12″N

2014年，天津市滨海旅游区海岸修复生态保护项目投放人工鱼礁2 000个，共计空方0.54万m^3。建成礁区面积约0.33 km^2，由以下四点的连线围成：

A. 117°53′51.265″E、39°5′25.569″N

B. 117°53′20.917″E、39°5′37.321″N

C. 117°53′27.527″E、39°5′45.573″N

D. 117°53′57.356″E、39°5′34.059″N

同年，农业部蓬莱溢油生物资源养护与渔业生态修复项目渤海生态修复汉沽示范区项目和渤西处理厂新建管道项目渔业资源修复项目分别投放人工鱼礁898个和500个，共计空方0.47万m^3。建成礁区面积约0.33 km^2，由以下四点的连线围成：

A. 118°2′11.650″E、39°7′6.063″N

B. 118°1′36.457″E、39°7′5.980″N

C. 118°1′36.457″E、39°7′35.983″N

D. 118°2′11.645″E、39°7′35.983″N

同年，天津市人工鱼礁建设项目在大神堂外海共投放 2 380 个礁体，共计空方 1.434 万 m^3。建成礁区面积约 1.34 km^2，由以下四点的连线围成：

A. 117°58′53.877″E、39°7′3.087″N

B. 117°59′45.726″E、39°7′2.647″N

C. 117°59′45.675″E、39°6′19.429″N

D. 117°58′52.717″E、39°6′19.661″N

2005—2014 年，天津市海洋牧场建设共投放各种规格的人工鱼礁 17 580 个，共计空方约8.669 5 万m^3，建成礁区面积约 7.913 6 km^2（表 5-29）。

表 5-29 历年天津市人工鱼礁建设情况统计

年份	配置		空方（万 m^3）	面积（km^2）
	礁型	数量（块）		
2005	船礁	93	2.16	2.3
2009	TJC001	45	—	—
	TJE003	45	0.004 5	0.000 6
	TJB005	30	—	—
2010	TJA001	393	—	—
	TJA002	424	—	—
	TJB001	773	—	—
	TJB002	530	1.03	0.81
	TJB004	252	—	—
	TJB005	398	—	—
	TJE001	30	—	—
2011	TJA001	28	—	—
	TJB001	235	—	—
	TJB002	487	0.43	0.22
	TJB005	412	—	—
	TJE001	16	—	—

（续）

年份	配置		空方（万 m^3）	面积（km^2）
	礁型	数量（块）		
2012	大小窗箱型鱼礁	1 152	0.76	0.47
	大窗箱型鱼礁	1 069		
2013	圻型鱼礁	134	1.511	1.943 6
	双层贝类增殖型鱼礁	702		
	大小窗箱型鱼礁	1 862		
	大窗箱型鱼礁	1 716		
2014	圻型鱼礁	756	2.774	2.17
	双层贝类增殖型鱼礁	727		
	大小窗箱型鱼礁	3 315		
	大窗箱型鱼礁	1 956		
合计		17 580	8.669 5	7.914 2

（四）人工鱼礁建设资金投入

天津市人工鱼礁建设的资金主要来源于天津市财政、农业部、国家海洋局等项目经费，目前投入总资金为 7 038.46 万元；建设主体以天津市水产局为主。具体见表 5－30。

表 5－30　天津市人工鱼礁建设资金及主体等信息一览

项目名称	年份	数量（个）	资金（万元）	资金来源	建设主体
天津市减船转产	2005	93		农业部	天津市水产局
天津市人工鱼礁建设	2009	120	112	农业部、天津市财政	天津市水产局
	2010	2 800	588		
	2011	1 178	650		
	2012	1 537	400		
	2013—2014	1 379	800		
	2014	1 787	1 200		
天津市海域牡蛎礁区生态修复与生物资源恢复示范项目	2012	684	260	天津市海洋局	天津渤海水产研究所
天津市大神堂海洋特别保护区资源修复与生境评价技术研究	2013	100			

（续）

项目名称	年份	数量（个）	资金（万元）	资金来源	建设主体
农业部蓬莱溢油生物资源养护与渔业生态修复项目渤海生态修复汉沽示范区	2013	1 904	758	农业部	天津市水产局
	2014	898	358		
天津市大神堂浅海活牡蛎礁独特生态系统保护与修复项目	2013	1 624	1 100	国家海洋局	天津市水产局
	2014	976			
天津市滨海旅游区海岸修复生态保护项目	2014	2 000	621	国家海洋局	天津市水产局
渤西处理厂新建管道项目渔业资源修复	2014	500	191.46	中海石油（中国）有限公司	天津市水产局
合计		17 580	7 038.46		

四、人工鱼礁建设效果及评估

（一）概述

为全面及时掌握天津市人工鱼礁建设对海洋生物资源和海洋生态环境的作用效果，农业部渔业环境及水产品质量监督检验测试中心（天津）受天津市水产局委托，承担了2015年度天津市人工鱼礁区生态环境及礁体生物监测任务。对2009—2014年投放的人工鱼礁实施跟踪监测，并进行人工鱼礁投放效果评估，以期为天津市人工鱼礁建设提供技术支持。2009—2014年，天津市在汉沽区海域累计投放人工鱼礁17 487个，形成礁区面积5.6142 km^2。其中，2009年投放两种类型的试验性人工鱼礁120个，礁区面积600 m^2；2010年投放礁体2 800个，礁区面积0.81 km^2；2011年投放礁体1 178个，礁区面积0.22 km^2；2012年投放礁体2 221个，礁区面积0.47 km^2；2013年投放礁体4 414个，礁区面积1.9436 km^2；2014年投放礁体6 754个，礁区面积2.17 km^2。

2015年监测结果表明：①2015年鱼礁区和对照区之间，水质、沉积物、浮游动植物多样性指数等指标中，除了沉积物中的有机碳指标鱼礁区显著低于对照区以外，其余指标均无显著差异。②比较2013—2015年水质指标，化学需氧量、无机氮、叶绿素a呈逐年降低趋势，总氮、悬浮物呈增加趋势。③比较2012—2015年沉积物指标，总磷、总氮2012—2014年无显著变化，2015年显著升高；有机碳2015年与2014年无显著变化，较2012—2013年有显著升高；油类年际间始终无显著变化；硫化物2015年显著高于2012年，与其他年份无显著差异。④比较2011—2015年鱼礁区浮游动植物多样性指数，2015年浮游植物多样性指数显著低于其他年份，浮游动物多样性指数除2014年和2011年、

2013 年差异显著外，2015 年和各年份间均无显著差异。⑤以 2010 年礁区为例，2010 年共投放礁体 2 800 个，至 2015 年礁体表面 90%以上被生物覆盖，附着厚度 30 cm，礁体沉降掩埋深度为 60～80 cm，牡蛎［长牡蛎、密鳞牡蛎（*Ostrea denselamellosa*）］为优势种，附着的牡蛎老化。估算 2015 年礁体生物总附着量约为 274 t，单位面积附着量为 4.45 kg/m^2，单块礁体附着量为 97.9 kg，低于投放 2～3 年的附着量。分析礁体生物附着趋势，投礁 2～3 年，附着量增长达到高峰值，投礁 3～4 年又开始下降。⑥现场采集单面礁体生物，经实验室鉴定，发现大量软体动物、节肢动物、环节动物、腔肠动物、棘皮动物及脊索动物等。⑦2015 年鱼礁区底栖生物生物量及数量远远低于对照区。比较底栖生物多样性指数，鱼礁区优于对照区；年际间多样性指数变化趋势为 2012 年>2015 年>2014 年>2013 年。⑧2015 年游泳动物渔获量、生物密度，对照区优于鱼礁区；仔稚鱼平均密度，鱼礁区高于对照区。

（二）站位设置

根据中国国家博物馆水下考古研究中心对人工鱼礁所在的海域进行物探扫测的结果，在人工鱼礁区设置了 5 个监测站位，同时，在人工鱼礁区外辐射状设置了 4 个对照站位。监测站位位置见表 5－31。

表 5－31　监测站位位置

区域	站位	经度（E）	纬度（N）
人工鱼礁区	J21	117°58′10.00″	39°07′40.00″
	J22	117°59′30.00″	39°07′40.00″
	J23	117°58′10.00″	39°06′30.00″
	J24	117°59′30.00″	39°06′30.00″
	J25	117°58′50.00″	39°07′05.00″
对照区	Y06	117°57′14.312″	39°4′57.803″
	Y07	117°56′17.708″	39°3′14.887″
	Y08	117°55′21.105″	39°1′31.971″
	Y09	117°54′11.636″	38°59′31.045″

（三）监测项目及时间

1. 监测项目

渔业资源：鱼卵（数量）、仔稚鱼（数量）、底栖生物、游泳动物。

水质：盐度、水温、pH、透明度、悬浮物、溶解氧、无机氮、总氮、总磷、活性磷酸盐、化学需氧量、油类。

基础生物：叶绿素 a、浮游植物、浮游动物。

沉积物：油类、总磷、总氮、硫化物、有机碳。

生物质量（贝类）：石油烃、铜、镉。

礁体生物及生物量估算。

2. 监测时间

具体监测情况如表 5-32 所示。

表 5-32 监测时间及主要工作

时间	工作内容
2015 年 5 月	第一次采样检测（水质、基础生物、鱼卵、仔稚鱼、底栖生物、游泳动物）
2015 年 6 月	雇佣天津航通潜水工程有限公司潜水员现场采集人工鱼礁进行礁体生物监测
2015 年 8 月	第二次采样检测（水质、沉积物、基础生物、生物质量、底栖生物、游泳动物）
2015 年 10 月（大潮期）	第三次采样检测（水质、基础生物、礁体生物附着量）

（四）监测技术依据

依据《渔业生态环境监测规范 第 2 部分：海洋》（SC/T 9102.2—2007）（全国水产标准化技术委员会，2007）采样监测，现场采集样品按照《海洋调查规范》（GB/T 12763—2007）（国家海洋标准计量中心，2008a，2008b）以及《海洋监测规范》（GB 17378—2007）（全国海洋标准化技术委员会，2008a，2008b，2008c，2008d）执行，监测项目的检测方法及引用标准参照表 5-33 执行。

表 5-33 检测方法及引用标准

调查内容	监测项目	检测方法	引用标准
水质	透明度	透明圆盘法	GB 17378.4—2007
	水温	颠倒温度表法	GB 17378.4—2007
	盐度	盐度计法	GB 17378.4—2007（29.1）
	pH	pH 计法	GB 17378.4—2007（26）
	悬浮物	重量法	GB 17378.4—2007（27）
	溶解氧	碘量法	GB 17378.4—2007（31）
	无机氮	分光光度计法	GB 17378.4—2007（35）
	总氮	过硫酸钾氧化法	GB 17378.4—2007（41）

（续）

调查内容	监测项目	检测方法	引用标准
水质	总磷	过硫酸钾氧化法	GB 17378.4—2007（40）
	活性磷酸盐	磷钼蓝分光光度法	GB 17378.4—2007（39.1）
	化学需氧量（COD_{Mn}）	碱性高锰酸钾法	GB 17378.4—2007（32）
	油类	紫外分光光度法	GB 17378.4—2007（13.2）
基础生物	叶绿素 a	分光光度法	GB 17378.7—2007（8.2）
	浮游植物	镜检法	GB 17378.7—2007（5）
	浮游动物	镜检法	GB 17378.7—2007（5）
渔业资源	鱼卵、仔稚鱼	镜检法	GB/T 12763.6—2007、GB 17378.7—2007
	底栖生物	镜检法	GB 17378.4—2007（6）GB/T 12763.6—2007（10）
	游泳动物	计数、称量法	GB/T 12763.6—2007、GB 17378.7—2007
沉积物	油类	紫外分光光度法	GB 17378.5—2007（13.2）
	总磷	分光光度法	GB 17378.5—2007（附录 C）
	总氮	凯式滴定法	GB 17378.5—2007（附录 D）
	硫化物	亚甲基蓝分光光度法	GB 17378.5—2007（17.1）
	有机碳	重铬酸钾氧化—还原容量法	GB 17378.5—2007（18.1）
生物质量	石油烃	荧光分光光度法	GB 17378.6—2007
	铜	火焰原子吸收分光光度法	GB/T 5009.13—2003
	镉	无火焰原子吸收分光光度法	GB/T 5009.15—2003

（五）监测结果

1. 水质、沉积物、基础生物监测结果

（1）海水水质　2015 年人工鱼礁区和对照区水质指标无显著差异，这与往年情况基本一致。2015 年监测的水环境指标和 2013 年、2014 年水环境指标做单因素方差分析结果（表 5-34）显示，化学需氧量等指标 2015 年和不同年份间差异显著性各有不同。表 5-34 中所列均为 2015 年和往年有显著差异的环境指标。其中，2013—2014 年监测点水深差异显著，2015 年化学需氧量较 2014 年没有显著差异，2015 年较 2013 年有显著降低；无机氮在 3 年间逐年显著降低；总氮 2015 年较 2014 年显著升高，但和 2013 年没有显著差异；悬浮物在 2014 年显著降低，但 2015 年又显著增加，且显著高于 2013 年；叶绿素 a 含量 2015 年显著低于 2013 年，但和 2014 年没有显著差异。总体来说，化学需氧量、无

机氮、叶绿素 a 呈降低趋势；总氮、悬浮物呈增加趋势。

2014 年监测结果显示，透明度、盐度、化学需氧量、无机氮、总氮、悬浮物、叶绿素 a 等指标在与 2012 年、2013 年监测结果有显著差异，2015 年除增加水深，减少透明度、盐度这两项外，其余指标完全吻合。由此可见，化学需氧量、无机氮、总氮、悬浮物、叶绿素 a 等指标在年度间存在稳定变化趋势，即化学需氧量、无机氮、叶绿素 a 呈降低趋势；总氮、悬浮物呈增加趋势。

表 5－34　2015 年人工鱼礁区和往年对比相差显著的项目和年份

年份	水深（m）	化学需氧量（mg/L）	无机氮（mg/L）	总氮（mg/L）	悬浮物（mg/L）	叶绿素 a（μg/L）
2015	$5.06^{a}\pm0.77$	$2.04^{a}\pm0.38$	$0.34^{a}\pm0.07$	$1.73^{a}\pm0.95$	$30.92^{a}\pm14.19$	$3.92^{a}\pm2.16$
2014	$6.57^{b}\pm1.17$	$2.15^{ab}\pm0.38$	$0.52^{b}\pm0.12$	$0.84^{b}\pm0.18$	$16.23^{b}\pm10.08$	$4.45^{ab}\pm1.90$
2013	$5.80^{c}\pm0.90$	$3.06^{b}\pm1.01$	$0.67^{c}\pm0.32$	$2.23^{ab}\pm0.93$	$18.67^{c}\pm5.40$	$24.47^{b}\pm31.29$

注：不同字母表示差异显著。

（2）沉积物的比较　2015 年，人工鱼礁区和对照区沉积物监测指标中，人工鱼礁区有机碳显著低于对照区，其他指标没有显著差异。沉积物采样水深，人工鱼礁区显著低于对照区，人工鱼礁区的透明度也显著低于对照区（表 5－35）。2015 年与 2012—2014 年人工鱼礁区单因素方差分析结果显示，水深和透明度在 2012—2014 年无显著变化，2015 年显著降低；总磷、总氮在 2012—2014 年无显著变化，2015 年显著升高；有机碳在 2015 年与 2014 年无显著变化，较 2012—2013 年有显著升高；油类年际间始终无显著变化；硫化物在 2015 年显著高于 2012 年，与其他年份无显著差异（图 5－104，表 5－36）。

表 5－35　2015 年人工鱼礁区和对照区沉积物差异显著项目对比

区域	水深（m）	透明度（m）	有机碳（%）
人工鱼礁区	$5.18^{a}\pm0.33$	$0.42^{a}\pm0.03$	$0.58^{a}\pm0.12$
对照区	$6.95^{b}\pm0.29$	$0.57^{b}\pm0.10$	$0.82^{b}\pm0.04$

注：不同字母表示差异显著。

表 5－36　2012—2015 年人工鱼礁区沉积物差异显著项目对比

年份	水深（m）	透明度（m）	总磷（g/kg）	总氮（mg/g）	有机碳（%）	油类（mg/kg）	硫化物（mg/kg）
2012	$5.64^{ab}\pm0.29$	$0.77^{a}\pm0.08$	$0.08^{a}\pm0.02$	$0.65^{a}\pm0.26$	$0.33^{a}\pm0.07$	14.96 ± 8.61	$0.53^{a}\pm1.19$
2013	$6.04^{ab}\pm1.19$	$0.86^{a}\pm0.09$	$0.08^{a}\pm0.01$	$0.87^{ab}\pm0.16$	$0.33^{a}\pm0.07$	53.16 ± 19.22	$13.26^{ab}\pm8.95$
2014	$7.02^{a}\pm0.71$	$0.78^{a}\pm0.11$	$0.06^{a}\pm0.01$	$0.69^{a}\pm0.13$	$0.61^{b}\pm0.08$	36.72 ± 36.34	$63.84^{ab}\pm93.45$
2015	$5.18^{b}\pm0.33$	$0.42^{b}\pm0.03$	$0.41^{b}\pm0.16$	$1.00^{b}\pm0.23$	$0.58^{b}\pm0.12$	348.40 ± 277.37	$31.35^{b}\pm15.40$

注：不同字母表示差异显著。

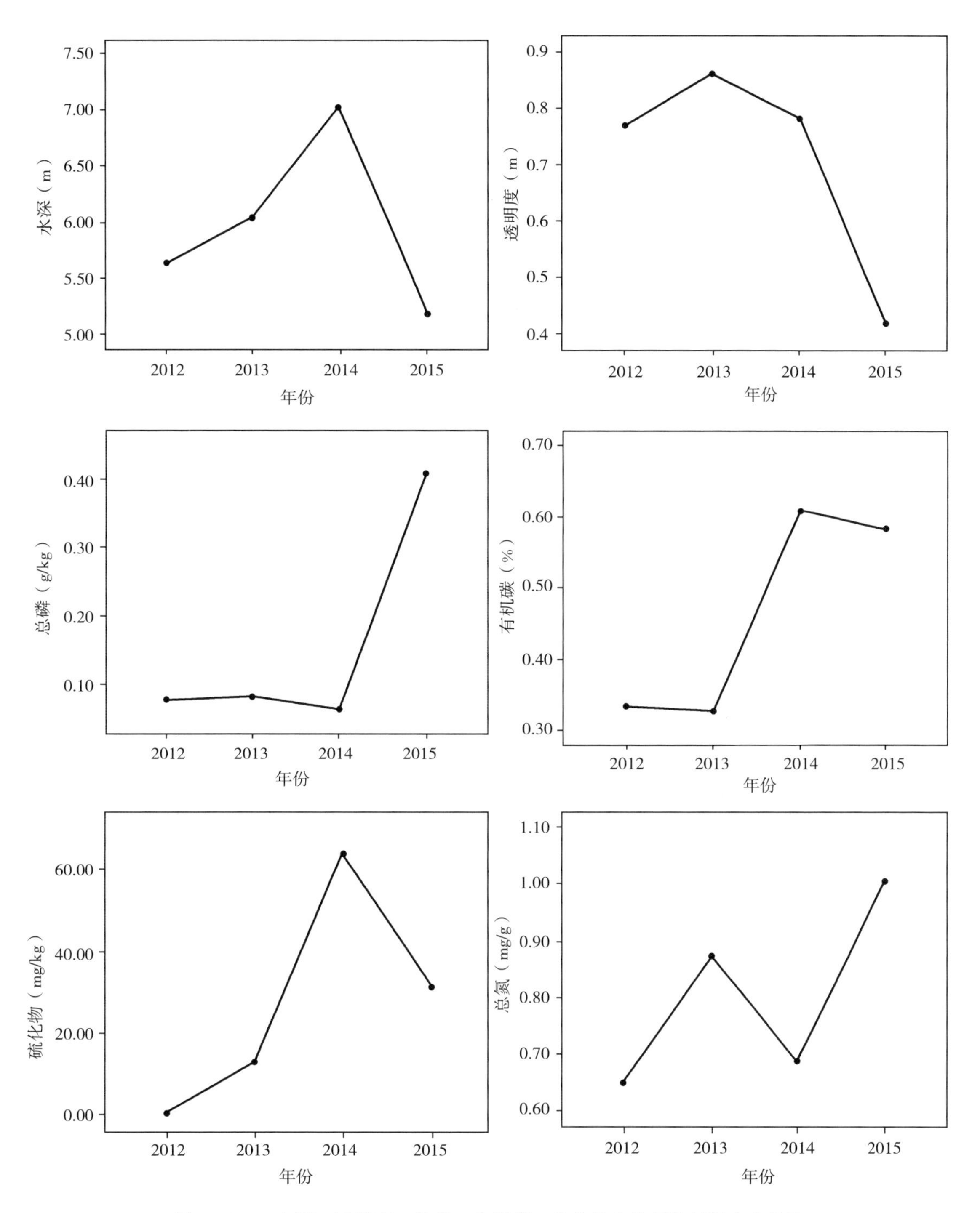

图 5－104　水深、透明度、总磷、有机碳、硫化物和总氮的年际变化趋势

（3）浮游植物的比较

①物种数。2015 年监测的浮游植物有硅藻门 25 种、甲藻门 1 种。

由图 5－105 可知，对照区（Y06、Y07、Y08、Y09）5—10 月浮游植物物种数呈递减趋势；人工鱼礁区（J21、J23、J25）5—10 月浮游植物物种数呈现递减趋势。

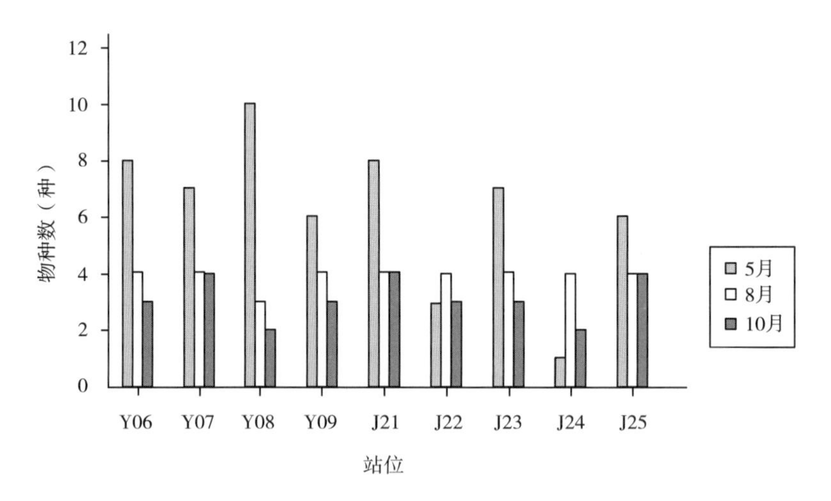

图 5－105　2015 年各监测站位浮游植物物种数对比

②优势种。2015 年 5 月监测到的浮游植物优势种为甲藻门的夜光藻（*Noctiluca scintillans*）（优势度 Y＝0.831）和硅藻门的中肋骨条藻（优势度 Y＝0.106）；8 月浮游植物优势种为硅藻门的海洋曲舟藻（*Pleurosigma pelagicum*）（优势度 Y＝0.170）、薄壁几内亚藻（*Guinardia flaccida*）（优势度 Y＝0.081）、中心圆筛藻（*Coscinodiscus centralis*）（优势度 Y＝0.049）、日本星杆藻（*Asterionella japonica*）（优势度 Y＝0.045）；10 月浮游植物优势种为硅藻门的辐射圆筛藻（优势度 Y＝ 0.967）。

③总密度。比较 3 个月各监测站位的浮游植物总密度（图 5－106）显示，8 月各监测站位浮游植物总密度均最低，对照区（Y06、Y07、Y08、Y09）除 Y06 站位外，其他站

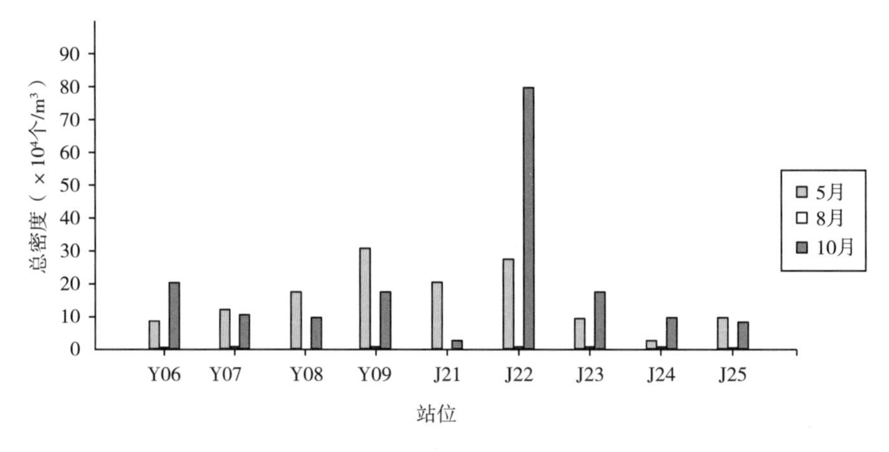

图 5－106　2015 年各监测站位浮游植物总密度对比

位 5 月总密度均高于 10 月；人工鱼礁区（J21、J22、J23、J24、J25）的 J21、J25 两个站位 5 月高于 10 月，其他 3 个站位 5 月低于 10 月。

④多样性指数。浮游植物多样性指数最高为 5 月的 J21 站位，最低为 5 月的 J24 站位（图 5 - 107）。

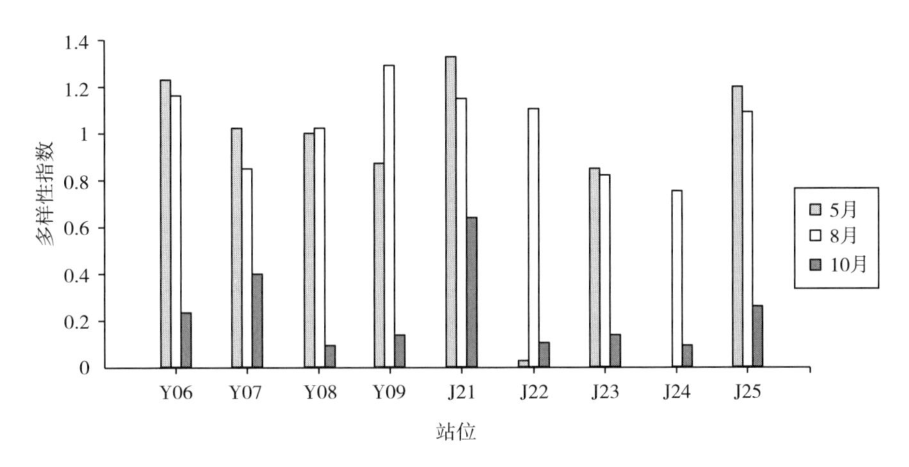

图 5 - 107　2015 年各监测站位浮游植物多样性指数对比

⑤变化趋势分析。单因素方差分析显示，对照区和人工鱼礁区浮游植物物种数、总密度、多样性指数没有显著差异。年际间对比显示，2015 年浮游植物物种数显著低于 2014 年，但与 2011—2013 年物种数相比没有显著差异；2014 年物种数显著高于其他年份（图 5 - 108）。各站点浮游植物总密际在年际间没有显著差异；2015 年浮游植物多样性指数显著低于其他年份（图 5 - 109，表 5 - 37）。

表 5 - 37　2011—2015 年浮游植物多样性指标对比

年份	物种数（种）	总密度（$\times 10^4$ 个/m^3）	多样性指数
2011	$4^a \pm 1$	138.73 ± 159.62	$1.08^a \pm 0.25$
2012	$6^a \pm 3$	40.98 ± 44.70	$1.04^a \pm 0.65$
2013	$4^a \pm 1$	6.95 ± 5.11	$1.21^a \pm 0.31$
2014	$9^b \pm 3$	115.63 ± 308.34	$1.59^b \pm 0.41$
2015	$4^a \pm 2$	20.83 ± 50.65	$0.71^c \pm 0.47$

注：不同字母表示差异显著。

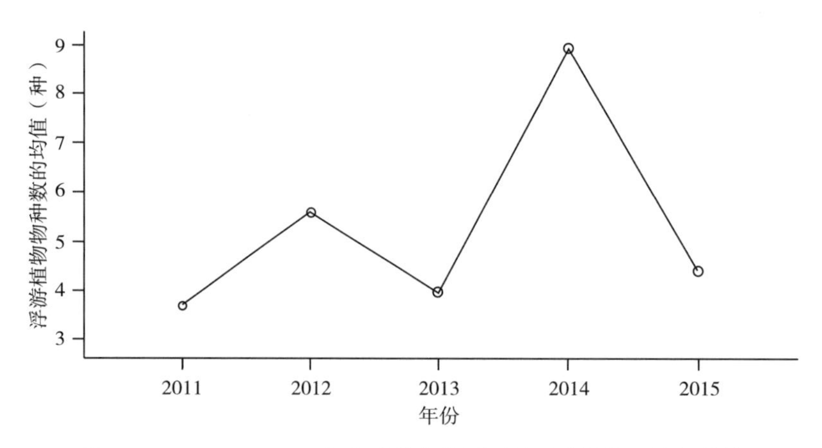

图 5-108　2011—2015 年各采样点监测到的浮游植物平均物种数

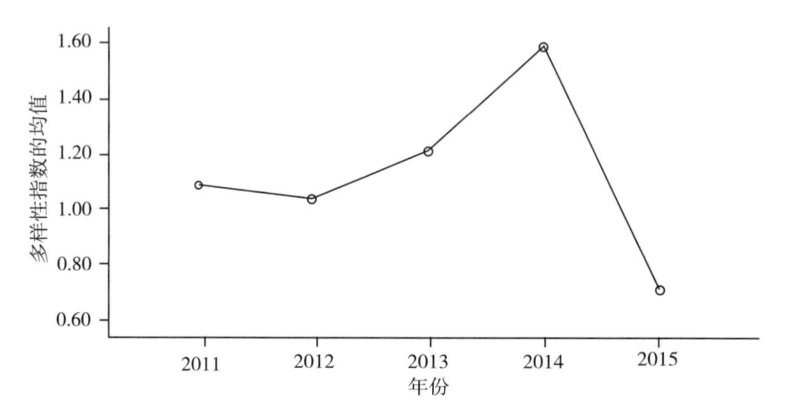

图 5-109　2011—2015 年浮游植物多样性指数

（4）浮游动物

①物种数。2015 年监测的浮游动物有毛颚类 1 种、桡足类 6 种、水母类 3 种、幼虫类 5 种、糠虾类 1 种。

由图 5-110 可知，对照区（Y06、Y07、Y08、Y09）5—10 月浮游动物物种数呈递

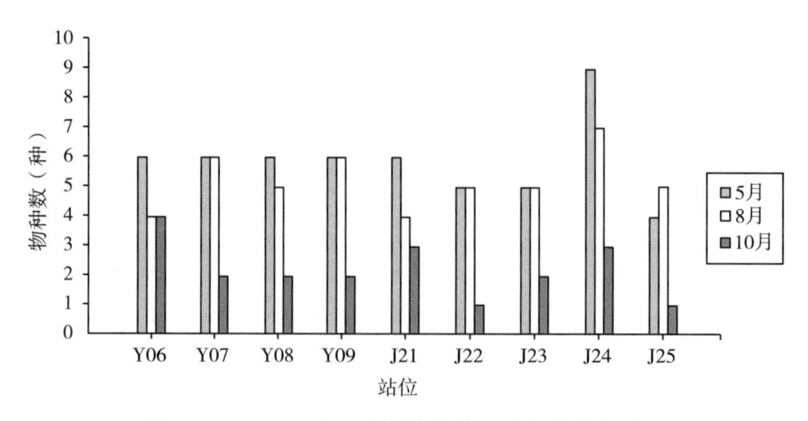

图 5-110　2015 年各监测站位浮游动物物种数对比

减趋势；人工鱼礁区（J21、J22、J23、J24、J25）除J25站位8月物种数最高以外，其他4个站位物种数呈递减趋势。

②优势种。2015年5月监测到的浮游植物优势种为桡足类的中华哲水蚤（优势度Y=0.522）和毛颚类的强壮箭虫（优势度Y=0.204）、幼虫类的长尾类幼虫（优势度Y=0.066）；8月浮游动物优势种为毛颚类的强壮箭虫（优势度Y=0.339）、幼虫类的碟状幼虫（优势度Y=0.304）；10月优势种为毛颚类的强壮箭虫（优势度Y=0.502）。

③总密度。比较3个月各监测站位的浮游动物总密度（图5-111）显示，10月各监测站位浮游动物总密度均最低，对照区（Y06、Y07、Y08、Y09）除Y07站位外，其他站位5月总密度均高于8月；人工鱼礁区（J21、J22、J23、J24、J25）5月浮游动物总密度均高于8月。

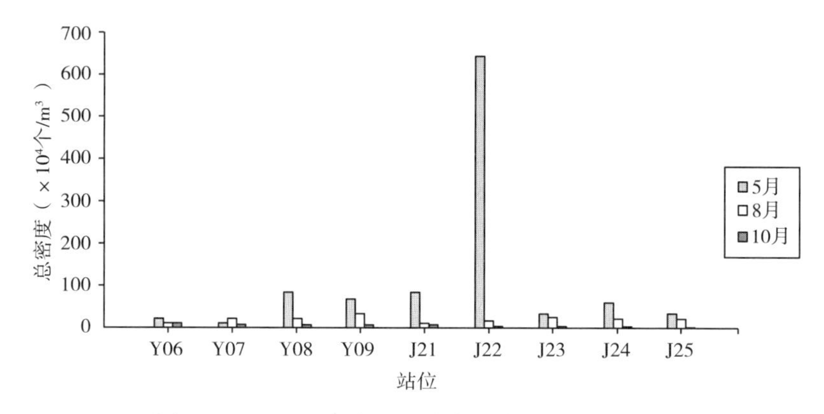

图5-111　2015年各监测站位浮游动物总密度对比

④多样性指数。浮游动物多样性指数最高为8月的J24站位。浮游动物3个月的监测中，J24站位多样性指数一直最高。对照区除Y09以外，其他3个站位都是逐月递减；人工鱼礁区站位都是8月>5月>10月（图5-112）。

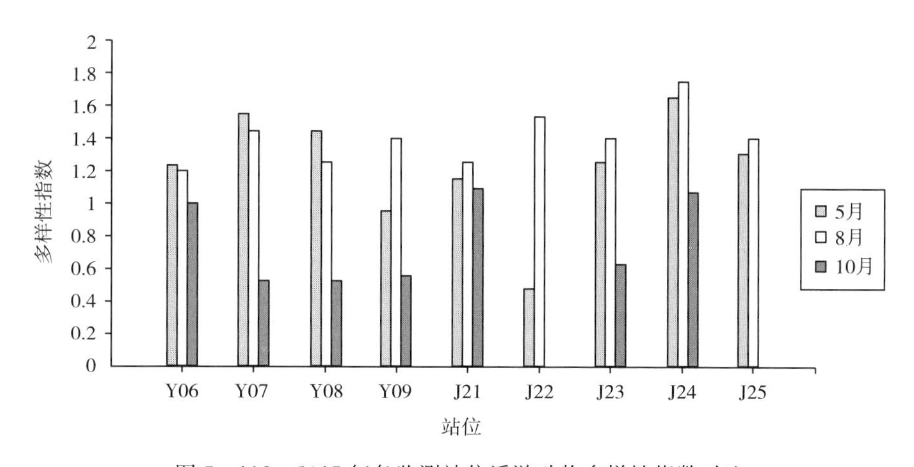

图5-112　2015年各监测站位浮游动物多样性指数对比

⑤变化趋势分析。单因素方差分析显示，2015 年人工鱼礁区和对照区浮游动物物种数、总密度、多样性指数均无显著差异。

年际间对比，除 2014 年和 2011 年、2013 年差异显著外，2015 年和各年份间均无显著差异。

2. 礁体生物监测结果

（1）打捞的礁体照片　图 5 - 113 至图 5 - 117 为 2015 年打捞的礁体，打捞区域为 2010—2014 年投放的人工鱼礁区。

图 5 - 113　2015 年监测 2010 年礁体

图 5 - 114　2015 年监测 2011 年礁体

图 5－115　2015 年监测 2012 年礁体

图 5－116　2015 年监测 2013 年礁体

图 5－117　2015 年监测 2014 年礁体

（2）礁体生物种类及生物量估算　2015 年 6 月 9—10 日，雇佣天津航通潜水工程有限公司分别在 2010—2014 年投放人工鱼礁区（站位：117°59.257′E、39°07.269′N；117°58.483′E、39°06.223′N；117°58.170′E、39°07.234′N；117°58.266′E、39°06.592′N；117°59.217′E、39°06.584′N）采集礁体生物。按年度吊上“回”字型礁体，长、宽各 1.5 m，其中，单面中空面积（长、宽各 0.50 m），单面附着面积为 2.0 m^2，共计 11 个面（除去朝下触底一面）。2010 年礁区的礁体表面 90％以上被生物覆盖，附着厚度30 cm，礁体沉降掩埋深度为60～80 cm，牡蛎（长牡蛎、密鳞牡蛎）为优势种。现场剥离单面礁体的牡蛎及其他生物，经测算，礁体生物总附着量见表5-38至表5-43。以2010年礁区为例，2010年共投放礁体2 800个，估算2015年礁体生物总附着量约为274.12 t，单位面积附着量为4.45 kg/m²，单块礁体附着量为97.9 kg，低于投放2～3年的附着量。分析2010年礁区（表5-38）显示，2010年所投鱼礁礁体生物（牡蛎）附着量，2010—2013年一直不断增加，其中，2012—2013年增幅最大，但2013—2014年附着量下降，至2015年降至97.9 kg/块。其余礁区也是类似趋势，即投礁2～3年，附着量增长达到高峰值，投礁3～4年又开始下降。现场吊礁发现，生长4～5年的礁体沉降浸泡腐蚀严重，出水过程中大量淤泥及附着物剥离，附生的牡蛎老化(表5-48)。现场采集2010—2014年礁区的礁体生物，经实验室鉴定，还发现大量软体动物、节肢动物、环节动物、腔肠动物、棘皮动物、脊索动物（表5-44至表5-47，图5-118至图5-121）。

表5-38　2011—2015年礁体生物（牡蛎）附着量统计（2010年礁区）

监测时间	单位面积附着量 (kg/m²)	单面礁体附着量 (kg)	单块礁体附着量 (kg)	总附着量（kg）
2011年11月30日	0.73	1.5	16.5	46 200
2012年11月29日	9.77	20.0	220.0	616 000
2013年8月15日	36.14	74.0	814.0	2 279 200
2014年7月6日	29.00	58.0	638.0	1 786 400
2015年6月10日	4.45	8.9	97.9	274 120

表5-39　2013—2015年礁体生物（牡蛎）附着量统计（2011年礁区）

监测时间	单位面积附着量（kg/m²）			单面礁体附着量（kg）	单块礁体附着量（kg）	总附着量 (kg)
	第一块	第二块	平均			
2013年8月21日	17.5	—	—	35.83	394.0	464 132
2014年7月6日	19.13	—	—	35.00	385.0	453 530
2015年6月10日	2.425	2.82	2.6	5.20	57.2	67 381

表5-40　2013—2015年礁体生物（牡蛎）附着量统计（2012年礁区）

监测时间	单位面积附着量（kg/m²）			单面礁体附着量（kg）	单块礁体附着量（kg）	总附着量 (kg)
	第一块	第二块	平均			
2013年12月24日	5.13	—	—	10.5	115.5	256 525
2014年7月6日	14.93	—	—	21.5	236.5	525 266
2015年6月10日	10.20	13.90	12.05	24.1	265.1	407 459

表 5-41　2015 年礁体生物（牡蛎）附着量统计（2013 年礁区）

监测时间	单位面积附着量（kg/m²）			单面礁体附着量（kg）	单块礁体附着量（kg）	总附着量（kg）
	第一块	第二块	平均			
2014 年 7 月 6 日	4.45	7.35	5.90	11.8	129.8	572 937
2015 年 6 月 10 日	—	—	—	—	—	—

表 5-42　2015 年礁体生物（牡蛎）附着量统计（2014 年礁区）

监测时间	单位面积附着量（kg/m²）	单面礁体附着量（kg）	单块礁体附着量（kg）	总附着量（kg）
2015 年 6 月 10 日	2.65	5.3	58.3	89 782

表 5-43　2011—2015 年单块礁体生物（牡蛎）附着量统计（kg）

生长时间	2010 年礁区	2011 年礁区	2012 年礁区	2013 年礁区	2014 年礁区
1 年	16.5	—	115.5	—	58.3
2 年	220.0	394.0	236.5	129.8	—
3 年	814.0	385.0	265.1	—	—
4 年	638.0	57.2	—	—	—
5 年	97.9	—	—	—	—

表 5-44　人工鱼礁区礁体生物种类（2010 年礁区，2015 年监测）

序号	分类	中文名	学名
1	软体动物	脉红螺	*Rapana venosa*
2		纵肋织纹螺	*Nassarius variciferus*
3		贻贝	*Mytilus edulis*
4		长牡蛎	*Crassostrea gigas*
5		栉孔扇贝	*Chlamys farreri*
6		泥螺	*Bullacta exarata*
7	腔肠动物	太平洋侧花海葵	*Anthopleura pacifica*
8		纵条矶海葵	*Haliplanella luciae*
9	节肢动物	泥藤壶	*Balanus uliginosus*
10		隆线强蟹	*Eucrate crenata*
11		鞭腕虾	*Lysmata vittata*
12		中华豆蟹	*Pinnotheres sinensis*
13		锯额豆瓷蟹	*Pisidia serratifrons*

（续）

序号	分类	中文名	学名
14	节肢动物	特异大权蟹	*Macromedaeus distinguendus*
15	环节动物	异足索沙蚕	*Lumbriconereis heleropoda*
16		覆瓦哈鳞虫	*Harmotho imbricata*
17	脊索动物	髭缟鰕虎鱼	*Tridentiger barbatus*

表 5-45　人工鱼礁区礁体生物种类（2011 年礁区，2015 年监测）

序号	分类	中文名	学名
1	软体动物	脉红螺	*Rapana venosa*
2		长牡蛎	*Crassostrea gigas*
3	腔肠动物	太平洋侧花海葵	*Anthopleura pacifica*
4		纵条矶海葵	*Haliplanella luciae*
5	节肢动物	隆线强蟹	*Eucrate crenata*
6		锯额豆瓷蟹	*Pisidia serratifrons*
7		日本蟳	*Charybdis* (*Charybdis*) *japonica*
8		特异大权蟹	*Macromedaeus distinguendus*
9	环节动物	岩虫	*Marphysa sanguinea*
10		琥珀刺沙蚕	*Neanthes succinea*
11	棘皮动物	中华倍棘蛇尾	*Amphioplus sinicus*
12	脊索动物	柄海鞘	*Styela clava*
13		小头副孔鰕虎鱼	*Ctenotrypauchen microcephalus*
14		纹缟鰕虎鱼	*Tridentiger trigonocephalus*
15		髭缟鰕虎鱼	*Tridentiger barbatus*

表 5-46　人工鱼礁区礁体生物种类（2012 年礁区，2015 年监测）

序号	分类	中文名	学名
1	软体动物	脉红螺	*Rapana venosa*
2		贻贝	*Mytilus edulis*
3	腔肠动物	纵条肌海葵	*Haliplanella luciae*
4	节肢动物	隆线强蟹	*Eucrate crenata*
5		锯额豆瓷蟹	*Pisidia serratifrons*
6		日本蟳	*Charybdis* (*Charybdis*) *japonica*

（续）

序号	分类	中文名	学名
7	节肢动物	特异大权蟹	*Macromedaeus distinguendus*
8	环节动物	异足索沙蚕	*Lumbriconereis heleropoda*
9		琥珀刺沙蚕	*Neanthes succinea*
10		覆瓦哈鳞虫	*Harmotho imbricata*
11		吻蛰虫	*Artacama proboscidea*
12	脊索动物	髭缟虾虎鱼	*Tridentiger barbatus*

表 5－47 人工鱼礁区礁体生物种类（2014 年礁区，2015 年监测）

序号	分类	中文名	学名
1	软体动物	栉笋螺	*Duplicaria dussumieri*
2		凸壳肌蛤	*Musculus senhousia*
3		贻贝	*Mytilus edulis*
4		褐蚶	*Didimacar tenebrica*
5	节肢动物	泥管藤壶	*Balanus uliginosus*
6	环节动物	琥珀刺沙蚕	*Neanthes succinea*
7	脊索动物	髭缟虾虎鱼	*Tridentiger barbatus*

表 5－48 人工鱼礁效果区生物学统计

监测区域	监测时间	项目	壳长（cm）	壳高（cm）	体重（g）	可食部分（g）	出肉率（%）
2010 年礁区	2014 年 7 月 6 日	最大值	191	97	368.9	87.5	37.0
		最小值	58	24	14.5	4.0	17.6
		平均值	102	48	79.2	18.8	27.0
2011 年礁区	2014 年 7 月 6 日	最大值	105	76	54.5	13.8	34.0
		最小值	58	34	26.5	5.0	15.5
		平均值	80	49	38.5	9.8	25.3
2012 年礁区	2014 年 7 月 6 日	最大值	118	92	117.2	25.4	62.6
		最小值	62	36	20.5	5.5	18.0
		平均值	87	54	46.9	13.8	31.6
2013 年礁区	2014 年 7 月 6 日	最大值	77	69	47.2	12.8	31.4
		最小值	44	30	15.5	1.5	7.2
		平均值	60	42	25.9	4.7	17.6

（续）

监测区域	监测时间	项目	壳长（cm）	壳高（cm）	体重（g）	可食部分（g）	出肉率（%）
2014 年礁区	2015 年 6 月 11 日	最大值	4.5	3.4	25.33	7.10	45
		最小值	2.7	1.7	9.58	3.01	13
		平均值	3.6	2.5	17.31	4.34	26

图 5-118　2010 年礁体生物

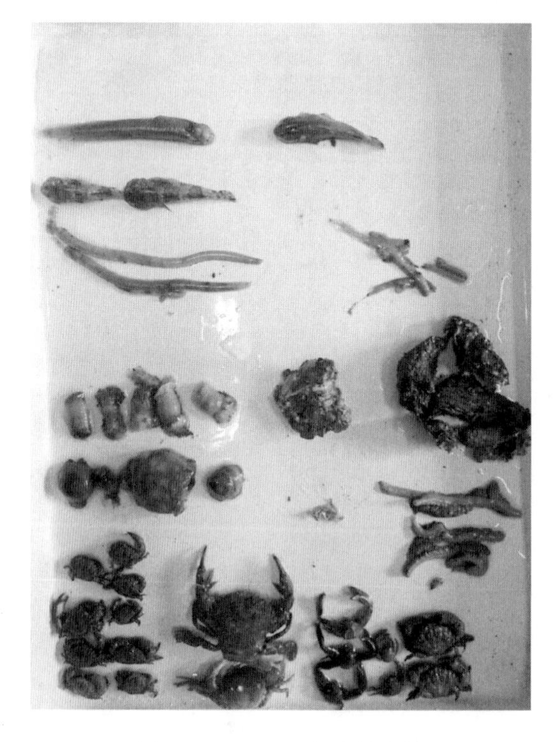

图 5-119　2011 年礁体生物

图 5－120　2012 年礁体生物

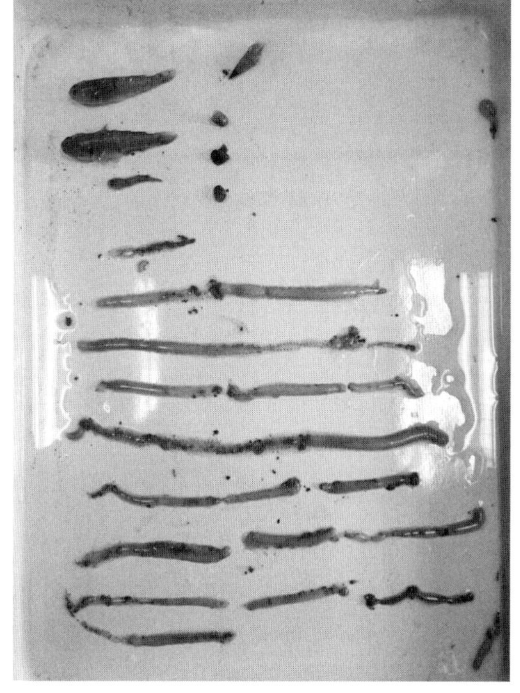

图 5－121　2013 年礁体生物

3. 渔业资源监测结果

（1）底栖生物

①人工鱼礁区底栖生物种类组成。5 月在调查海域鉴定出底栖生物 16 种。其中，多毛纲 3 种，占种类组成的 18.75％；蔓足纲 1 种，占种类组成的 6.25％；软甲纲 1 种，占种类组成的 6.25％；蛇尾纲 1 种，占种类组成的 6.25％；腹足纲 5 种，占种类组成的 31.25％；瓣鳃纲 5 种，占种类组成的 31.25％。底栖生物优势种为棘刺锚参、扁玉螺、凸壳肌蛤，其平均密度分别为 7 个/m^2、5 个/m^2、90 个/m^2。

8 月在调查海域鉴定出底栖生物 12 种。其中，多毛纲 2 种，占种类组成的 16.67％；软甲纲 5 种，占种类组成的 41.67％；硬骨鱼纲 1 种，占种类组成的 8.33％；蛇尾纲 1 种，占种类组成的 8.33％；瓣鳃纲 3 种，占种类组成的 25％。底栖生物优势种为岩虫、寄居蟹、绒毛细足蟹（*Raphidopus ciliatus*）、六丝钝尾鰕虎鱼、棘刺锚参，其平均密度分别为 4 个/m^2、2 个/m^2、3 个/m^2、3 个/m^2、6 个/m^2。

②人工鱼礁区底栖生物生物量。5 月调查海域底栖生物平均生物量为 78.90 g/m^2，各站位波动范围为 47.65～119.60 g/m^2；分布较不均匀，最低生物量出现在 J21 站位，最高生物量出现在 J25 站位。底栖生物生物量主要以软体动物门为优势类群。

8 月调查海域底栖生物平均生物量为 53.56 g/m^2，各站位波动范围为 3.35～

120.15 g/m^2；分布较不均匀，最低生物量出现在J21站位，最高生物量出现在J22站位。底栖生物生物量主要以节肢动物门为优势类群。

③人工鱼礁区底栖生物数量。5月调查海域底栖生物平均密度为132个/m^2，各站位波动范围为15～440个/m^2，密度分布较不均匀。

8月调查海域底栖生物平均密度为26个/m^2，各站位波动范围为10～75个/m^2。

以上数据可以看出，人工鱼礁区的底栖生物组成、生物量、生物数量中，软体动物、节肢动物都占有绝对优势。

④对照区底栖生物种类组成。5月在调查海域鉴定出底栖生物16种。其中，多毛纲5种，占种类组成的31.25%；软甲纲1种，占种类组成的6.25%；硬骨鱼纲3种，占种类组成的18.75%；蛇尾纲1种，占种类组成的6.25%；腹足纲3种，占种类组成的18.75%；瓣鳃纲3种，占种类组成的18.75%。底栖生物优势种为凸壳肌蛤、脆壳理蛤，其平均密度分别为188.75个/m^2、500个/m^2。

8月在调查海域鉴定出底栖生物12种。其中，多毛纲1种，占种类组成的8.33%；软甲纲3种，占种类组成的25%；硬骨鱼纲2种，占种类组成的16.67%；蛇尾纲1种，占种类组成的8.33%；腹足纲3种，占种类组成的25%；瓣鳃纲2种，占种类组成的16.67%。底栖生物优势种为异足倒颚蟹（*Asthenognathus inaequipes*）、寄居蟹、棘刺锚参、耳口露齿螺（*Ringicula doliaris*）、凸壳肌蛤，其平均密度分别为8.75个/m^2、5.00个/m^2、37.50个/m^2、32.50个/m^2、23.75个/m^2。

⑤对照区底栖生物生物量。5月调查海域底栖生物平均生物量为176.38 g/m^2，各站位波动范围为37.20～497.60 g/m^2；分布较不均匀，以环节动物门和软体动物门为优势类群。

8月调查海域底栖生物平均生物量为130.96 g/m^2，各站位波动范围为32.15～273.75 g/m^2；分布较不均匀，主要以软体动物门为优势类群。

⑥对照区底栖生物数量。5月调查海域底栖生物平均密度为785个/m^2，各站位波动范围为35～2 035个/m^2，密度分布极不均匀。

8月调查海域底栖生物平均密度为122.50个/m^2，各站位波动范围为30～205个/m^2，密度分布较不均匀。

表5-49至表5-52为2015年5月、8月人工鱼礁区与对照区底栖生物组成，图5-122至图5-125为2015年5月、8月人工鱼礁区和对照区大型底栖生物生物量及其水平分布。

2015年，人工鱼礁区底栖生物生物量及数量远远低于对照区。

表 5-49　2015 年 5 月人工鱼礁区底栖生物的生物量和密度组成

底栖生物		J21		J22		J23		J24		J25		W（%）	N（%）
		生物量（g/m²）	密度（个/m²）	生物量（g/m²）	密度（个/m²）	生物量（g/m²）	密度（个/m²）	生物量（g/m²）	密度（个/m²）	生物量（g/m²）	密度（个/m²）		
多毛纲	岩虫	—	—	—	—	58.35	20	10.95	10	—	—	17.57	4.55
多毛纲	琥珀刺沙蚕	8.00	5	—	—	—	—	—	—	5.90	5	3.52	1.52
多毛纲	锥毛似帚毛虫	—	—	—	—	—	—	3.25	5	—	—	0.82	0.76
蔓足纲	泥管藤壶	—	—	—	—	—	—	—	—	0.15	5	0.04	0.76
软甲纲	隆线强蟹	—	—	30.75	5	—	—	33.05	5	—	—	16.17	1.52
蛇尾纲	棘刺锚参	29.60	15	—	—	—	—	—	—	73.85	20	26.22	5.30
腹足纲	扁玉螺	10.05	5	50.10	10	—	—	—	—	30.35	10	22.94	3.79
腹足纲	红带织纹螺	—	—	—	—	—	—	4.15	5	4.75	5	2.26	1.52
腹足纲	纵肋织纹螺	—	—	—	—	—	—	0.05	5	0.20	5	0.06	1.52
腹足纲	泥螺	—	—	—	—	5.90	5	—	—	—	—	1.50	0.76
腹足纲	耳口露齿螺	—	—	—	—	—	—	0.25	10	—	—	0.06	1.52
瓣鳃纲	凸壳肌蛤	—	—	—	—	12.90	75	13.75	375	—	—	6.76	68.18
瓣鳃纲	光滑河篮蛤	—	—	—	—	—	—	0.75	5	—	—	0.19	0.76
瓣鳃纲	青蛤	—	—	—	—	—	—	3.00	5	—	—	0.76	0.76
瓣鳃纲	薄片镜蛤	—	—	—	—	—	—	—	—	4.40	30	1.12	4.55
瓣鳃纲	金星蝶铰蛤	—	—	—	—	—	—	0.05	15	—	—	0.01	2.27

注：W（%）为渔获重量百分比，N（%）为渔获数量百分比，下同。

表 5-50　2015 年 5 月对照区底栖生物的生物量和密度组成

底栖生物		Y06		Y07		Y08		Y09		W (%)	N (%)
		生物量 (g/m²)	密度 (个/m²)	生物量 (g/m²)	密度 (个/m²)	生物量 (g/m²)	密度 (个/m²)	生物量 (g/m²)	密度 (个/m²)		
多毛纲	岩虫	—	—	17.30	10	—	—	—	—	2.45	0.32
多毛纲	琥珀刺沙蚕	0.70	5	—	—	—	—	—	—	0.10	0.16
多毛纲	日本角吻沙蚕	—	—	—	—	5.00	5	—	—	0.71	0.16
多毛纲	软背鳞虫	0.60	5	—	—	—	—	—	—	0.09	0.16
多毛纲	不倒翁虫	—	—	—	—	—	—	0.60	15	0.09	0.48
软甲纲	隆线强蟹	—	—	—	—	2.50	5	2.60	5	0.72	0.32
硬骨鱼纲	六丝钝尾鰕虎鱼	—	—	—	—	—	—	18.55	5	2.63	0.16
硬骨鱼纲	小头副孔鰕虎鱼	—	—	—	—	25.30	5	14.45	5	5.63	0.32
硬骨鱼纲	红狼牙鰕虎鱼	315.00	5	—	—	—	—	—	—	44.65	0.16
蛇尾纲	棘刺锚参	61.30	10	19.90	10	36.05	15	—	—	16.62	1.11
腹足纲	扁玉螺	7.50	5	9.45	5	—	—	1.00	5	2.54	0.4
腹足纲	纵肋织纹螺	—	—	0.80	5	—	—	—	—	0.11	0.16
腹足纲	耳口露齿螺	—	—	—	—	1.00	250	—	—	0.14	7.96
瓣鳃纲	凸壳肌蛤	112.50	750	—	—	42.00	5	—	—	21.90	24.04
瓣鳃纲	金星蝶铰蛤	—	—	0.70	5	0.70	5	—	—	0.20	0.32
瓣鳃纲	脆壳理蛤	—	—	10.00	2 000	—	—	—	—	1.42	63.69

表 5-51　2015 年 8 月人工鱼礁区底栖生物的生物量和密度组成

底栖生物		J21		J22		J23		J24		J25		W（%）	N（%）
		生物量（g/m²）	密度（个/m²）	生物量（g/m²）	密度（个/m²）	生物量（g/m²）	密度（个/m²）	生物量（g/m²）	密度（个/m²）	生物量（g/m²）	密度（个/m²）		
多毛纲	岩虫	—	—	—	—	2.45	5	16.00	10	18.50	5	13.80	15.38
多毛纲	中华内卷齿蚕	—	—	—	—	—	—	1.65	5	—	—	0.62	3.85
软甲纲	日本关公蟹	—	—	78.90	5	—	—	—	—	—	—	29.46	3.85
软甲纲	异足倒颚蟹	—	—	—	—	10.00	5	—	—	—	—	3.73	3.85
软甲纲	寄居蟹	1.85	5	3.00	5	—	—	—	—	—	—	1.81	7.69
软甲纲	脊腹褐虾	—	—	—	—	—	—	—	—	—	—	0.00	0.00
软甲纲	鞭腕虾	—	—	0.50	5	—	—	—	—	—	—	0.19	3.85
软甲纲	绒毛细足蟹	—	—	4.05	15	—	—	—	—	—	—	1.51	11.54
硬骨鱼纲	六丝钝尾鰕虎鱼	1.00	5	2.25	5	3.90	5	—	—	—	—	2.67	11.54
蛇尾纲	棘刺锚参	—	—	30.45	30	—	—	—	—	—	—	11.37	23.08
瓣鳃纲	光滑河篮蛤	0.50	5	—	—	—	—	—	—	—	—	0.19	3.85
瓣鳃纲	缢蛏	—	—	—	—	—	—	—	—	91.80	5	34.28	3.85
瓣鳃纲	金星蝶铰蛤	—	—	1.00	10	—	—	—	—	—	—	0.37	7.69

表 5-52　2015 年 8 月对照区底栖生物的生物量和密度组成

底栖生物		Y06		Y07		Y08		Y09		W (%)	N (%)
		生物量 (g/m²)	密度 (个/m²)	生物量 (g/m²)	密度 (个/m²)	生物量 (g/m²)	密度 (个/m²)	生物量 (g/m²)	密度 (个/m²)		
多毛纲	岩虫	9.80	5	—	—	—	—	—	—	1.87	1.02
软甲纲	异足倒颚蟹	—	—	3.75	10	10.50	25	—	—	2.72	7.14
软甲纲	寄居蟹	2.05	5	20.05	5	4.00	5	2.75	5	5.51	4.08
软甲纲	口虾蛄	—	—	—	—	27.55	10	—	—	5.26	2.04
硬骨鱼纲	六丝钝尾鰕虎鱼	5.25	5	—	—	5.90	10	—	—	2.13	3.06
硬骨鱼纲	小头副孔鰕虎鱼	—	—	7.30	5	—	—	—	—	1.39	1.02
蛇尾纲	棘刺锚参	14.60	5	242.65	115	90.35	10	28.35	20	71.77	30.61
腹足纲	扁玉螺	2.55	5	—	—	—	—	1.05	5	0.69	2.04
腹足纲	纵肋织纹螺	—	—	—	—	1.60	10	—	—	0.31	2.04
腹足纲	耳口露齿螺	—	—	—	—	2.80	130	—	—	0.53	26.53
瓣鳃纲	凸壳肌蛤	40.20	95	—	—	—	—	—	—	7.67	19.39
瓣鳃纲	薄片镜蛤	—	—	—	—	0.80	5	—	—	0.15	1.02

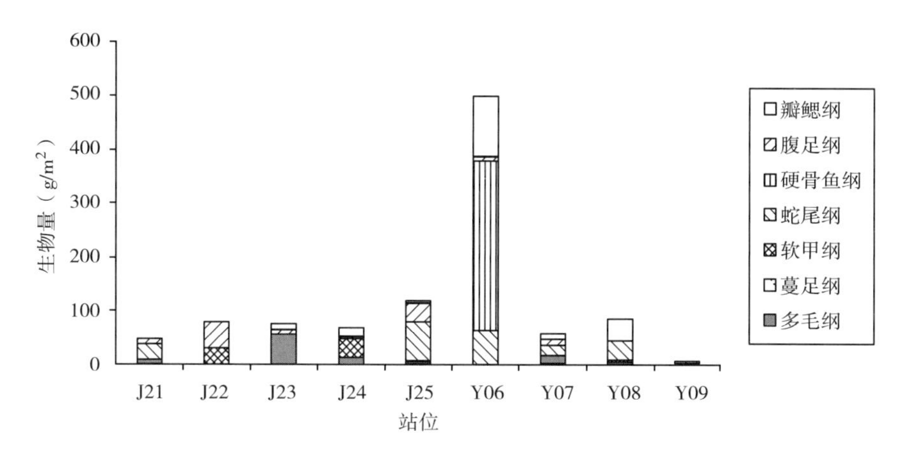

图 5－122　2015 年 5 月人工鱼礁区和对照区大型底栖生物生物量及其水平分布

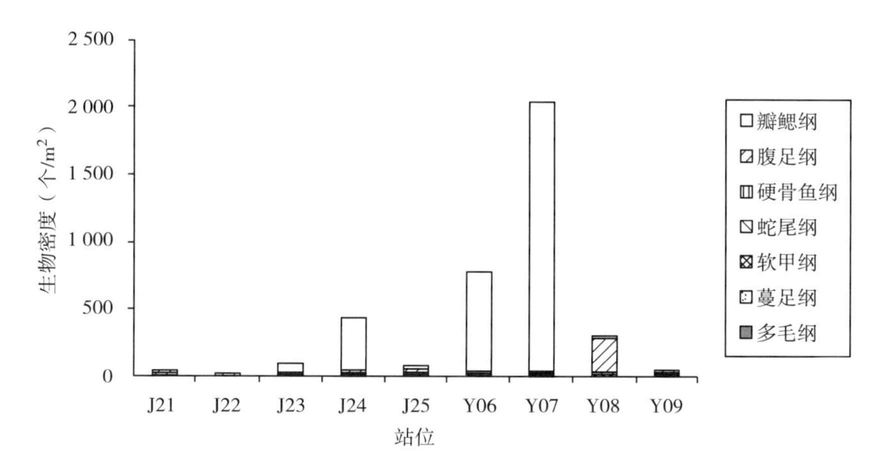

图 5－123　2015 年 5 月人工鱼礁区和对照区大型底栖生物密度及其水平分布

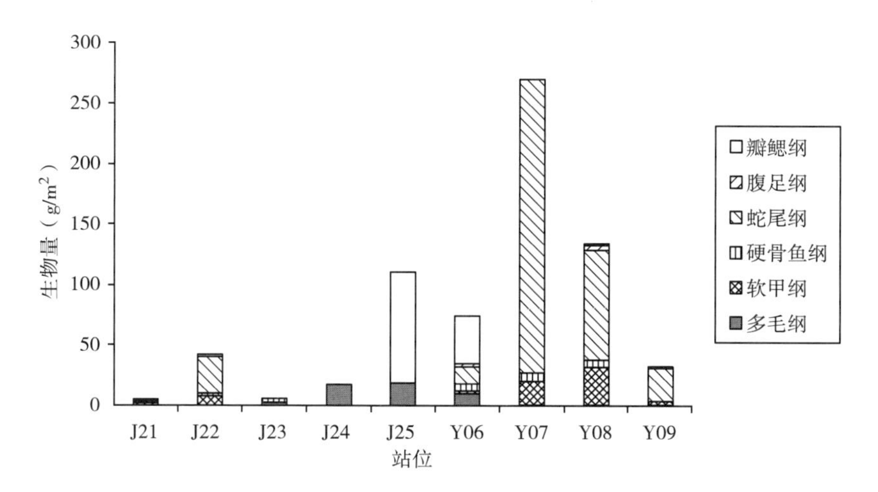

图 5－124　2015 年 8 月人工鱼礁区和对照区大型底栖生物生物量及其水平分布

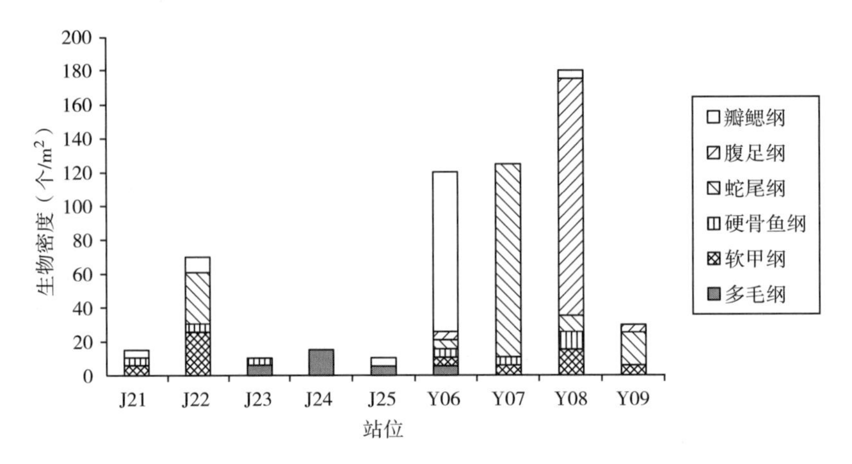

图 5-125　2015 年 8 月人工鱼礁区和对照区大型底栖生物密度及其水平分布

从图 5-126 可见，年际间底栖生物多样性指数 2012 年>2015 年>2014 年>2013 年；从 2013 年 8 月至 2015 年 8 月，底栖生物多样性指数人工鱼礁区均高于对照区；人工鱼礁区 2013 年 8 月和 2014 年 8 月多样性指数相当，但对照区 2014 年 8 月高于 2013 年 8 月。

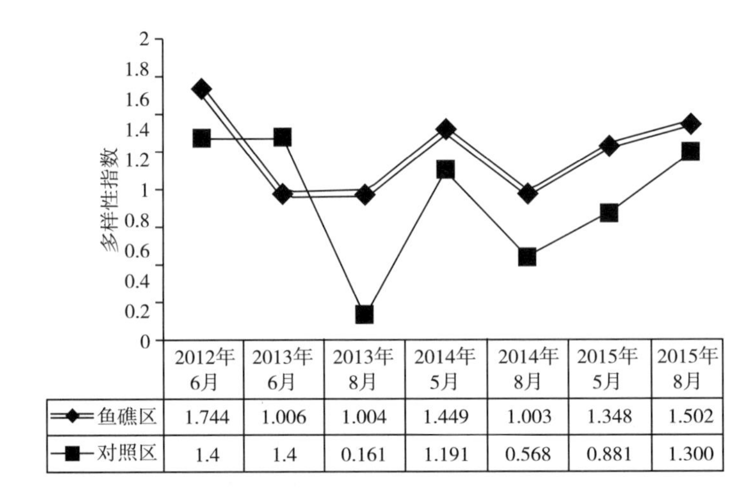

	2012年6月	2013年6月	2013年8月	2014年5月	2014年8月	2015年5月	2015年8月
鱼礁区	1.744	1.006	1.004	1.449	1.003	1.348	1.502
对照区	1.4	1.4	0.161	1.191	0.568	0.881	1.300

图 5-126　人工鱼礁区和对照区底栖生物多样性指数对比分析

（2）游泳动物

①人工鱼礁区游泳动物种类组成。5 月拖网调查共捕获游泳动物 19 种。其中，鱼类 7 种，占种类总数的 36.84%，隶属 3 科 7 属；蟹类 4 种，占种类总数的 21.05%，隶属 4 科 4 属；虾类 7 种，占种类总数的 36.84%，隶属 6 科 6 属；头足类 1 种，占种类总数的 5.27%，隶属 1 科 1 属。游泳动物优势种为口虾蛄、日本鼓虾、日本关公蟹、六丝钝尾鰕虎鱼、焦氏舌鳎、火枪乌贼，其平均密度分别为 64 714 个/km^2、5 143 个/km^2、18 514 个/km^2、7 286 个/km^2、8 971 个/km^2、4 000 个/km^2。

8月拖网调查共捕获游泳动物21种。其中，鱼类10种，占种类总数的47.62%，隶属6科10属；蟹类4种，占种类总数的19.05%，隶属3科4属；虾类5种，占种类总数和23.81%，隶属4科4属；头足类2种，占种类总数的9.52%，隶属2科2属。游泳动物优势种为口虾蛄、日本关公蟹、斑鰶、六丝钝尾鰕虎鱼、火枪乌贼，其平均密度分别为176 171个/km^2、52 400个/km^2、14 840个/km^2、64 600个/km^2、83 520个/km^2。

②人工鱼礁区游泳动物渔获量及其组成。5月调查捕获游泳动物重量为1 094 014 g/km^2。其中，鱼类231 473 g/km^2，占总渔获物的21.16%；蟹类198 016 g/km^2，占总渔获物的18.10%；虾类626 403 g/km^2，占总渔获物的57.26%；头足类38 122 g/km^2，占总渔获物的3.48%。

8月调查捕获游泳动物重量为4 231 432 g/km^2。其中，鱼类698 929 g/km^2，占总渔获物的16.52%；蟹类771 429 g/km^2，占总渔获物的18.23%；虾类2 169 075 g/km^2，占总渔获物的51.26%；头足类592 000 g/km^2，占总渔获物的13.99%。

5月、8月人工鱼礁区平均每个站位游泳动物渔获量为1 065 kg/km^2。

③人工鱼礁区游泳动物生物密度及分布。5月捕获游泳动物平均个体数为114 400个/km^2。其中，鱼类17 571个/km^2，占总渔获物的15.36%；蟹类20 743个/km^2，占总渔获物的18.13%；虾类72 086个/km^2，占总渔获物的63.01%；头足类4 000个/km^2，占总渔获物的3.50%。

8月捕获游泳动物平均个体数为413 249个/km^2。其中，鱼类87 283个/km^2，占总渔获物的21.12%；蟹类64 600个/km^2，占总渔获物的15.63%；虾类177 086个/km^2，占总渔获物的42.85%；头足类84 280个/km^2，占总渔获物的20.40%。

5月、8月人工鱼礁区平均每个站位捕获游泳动物个体数为105 530个/km^2。

④对照区游泳动物种类组成。5月拖网调查共捕获游泳动物18种。其中，鱼类5种，占种类总数的27.78%，隶属3科5属；蟹类5种，占种类总数的27.78%，隶属4科5属；虾类6种，占种类总数的33.33%，隶属5科5属；头足类2种，占种类总数的11.11%，隶属2科2属。游泳动物优势种为口虾蛄、日本鼓虾、日本关公蟹、六丝钝尾鰕虎鱼、焦氏舌鳎、火枪乌贼，其平均密度分别为58 679个/km^2、2 786个/km^2、2 857个/km^2、3 786个/km^2、4 786个/km^2、3 200个/km^2。

8月拖网调查共捕获游泳动物21种。其中，鱼类11种，占种类总数的52.38%，隶属6科10属；蟹类5种，占种类总数的23.81%，隶属4科5属；虾类2种，占种类总数的9.52%，隶属2科2属；头足类3种，占种类总数的14.29%，隶属2科2属。游泳动物优势种为口虾蛄、日本关公蟹、斑鰶、六丝钝尾鰕虎鱼、火枪乌贼，其平均密度分别为217 607个/km^2、42 893个/km^2、102 000个/km^2、31 643个/km^2、173 750个/km^2。

⑤对照区游泳动物渔获量及其组成。5月调查捕获游泳动物重量为794 043 g/km^2。

其中，鱼类 85 926 g/km²，占总渔获物的 10.82%；蟹类 77 954 g/km²，占总渔获物的 9.82%；虾类 599 709 g/km²，占总渔获物的 75.53%；头足类 30 454 g/km²，占总渔获物的 3.83%。

8 月调查捕获游泳动物重量为 7 296 841 g/km²。其中，鱼类 1 637 588 g/km²，占总渔获物的 22.44%；蟹类 714 286 g/km²，占总渔获物的 9.79%；虾类 3 394 967 g/km²，占总渔获物的 46.53%；头足类 1 550 000 g/km²，占总渔获物的 21.24%。

5 月、8 月对照区平均每个站位游泳动物渔获量为 2 023 kg/km²。

⑥对照区游泳动物生物密度及分布。5 月捕获游泳动物平均个体数为 79 748 个/km²。其中，鱼类 9 056 个/km²，占总渔获物的 11.35%；蟹类 3 929 个/km²，占总渔获物的 4.93%；虾类 63 463 个/km²，占总渔获物的 79.58%；头足类 3 300 个/km²，占总渔获物的 4.14%。

8 月捕获游泳动物平均个体数为 615 363 个/km²。其中，鱼类 149 913 个/km²，占总渔获物的 24.36%；蟹类 64 821 个/km²，占总渔获物的 10.53%；虾类 217 679 个/km²，占总渔获物的 35.37%；头足类 182 950 个/km²，占总渔获物的 29.73%。

5 月、8 月对照区平均每个站位捕获游泳动物个体数为 173 778 个/km²。

综上所述，2015 年游泳动物种类数，鱼礁区和对照区之间无差异；平均每个站位的游泳动物渔获量、生物密度，对照区优于人工鱼礁区。分析认为与人工鱼礁区内遍布人工鱼礁礁体及地笼有关，影响了正常拖网调查作业，未能真实反映资源量。

表 5－53 至表 5－56 为 2015 年 5 月、8 月人工鱼礁区与对照区游泳动物组成；图 5－127 至图 5－130 为 2015 年 5 月、8 月调查海域游泳动物渔获数量及重量分布。

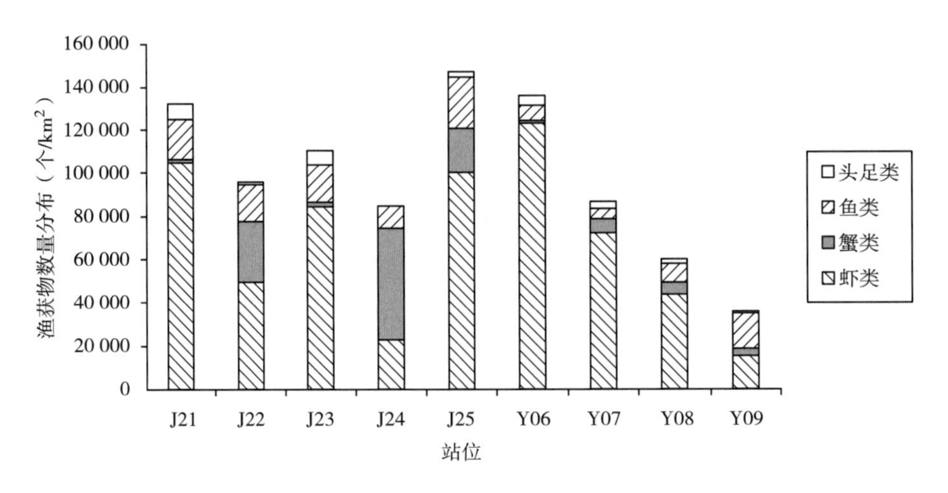

图 5－127　5 月调查海域游泳动物渔获物数量分布

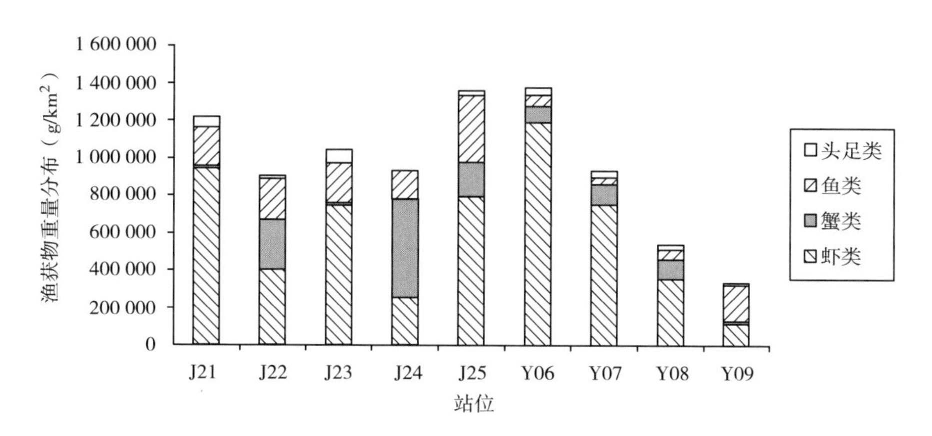

图 5－128　5 月调查海域游泳动物渔获物重量分布

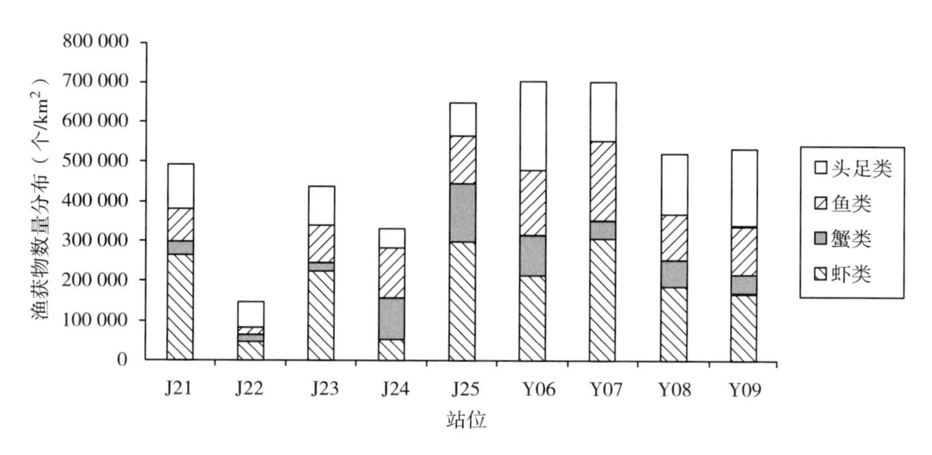

图 5－129　8 月调查海域游泳动物渔获物数量分布

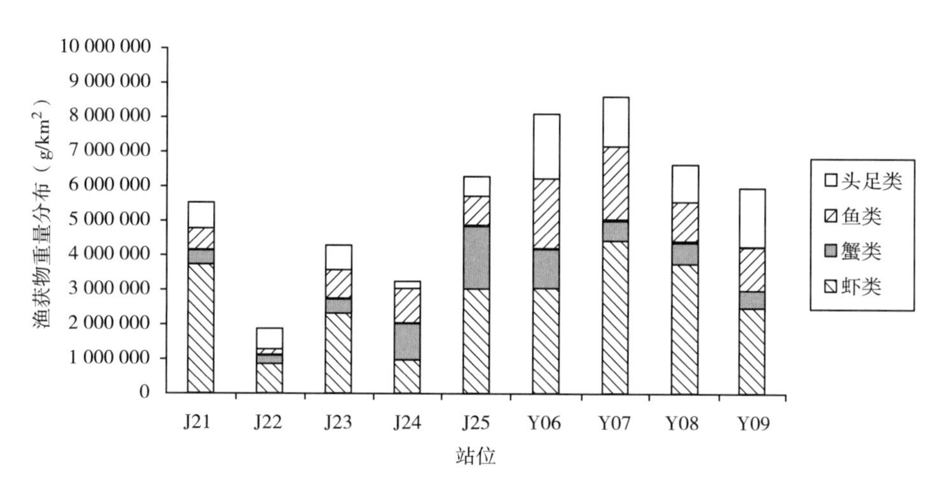

图 5－130　8 月调查海域游泳动物渔获物重量分布

表 5－53　2015 年 5 月人工鱼礁区游泳动物的生物量和密度组成

底栖生物		J21		J22		J23		J24		J25		渔获重量比例 W（%）	渔获数量比例 N（%）
		生物量（g/km²）	密度（个/km²）	生物量（g/km²）	密度（个/km²）	生物量（g/km²）	密度（个/km²）	生物量（g/km²）	密度（个/km²）	生物量（g/km²）	密度（个/km²）		
虾类	口虾蛄	928 571	95 286	371 429	35 286	742 857	82 143	228 571	12 714	785 714	98 143	55.89	56.57
虾类	鲜明鼓虾	—	—	1 746	571	—	—	3 114	571	—	—	0.09	0.20
虾类	日本鼓虾	11 929	7 143	14 986	7 429	2 843	1 714	14 417	7 429	3 963	2 000	0.88	4.50
虾类	脊腹褐虾	1 877	857	3 403	2 000	—	—	2 129	1 143	—	—	0.14	0.70
虾类	水母深额虾	360	571	—	—	—	—	—	—	—	—	0.01	0.10
虾类	葛氏长臂虾	1 266	1 143	2 929	2 571	480	286	—	—	—	—	0.09	0.70
虾类	伍氏蝼蛄虾	—	—	5 726	1 143	—	—	3 709	286	—	—	0.17	0.25
蟹类	日本关公蟹	8 563	1 143	243 009	26 571	9 543	1 714	407 146	44 000	156 346	19 143	15.07	16.18
蟹类	隆线强蟹	—	—	10 843	1 429	—	—	92 360	6 286	3 120	286	1.94	1.40
蟹类	十一刺栗壳蟹	—	—	—	—	—	—	3 146	286	—	—	0.06	0.05
蟹类	日本蟳	—	—	10 843	571	2 440	286	17 563	1 143	25 160	857	1.02	0.50
鱼类	六丝钝尾鰕虎鱼	63 300	12 857	82 063	8 857	5 880	1 429	31 426	3 143	102 686	10 143	5.22	6.37
鱼类	小头副孔鰕虎鱼	—	—	1 074	286	694	286	3 077	571	1 173	429	0.11	0.27
鱼类	红狼牙鰕虎鱼	37 351	857	44 134	857	—	—	21 929	571	57 646	1 143	2.94	0.60
鱼类	斑尾刺鰕虎鱼	35 694	286	—	—	—	—	—	—	29 704	429	1.20	0.12
鱼类	纹缟鰕虎鱼	—	—	—	—	—	—	1 534	571	—	—	0.03	0.10
鱼类	焦氏舌鳎	66 546	4 571	95 869	6 857	199 740	15 429	105 309	6 286	165 933	11 714	11.58	7.84
鱼类	牙鲆	—	—	—	—	4 603	286	—	—	—	—	0.08	0.05
头足类	火枪乌贼	66 220	8 000	14 424	1 200	76 512	7 600	—	—	33 452	3 200	3.48	3.50

表 5-54 2015 年 8 月人工鱼礁区游泳动物的生物量和密度组成

	底栖生物	J21		J22		J23		J24		J25		渔获重量比例 *W*（%）	渔获数量比例 *N*（%）
		生物量（g/km^2）	密度（个/km^2）	生物量（g/km^2）	密度（个/km^2）	生物量（g/km^2）	密度（个/km^2）	生物量（g/km^2）	密度（个/km^2）	生物量（g/km^2）	密度（个/km^2）		
虾类	口虾蛄	3 714 286	264 571	857 143	44 571	2 285 714	223 571	942 857	50 429	3 000 000	297 714	51.05	42.63
虾类	鲜明鼓虾	601	143	—	—	2 011	286	—	—	946	143	0.02	0.03
虾类	日本鼓虾	1 710	571	2 691	1 429	409	143	—	—	—	—	0.02	0.10
虾类	葛氏长臂虾	180	143	—	—	—	—	—	—	—	—	0.00	0.01
虾类	中国对虾	7 771	286	5 226	286	8 297	286	10 337	571	5 194	286	0.17	0.08
蟹类	日本关公蟹	168 319	20 286	99 874	12 714	123 864	12 429	686 760	95 000	1 242 584	121 571	10.97	12.68
蟹类	隆线强蟹	28 953	1 714	14 411	857	14 919	857	54 837	2 286	94 594	5 857	0.98	0.56
蟹类	三疣梭子蟹	155 160	7 143	114 286	4 000	206 469	7 429	228 571	6 000	428 571	12 571	5.36	1.80
蟹类	日本蟳	47 569	1 714	—	—	26 177	1 429	58 403	2 286	62 823	6 857	0.92	0.59
鱼类	斑鰶	259 174	19 400	65 904	5 600	400 414	41 800	—	—	158 674	7 400	4.18	3.59
鱼类	黄鲫	—	—	4 052	400	—	—	—	—	—	—	0.02	0.02
鱼类	赤鼻棱鳀	2 200	1 400	—	—	736	400	—	—	—	—	0.01	0.09
鱼类	六丝钝尾鰕虎鱼	303 851	59 286	42 486	8 000	351 996	43 000	830 341	111 143	569 460	101 571	9.92	15.63
鱼类	小头副孔鰕虎鱼	—	—	2 626	286	—	—	—	—	—	—	0.01	0.01
鱼类	红狼牙鰕虎鱼	—	—	—	—	—	—	—	—	14 121	429	0.07	0.02
鱼类	斑尾刺鰕虎鱼	—	—	24 309	286	25 999	714	92 401	1 429	19 456	429	0.77	0.14
鱼类	鲬	3 607	1 444	—	—	14 000	1 000	18 747	1 667	—	—	0.17	0.20
鱼类	黑鳃梅童鱼	—	—	—	—	—	—	—	—	3 560	333	0.02	0.02
鱼类	焦氏舌鳎	19 103	1 571	17 756	1 000	60 326	4 857	81 727	12 857	107 619	8 714	1.35	1.40
头足类	火枪乌贼	770 580	114 000	600 000	70 800	728 362	98 400	240 000	47 800	560 000	86 600	13.70	20.21
头足类	短蛸	29 420	2 200	—	—	31 638	1 600	—	—	—	—	0.29	0.18

表 5－55　2015 年 5 月对照区游泳动物的生物量和密度组成

底栖生物		Y06		Y07		Y08		Y09		渔获重量比例 W（%）	渔获数量比例 N（%）
		生物量（g/km²）	密度（个/km²）	生物量（g/km²）	密度（个/km²）	生物量（g/km²）	密度（个/km²）	生物量（g/km²）	密度（个/km²）		
虾类	口虾蛄	1 185 714	122 857	742 857	69 571	327 420	30 571	108 217	11 714	74.44	73.58
虾类	鲜明鼓虾	—	—	—	—	1 063	286	2 066	571	0.10	0.27
虾类	日本鼓虾	—	—	—	—	17 197	8 857	3 971	2 286	0.67	3.49
虾类	脊腹褐虾	—	—	—	—	5 077	3 429	—	—	0.16	1.07
虾类	鞭腕虾	—	—	—	—	126	286	894	571	0.03	0.27
虾类	葛氏长臂虾	620	571	3 614	2 286	—	—	—	—	0.13	0.90
蟹类	日本关公蟹	—	—	25 926	3 429	45 063	5 429	9 820	2 571	2.54	3.58
蟹类	隆线强蟹	—	—	5 489	857	—	—	—	—	0.17	0.27
蟹类	十一刺栗壳蟹	—	—	3 040	571	—	—	—	—	0.10	0.18
蟹类	三疣梭子蟹	81 769	571	60 329	571	61 571	286	—	—	6.41	0.45
蟹类	日本蟳	1 351	286	15 434	857	—	—	2 026	286	0.59	0.45
鱼类	六丝钝尾鰕虎鱼	16 769	3 429	12 086	3 429	22 854	6 286	8 457	2 000	1.89	4.75
鱼类	小头副孔鰕虎鱼	—	—	—	—	2 291	571	1 454	857	0.12	0.45
鱼类	红狼牙鰕虎鱼	—	—	—	—	—	—	10 254	286	0.32	0.09
鱼类	黑鳃梅童鱼	—	—	—	—	—	—	2 493	222	0.08	0.07
鱼类	焦氏舌鳎	43 809	3 143	23 986	1 429	25 774	1 714	173 477	12 857	8.41	6.00
头足类	火枪乌贼	46 960	5 200	35 824	4 400	15 912	2 400	7 008	800	3.33	4.01
头足类	短蛸	—	—	—	—	16 112	400	—	—	0.51	0.13

表 5-56 2015 年 8 月对照区游泳动物的生物量和密度组成

底栖生物		Y06		Y07		Y08		Y09		渔获重量比例 W（%）	渔获数量比例 N（%）
		生物量（g/km²）	密度（个/km²）	生物量（g/km²）	密度（个/km²）	生物量（g/km²）	密度（个/km²）	生物量（g/km²）	密度（个/km²）		
虾类	口虾蛄	3 000 000	213 857	4 428 571	308 571	3 714 286	183 286	2 428 571	164 714	46.50	35.36
虾类	中国对虾	—	—	—	—	—	—	8 440	286	0.03	0.01
蟹类	日本关公蟹	695 900	69 429	285 061	24 571	429 276	44 000	263 044	33 571	5.73	6.97
蟹类	隆线强蟹	114 101	5 286	38 584	2 571	—	—	2 403	286	0.53	0.33
蟹类	十一刺栗壳蟹	—	—	—	—	13 233	2 143	—	—	0.05	0.09
蟹类	三疣梭子蟹	257 143	22 571	228 571	14 857	80 286	10 857	202 566	12 857	2.63	2.48
蟹类	日本蟳	75 713	2 143	19 211	429	105 779	12 286	46 273	1 429	0.85	0.66
鱼类	斑鰶	1 133 780	95 600	1 308 252	134 600	1 025 804	91 400	993 392	86 400	15.28	16.58
鱼类	黄鲫	—	—	28 150	4 800	—	—	—	—	0.10	0.20
鱼类	赤鼻棱鳀	—	—	74 096	4 800	—	—	24 654	4 000	0.34	0.36
鱼类	中颌棱鳀	—	—	148 316	2 400	—	—	—	—	0.51	0.10
鱼类	六丝钝尾鰕虎鱼	331 073	39 000	256 184	38 429	128 447	19 714	196 291	29 429	3.12	5.14
鱼类	长丝鰕虎鱼	35 801	2 429	—	—	—	—	—	—	0.12	0.10
鱼类	斑尾刺鰕虎鱼	—	—	87 371	1 714	—	—	—	—	0.30	0.07
鱼类	髭缟鰕虎鱼	123 683	7 286	—	—	14 206	857	—	—	0.47	0.33
鱼类	银鲳	—	—	85 968	2 400	—	—	—	—	0.29	0.10
鱼类	鲬	164 531	5 667	14 741	1 333	—	—	16 911	1 111	0.67	0.33
鱼类	焦氏舌鳎	230 917	14 571	91 217	8 714	10 346	857	26 219	2 143	1.23	1.07
头足类	火枪乌贼	1 607 232	207 800	1 480 000	151 000	893 058	144 400	1 613 288	191 800	19.16	28.24
头足类	短蛸	312 768	19 200	—	—	162 956	10 800	106 712	5 000	2.00	1.42
头足类	长蛸	—	—	—	—	23 986	1 800	—	—	0.08	0.07

(3) 鱼卵和仔稚鱼

①鱼礁区鱼卵和仔稚鱼种类组成。共鉴定仔稚鱼 2 种，隶属 2 科 2 属；其中，鳀科 1 种，鲻科 1 种（表 5－57）。

表 5－57　2015 年人工鱼礁区仔稚鱼种类组成

所属目	所属科	仔稚鱼物种数（种）
鲱形目	鳀科	1
鲻形目	鲻科	1

②鱼礁区仔稚鱼数量及分布。仔稚鱼密度范围为 0.00～6.98 个/m^3，平均值为 2.236 个/m^3，在 J21、J23、J25 号站位均采到了仔稚鱼，最高值在 J21 号站位。仔稚鱼密度组成，鳀科是 10.16 个/m^3，占 90.88%；鲻科是 1.02 个/m^3，占 9.12%（表 5－58）。

表 5－58　2015 年人工鱼礁区仔稚鱼密度

站位号	仔稚鱼密度（个/m^3）
J21	6.98
J22	0
J23	3.06
J24	0
J25	1.14
平均	2.236

③对照区鱼卵和仔稚鱼种类组成。共鉴定仔稚鱼 1 种，隶属 1 科 1 属；属鳀科（表 5－59）。

表 5－59　2015 年对照区仔稚鱼种类组成

所属目	所属科	仔稚鱼物种数（种）
鲱形目	鳀科	1

④对照区仔稚鱼数量及分布。仔稚鱼密度范围为 0.00～7.14 个/m^3，平均值为 1.785 个/m^3，只在 Y09 号站位采到仔稚鱼。采到的仔稚鱼属鳀科，为 7.14 个/m^3。

2015 年，人工鱼礁区及对照区均未采到鱼卵。人工鱼礁区仔稚鱼平均密度 2.236 个/m^3，高于对照区仔稚鱼平均密度 1.785 个/m^3，高于 2014 年仔稚鱼平均密度（人工鱼礁区 1.54 个/m^3、对照区 2.11 个/m^3），低于 2012 年仔稚鱼平均密度（人工鱼礁区 12.09 个/m^3、对照区 2.47 个/m^3）。初步判断为采样时间不同，海流、风浪及潮汐共同作用所致。

4. 生物质量

采样时间：2015 年 6—11 月，监测结果见表 5 - 60。

表 5 - 60　生物质量监测结果

样品名称	站位	经纬度	检测项目（mg/kg）		
			铜	镉	石油烃
菲律宾蛤仔	D4（1）	118°00′00″ E、39°09′30″ N	—	—	6.62
菲律宾蛤仔	D4（2）	118°00′00″ E、39°09′30″ N	—	—	5.04
脉红螺	D4（2）	118°00′00″ E、39°09′30″ N	—	—	1.78
牡蛎	D4（2）	118°00′00″ E、39°09′30″ N	—	—	7.03
菲律宾蛤仔	D1	117°59′30″ E、39°10′00″ N	—	—	4.29
毛蚶	D1	117°59′30″ E、39°10′00″ N	—	—	9.82
脉红螺	D1	117°59′30″ E、39°10′00″ N	—	—	1.16
青蛤	G2	117°44′00″ E、38°48′30″ N	—	—	8.81
毛蚶	G4	117°44′00″ E、38°48′00″ N	—	—	34.1
脉红螺	G4	117°44′00″ E、38°48′00″ N	—	—	19.0
菲律宾蛤仔	D2	118°00′00″ E、39°10′00″ N	未检出	0.102	11.6
毛蚶	D2	118°00′00″ E、39°10′00″ N	1.135	1.57	26.9

注："—"表示未检测。

评价标准执行《海洋生物质量》（GB 18421—2001）（国家海洋标准计量中心，2004a）中的第一类标准，铜≤10 mg/kg，镉≤0.2 mg/kg，石油烃≤15 mg/kg。由表 5 - 60 可知，人工鱼礁区铜：全部合格；镉：菲律宾蛤仔合格，毛蚶低于二类标准（镉≤2.0 mg/kg）；石油烃：大神堂海域除一个站位的毛蚶超标外，其余全部合格，对照区除青蛤合格外，毛蚶、脉红螺全部超标。

（六）结论

2015 年人工鱼礁区和对照区之间，水质、沉积物、浮游动植物多样性指数等指标中，除了沉积物中的有机碳指标人工鱼礁区显著低于对照区以外，其余指标均无显著差异。

比较 2013—2015 年水质指标，化学需氧量、无机氮、叶绿素 a 呈逐年降低趋势，总氮、悬浮物呈增加趋势。

比较 2012—2015 年沉积物指标，人工鱼礁区水深、透明度在 2012—2014 年无显著变化，2015 年显著降低；总磷、总氮在 2012—2014 年无显著变化，2015 年显著升高；有机碳在 2015 年与 2014 年无显著变化，较 2012—2013 年有显著升高；油类年际间始终无显著变化；硫化物在 2015 年显著高于 2012 年，与其他年份无显著差异。

比较 2011—2015 年人工鱼礁区浮游动物、浮游植物多样性指数，2015 年浮游植物多样性指数显著低于其他年份。浮游动物多样性指数除 2014 年和 2011 年、2013 年差异显著外，2015 年和各年份间均无显著差异。

以 2010 年礁区为例，2010 年共投放礁体 2 800 个，礁体表面 90%以上被生物覆盖，附着厚度 30 cm，礁体沉降掩埋深度为 60～80 cm，牡蛎（长牡蛎、密鳞牡蛎）为优势种。估算 2015 年礁体生物总附着量约为 274.12 t，单位面积附着量 4.45 kg/m^2，单块礁体附着量 97.9 kg，低于投放 2～3 年的附着量。分析礁体生物附着趋势，投礁 2～3 年，附着量增长达到高峰值，投礁 3～4 年又开始下降。现场采集单面礁体生物，经实验室鉴定，还发现大量软体动物、节肢动物、环节动物、腔肠动物、棘皮动物及脊索动物等。

2015 年人工鱼礁区底栖生物生物量及数量远远低于对照区。比较底栖生物多样性指数，人工鱼礁区优于对照区；年际间多样性指数变化趋势为 2012 年＞2015 年＞2014 年＞2013 年。

2015 年游泳动物渔获量、生物密度，对照区优于人工鱼礁区。

2015 年未发现鱼卵；仔稚鱼平均密度，人工鱼礁区高于对照区，但远低于 2012 年水平，初步判断为采样时间不同，海流、风浪及潮汐共同作用所致。

（七）建议

对于渔业资源状况调查，建议在历年拖网调查基础上，加入地笼和流刺网的辅助调查，通过人工鱼礁区和对照区资源种类和数量对比变化进行分析。

建议增加社会效益的调查，通过对人工鱼礁区近年来捕捞产量、渔获物种类组成、渔船作业方式、渔民收入等方面的统计，为完善天津市人工鱼礁效果评估提供更多的参考依据。

五、海河口人工鱼礁建设存在的问题及建议

（一）海河口人工鱼礁建设存在的问题

1. 海河口人工鱼礁建设基础性研究不足

人工鱼礁的基础研究，包括研究人工鱼礁建设海区及生态系统的海洋地质地貌、海洋物理、海洋化学和海洋生物等，而且还要研究人工鱼礁的类型、功能与用途、礁体的材料和形状、选址原则与条件，各种类型礁体的投放方法和时间，放流增殖鱼类的种类和规格，人工鱼礁的管理体制和规章以及管理机构设置等。虽然依托一些项目开展了关于海河口海域人工鱼礁建设基础性研究工作并取得了一定的成绩，但是这些研究相对来说还是比较粗浅，缺乏系统性和深度。与人工鱼礁建设投放资金相比，人工鱼礁建设的基础性研究资金严重不匹配。截至2015年年底，天津市各项目在人工鱼礁制作与投放的资金投入约为7 038万元，这些项目仅有少数项目配备了基础性研究经费，约310万元。天津地区各类项目中，基本没有资助过人工鱼礁建设基础性研究。因此，加强海河口人工鱼礁应用的基础研究刻不容缓。只有从投放区域的海洋物理环境，各种鱼礁在礁区海洋生态环境中的作用，礁体投放后礁体自身及对周边环境、海洋生物的影响、礁体的管理等角度深入研究，才能使制作和投放的人工鱼礁发挥其良好的效应。

2. 建设资金缺乏

近年来，国家及天津市各级政府均加大了对人工鱼礁建设的投资力度，但是这些资金的投入大多都是根据项目的短期投资，缺乏长期的投资。没有长期的资金支持，很难保障礁区日常维护和管理以及礁区规模化建设工作。

3. 缺少人工鱼礁区管理队伍

人工鱼礁投放后，礁区的管理成为一项极其重要的工作，是人工鱼礁建设成败的关键。海河口人工鱼礁建设在投礁后，虽然进行了一定的跟踪监测和调查研究，但是人工鱼礁区的管理工作始终没有跟上。附近渔民在投礁区无组织地进行生产作业，礁区生物资源遭受严重的过度捕捞。同时，投放于海区的人工鱼礁的滑移、沉降与掩埋情况没有系统地掌握；各个人工鱼礁建设区域是否成功以及不成功的原因未知；等等。建设专业化的人工鱼礁礁区管理队伍势在必行。

（二）建议

1. 加强人工鱼礁建设基础研究的支持力度

在进行人工鱼礁建设的项目中配备一定比例的基础性研究经费，建议人工鱼礁制作投放经费与基础性研究经费比例在 2∶1 较为合适。另外，各级政府及科研管理部门在课题申请时，重点资助人工鱼礁建设基础研究的课题。人工鱼礁建设实施单位，积极利用各项目资金系统完整地开展海河口人工鱼礁建设基础研究。

2. 广开投资渠道，力求投资多元化

人工鱼礁建设是一项系统的宏伟公益事业，有必要把海河口人工鱼礁建设规划纳入天津市国民经济总体规划和基本建设重点工程建设计划。工程建设以国家、市政府投入为主，沿海区、县配套投入和社会集资相结合。加大资金投入力度，将经费纳入同级人民政府财政预算，并建立专项基金。同时，坚持“谁投入、谁受益”的原则，鼓励集体和个人投资，广开集资渠道。

3. 划定禁渔区，实施渔具限制和限额捕捞

为了更好地保护人工鱼礁区，使之发挥应有的效益，应该根据人工鱼礁的投放目的划定禁渔区，进行选择性管理。对于为了保护海洋生态环境和增殖海洋渔业资源而在海洋自然保护区或者重要渔业水域投放生态公益型人工鱼礁的礁区，应划定为“全封闭型禁渔区”，可按照国家和省级关于禁渔区的管理规定实施管理，严禁在该区域内从事渔业生产、开发利用等活动。对于投放在重点渔场，以期提高渔获质量及渔业效益的准生态公益型人工鱼礁区，应划定为“限制捕捞型禁渔区”，由市（县）级以上海洋与渔业行政主管部门根据该型人工鱼礁区的资源状况，合理安排开发利用活动，并优先照顾使用捕捞选择性能较好的渔具（如笼壶、手钓、定置延绳钓、定置刺网和围网）的渔民进入礁区生产，不准许破坏性渔具（如拖网类和耙刺类）进入礁区作业，禁止电、炸、毒等破坏渔业资源和生态环境比较严重的渔法。

4. 建立专业的人工鱼礁区管理队伍

人工鱼礁区管理队伍应该由专业的人工鱼礁监测队伍和执法队伍组成。人工鱼礁监测队伍不仅要监测礁区内生物资源与水化学环境的变化情况，同时要监测水体中礁体的状况，对于发生位移等情况的礁体进行及时处理，避免礁体影响礁区以外海域的航行安全。人工鱼礁执法管理也许是最能体现政府重视人工鱼礁管理的行为，是实现人工鱼礁建设规划最直接的管理办法，也是保证人工鱼礁建设事业健康发展的管理措施之一。因此，建议各市（县）组建“人工鱼礁区执法队伍”，对人工鱼礁区进行巡逻。这种做法能够对可能违规者起到较大的阻碍作用，并对可能举报者产生较大的动力。

附　录

附录一　浮游植物名录

序号	中文名	学名
1	爱氏辐环藻	*Actinocyclus ehrenbergii*
2	八福辐环藻	*Actinocyclus octonarius*
3	波状辐裥藻	*Actinoptychus undulatus*
4	日本星杆藻	*Asterionella japonica*
5	透明辐杆藻	*Bacteriastrum hyalinum*
6	窄隙角毛藻	*Chaetoceros affinis*
7	卡氏角毛藻	*Chaetoceros castracanei*
8	旋链角毛藻	*Chaetoceros curvisetus*
9	柔弱角毛藻	*Chaetoceros debilis*
10	并基角毛藻	*Chaetoceros decipiens*
11	密连角毛藻	*Chaetoceros densus*
12	冕孢角毛藻	*Chaetoceros diadema*
13	双蛋白核角毛藻	*Chaetoceros dipyrenops*
14	艾氏角毛藻	*Chaetoceros eibenii*
15	劳氏角毛藻	*Chaetoceros lorenzianus*
16	牟氏角毛藻	*Chaetoceros muelleri*
17	奇异角毛藻	*Chaetoceros paradoxus*
18	角毛藻属一种	*Chaetoceros* sp.
19	扭链角毛藻	*Chaetoceros tortissimus*
20	豪猪棘冠藻	*Corethron hystrix*
21	星脐圆筛藻	*Coscinodiscus asteromphalus*
22	中心圆筛藻	*Coscinodiscus centralis*
23	偏心圆筛藻	*Coscinodiscus excentricus*
24	格氏圆筛藻	*Coscinodiscus granii*
25	琼氏圆筛藻	*Coscinodiscus jonesianus*
26	虹彩圆筛藻	*Coscinodiscus oculus-iridis*
27	孔圆筛藻	*Coscinodiscus perforatus*

（续）

序号	中文名	学名
28	辐射圆筛藻	*Coscinodiscus radiatus*
29	圆筛藻属一种	*Coscinodiscus* sp.
30	细弱圆筛藻	*Coscinodiscus subtilis*
31	威氏圆筛藻	*Coscinodiscus wailesii*
32	小环藻属一种	*Cyclotella* sp.
33	布氏双尾藻	*Ditylum brightwellii*
34	短角弯角藻	*Eucampia zoodiacus*
35	薄壁几内亚藻	*Guinardia flaccida*
36	泰晤士旋鞘藻	*Helicotheca tamesis*
37	中华半管藻	*Hemiaulus sinensis*
38	环纹娄氏藻	*Lauderia annulata*
39	丹麦细柱藻	*Leptocylindrus danicus*
40	舟形藻属一种	*Navicula* sp.
41	新月菱形藻	*Nitzschia closterium*
42	长菱形藻	*Nitzschia longissima*
43	洛氏菱形藻	*Nitzschia lorenziana*
44	尖刺菱形藻	*Nitzschia pungens*
45	菱形藻属一种	*Nitzschia* sp.
46	中华齿状藻	*Odontella sinensis*
47	具槽直链藻	*Paralia sulcata*
48	羽纹藻属一种	*Pinnularia* sp.
49	宽角斜纹藻	*Pleurosigma angulatum*
50	曲舟藻属一种	*Pleurosigma* sp.
51	柔弱根管藻	*Rhizosolenia delicatula*
52	翼根管藻印度变形	*Rhizosolenia alata* f. *indica*
53	刚毛根管藻	*Rhizosolenia setigera*
54	斯托根管藻	*Rhizosolenia stolterfothii*
55	笔尖根管藻	*Rhizosolenia styliformis*
56	中肋骨条藻	*Skeletonema costatum*

（续）

序号	中文名	学名
57	太平洋海链藻	*Thalassiosira pacifica*
58	圆海链藻	*Thalassiosira rotula*
59	伏氏海毛藻	*Thalassiothrix frauenfeldi*
60	梭角藻	*Ceratium fusus*
61	叉角藻	*Ceratium furca*
62	夜光藻	*Noctiluca scintillans*
63	多纹膝沟藻	*Gonyaulax polygramma*
64	三角角藻	*Ceratium tripos*
65	海洋原甲藻	*Prorocentrum micans*

附录二　浮游动物名录

序号	中文名	学名/英文名
1	锡兰和平水母	*Eirene ceylonensis*
2	细颈和平水母	*Eirene menoni*
3	卡玛拉水母	*Malagazzia carolinae*
4	带玛拉水母	*Malagazzia taeniogonia*
5	球型侧腕水母	*Pleurobrachia globosa*
6	双毛纺锤水蚤	*Acartia* (*Acanthacartia*) *bifilosa*
7	克氏纺锤水蚤	*Acartia* (*Acartiura*) *clausi*
8	太平洋纺锤水蚤	*Acartia* (*Odontacartia*) *pacifica*
9	中华哲水蚤	*Calanus sinicus*
10	腹针胸刺水蚤	*Centropages abdominalis*
11	瘦尾胸刺水蚤	*Centropages tenuiremis*
12	背针胸刺水蚤	*Centropages dorsispinatus*
13	小拟哲水蚤	*Paracalanus parvus*
14	强额孔雀哲水蚤	*Parvocalanus crassirostris*
15	汤氏长足水蚤	*Calanopia thompsoni*
16	真刺唇角水蚤	*Labidocera euchaeta*
17	圆唇角水蚤	*Labidocera rotunda*
18	火腿伪镖水蚤	*Pseudodiaptomus poplesia*
19	太平洋真宽水蚤	*Eurytemora pacifica*
20	刺尾歪水蚤	*Tortanus spinicaudatus*
21	拟长腹剑水蚤	*Oithona similis*
22	近缘大眼水蚤	*Corycaeus* (*Ditrichocorycaeus*) *affinis*
23	中国毛虾	*Acetes chinensis*
24	强壮滨箭虫	*Aidanosagitta crassa*
25	多毛类幼虫	Polychaete larva
26	双壳类幼体	Bivalve larva
27	桡足类无节幼体	Nauplius (Copepodita)

（续）

序号	中文名	学名/英文名
28	桡足类幼体	Copepodite larva
29	阿利玛幼体	Alima larva
30	长尾类幼体	Macrura larva
31	短尾类溞状幼体	Zoea larva
32	短尾类大眼幼体	Megalopa larva
33	蛇尾类长腕幼虫	Ophiopluteus larva

附录三　大型底栖生物名录

序号	中文名	学名
1	纽虫	*Nemertinea* spp.
2	平角涡虫属一种	*Planocera* sp.
3	短吻铲荚螠	*Listriolobus brevirostris*
4	纵条矶海葵	*Haliplanella lineata*
5	沙箸海鳃属一种	*Virgularia* sp.
6	爱氏海葵属一种	*Edwardsia* sp.
7	全刺沙蚕	*Nectoneanthes oxypoda*
8	不倒翁	*Sternaspis scutata*
9	含糊拟刺虫	*Linopherus ambigua*
10	双栉虫	*Ampharete acutifrons*
11	无疣齿蚕	*Inermonephtys inermis*
12	后指虫	*Laonice cirrata*
13	膜质伪才女虫	*Pseudopolydora kempi*
14	软背鳞虫	*Lepidonotus helotypus*
15	浅古铜吻沙蚕	*Glycera subaenea*
16	强壮头蛰虫	*Neoamphitrite robusta*
17	日本角吻沙蚕	*Goniada japonica*
18	岩虫	*Marphysa sanguinea*
19	日本强鳞虫	*Sthenolepis japonica*
20	智利巢沙蚕	*Diopatra chiliensis*
21	那不勒斯膜帽虫	*Lagis neapolitana*
22	有齿背鳞虫	*Lepidonotus dentatus*
23	小瘤犹帝虫	*Eurythoe parvecarunculata*
24	矶沙蚕科一种	Eunicidae
25	托氏蜎螺	*Umbonium thomasi*
26	扁玉螺	*Neverita didyma*
27	红带织纹螺	*Nassarius succinctus*
28	秀丽织纹螺	*Nassarius festivus*

（续）

序号	中文名	学名
29	环节塔螺属一种	*Tomopleuro* sp.
30	白带三角口螺	*Trigonaphera bocageana*
31	耳口露齿螺	*Ringicula doliaris*
32	马丽亚光螺	*Eulima maria*
33	丽核螺	*Mitrella bella*
34	假主棒螺	*Crassispira pseudoprinciplis*
35	纵肋织纹螺	*Nassarius variciferus*
36	高塔捻塔螺	*Actaeopyramis eximia*
37	泥螺	*Bullacta exarata*
38	环沟笋螺	*Terebra bellanodosa*
39	圆筒原盒螺	*Eocylichna cylindrella*
40	脉红螺	*Rapana venosa*
41	光滑狭口螺	*Stenothyra glabar*
42	尖高旋螺	*Acrilla acuminata*
43	布尔小笔螺	*Mitrella burchardi*
44	长偏顶蛤	*Modiolus elongatus*
45	青蛤	*Cyclina sinensis*
46	金星蝶铰蛤	*Trigonothracia jinxingae*
47	绒蛤	*Borniopsis tsurumaru*
48	秀丽波纹蛤	*Raetellops pulchella*
49	黑龙江河篮蛤	*Potamocorbula amurensis*
50	脆壳理蛤	*Theora fragilis*
51	毛蚶	*Scapharca subcrenata*
52	短竹蛏	*Solen dunkerianus*
53	缢蛏	*Sinonovacula constricta*
54	豆形胡桃蛤	*Nncula faba*
55	对称拟蚶	*Arcopsis symmetrica*
56	薄云母蛤	*Yoldia similis*
57	江户明樱蛤	*Moerella jedoensis*
58	凸壳肌蛤	*Musculus senhousia*
59	菲律宾蛤仔	*Ruditapes philippinarum*

（续）

序号	中文名	学名
60	凸镜蛤	*Dosinia gibba*
61	四角蛤蜊	*Mactra veneriformis*
62	小刀蛏	*Cultellus attenuatus*
63	平濑掌扇贝	*Volachlamys hirasei*
64	薄片镜蛤	*Dosinia corrugate*
65	猫爪牡蛎	*Talonostrea talonata*
66	短蛸	*Amphioctopus fangsiao*
67	火枪乌贼	*Loliolus beka*
68	伍氏蝼蛄虾	*Austinogebia wuhsienweni*
69	细螯虾	*Leptochela gracilis*
70	葛氏长臂虾	*Palaemon gravieri*
71	糠虾科一种	Mysidae
72	艾氏活额寄居蟹	*Diogenes edwardsii*
73	绒毛细足蟹	*Raphidopus ciliatus*
74	日本浪漂水虱	*Cirolana japonica*
75	大蜾蠃蜚	*Corophium major*
76	中国毛虾	*Acetes chinensis*
77	脊尾白虾	*Exopalaemon carinicauda*
78	霍氏三强蟹	*Tritodynamia horvathi*
79	日本关公蟹	*Dorippe japonica*
80	口虾蛄	*Oratosquilla oratoria*
81	脊腹褐虾	*Crangon affinis*
82	仿盲蟹属一种	*Typholcarcinops* sp.
83	锯额瓷蟹	*Porcellana serratifrons*
84	隆线强蟹	*Eucrata crenata*
85	日本蟳	*Charybdis* (*Charybdis*) *japonica*
86	水母深额虾	*Latreutes anoplonyx*
87	鞭腕虾	*Hippolysmata vittata*
88	日本鼓虾	*Alpheus japonicus*
89	豆形拳蟹	*Philyra pisum*
90	双眼钩虾属一种	*Ampelisca* sp.

（续）

序号	中文名	学名
91	锯齿长臂虾	*Palaemon serrifer*
92	小双鳞蛇尾	*Amphipholis squamata*
93	中华倍棘蛇尾	*Amphilpius sinicus*
94	哈氏刻肋海胆	*Temnopleurus hardwickii*
95	砂海星	*Luidia quinaria*
96	棘刺锚参	*Protankyra bidentate*
97	光亮倍棘蛇尾	*Amphioplus lucidus*
98	黄岛长吻虫	*Saccoglossus hwangtauensis*
99	小头副孔鰕虎鱼	*Ctenotrypauchen microcephaus*
100	复鰕虎鱼属一种	*Synechogobius* sp.
101	焦氏舌鳎	*Cynoglossus joyneri*
102	髭缟鰕虎鱼	*Tridentiger barbatus*
103	六丝钝尾鰕虎鱼	*Chaeturichthys hexanema*
104	青鳞小沙丁鱼	*Sardinella zunasi*
105	红狼牙鰕虎鱼	*Odontamblyopus rubicundus*
106	尖海龙	*Syngnathus acus*
107	斑尾刺鰕虎鱼	*Acanthogobius ommaturus*
108	赤鼻棱鳀	*Thryssa kammalensis*

附录四 游泳动物名录

序号	中文名	学名
1	中国毛虾	*Acetes chinensis*
2	日本鼓虾	*Alpheus japonicus*
3	鲜明鼓虾	*Alpheus heterocarpus*
4	海蜇虾	*Latreutes anoplonyx*
5	葛氏长臂虾	*Palaemon gravieri*
6	锯齿长臂虾	*Palaemon serrifer*
7	脊尾白虾	*Exopalamon palaemon*
8	凡纳滨对虾	*Penaeus vannamei*
9	中国对虾	*Penaeus chinensis*
10	鞭腕虾	*Lysmata vittata*
11	脊腹褐虾	*Crangon affinis*
12	三疣梭子蟹	*Portunus trituberculatus*
13	日本蟳	*Charybdis* (*Charybdis*) *japonica*
14	日本关公蟹	*Dorippe japonica*
15	隆线强蟹	*Eucrate crenata*
16	特异大权蟹	*Macromedaeus distinguendus*
17	火枪乌贼	*Loliolus beka*
18	长蛸	*Octopus minor*
19	短蛸	*Amphioctopus fangsiao*
20	口虾蛄	*Oratosquilla oratoria*
21	黄鲫	*Setipinna tenuifilis*
22	赤鼻棱鳀	*Thryssa kammalensis*
23	日本鳀	*Engraulis japonicus*
24	斑鰶	*Konosirus punctatus*
25	青鳞小沙丁鱼	*Sardinella zunasi*
26	梭鱼	*Chelon haematocheilus*
27	尖海龙	*Syngnathus acus*

（续）

序号	中文名	学名
28	许氏平鲉	*Sebastes schlegelii*
29	大泷六线鱼	*Hexagrammos otakii*
30	焦氏舌鳎	*Cynoglossus joyneri*
31	六丝钝尾鰕虎鱼	*Amblychaeturichthys hexanema*
32	斑尾刺鰕虎鱼	*Acanthogobius cmmeturus*
33	髭缟鰕虎鱼	*Tridentiger barbatus*
34	拉氏狼牙鰕虎鱼	*Odontamblyopus lacepedii*
35	小头副孔鰕虎鱼	*Ctenotrypauchen icrocephalus*
36	小带鱼	*Trichiurus muticus*
37	小黄鱼	*Larimichthys polyactis*
38	叫姑鱼	*Johnius grypotus*
39	银鲳	*Pampus argenteus*
40	蓝点马鲛	*Scomberomorus niphonius*
41	中国花鲈	*Lateolabrax maculatus*
42	方氏锦鳚	*Pholis fangi*
43	鲬	*Platycephalus indicus*
44	大菱鲆	*Scophthalmus maximus*
45	赫氏高眼鲽	*Cleisthenes herzensteini*
46	黄鮟鱇	*Lophius litulon*
47	牙鲆	*Paralichthys olivaceus*
48	红鳍东方鲀	*Takifugu rubripes*

参 考 文 献

陈心，冯全英，邓中日，2006. 人工鱼礁建设现状及发展对策研究［J］. 海南大学学报（自然科学版），24（1）：83-89.

陈雪，张武昌，吴强，等，2014. 莱州湾大型砂壳纤毛虫群落季节变化［J］. 生物多样性，22（5）：649-657.

陈勇，于长清，张国胜，等，2002. 人工鱼礁的环境功能与集鱼效果［J］. 大连水产学院学报，17（1）：64-69.

程济生，2004. 黄渤海近岸水域生态环境与生物群落［M］. 青岛：中国海洋大学出版社.

程丽巍，许海，陈铭达，等，2007. 水体富营养化成因及其防治措施研究进展［J］. 环境保护科学，33（1）：18-21.

鄂学礼，凌波，2006. 饮水污染对健康的影响［J］. 中国卫生工程学，5（1）：3-5.

房恩军，李文抗，宋香荣，2009. 渤海应走向全面禁渔的几点思考［J］. 中国水产（9）：28-30.

谷德贤，王婷，王娜，等，2018. 渤海湾口虾蛄假溞状幼体的密度分布及影响因素研究［J］. 大连海洋大学学报，33（1）：65-71.

郭彪，于莹，张博伦，等，2015. 天津大神堂海域人工鱼礁区游泳动物群落特征变化［J］. 海洋渔业，37（5）：409-418.

郭卫东，章小明，杨逸萍，等，1998. 中国近岸海域潜在性富营养化程度的评价［J］. 台湾海峡，17（1）：64-70.

国家海洋标准计量中心，2004a. 海洋生物质量：GB 18421—2001［S］. 北京：中国标准出版社：1-3.

国家海洋标准计量中心，2004b. 海洋沉积物质量：GB 18668—2002［S］. 北京：中国标准出版社：1-3.

国家海洋标准计量中心，2008a. 海洋调查规范 第6部分：海洋生物调查：GB/T 12763.6—2007［S］. 北京：中国标准出版社.

国家海洋标准计量中心，2008b. 海洋调查规范 第4部分：海水化学要素调查：GB/T 12763.4—2007［S］. 北京：中国标准出版社.

国家环境保护总局，2002. 地表水环境质量标准：GB 3838—2002［S］. 北京：中国环境科学出版社：1-9.

国家环境保护总局，2004. 海水水质标准：GB 3097—1997［S］. 北京：环境科学出版社：1-7.

何大仁，施养明，1995. 鱼礁模型对黑鲷的诱集效果［J］. 厦门大学学报（自然科学版），34（4）：653-658.

何国民，曾嘉，2001. 人工鱼礁建设的三大效益分析［J］. 中国水产（5）：65-66.

华泽爱，1993. 腹泻性贝毒的毒素成分及其危害［J］. 南海研究与开发（2）：40-43.

黄简易，朱艺峰，王银，等，2014. 象山港浮游动物群落结构时空变化的定量驱动分析［J］. 生态科学

(4)：713-722.

黄小平，黄良民，2002. 珠江口海域无机氮和活性磷酸盐含量的时空变化特征 [J]. 台湾海峡，21 (5)：417-421.

贾建三，1995. 英汉渔业词典 [M]. 北京：中国农业出版社.

贾晓平，2011. 人工鱼礁关键技术研究与示范 [M]. 北京：海洋出版社.

贾晓平，李纯厚，陈作志，等，2012. 南海北部近海渔业资源及其生态系统水平管理策略 [M]. 北京：海洋出版社.

姜勇，许恒龙，陈相瑞，等，2014. 胶州湾浮游原生生物时空分布特征丰度周年变化及与环境因子间的关系 [J]. 中国海洋大学学报，40 (3)：17-23.

雷庆铎，侯荷娟，2012. 微囊藻毒素在鲤鱼体内的生物富集作用 [J]. 华北水利水电学院学报 (1)：135-137.

李静，戴曦，孙颖，等，2014. 太湖浮游纤毛虫群落结构及其与环境因子的关系 [J]. 生态学报，34 (16)：4672-4681.

李钧，2005. 中国沿海贝类中的生物毒素研究 [D]. 青岛：中国科学院研究生院（海洋研究所）.

李明德，张銮光，刘修业，等，1990. 天津鱼类 [M]. 北京：海洋出版社.

刘洪生，马翔，章守宇，等，2009. 人工鱼礁流场效应的模型实验 [J]. 水产学报，33 (2)：229-236.

刘莉莉，万荣，段媛媛，等，2008. 山东省海洋渔业资源增殖放流及其渔业效益 [J]. 海洋湖沼通报 (4)：91-98.

刘瑞玉，2008. 中国海洋生物名录 [M]. 北京：科学出版社.

刘同渝，2003. 国内外人工鱼礁建设状况 [J]. 渔业现代化 (2)：36-37.

刘宪斌，曹佳莲，张光玉，等，2007. 天津港南部海区水体中活性磷酸盐的分布特征 [J]. 安全与环境学报，7 (5)：79-82.

刘智勇，计融，2006. 麻痹性贝类毒素研究进展 [J]. 中国热带医学，6 (2)：340-344.

裴海燕，胡文容，2001. 藻类及其控制 [J]. 山东环境 (2)：36-37.

祈玥，王位维，周双喜，等，2015. 青海湖总氮、总磷及溶解氧时空变化特征 [J]. 江苏农业科学，43 (8)：357-359.

乔延龙，宋文平，李文抗，等，2009. 渤海湾渔业资源的现状及其可持续利用制约因素 [C]. 2009 年中国水产学会学术年会论文摘要集：230.

全国钢标准化技术委员会，2008a. 钢筋混凝土用钢 第 1 部分：热轧光圆钢筋：GB 1499.1—2008 [S]. 北京：中国标准出版社：2-4.

全国钢标准化技术委员会，2008b. 钢筋混凝土用钢 第 2 部分：热轧带肋钢筋：GB 1499.2—2007 [S]. 北京：中国标准出版社：3-6.

全国海洋标准化技术委员会，2008a. 海洋监测规范 第 4 部分：海水分析：GB 17378.4—2007 [S]. 北京：中国标准出版社.

全国海洋标准化技术委员会，2008b. 海洋监测规范 第 5 部分：沉积物分析：GB 17378.5—2007 [S]. 北京：中国标准出版社.

全国海洋标准化技术委员会，2008c. 海洋监测规范 第 6 部分：生物体分析：GB 17378.6—2007 [S]. 北京：中国标准出版社．

全国海洋标准化技术委员会，2008d. 海洋监测规范 第7部分：近海污染生态调查和生物监测：GB 17378.7—2007 [S]．北京：中国标准出版社．

全国水产标准化技术委员会，2002. 渔业资源基本术语：GB/T 8588—2001 [S]．北京：中国标准出版社：13.

全国水产标准化技术委员会，2007. 渔业生态环境监测规范 第2部分：海洋：SC/T 9102.2—2007 [S]．北京：中国农业出版社：1-19.

全国水产标准化技术委员会渔业资源分技术委员会，2014. 人工鱼礁建设技术规范：SC/T 9416—2014 [S]．北京：中国农业出版社．

宋微波，施心路，徐奎栋，等，1999. 原生动物学专论 [M]．青岛：中国海洋大学出版社．

孙松，孙晓霞，2014. 海洋生物功能群变动与生态系统演变 [J]．地球科学进展，29 (7)：854-858.

孙习武，张硕，赵裕青，等，2010. 海州湾人工鱼礁海域鱼类和大型无脊椎动物群落组成及结构特征 [J]. 中国水产科学，19 (4)：505-513.

唐启升，刘慧，2016. 海洋渔业碳汇及其扩增战略 [J]．中国工程科学，18 (3)：68-73.

田树魁，2012. 云南省电站库区发展渔业的可行性分析 [J]．现代农业科技 (8)：308-309.

童芳，钟健翔，梁卉，等，2008. 微囊藻毒素对斑马鱼重要细胞因子表达的影响 [J]．生态科学 (6)：545-549.

王成，李羿宏，2014. 测定水中总氮时氮的迁移转化动力学研究 [J]．工业污染防治与生态保护，30 (6)：62-64.

王宏，陈丕茂，章守宇，等，2009. 人工鱼礁对渔业资源增殖的影响 [J]．广东农业科学 (8)：18-21.

王军霞，秦承华，杨勇，等，2015. 对我国总磷、总氮排放监测与统计完善的建议 [J]．中国环保产业 (4)：39-41.

王连弟，李文抗，苗军，2005. 天津海洋渔业经济发展状况与前景分析 [J]．天津农业科学，11 (1)：1-5.

王淼，章守宇，王伟定，等，2010. 人工鱼礁的矩形间隙对黑鲷幼鱼聚集效果的影响 [J]．水产学报，34 (11)：1762-1768.

王所安，王志敏，李国良，等，2001. 河北动物志：鱼类 [M]．石家庄：河北科学技术出版社．

韦蔓新，赖廷和，2003. 广西北海半岛近岸水域活性磷酸盐与叶绿素 a 含量的关系 [J]．台湾海峡，22 (2)：206-210.

肖羽，唐鸿琴，2015. 水质监测分析中高锰酸盐指数分析应注意的要点 [J]．科学与财富，7 (6)：179.

徐海龙，陈勇，陈新军，等，2016a. 引入不确定性对 Von Bertalanffy 生长方程关系参数估算的影响 [J]. 水产科学，35 (2)：169-173.

徐海龙，王芮，许莉莉，等，2016b. 6种海洋双壳类贝壳中碳酸钙、碳酸镁含量的测定 [J]．海洋通报，35 (4)：421-426.

徐海龙，张桂芳，乔秀亭，等，2010. 黄海北部口虾蛄体长及体质量关系研究 [J]．水产科学，29 (8)：451-454.

徐浩，曾晓起，顾炎斌，等，2012. 人工鱼礁对山东莱州朱旺港海区游泳动物的群落结构及季节变化的影响［J］. 中国海洋大学学报，42（5）：47-54.
徐奎栋，洪华生，宋微波，等，2001. 台湾海峡的砂壳纤毛虫研究（纤毛动物门砂壳亚目）［J］. 动物分类学报，26（4）：454-466.
薛俊增，堵南山，赖伟，等，1997. 中国三疣梭子蟹（*Portunus trituberculatus* Miers）的研究［J］. 海洋学研究，18（8）：60-64.
杨纪明，2001. 渤海无脊椎动物的食性和营养级研究［J］. 渔业信息与战略，16（9）：8-16.
杨纪明，2001. 渤海鱼类的食性和营养级研究［J］. 渔业信息与战略，16（10）：10-19.
杨吝，刘同渝，黄汝堪，等，2005. 中国人工鱼礁理论与实践［M］. 广州：广东科技出版社.
杨荣敏，王传海，沈悦，2007. 底泥营养盐的释磷对富营养化湖泊的影响［J］. 污染防治技术，20（1）：49-52.
殷丽红，2005. 微囊藻毒素致肝癌研究进展［J］. 国外医学（卫生学分册）（3）：170-174.
章飞军，2007. 长江河口大型底栖动物生态学研究中 Exergy 理论的应用［D］. 上海：华东师范大学.
赵楠楠，赵华章，2015. 沉积型微生物燃料电池对模拟湖泊水中磷的去除［J］. 湖南科技大学学报（自然科学版），30（3）：113-117.
张怀慧，孙龙，2001. 利用人工鱼礁工程增殖海洋水产资源的研究［J］. 资源科学，23（5）：6-10.
张硕，施斌杰，谢斌，等，2017. 连云港海州湾海洋牧场浮游动物群落结构及其与环境因子的关系［J］. 生态环境学报，26（8）：1410-1418.
张正斌，2004. 海洋化学［M］. 青岛：中国海洋大学出版社.
中国建筑科学研究院，2011. 混凝土结构设计规范：GB 50010—2010［S］. 北京：中国建筑工业出版社：21-22.
中华人民共和国国家能源局，2009. 水工混凝土结构设计规范：DL/T 5057—2009［S］. 北京：中国电力出版社：28-29.
中华人民共和国国家卫生和计划生育委员会，2015. 食品安全国家标准 食品中镉的测定：GB 5009.15—2014［S］. 北京：中国标准出版社：1-4.
中华人民共和国交通部，2001. 港口及航道护岸工程设计与施工规范：JTJ 300—2000［S］. 北京：人民交通出版社：6-7.
中华人民共和国农业部，2006. 无公害食品 水产品中有毒有害物质限量：NY 5073—2006［S］. 北京：农业出版社：161-162.
中华人民共和国农业部，2011. 水生生物增殖放流技术规程：SC/T 9401—2010［S］. 北京：中国农业出版社：1-6.
中华人民共和国卫生部，2004. 食品中铜的测定：GB/T 5009.13—2003［S］. 北京：中国标准出版社：101-104.
中华人民共和国卫生部，2007. 生活饮用水卫生标准：GB 5749—2006［S］. 北京：中国标准出版社：1-11.
中华人民共和国卫生部，2009a. 贝类中麻痹性贝类毒素的测定：GB 5009.213—2008［S］. 北京：中国标准出版社：1-12.
中华人民共和国卫生部，2009b. 贝类中腹泻性贝类毒素的测定：GB 5009.212—2008［S］. 北京：中国标准出版社：1 - 8.

周艳波，蔡文贵，陈海刚，等，2011. 10 种人工鱼礁模型对黑鲷幼鱼的诱集效果［J］. 水产学报，35（5）：711 - 717.

朱剑峰，2013. 淀浦河水体中氨氮、总氮和总磷污染变化趋势及相关性分析［J］. 北方环境，25（6）：155 - 159.

Aune T，Yndestad M，1993. Algal Toxins in Seafood and Drinking water [M]，London：Academic Press：87 - 104.

Azanza R V，Taylor F J，2001. Are Pyrodinium blooms in the Southeast Asian region recurring and spreading? A view at the end of the millennium [J]. Ambio，30：356 - 364.

Bohnsack J A，Sutherland D L，1985. Artificial reef research：a review with recommendations for future priorities [J]. Bulletin of Marine Science，37（1）：11 - 39.

Hill M N，1963. In the sea [M]，New york：Wiley Interscience publishers：26 - 77.

Margalef R，1958. Information theory in ecology [J]. Gen Syst，3：36 -71.

Markevich A I，2005. Dynamics of Fish Colonization of an Experimental Artificial Reef in Peter the Great Bay，Sea of Japan [J]. Russian Journal of Marine Biology，31（4）：221 - 224.

Pielou E C，1966. The measurement of diversity in different types of biological collections [J]. Journal of theoretical biology，13：131 - 144.

Qin Y W，Meng W，Zheng B H，et al，2005. Distribution features of nitrogen and phosphorus in aquatic environments of the Bohai Gulf [J]. Acta Oceanologica Sinica，27（2）：172 - 176.

Salomonsen J，1992. Examination of properties of exergy，power and ascendency along a eutrophication gradient [J]. Ecological Modelling，62：171.

Shannon C E，Weaver W，1949. The Mathematical Theory of Communication [M]. Urbana：University of Illinois Press.

作者简介

乔秀亭 男，1965年10月生，天津静海人，硕士，天津农学院水产学院院长、教授、硕士研究生导师；中国鱼类学会理事、中国水产学会淡水养殖分会委员、天津市水产学会理事、《中国农学通报》编委、《天津农学院学报》编委。主要从事水产动物营养与饲料研究，承担天津农学院校级精品课程《鱼类学》《高级水产动物营养与饲料学》《研究生班讨论》等课程。主持或参加国家级、省部级科研项目30余项，获得天津市科学技术进步二等奖2项、三等奖1项，中国水产科学研究院科技进步三等奖1项；获得天津市教学成果二等奖1项；发表学术论文100余篇，获得国家授权发明专利1项。